普通高等教育能源动力类专业“十四五”系列教材

制冷技术与设备

主编 郑爱平 康彦青 张润霞
参编 白梦梦 华舟萍

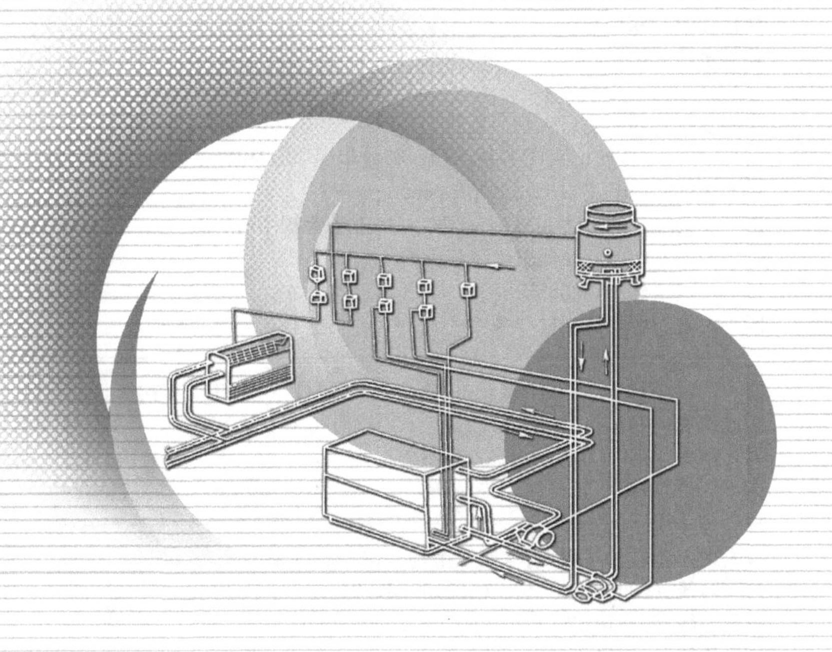

图书在版编目(CIP)数据

制冷技术与设备 / 郑爱平，康彦青，张润霞主编. —西安：西安交通大学出版社，2021.10(2022.6 重印)
ISBN 978 - 7 - 5605 - 8421 - 8

Ⅰ. ①制… Ⅱ. ①郑… ②康… ③张… Ⅲ. ①制冷技术②制冷装置 Ⅳ. ①TB6

中国版本图书馆 CIP 数据核字(2020)第 206038 号

书　　名　制冷技术与设备
　　　　　ZHILENG JISHU YU SHEBEI
主　　编　郑爱平　康彦青　张润霞
责任编辑　田　华
责任校对　邓　瑞
装帧设计　伍　胜

出版发行　西安交通大学出版社
　　　　　(西安市兴庆南路 1 号　邮政编码 710048)
网　　址　http://www.xjtupress.com
电　　话　(029)82668357　82667874(市场营销中心)
　　　　　(029)82668315(总编办)
传　　真　(029)82668280
印　　刷　西安日报社印务中心

开　　本　787 mm×1092 mm　1/16　**印张** 22.125　**字数** 522 千字
版次印次　2021 年 10 月第 1 版　2022 年 6 月第 2 次印刷
书　　号　ISBN 978 - 7 - 5693 - 8421 - 8
定　　价　49.00 元

如发现印装质量问题，请与本社市场营销中心联系。
订购热线：(029)82665248　(029)82667874
投稿热线：(029)82664954　QQ：190293088
读者信箱：190293088@qq.com

前　言

本教材是编者在“面向21世纪我国高等教育课程体系改革的必要性及发展趋势”教改项目研究基础上，结合长期的教学实践而编著的。

本教材的特色在于突出应用性、实践性和知识的连贯性，尤其在体系改革与学科交叉发展、拓宽专业面和显现重点难点方面有所突破，以利于高素质应用型本科人才的培养。

本教材在编写内容上的特色表现在以下几个方面。

(1) 教材按学科体系内容进行编排，以制冷原理为基础，制冷设备为骨干，增加了固体吸附式制冷和区域供冷供热等学科前沿技术以及制冷站设计、冷藏库设计等实践性设计知识。

(2) 教材编写突出实践性和应用性，配有丰富的制冷原理、制冷循环、制冷设备图示，以及与工程实际相结合的典型例题或工程实例等，以加深学生对知识的理解，提高学生的工程意识。

(3) 教材编写注重学科的系统性和理论性，循序渐进，深入浅出。每一章结束都有思考题或习题，且取材广泛、实用，注重学生分析问题和解决工程问题能力的培养。

(4) 教材编写注重教学改革和科研成果的应用，注重专业综合改革和师资力量共享、精品资源共享。

本教材既可作为普通本科、高职高专院校建筑环境与能源应用工程专业必修课教材，也可作为能源与动力工程专业、土木工程专业、建筑学专业、电气工程及其自动化专业的选修课教材，还可以作为从事暖通空调制冷工程设计、设备安装、运行管理、设备维修以及产品营销人员的培训教材和自修教材，还可作为注册公共设备工程师考试复习资料。

本教材绪论及第1、4、10章由郑爱平编写，第2、3、6、7章由康彦青编写，第5章由白梦梦编写；第8、9、12章由西安交通大学张润霞编写；第11章由浙江永泽建筑设计有限公司华舟萍编写，全书由郑爱平统稿。

在该教材编写过程中，参阅了大量新近文献，并吸收了西安交通大学、中国建筑西北设计研究院、长安大学、西安建筑科技大学、西安工程大学、中原工学院等相关专业专家学者的指导意见，在此，对给予编者大力支持和帮助的部门和人士表示衷心感谢！

由于编者水平有限，难免有不妥和疏漏之处，希望读者给予批评指正。

编　者

2021年7月于西安交通大学城市学院

目　录

绪　论

“制冷”就是使自然界的某物体或某空间达到低于周围环境介质的温度，并使之维持这个温度的过程。制冷可分为天然制冷和人工制冷两大类。所谓天然制冷是利用天然冷源如冰、地下水、冷空气等获得冷量。制冷技术则是一门研究通过人工制冷的方法来获得低温的应用技术。

公元前1000年人类就开始有计划地存贮和应用天然冰来贮存食品和为环境降温。14世纪后，人类开始利用冰和氯化钠的混合物冻结食品。16世纪后出现了利用水蒸发来冷却空气的技术。我国利用天然冰冷藏食品和防暑降温可以追溯到3000年前的战国时期，到了唐朝用冷技术更为普遍，尤其到了元朝时期，意大利的马可波罗来我国游历时，著有《马可·波罗游记》，对中国制冷和造冰窖的方法有详细的记述。

现代的制冷技术，是18世纪后期发展起来的。1755年，爱丁堡的化学教师库仑利用乙醚蒸发使水结冰。他的学生布拉克从本质上解释了融化和汽化现象，提出了潜热的概念，并发明了冰量热器，标志着现代制冷技术的开始。1777年，约翰莱斯在实验室利用浓硫酸使水结冰，发现制冷现象。1834年，美国人珀金斯(Perkins)试制成功了第一台以乙醚为工质、闭式循环的蒸气压缩式制冷机；1844年，医生高里用封闭循环的空气制冷机为患者建立了一座空调站，制冷技术的发展为空调技术的发展奠定了坚实的基础；1860年，法国卡雷(Carre)发明了氨水吸收式制冷系统；1874年，林德(Linde)设计制成了第一台氨制冷压缩机。1910年左右，马利斯·莱兰克发明了蒸气喷射式制冷系统；1913年，美国工程师拉森(Lnvsen)制造出世界上第一台手动操纵家用冰箱；1918年，美国卡尔·维纳特公司首次在市场上推出自动电冰箱；1926年，美国通用电气(GE)公司研制成功了世界上第一台全封闭式制冷系统自动电冰箱；1927年，家用吸收式冰箱问世。随着化学、石油工业的发展，1930年，密其莱发现了氟利昂，给制冷技术的发展带来了勃勃生机，使氟利昂制冷机得以飞速发展。

1890年左右，空气调节获得初步发展，相继出现了工业空调和舒适空调。1906年，美国一位多面手纺织工程师——克拉默(Stuart W.Cramer)，正式定名了 Air Conditioning 的英语名称，开创了人工环境时代的新纪元。

美国工程院在《20世纪最伟大的工程技术成就》(*The greatest engineering achievements of the* 20th *century*)一书中就将“空调与制冷”技术排名第十，足以说明制冷技术展现出“造福人类”“开创未来”的作用。

“制冷”领域包括制冷技术与设备、人工环境、冷藏与冻结以及低温与气体工业。根据制冷温度的不同，制冷技术大体可划分为三类，即

(1)普通制冷：高于153 K；

(2)深度制冷:153 K 至 20 K;

(3)低温和超低温:20 K 以下。

实现人工制冷的方法有多种,按物理过程的不同可分为:液体汽化法、气体膨胀法、热电法、固体绝热去磁法等。不同的制冷方法适用于获取不同的制冷温度。空气调节用制冷技术属于普通制冷范围,主要采用液体汽化制冷法,其中以蒸气压缩式制冷、吸收式制冷应用最为广泛。

创造健康、舒适、安全、方便的人居环境是 21 世纪的重要任务,而节约能源、保护环境正是制冷、空调技术与相关产业可持续发展的基本条件。

从某种意义上来说,现代制冷技术的发展,不仅要在能源利用、能量的节约和回收、空调设备性能的改进、系统的运行管理、优化设计与技术经济分析以及自动控制精度等方面继续研究和深化,而且要在舒适空调迈向健康空调,提高室内空气品质,改善小区空气环境等方面做进一步研究。

1.能源的合理利用

随着人们生活水平的提高,人们对舒适条件要求也提高了,用于人工环境方面的能耗也在不断增加。目前,欧洲供热空调能耗约占总能耗的 50%,美国和日本约占 33%。自 1945 年以来,全球供热空调能耗每年平均以 4%～5%的速度增长,因此,冷、热源的节能问题十分重要。

目前,我国供冷、供热空调所消耗的能源总量已超过了一次能源总量的 20%,我国一次能耗总量约占世界能耗总量的 11%。尽管目前人均能耗仅为世界人均能耗的 1/2,但若真的达到世界人均能耗水平,将会给世界能源带来严重的影响。

因此,从节能角度考虑,一方面要不断提高产品的性能,降低能源消耗;另一方面,要认真研究能源结构,不但要促进自然能源、可再生能源以及废热、余热的利用及其设备的开发,而且要大力开展蓄能产品的研制和推广。

2.改善室内外空气环境

随着城市化的进展,人们不但要关心室内空气品质的质量,而且要关心城市,特别是小区空气环境的改善问题。因此,将室内热、湿环境控制技术,空气洁净技术,空调自控技术与大气环境控制技术相结合,促使舒适空调迈向健康空调,是今后空调发展的方向。

18 世纪兴起的工业革命,在极大地提高了生产力的同时,也给人类社会埋下了生存和发展的潜在威胁。

1984 年南极上空“臭氧空洞”的发现,引发了新一轮对世界环境问题关注的高潮。1985 年 3 月,全球 21 个国家和欧共体(欧盟前身)签署了第一个国际性的保护臭氧层条约——《保护臭氧层维也纳公约》,公约要求缔约国采取适当措施减少对臭氧层的破坏。1987 年 9 月,在加拿大蒙特利尔会议上,通过了划时代的《关于臭氧层物质的蒙特利尔议定书》,该议定书及其修正案定义了 CFC 和哈龙等臭氧层损耗物质为受控物质,HCFC 物质为过渡物质。要求发达国家在 1996 年 1 月 1 日前停止受控物质的使用,并逐渐削减过渡物质的使用量。给予发展中国家一定的延缓期,到 2010 年最终淘汰受控物质的使用。

1992 年 6 月 3 日至 14 日,联合国环境与发展大会在巴西里约热内卢举行,大会通过了

《里约环境与发展宣言》和《21 世纪议程》两个纲领性文件，以及《关于森林问题的原则声明》，签署了《气候变化框架公约》和《生物多样性公约》。1996 年 7 月在日内瓦召开了《气候变化框架公约》缔约国第二次大会，敦促各缔约国采取具体行动，减少导致温室效应的各种气体的排放量，以防止地球气温上升。1997 年 12 月在日本京都召开的联合国《气候变化框架公约》缔约国第三次大会上通过了《京都议定书》，规定了 HFC 和 CFC、HCFC 类物质都是“温室气体”，对其排放量需加以控制。

《蒙特利尔议定书》要求限期逐步淘汰 CFC、HCFC 类物质，是强制性的。制冷空调行业为了逐步淘汰 CFC、HCFC 类物质，纷纷转轨研究和使用 HFC 类物质。《京都议定书》颁布了将 HFC 类物质划归为“温室气体”，并对其排放加以控制的规定，向制冷行业提出了更大的挑战。研究和寻求对大气臭氧层无破坏作用，且无温室效应的替代制冷剂，以及由于制冷剂更换所涉及的一系列技术问题，都已成为亟待解决的问题。

3.发展区域供热供冷

21 世纪以来，中国城镇化发展迅速，2000 年中国城镇化率为 36.22%，2019 年中国城镇化率已突破 60%。随着市场经济的快速发展，我国城市化进程突飞猛进，城市建设规模不断扩大，各种产业园区、住宅小区、大型建筑群以及小型卫星城镇不断涌现，到 2050 年，中国的城市化率可能会提高到 80%以上，这就意味着每年平均需增长 0.7%左右的城市化率，即每年约 700 万～840 万人从农村转移到城市，城镇每年新增建筑面积约 13 亿 m^2。

我国的建筑能耗主要集中在城市。城市土地资源稀缺，人口密集，建筑规模大，能耗高。在建筑能耗中所占比例最高、节能潜力最大的是为建筑物营造舒适环境的空调系统。而适合于高密度建筑群的空调方式应该是区域供热供冷(District Heating and Cooling，DHC)的方式，即设置区域性集中的冷热源。作为大型建筑群的能源系统，DHC 的最大优点是节能和环保。由于 DHC 系统规模大，便于从节能角度出发对设备和管网进行优化配置，可以选用单机容量大的设备，以提高系统的经济性。如果能结合当地热电联供或利用附近地表水中的温差、电厂排热、工业废热等“未利用能”，其节能效果会更加明显。DHC 系统还可以通过蓄冷、蓄热的方式，有效地利用峰谷电价差，削减高峰用电负荷，实现电力移峰填谷。我国正在经历城市化进程和加强环境保护，针对我国建筑密集，居住集中，住宅建筑与商业、办公建筑交织的用能特点，发展 DHC 系统，对于我国实施建筑节能、净化城市环境、缓解能源压力和实现可持续发展具有重要的现实意义。

4.发展制冷空调系统智能控制

随着计算机控制技术的不断发展，现代控制理论也越来越多地被应用于制冷空调系统，包括模糊控制、自适应控制等。这些先进控制技术的引入，使得制冷空调系统实现了智能化，系统运行更加节能，也更接近于人们的实际需要。

在制冷空调系统智能控制中，控制系统所采用的控制方式主要是围绕着以舒适度为控制目标的空调系统控制和以高效节能为目标的制冷系统控制这样两个控制目标展开研究的。

空调系统控制除了精确地控制房间的温度、相对湿度、气流速度、洁净度，考虑节能的要求外，更多的是考虑人类自身的要求，即人们对热舒适性的要求。随着人类生活水平的不断提高，这种要求越来越被人们所重视。目前在研究空调系统热舒适控制方面，更多地引入了神经网络与模糊控制等智能控制方法。

制冷系统控制，在保证系统冷量输出，并安全、可靠运行的前提下，更明确的任务就是要使系统在更加经济的状态下运行。因此，在系统的控制中就加入了一系列的自适应控制与智能控制方法，如压缩机的变频控制、启动负载控制以及异常工况下的冷量优先控制，冷却塔风机的起停与变速控制等。与常规控制系统相比，该控制系统具有更高的能效比。

总之，制冷空调控制技术的发展围绕着高效、节能展开，并努力实现高度自动化，不但能够实现系统的能量调节、安全保护，而且可以实现系统故障的自动监测与自动排除。人们对于热舒适性的要求改变了传统空调控制模式，使得空调系统的控制更加贴近于人类的需要。计算机技术、网络技术、智能控制理论的发展为制冷空调控制技术带来了新的活力，它必将会得到更大的发展。

复习思考题

0.1 制冷的定义是什么？灼热的铁块放在空气中冷却下来，该过程可以称之为制冷吗？

0.2 制冷温度通常分为哪几个区域？

0.3 简述制冷在人类社会中的发展过程及其应用。

0.4 是谁开创了人工环境时代的新纪元？

第1章 热力学原理与应用

1.1 热力学基本定理

1.1.1 热力学第一定律

能量转换与守恒定律是自然界的基本定律之一。它指出：自然界中的一切物质都具有能量，能量不可能被创造，也不可能被消灭，它可以从一种形式转化为另一种形式，在能量的转化过程中，其总量保持不变。热力学第一定律是能量守恒与转换定律在热现象中的应用，它确定了热力过程中热力系统与外界进行能量交换时，各种形态能量数量上的守恒关系，即

$$\text{输入系统的能量} - \text{输出系统的能量} = \text{系统能量的增量} \tag{1.1}$$

如图1.1所示，假设某系统在无限短的时间间隔 $\mathrm{d}\tau$ 内，从外界吸收热量 δQ，并有 δm_1 千克的工质携带 $e_1\delta m_1$ 的能量进入系统；同时，系统对外界输出功的总和为 δW，且有 δm_2 千克的工质携带 $e_2\delta m_2$ 的能量流出系统（e_1、e_2 分别为流入和流出系统工质的比储存能），根据能量转换与守恒定律，系统能量的增量 $\mathrm{d}E$ 应该是输入系统的能量与输出系统的能量之差，即

$$\mathrm{d}E = (\delta Q + e_1\delta m_1) - (\delta W + e_2\delta m_2)$$

即

$$\delta Q = \mathrm{d}E + (e_2\delta m_2 - e_1\delta m_1) + \delta W \tag{1.2}$$

对上式积分，可以得到有限时间 τ 内的表达式为

$$Q = \Delta E + \int_{\tau}(e_2\delta m_2 - e_1\delta m_1) + W \tag{1.3}$$

式(1.2)和式(1.3)即为热力学第一定律的一般表达式。

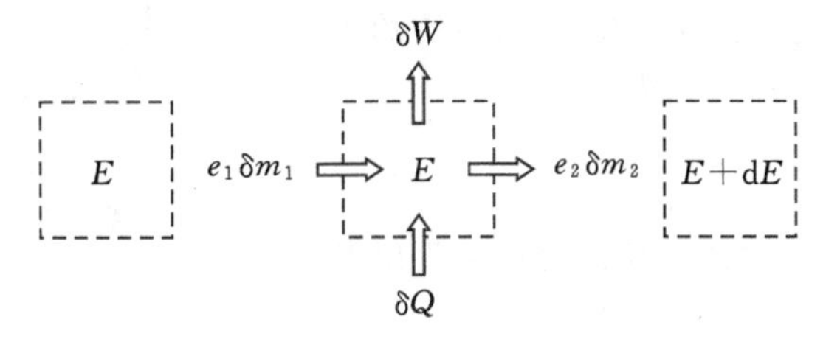

图1.1 能量守恒原理图

当热力学第一定律的一般表达式应用于闭口系统时，根据热力过程中系统总能量的变化等于系统内能的变化，可得

$$Q = \Delta U + W \tag{1.4}$$

对于单位质量工质而言，上式可表达为

$$q = \Delta u + w \tag{1.5}$$

对于微元热力过程，式(1.4)和式(1.5)分别表达为

$$\delta Q = \mathrm{d}U + \delta W \tag{1.6}$$

和

$$\delta q = \mathrm{d}u + \delta w \tag{1.7}$$

式(1.4)—式(1.7)是闭口系统能量方程的表达式，它反映了热功转换的实质，所以也称为热力学第一定律的基本表达式。

如图1.2所示，当系统从状态1变化到状态2时，对于可逆过程，系统对外界输出功的总和为

$$W = \int_1^2 P\mathrm{d}V \quad \text{或} \quad w = \int_1^2 p\mathrm{d}v$$

对于闭口系统的可逆过程有

$$Q = \Delta U + \int_1^2 p\mathrm{d}v \tag{1.8}$$

$$q = \Delta u + \int_1^2 p\mathrm{d}v \tag{1.9}$$

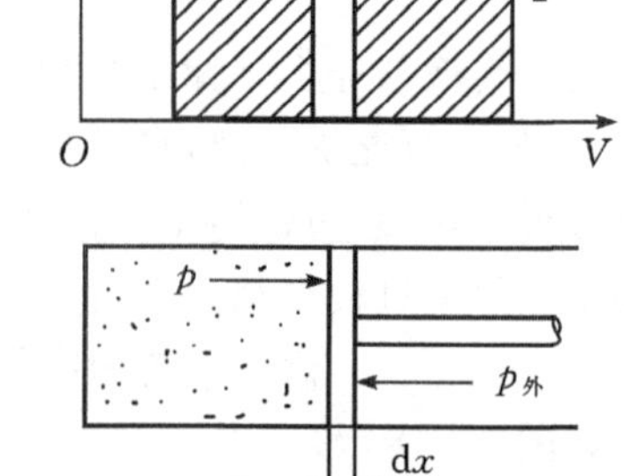

图1.2　系统与外界发生的体积变化功

在实际的热力工程和热工设备中，工质不断地流入和流出，热力系统是一个开口系统。在正常运行工况和设计工况下，所研究的开口系统是稳定流系统。稳定流系统是指热力系统内各点状态参数不随时间变化的流动系统。为实现稳定流动，必须满足以下条件：

(1)进出系统的工质流量相等，且不随时间变化而变化；

(2)系统进、出口工质的状态参数不随时间变化而变化；

(3)系统与外界交换的功和热等所有能量不随时间变化而变化。

如图1.3所示的热力系统是一稳定流系统。在时间τ内，系统与外界交换热量为Q，流入系统的工质m_1等于流出系统的工质m_2，即

$$m_1 = m_2 = m = \int_\tau \delta m$$

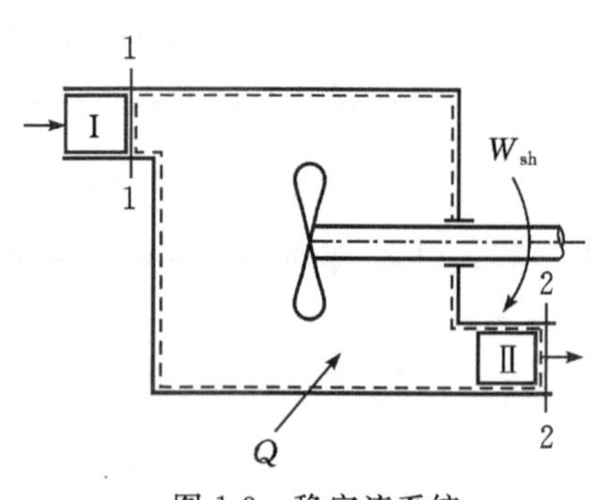

图1.3　稳定流系统

根据稳定流条件(2)，流入系统的能量与流出系统的能量之差为

$$\int_\tau (e_2\delta m_2 - e_1\delta m_1) = \int_\tau (e_2 - e_1)\delta m$$

$$=(e_2-e_1)\int_\tau \delta m=(e_2-e_1)m=E_2-E_1$$

$$=(U_2+\frac{1}{2}mv_2^2+mgz_2)-(U_1+\frac{1}{2}mv_1^2+mgz_1)$$

在时间 τ 内，系统与外界交换的总功 W 为维持工质流动的流动功 W_1 与输入功 W_{sh} 之和，即

$$W=W_1+W_{sh}=\Delta(PV)+W_{sh}$$

由于稳定流系统内各点状态参数不随时间发生变化，所以，作为状态参数的系统总能量变化恒为零，即

$$\Delta E=0$$

热力学第一定律的一般表达式为

$$\begin{aligned}Q&=\Delta E+\int_\tau (e_2\delta m_2-e_1\delta m_1)+W\\&=0+E_2-E_1+W_1+W_{sh}\\&=(U_2+\frac{1}{2}mv_2^2+mgz_2)-(U_1+\frac{1}{2}mv_1^2+mgz_1)+\Delta(PV)+W_{sh}\\&=(U_2+P_2V_2)-(U_1+P_1V_1)+\frac{1}{2}m(v_2^2-v_1^2)+mg(z_2-z_1)+W_{sh}\end{aligned}$$

令 $H=U+PV$，称为焓，则上式为

$$Q=\Delta H+\frac{1}{2}m\Delta v^2+mg\Delta z+W_{sh} \tag{1.10}$$

这就是稳定流系统的能量方程。对于流入流出系统的单位制冷工质，则有

$$q=\Delta h+\frac{1}{2}\Delta v^2+g\Delta z+w_{sh} \tag{1.11}$$

式中，$h=H/m$，称为比焓。对于微元过程，式(1.10)与式(1.11)为

$$\delta Q=\mathrm{d}H+\frac{1}{2}m\mathrm{d}v^2+mgz+\delta W_{sh} \tag{1.12}$$

$$\delta q=\mathrm{d}h+\frac{1}{2}\mathrm{d}v^2+g\mathrm{d}z+\delta w_{sh} \tag{1.13}$$

热力学第一定律是能量传递和转换所必须遵循的基本定律。闭口系统的能量方程反映了热能和机械能相互转换的基本原理和关系；而开口系统的稳定流能量方程，在实际工程中应用更为广泛。

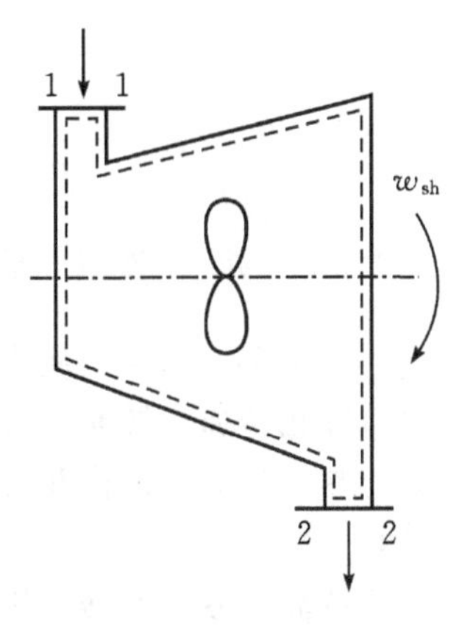

图1.4　叶轮式动力机械

如图1.4所示，当工质流经蒸汽轮机、燃气轮机等叶轮式动力机械时，压力降低，体积膨胀，对外做功；当工质流经压气机、水泵、风机等叶轮式耗功机械时，压力提升，体积压缩，外界对系统做功。通常可以忽略工质进出口的动能差、位能差以及系统与外界的热量交换，于是稳定流能量方程(1.11)可简化为

$$w_{sh}=\Delta h=h_1-h_2$$

上式说明，叶轮式动力机械对外做功源自工质从进口到出

口的焓降，$h_1>h_2$；而外界对叶轮式耗功机械做功，所消耗的能量提高了工质的焓，$h_1<h_2$，系统所做的功为负值。

热力工程中的锅炉、冷凝器、回热器、冷油器等热交换器，如图1.5所示。工质在热交换器中被加热或冷却，与外界有热量交换而无功量交换，忽略工质进出口的动能差、位能差，对于稳定流动，公式(1.10)可简化为

$$Q=\Delta H=H_1-H_2$$

说明工质在换热器中吸收的热量等于其焓的增量；相反，工质放出的热量等于其焓的减少。

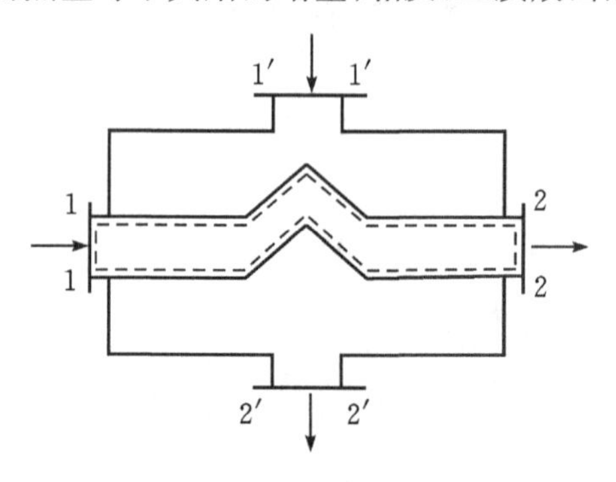

图1.5　热交换器

节流阀、孔板流量计等节流设备的节流过程，如图1.6所示。在节流过程中，工质与外界交换的热量可以忽略不计，故称绝热节流。节流过程工质与外界无功量交换，忽略工质进出口的动能差、位能差，稳定流能量方程(1.11)可简化为

$$\Delta h=0 \quad 或 \quad h_1=h_2$$

说明节流前后工质的焓相等。

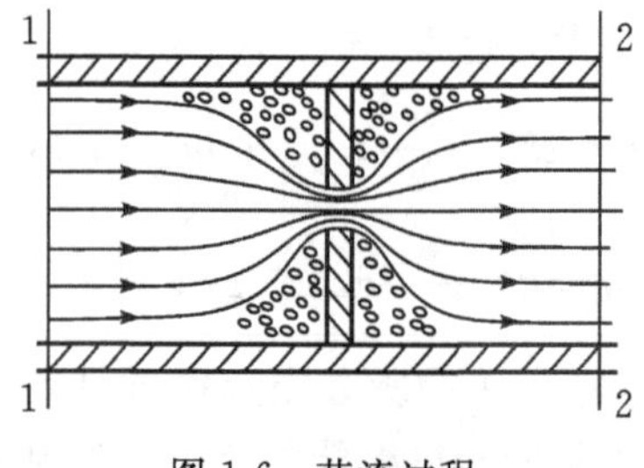

图1.6　节流过程

1.1.2　热力学第二定律

热力学第一定律是从能量传递或转换过程中总结出来的一条客观规律，各种形式的能量可以互相传递或转换，在传递和转换过程中，孤立系统内全部能量的总和是一定的和守恒的。但热力学第一定律并没有说明热量在什么条件下才能传递，没有说明热量传递的方向和条件。

自然界中发生的涉及热现象的热力过程都具有方向性。研究热力过程的方向性，以及由此而引出的非自发过程的补偿和补偿限度等问题正是热力学第二定律的主要内容。

热力学第二定律的建立始自1824年(热力学第一定律建立之前)法国工程师卡诺(S.Carnot)发表的卡诺定理:在两个确定温度的热源之间工作的所有热机,以可逆机的效率为最高。

1834年,克拉珀龙(B.P.E.Clapeyron)把卡诺所指的可逆机进行的循环表示在了 $P-V$ 图上,建立了由两个可逆等温和两个可逆绝热过程组成的卡诺循环。

1848年,开尔文(Lord Kelvin)又从卡诺定理的推论(所有工作于两个一定温度间的可逆机的效率影响等),首次引进和物质无关的热力学温度 T,并于1851年发表了关于热力学第二定律的经典叙述:不可能从单一热源取得热使之完全变为功,而不产生其它影响。

1850年,克劳修斯(R.Clausius)发表了他的热力学第二定律的经典说法:不可能把热从低温物体传到高温物体而不引起其它变化,即热从低温物体传给高温物体不能自发进行。1854年,克劳修斯又通过卡诺定理得出了著名的克劳修斯不等式:$\oint \frac{\delta Q}{T} \leqslant 0$,并于1865年引入了熵这一新状态参数的概念。

热力学第二定律虽有不同的说法,但是它们都反映了热力过程具有方向性这一共同实质。可以说,热力过程的方向性在于热力过程的不可逆性,正是由于自然界中存在着没有不可逆因素的可逆过程,故而才有热力过程的方向性问题,才产生了反映热力过程方向性的热力学第二定律。这样人们就可以用一个统一的热力学参数来描述所有不可逆过程的共同特性,并作为热力过程方向性的判据,这就是状态参数熵,以符号 S 表示,其定义式为

$$dS = \frac{\delta Q}{T} \tag{1.14}$$

式中,δQ 为微元可逆过程中系统与外界传递的热量;T 为传热时热源的温度。

可逆过程的熵增为

$$\Delta S = S_2 - S_1 = \int_1^2 \frac{\delta Q}{T} \tag{1.15}$$

1909年,希腊数学家卡拉特奥多里(Caratheodory)发表了热力学的公理论证,在不引入热量概念的条件下,论证了状态参数熵。卡拉特奥多里的熵状态参数论证是从热力学第二定律的卡拉特奥多里说法出发的,这个说法是:在一个物系的任意给定的平衡态附近总有这样的态存在,从给定的态出发不可能经绝热过程到达。

卡拉特奥多里说法当中的绝热过程是热力学第二定律中最重要的过程。熵参数的数值是这类过程的标志:熵参数保持不变的绝热过程是可逆绝热过程,熵增大的绝热过程是不可逆绝热过程。

根据孤立系统熵增原理,若一个过程进行的结果是使孤立系统的熵增加,则该过程就可以发生和进行,而且是不可逆过程;相反,欲使非自发过程自动发生的过程,一定是使孤立系统熵减少的过程,由于它违背了孤立系统熵增原理和热力学第二定律,显然不可能发生。要是非自发过程能够发生,一定要有补偿,补偿的目的在于使孤立系统的熵不减少。

正是由于孤立系统熵增原理解决了过程的方向性问题,解决了由此引发的非自发过程的补偿和补偿限度问题,因此,孤立系统熵增原理的表达式可作为热力学第二定律的数学表达式,即

$$dS \geqslant 0 \tag{1.16}$$

或
$$\Delta S \geqslant 0 \tag{1.17}$$

熵是热力学第二定律导出的重要概念，它不但在热学领域得到广泛应用，而且在其它学科，如人文社会科学、生物生命科学等领域也逐渐得到应用和重视。

热力学第一定律解决了热能与机械能在转换过程中能量守恒的问题，热力学第二定律解决了热力过程中的方向问题。自然界所有的热力过程必须符合热力学第一定律，但符合热力学第一定律的过程不一定都可以实现，只有既符合热力学第一定律又符合热力学第二定律的热力过程才能实现。

1.2 逆卡诺循环

1.2.1 逆卡诺循环

在热力学中，把由互相交替的两个等温过程和两个绝热过程组成的正向循环，称为卡诺循环。它是工作在一个恒温热源和一个恒温冷源之间的理想热机循环。与卡诺循环路径相同、方向相反的循环，称为逆卡诺循环。逆卡诺循环是可逆的理想制冷循环，如图 1.7 所示。

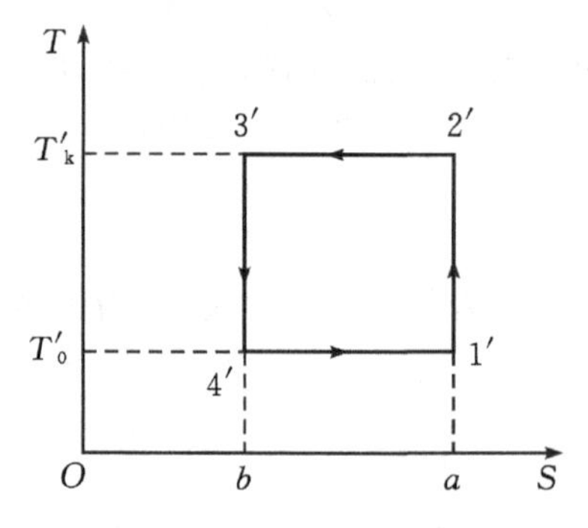

图 1.7 逆卡诺循环过程

制冷剂在逆卡诺循环中完成了 1′—2′绝热压缩过程、2′—3′等温冷凝过程、3′—4′绝热膨胀过程和 4′—1′等温吸热过程。在每一个制冷循环中，1 kg 制冷剂从低温热源吸取热量 q_0，消耗的循环净功为 $\sum w$（$\sum w$ 为压缩功 w_c 与膨胀功 w_e 之差），向高温热源放出热量 q_k。根据热力学第一定律，则

$$q_k = q_0 + \sum w \tag{1.18}$$

制冷循环的制冷系数为

$$\varepsilon_0 = \frac{q_0}{\sum w}$$

如图 1.7 所示：

$$q_0 = T'_0(S_a - S_b)$$
$$q_k = T'_k(S_a - S_b)$$
$$\sum w = q_k - q_0 = (T'_k - T'_0)(S_a - S_b)$$

则制冷系数为

$$\varepsilon_0=\frac{q_0}{\sum w}=\frac{T_0'(S_a-S_b)}{(T_k'-T_0')(S_a-S_b)}=\frac{T_0'}{T_k-T_0'}=\frac{1}{\frac{T_k'}{T_0'}-1} \tag{1.19}$$

公式(1.19)表明，逆卡诺循环的制冷系数与制冷工质的性质无关，仅取决于低温热源的温度 T_0' 和高温热源的温度 T_k'。T_k' 越低，T_0' 越高，制冷系数越大，制冷循环的经济性越好。

1.2.2　热泵循环

逆卡诺循环以耗功作为补偿，通过工质的循环，从低温热源中吸收热量，并向高温热源排放热量。因此，逆卡诺循环既可以制冷，也可以制热，或者说可以同时制冷和制热。用来制冷的逆卡诺循环称为制冷循环；用来制热的逆卡诺循环称为热泵循环；同时用来制冷和制热的逆卡诺循环称为热化制冷循环。

如图 1.7 所示，1 kg 制冷工质在逆卡诺循环中，向高温热源放出热量 q_k，根据公式(1.18)，热泵循环的制(供)热系数为

$$\varepsilon_h=\frac{q_k}{\sum w}=\frac{q_0+\sum w}{\sum w}=\varepsilon_0+1 \tag{1.20}$$

1.2.3　有温差传热的逆卡诺循环

实际上，在制冷工质与被冷却物体和冷却介质之间存在传热温差的情况下，制冷循环如图 1.8 所示，$T_k>T_k'$、$T_0<T_0'$，由两个等温过程和两个绝热过程组成的有传热温差的制冷循环 1—2—3—4—1 的制冷系数为

$$\varepsilon=\frac{T_0}{T_k-T_0}=\frac{1}{\frac{T_k}{T_0}-1} \tag{1.21}$$

显然，有温差传热的制冷系数总是小于无温差传热的制冷系数，即 $\varepsilon_0>\varepsilon$。

通常将工作于相同温度间的实际制冷循环的制冷系数 ε 与逆卡诺循环的制冷系数 ε_0 的比值，称为该不可逆循环的热力完善度，用 η 表示，即

$$\eta=\frac{\varepsilon}{\varepsilon_0} \tag{1.22}$$

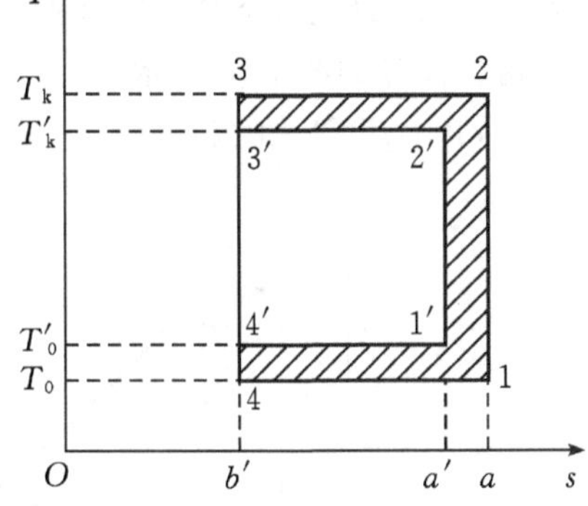

图 1.8　有传热温差的制冷循环

热力完善度用来表示实际制冷循环接近逆卡诺循环的程度，它的值愈接近 1，说明实际循环的不可逆程度愈小，循环的经济性愈好。

1.3　洛伦茨循环

具有变温热源的理想制冷循环，称为洛伦茨循环。洛伦茨循环是 1894 年由苏黎世工程

师 H.Lorenz 提出的，当时是针对一侧为冷盐水，另一侧为冷却水的制冷机提出的具有变温热源的理想制冷循环。这种循环是由两个绝热过程和两个变温的多变过程组成的，如图 1.9 所示。图中 $a—b$、$c—d$ 为绝热过程，$b—c$、$d—a$ 为变温多变过程。这样，当外部为变温热源时，降低制冷工质在吸热或放热过程中的传热温差，使制冷工质的温度变化趋势与冷、热源温度的变化趋势完全一样，从而提高循环的制冷系数。所以，洛伦茨循环是外部具有变温热源的理想制冷循环。

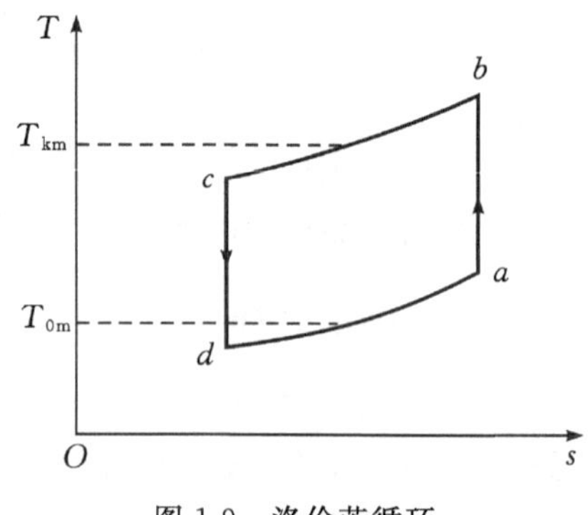

图 1.9　洛伦茨循环

对于变温条件下的可逆循环，可采用建立在平均当量温度概念上的逆卡诺循环来表示其经济指标。

$$\varepsilon_1=\frac{T_{0m}}{T_{km}-T_{0m}} \tag{1.23}$$

式中，T_{km}、T_{0m}分别为两个变温热源的平均温度，也就是制冷工质的平均放热温度和平均吸热温度；ε_1 为洛伦茨循环的制冷系数，可见，变温可逆循环 $abcda$ 的制冷系数，相当于在平均吸热温度 T_{0m}和平均放热温度 T_{km}间工作的逆卡诺循环的制冷系数。

1.4　布雷顿循环

1844 年，美国人戈里(J.Gorrie)制造了利用空气做工质的气体压缩式制冷机。最早的气体压缩式制冷机循环由两个等压过程和两个等熵过程组成，这正是封闭的布雷顿(Bragton)循环。

布雷顿循环如图 1.10 所示，1—2 为等熵压缩过程，2—3 为等压冷凝过程，3—4 为等熵膨胀过程，4—1 为等压吸热过程。

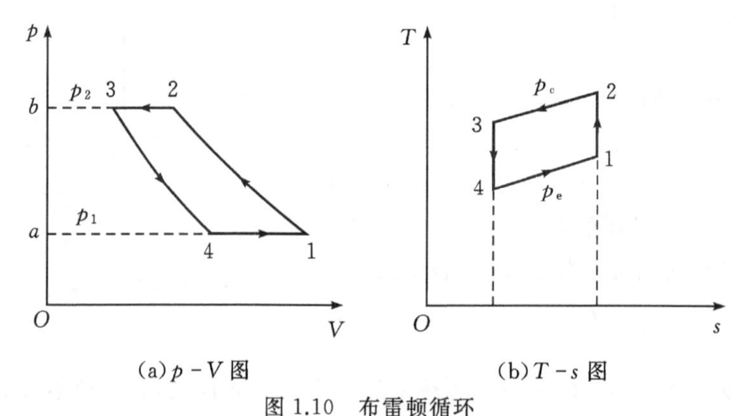

(a) p - V 图　　(b) T - s 图

图 1.10　布雷顿循环

在每一个制冷循环中，1 kg 气体工质从低温热源吸取热量 q_0 为

$$q_0=h_1-h_4=c_p(T_1-T_4)$$

向高温热源放出热量 q_k 为

$$q_k=h_2-h_3=c_p(T_2-T_3)$$

循环中消耗的单位压缩功 w_c 为

$$w_c = h_2 - h_1 = c_p(T_2 - T_1)$$

等熵膨胀过程产生的单位膨胀功 w_e 为

$$w_e = h_3 - h_4 = c_p(T_3 - T_4)$$

理论循环消耗的单位净功 $\sum w$ 为

$$\sum w = w_c - w_e = c_p(T_2 - T_1) - c_p(T_3 - T_4)$$

理论循环的制冷系数 ε_0

$$\varepsilon_0 = \frac{q_0}{\sum w} = \frac{c_p(T_1 - T_4)}{c_p(T_2 - T_1) - c_p(T_3 - T_4)} = \frac{T_1 - T_4}{(T_2 - T_1) - (T_3 - T_4)} \tag{1.24}$$

因为 1—2、3—4 均为绝热过程，故

$$\frac{T_2}{T_1} = \frac{T_3}{T_4} = \left(\frac{p_2}{p_1}\right)^{\frac{k-1}{k}}$$

所以

$$T_2 - T_1 = T_1\left[\left(\frac{p_2}{p_1}\right)^{\frac{k-1}{k}} - 1\right]$$

$$T_3 - T_4 = T_4\left[\left(\frac{p_2}{p_1}\right)^{\frac{k-1}{k}} - 1\right]$$

因此，式(1.24)可简化为

$$\varepsilon_0 = \frac{1}{\left(\frac{p_2}{p_1}\right)^{\frac{k-1}{k}} - 1} = \frac{T_1}{T_2 - T_1} = \frac{T_4}{T_3 - T_4} \tag{1.25}$$

当然，这是理想状态下的性能系数。实际循环的制冷系数比布雷顿理论循环制冷系数小得多，因为必须考虑过程的不可逆以及传热温差、摩擦损失等。

1.5　斯特林循环

斯特林(Stirling)循环由苏格兰 Robert Stirling 于 1816 年发明，并制成了斯特林“外燃机”。1834 年，赫舍尔(John Herschel)提出了这种发动机可用作制冷机的设想。1861 年，柯克(Alexander Kirk)提出斯特林制冷循环，并于 1864 年前后建成了第一台斯特林循环制冷机。

斯特林循环以空气为循环工质，由两个等温过程和两个等容过程组成，其结构和工作过程如图 1.11 所示。一个气缸内有两个活塞(压缩活塞 A 及膨胀活塞 B)，中间放置回热器 R，回热器右侧为压缩腔，回热器左侧为膨胀腔。循环过程如下。

①等温压缩过程 1—2：过程开始前活塞 A 处于下死点，活塞 B 处于上死点，气缸内气体压力为 p_1，容积为 V_1。等温压缩过程开始，活塞 B 不动，活塞 A 向左运动，压缩腔在温度 T_h 下向外界高温热源释放出热量，其容积减少到 V_2，压力升高到 p_2。

②定容放热过程 2—3：两个活塞以相同的速度同时向左运动，迫使压缩腔里的气体通过回热器 R 冷却降温到 T_A，气体放出的热量并未散发至外界热源，而是全部积存在回热器 R

中。由于气体占据的几何容积不变,因而压力由 p_2 降低到了 p_3。

③等温膨胀过程 3—4:活塞 A 不动,活塞 B 继续向左运动使气体膨胀,膨胀过程中,膨胀腔在温度 T_A 下从外界低温热源吸取热量,产生制冷效应。由于气体容积从 V_2 增大到 V_1,因而压力从 p_3 降低到了 p_4。

④定容吸热过程 4—1:两个活塞以相同的速度同时向右运动,迫使膨胀腔里的冷气体通过回热器 R,回收过程 2—3 储存在回热器中的热量,在无热损失的理想情况下,使气体温度回升到 T_A。由于气体占据的容积不变,因而压力升高到了 p_1,气体从膨胀腔回到了压缩腔,完成了一次循环。

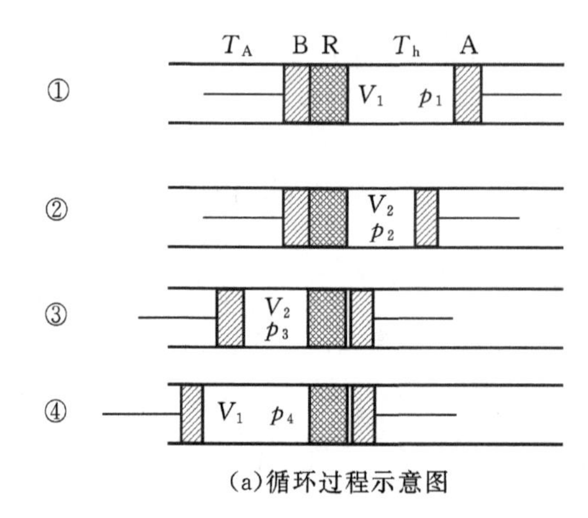

(a)循环过程示意图

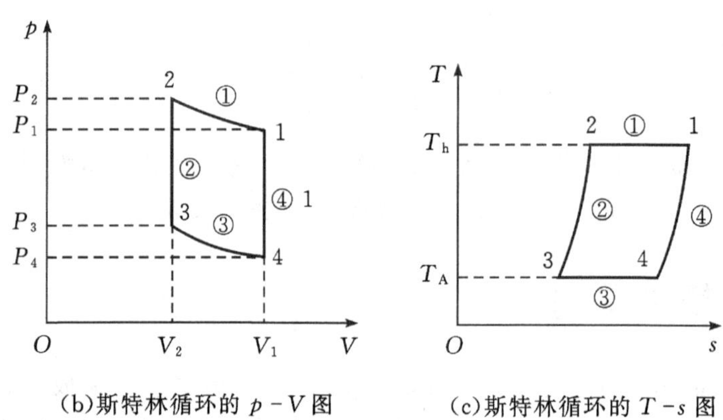

(b)斯特林循环的 $p-V$ 图　　(c)斯特林循环的 $T-s$ 图

图 1.11　斯特林循环

假设循环过程中压缩腔温度 T_h、膨胀腔温度 T_A 均为恒值,工质是理想气体,不计换热损失和流动损失等,循环的热力计算结果如下。

循环中膨胀腔单位制冷量为

$$q_0=RT_A\ln\frac{V_1}{V_2}$$

循环中压缩腔单位制热量为

$$q_h=RT_h\ln\frac{V_1}{V_2}$$

回热器单位热负荷

$$q_r = c_v(T_h - T_A)$$

循环中消耗的单位功等于单位压缩功与单位膨胀功之差，即

$$w = RT_h \ln\frac{V_1}{V_2} - RT_A \ln\frac{V_1}{V_2} = R(T_h - T_A)\ln\frac{V_1}{V_2}$$

理论循环的制冷系数

$$\varepsilon_0 = \frac{q_0}{w} = \frac{RT_A \ln\frac{V_1}{V_2}}{R(T_h - T_A)\ln\frac{V_1}{V_2}} = \frac{T_A}{T_h - T_A} \tag{1.26}$$

理想的斯特林循环与同温度范围内的逆卡诺循环具有同样的性能系数，所以是一种很有意义的循环。

由于循环是理想的，在定容放热过程2—3中气体放出的热量，正好等于定容吸热过程4—1中气体吸收的热量，经过一个循环，回热器恢复到原始状态。所以，回热器的效率是决定斯特林制冷机成败的关键。

复习思考题

1.1　什么叫做制冷循环的热力完善度？它与理论循环的制冷系数有什么区别？

1.2　为什么说洛伦茨循环的制冷系数，相当于在平均吸热温度和平均放热温度间工作的逆卡诺循环的制冷系数？

1.3　简述布雷顿循环的过程组成，为什么实际循环的制冷系数比布雷顿理论循环制冷系数小得多？

1.4　简述斯特林循环的工作过程，为什么理想的斯特林循环与同温度范围内的逆卡诺循环具有同样的性能系数？

第2章 制冷工质

2.1 制冷剂

制冷剂又称为“制冷工质”，简称“工质”，是制冷装置中循环流动的工作介质，它通过自身热力状态的循环变化不断与外界进行能量交换实现制冷。通常所说的制冷剂，是指液体汽化式制冷剂。制冷剂要求在低温下汽化，从被冷却对象中吸取热量；再在较高温度下凝结，向外界排放热量。所以，只有在工作温度范围内能够汽化和凝结的物质才有可能作为制冷剂使用。多数制冷剂在常温常压下呈气态。

制冷剂必须具备一定的特性，如热力性质、物理化学性质、安全性和环保性等。乙醚是最早使用的制冷剂，之后人们尝试采用 CO_2、NH_3、SO_2 作为制冷剂；20世纪初，一些碳氢化合物如乙烷、丙烷、氯甲烷、二氯乙烯、异丁烷等被用作制冷剂，直到1928年Midgley和Henne提出R12作为制冷剂，之后氟利昂制冷剂引起制冷技术变革性的进步，同时还出现了氟利昂制冷剂的混合工质。1974年发现大气臭氧层破坏的化学机制，20世纪80年代确认氯氟烃是引起臭氧破坏和温室效应的物质，产生了一系列国际协定，如《关于消耗臭氧层物质的蒙特利尔议定书》(1987年)和《京都议定书》(2005年生效)，自此，开始了制冷剂的更新工作。环境影响是当今选择制冷剂的重要因素，一些天然工质(如 CO_2、碳氢化合物)成为新一代制冷剂的重要选项。

2.1.1 制冷剂的分类命名及安全标准

国际上对制冷剂的命名与安全性分类一般采用美国国家标准协会和美国供热制冷空调工程师学会标准《制冷剂命名和安全性分类》(ANSI/ASHRAE34—1992)，在此基础上，我国国家标准《制冷剂编号方法和安全性分类》(GB/T7778—2008)增加了急性毒性指标和环境友好性能评价方法。

1.分类命名

常用的制冷剂按照组成区分，有单一制冷剂和混合制冷剂；按化学成分区分，主要有无机物和有机物两类。

为了书写和表达方便，采用国际统一规定的符号作为制冷剂物质的简化代号。采用技术性前缀符号“R”(英文制冷剂Refrigeration的首字母)或非技术性前缀符号(体现制冷剂化学成分的符号)和它们后面的一组数字或字母组成，后面的数字、字母根据制冷剂的化学组成按一定规则编写，编写规则如下。

(1)无机化合物。

编号为 R7()()。括号内的数字是该无机物的相对分子量(取整数部分)，如表 2.1 所示。

表 2.1　无机化合物的命名

制冷剂	NH_3	H_2O	CO_2	N_2O	SO_2
相对分子量的整数部分	17	18	44	44	64
符号表示	R717	R718	R744	R744a	R764

上表中，CO_2 和 N_2O 的相对分子量的整数部分相同，为区分起见，规定用 R744 表示 CO_2，用 R744a 表示 N_2O。

(2)氟利昂及其烷烃类。

氟利昂(卤代烃)是饱和碳氢化合物的卤族衍生物。烷烃化合物的分子通式为 C_mH_{2m+2}，氟利昂的分子通式为 $C_mH_nF_xCl_yBr_z$ $(2m+2=n+x+y+z)$。它们的简写符号为 R$(m-1)(n+1)(x)$B(z)，当 $m-1=0$ 时，不写出；当 $z=0$ 时，则字母 B 省略，如表 2.2 所示。

表 2.2　氟利昂及烷烃类的命名

化合物名称	分子式	m、n、x、z 的值	符号表示
二氟二氯甲烷	CF_2Cl_2	$m=1,n=0,x=2$	R12
二氟一氯甲烷	CHF_2Cl	$m=1,n=1,x=2$	R22
三氟一溴甲烷	CF_3Br	$m=1,n=0,x=3,z=1$	R13B1
四氟乙烷	$C_2H_2F_4$	$m=2,n=2,x=4$	R134
甲烷	CH_4	$m=1,n=4,x=0$	R50
乙烷	C_2H_6	$m=2,n=6,x=0$	R170
丙烷	C_3H_8	$m=3,n=8,x=0$	R290

注：(1)化合物的同分异构体，随着不对称性的增加，在符号后面加 a，b，…以示区别。

(2)对丁烷，不按以上规则，而是记为 R600 或 R600a。

(3)环烷烃及环烷烃的卤代物，是在“R”后面先写上一个字母“C”，然后按氟利昂规则编写，如八氟环丁烷 C_4F_8(RC318)。

氟利昂还有一种更直观的符号表示法，即前缀为分子中的组成元素符号。分子中含氯、氟、碳的完全卤代烃写作“CFC”，是公害物质，如 R11、R12 可表示为 CFC11、CFC12；分子中含氢、氯、氟、碳的不完全卤代烃写作“HCFC”，是低公害物质，如 R21、R22 可表示为 HCFC21、HCFC22；分子中含氢、氟、碳的无氯卤代烃写作“HFC”，是无公害物质，如 R134a 可表示为 HFC134a。

(3)烯烃及其卤族元素衍生物。

烯烃的分子通式为 C_mH_{2m}，烯烃及其卤族元素衍生物，是在“R”后面先写上一个数字“1”，然后按氟利昂规则编写，如乙烯 C_2H_4(R1150)、二氯乙烯 $C_2H_2Cl_2$(R1130)。

(4)其它有机化合物。

其它有机化合物规定按 R6()()编号，每种化合物的编号则是任选的，如乙醚 $C_2H_5OC_2H_5$(R610)，甲胺 CH_3NH_2(R630)。

(5)混合制冷剂。

共沸混合制冷剂的符号表示为 R5()()，括号中的数字为该混合物命名的先后序号，从 00 开始。例如，最早命名的共沸混合制冷剂符号为 R500，以后命名的按次序依次为 R501，R502，…，R506 等。

非共沸混合物依应用先后，以 R4()()进行编号，以 00 开始。若构成非共沸制冷剂的纯物质种类相同，成分不同，则在最后加上小写字母以示区别，或直接写出混合组分的符号，并用“/”分开，如 R22/R152a、R22/R134a 等。

附表 1 为美国供暖制冷空调工程师协会(ASHRAE)颁布的制冷剂的标准符号。

2.安全标准

制冷剂的安全性包括可燃性和毒性。在我国国家标准《制冷剂编号方法和安全性分类》(GB/T7778—2008)中，分为 A1～C3 共 9 个等级，如表 2.3 所示。

其中可燃性按可燃性低限(Lower Flammability Limit，LFL；引起燃烧的空气中制冷剂含量的低限值)和燃烧热(Heat of Combustion，HOC；单位质量制冷剂燃烧的发热量)综合评价分为三类，如表 2.4 所示。

按急性和慢性允许暴露量将制冷剂的毒性危害分为 A、B、C 三类，如表 2.5 所示。急性危害用致命浓度(Lethal Concentration，LC_{50})表征，慢性危害用最高允许浓度时间加权平均值(Threshold Limit Value-Time Weighted Average，TLV-TWA)表征。

表 2.3 制冷剂的安全分类

可燃性		A	B	C
		低毒性	中毒性	高毒性
3	有爆炸性	A3	B3	C3
2	有燃烧性	A2	B2	C2
1	不可燃	A1	B1	C1

表 2.4 制冷剂的可燃性分类

分 类	分类方法
1	在 101 kPa 和 18 ℃的大气中实验时，无火焰蔓延，即不可燃
2	在 101 kPa、21 ℃和相对湿度为 50%条件下，LFL＞0.1 kg/m^3，且 HOC＜19000 kJ/kg，即有燃烧性
3	在 101 kPa、21 ℃和相对湿度为 50%条件下，LFL≤0.1 kg/m^3，且 HOC≥19000 kJ/kg，即有爆炸性

表 2.5　制冷剂的毒性分类

分类	分类方法		备注
	$LC_{50(4-hr)}$	TLV-TWA	
A	≥0.1%(V/V)	≥0.04%(V/V)	$LC_{50(4-hr)}$:表示物质在空气中的体积分数,在此体积分数的环境下持续暴露 4 h 可导致实验动物 50% 死亡; TLV-TWA:以正常 8 h 工作日和 40 h 工作周的时间加权平均最高允许浓度,在此条件下,几乎所有工作人员可以反复地每日暴露其中而无有损健康的影响
B	≥0.1%(V/V)	<0.04%(V/V)	
C	<0.1%(V/V)	<0.04%(V/V)	

3.对制冷剂的基本要求

(1)对环境的危害小。制冷剂的臭氧衰减指数(Ozone Depletion Potential,ODP)和温室效应指数(Greenhouse Warming Potential,GWP)应尽可能小。

(2)热力性质满足使用要求。制冷剂在指定的温度范围进行制冷循环时,制冷效率高。包括压力和压力比适中(高压不过高,低压无负压,压力比不过大),单位容积制冷量和单位质量制冷量较大,排气温度不过高,压缩的比功小,性能系数较大。

(3)传热性和流动性好。制冷剂的导热系数高可减少换热设备的尺寸,密度和黏性小可减小管道尺寸和流动阻力。

(4)热稳定性和化学稳定性好。包括在普通制冷温度范围内,不会出现分解等问题;对金属和其它材料(如橡胶等)无腐蚀和侵蚀作用。

(5)无毒、不燃、不爆,价格便宜、来源广。

2.1.2　制冷剂的性质

1.环境影响指标

大气温室效应和平流层臭氧破坏是当今全球面临的两大主要环境问题。含氯的氟利昂大气寿命长,它们上升至平流层后,受紫外线激发分解出的氯离子可以催化分解臭氧分子,在反应中氯原子不断地放出,分解反应不断进行,引起臭氧层破坏(臭氧吸收太阳辐射中的紫外线,对地球生物起保护作用)。氟利昂中,对臭氧层危害最大的属 CFC 类,HCFC 次之,HFC 则对臭氧层无害,但对温室效应有一定影响。

评价某物质对臭氧层的破坏程度用 ODP 表示,习惯上取 R11 的 ODP 为参考标准 1,其它物质的 ODP 是相对 R11 的比较值。评价某物质造成温室效应的危害程度用 GWP 表示,通常取 CO_2 的 GWP 为参考标准 1,其它物质的 GWP 是相对 CO_2 的比较值。一些制冷剂的 ODP 和 GWP 如附表 2 所示。

从 1987 年《蒙特利尔议定书》签订之后,联合国环境署签订了一系列国际协议,并制定了发达国家和发展中国家缔约国对消耗臭氧层物质(Ozone Depleting Substances,ODS)的控制进程。已明确规定禁止生产和使用的 5 种 CFC 类制冷剂有:R11、R12、R113、R114、R115。发达国家 2030 年前淘汰 HCFC;发展中国家可推迟 10 年,我国于 2010 年淘汰 CFC,

2040年前淘汰 HCFC。

2.热力学性质

制冷剂的热力学性质是指热力状态参数(如 p、T、u、h、s、c_p、k 等)及其之间的相互关系,是物质固有的,一般由实验和热力学数学模型求得,绘制成图表,供研究计算和工程应用。

(1)标准沸点和凝固点。

制冷剂在标准大气压(101.32 kPa)下的沸腾温度称为标准沸点或标准蒸发温度,用 t_s 表示。制冷剂的标准沸点(蒸发温度)大体上可以反映用它制冷能够达到的低温范围。制冷剂的 t_s 越低,能够达到的制冷温度越低。习惯上依据 t_s 的高低,将沸点大于 0 ℃的制冷剂称为高温制冷剂;低于−60 ℃为低温制冷剂;介于两者之间的称为中温制冷剂。部分传统制冷剂的标准沸点如附表 2 所示。

凝固点是指制冷剂在标准大气压下,凝成固体时的温度。应用制冷剂时,其凝固温度应远低于制冷系统工作时的最低温度,以防制冷剂凝固。

(2)饱和蒸气压力。

纯质的饱和蒸气压力是温度的单值函数,用饱和蒸气压力曲线可以描述这种关系。图 2.1 给出了一些制冷剂的饱和压力-温度关系曲线。从图中可以看出,各种物质的饱和蒸气压力曲线的形状大体相似。所以,在某一相同温度下,标准蒸发温度高的制冷剂的压力低,标准蒸发温度低的制冷剂的压力高;即高温工质又属于低压工质,低温工质又属于高压工质。

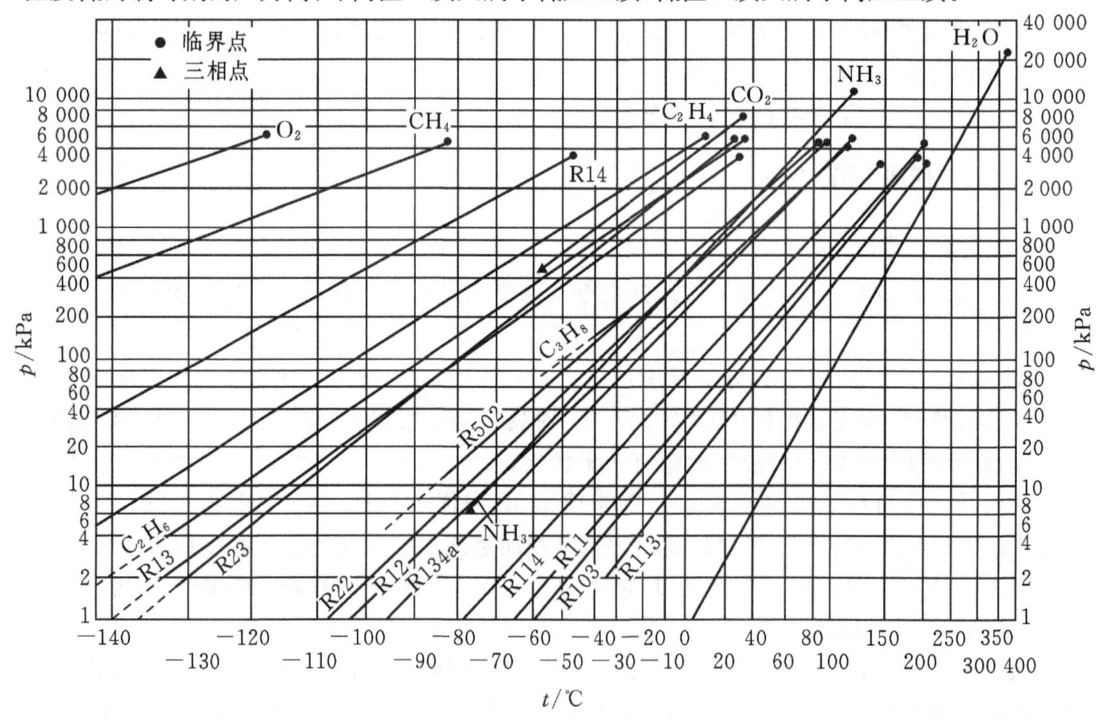

图 2.1 制冷剂饱和压力(kPa)-温度(℃)关系曲线图

(3)临界温度 T_c。

临界温度是物质在临界点状态时的温度。临界温度是制冷剂不可能加压液化的最低温度,即在该温度以上,即使再怎么提高压力,制冷剂也不可能由气体变成液体。

对大多数物质,临界温度与标准蒸发温度存在以下关系:

$$T_s/T_c \approx 0.6 \tag{2.1}$$

这说明低温制冷剂的临界温度也低,高温制冷剂的临界温度也高。不可能找到一种制冷剂,既有低的标准蒸发温度,又有高的临界温度。故对于某一种制冷剂而言,其工作温度范围是有限的。

此外需注意,制冷循环应远离临界点。若冷凝温度 t_k 超过制冷剂的临界温度 t_c,则制冷剂无法凝结;若 t_k 略低于 t_c,则虽然蒸气可以凝结,但节流损失大,循环的性能系数大为降低。

(4)压缩终温。

相同吸气温度下,制冷剂等熵压缩的终了温度 t_2 与其绝热指数 k 和压力比有关。

压缩终温 t_2 是实际制冷机中必须考虑的一个安全性指标。若制冷剂的 t_2 过高,有可能引起它自身在高温下分解、变质,并造成机器润滑条件恶化、润滑油结焦,甚至出现拉缸故障。一般说来,重分子的 t_2 低,轻分子的 t_2 高。常用的中温制冷剂 R717 和 R22,其排气温度较高,需要在压缩过程中采取冷却措施,以降低 t_2;而 R134a 和 R152a 的 t_2 较低,它们在全封闭式压缩机中使用,要比用 R22 好得多。

此外,制冷剂的导热性和黏性等性质对制冷设备的设计使用也有重要影响。

3.热稳定性

制冷剂在制冷系统中循环流动,要求其性质稳定。在普通制冷温度范围内,制冷剂是稳定的,其最高温度不能超过其分解温度。例如,在压缩式制冷中,氨的最高温度不得超过 150 ℃;R22 和 R502 的最高温度不允许超过 145 ℃。

4.制冷剂对系统材料的影响

(1)制冷剂对金属材料的作用。制冷剂对金属材料的作用分两种情况,一种是制冷剂本身对某些金属材料有腐蚀作用;另一种是制冷剂本身对金属材料无腐蚀作用,但和水或润滑油混合后产生腐蚀作用。

纯氨对钢铁无腐蚀;对铝、铜或铜合金有轻微腐蚀。但当氨中含水时,对锌、铜及铜合金(磷青铜除外)产生强烈腐蚀作用。

氟利昂几乎对所有金属都无腐蚀,只对镁和含镁 2%以上的铝合金、锌合金是例外。但当氟利昂中含水时,将水解生成酸性物质,腐蚀金属。氟利昂与润滑油的混合物能够溶解铜,被溶解的铜离子遇到钢或铸铁件时会析出并沉积在其表面,产生“镀铜现象”。“镀铜”会破坏轴封的密封性,影响阀隙流道、气缸与活塞的配合间隙,对制冷机的运行极为不利。

这也是氨制冷系统必须采用钢管、钢件;氟利昂制冷系统必须采用铜管、铜件的主要原因。

(2)制冷剂对非金属材料的作用。氟利昂是一种有机制冷剂,很容易溶解天然橡胶和树脂等;氟利昂对合成橡胶、塑料等高分子化合物虽不溶解,但却会起“膨润”作用,即使之变软、膨胀和起泡而失去作用。所以,在选择制冷系统的密封材料和封闭式压缩机的电器绝缘材料时,必须注意不可使用天然橡胶和树脂化合物,而应该采用耐氟材料,如氯丁乙烯、氯丁橡胶、尼龙或其它耐氟的塑料制品。

(3)电绝缘性。在全封闭和半封闭式压缩机中,电机的绕组与制冷剂和润滑油直接接触,因此,要求制冷剂和润滑油有较好的电绝缘性。通常制冷剂和润滑油的电绝缘性都能满足要求。不过,当存在微量杂质和水分时,制冷剂和润滑油的电绝缘性均降低。

5.制冷剂的溶水性

氟利昂和烃类物质都很难溶于水,氨易溶于水。对于难溶于水的制冷剂,若系统中的含水量超过制冷剂中水的溶解度,则系统中存在游离态的水。当制冷温度达到 0 ℃以下时,游离态的水便会结冰,出现“冰堵”现象,堵塞节流装置或其它狭窄通道,使制冷机无法正常工作。这也是氟烃类制冷系统必须设置干燥器的原因。

对于溶水性强的制冷剂,尽管不会出现冰堵问题,但制冷剂溶水后会发生水解作用,生成的物质对金属材料会有腐蚀危害。所以,制冷系统中必须严格控制含水量,使其不超过限制值。

6.制冷剂与润滑油的互溶性

润滑油是保证制冷压缩机正常运行必不可少的物质,它的主要作用有减少运动部件的摩擦、带走摩擦产生的热量、减少制冷剂从缝隙的泄漏、消声等。除了离心式制冷机外,制冷剂均要与压缩机润滑油相接触。两者的互溶性对设备的工作特性和系统的流程设计都有影响。

制冷剂与润滑油的溶解性分为完全溶解和有限溶解两种。完全溶解时,制冷剂与润滑油混合成均匀溶液。有限溶解时,制冷剂与油的混合物出现明显分层,一层为贫油层(富含制冷剂);一层为富油层(富含油)。

完全溶解和有限溶解是有条件的,对于某种制冷剂,随着温度的降低,完全溶解可以转换成有限溶解。图 2.2 所示的是三种制冷剂的临界曲线,在曲线上方是完全溶解,下方是有

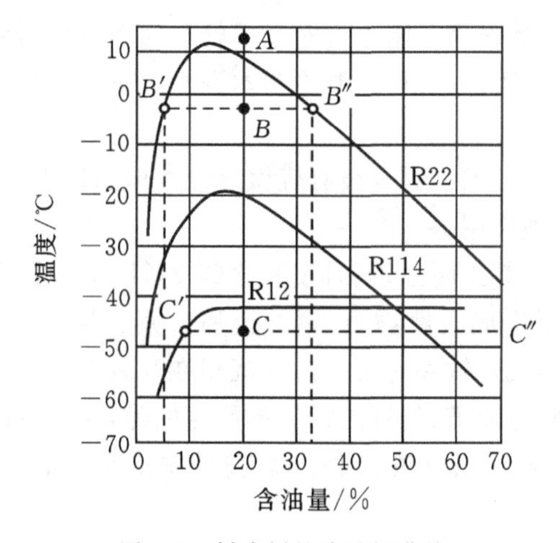

图 2.2 制冷剂的溶油性曲线

限溶解。如图中的 A 点，在该温度时，含油浓度 20%，制冷剂与润滑油互溶不出现分层。温度降到 B 点时，如果制冷剂是 R22，则为有限溶解，液体混合物出现分层，其中 B' 和 B'' 分别代表贫油层中油的质量分数和富油层中油的质量分数。如果是 R114 或 R12，则仍处于完全溶解状态。

氨与油是典型的有限溶解。氨在油中的溶解度不超过 1%。氨比油轻，混合物分层时，油在下部，所以可以很方便地从下部将油引出（回油或放油），但会在各换热器的表面形成油膜影响传热。

氟利昂制冷系统中要求采用与制冷剂互溶性好的润滑油。因为氟利昂制冷剂一般都比油重，如果氟利昂溶油性差，则会有很多不利影响，发生分层时，下部为贫油层，比如对满液式蒸发器，油浮在上面，不但影响蒸发器下部制冷剂的蒸发，而且造成压缩机回油困难。制冷剂溶油越充分，才越容易将油带回压缩机，给压缩机提供良好的润滑条件，也不会在换热器表面形成油膜而影响传热。但在制冷剂与润滑油完全溶解的制冷系统中，压缩机启动时，曲轴箱内压力突然降低（但温度还来不及降低），润滑油的饱和浓度将增大，溶解在其中的制冷剂将蒸发，导致润滑油“起泡”；特别是在低温环境时，曲轴箱内的油将出现分层，下层为贫油层，油泵从底部抽取油，会导致润滑不良，甚至烧毁压缩机。为此，可在压缩机开启前预热润滑油，以减少油中制冷剂的溶解量，保护压缩机。

2.1.3 制冷剂及其应用

1.天然制冷剂

(1)空气。

空气在很早以前就被用于飞机上制冷。尽管制冷性能系数(Coefficient of Pertormence，COP)很低，但由于特殊的运行情况和严格的规范使它仍然有使用价值。

(2)水(R718)。

水无毒、无味、不燃、不爆、来源广，高温下的热稳定性和化学稳定性好，COP 高，热导率大，是安全而便宜的制冷剂。水的标准沸点为 100 ℃，冰点为 0 ℃，适用于 0 ℃以上的制冷温度。但水蒸气的比体积大，蒸发压力低，系统处于高真空状态运行（如 35 ℃，饱和水蒸气的比体积为 25 m^3/kg，压力为 5.63 kPa；5 ℃，饱和水蒸气的比体积为 147 m^3/kg，压力仅为 0.87 kPa)，所以，水不宜在压缩式制冷机中使用，只适合在吸收式和蒸汽喷射式制冷机中使用。

(3)二氧化碳(R744)。

CO_2 无毒、无臭、不燃、不爆、无腐蚀，ODP=0，GWP=1，价格便宜，来源广。它作为制冷剂早在 20 世纪初就广泛应用于船上。1930 年后，CFC 制冷剂以其优越的热力学性质被广泛应用而淘汰了 CO_2。当前 CFC 被淘汰，使 CO_2 又重新成为可选用的替代制冷剂。

它的其余优点有：容积制冷能力是 R22 的 5 倍；采用其制冷时压缩机的压力比较小；黏度较低，流动时压力损失小，有较好的传热性能；与常用的机器材料相容。但是由于 CO_2 的临界温度只有 31.1 ℃，当冷却介质为水或空气时，高压侧的压力超过临界压力，因此对压缩机和换热器等部件的机械强度有较高要求。为此，有人提出 CO_2 跨临界制冷循环和实现循环高效的措施，且在汽车空调和冷水加热装置中获得应用。当前车用空调普遍使用的制冷剂是 R134a,二氧化碳是其最佳的替代品,德国宝马、奥迪和日本丰田公司均准备将 CO_2 作为新一代制冷剂。

(4)碳氢化合物。

碳氢化合物制冷剂的共同特点:凝固点低,与水不起反应,不腐蚀金属,溶油性好。由于它们是石油化工流程中的产物,故易于获得、价格便宜。共同的缺点是燃爆性很强。因此,它们主要用作石油化工制冷装置中的制冷剂。石油化工生产中具有严格的防火防爆安全措施,制冷剂又是取自流程本身的产物,其相宜性是显而易见的。用碳氢化合物作制冷剂的制冷系统,低压侧必须保持正压,否则一旦有空气渗入,便有爆炸的危险。

目前常用的有烷烃类和烯烃类制冷剂,它们都易溶于有机溶剂。

丙烯(R1270)的制冷温度范围与 R22 相当。它可以用于两级压缩制冷装置,也可以在复叠式制冷装置中作高温部分的制冷剂。

乙烷(R170)、乙烯(R1150)的制冷温度范围与 R13 相当,只用于复叠式制冷系统的低温部分。

甲烷(R50)可以与乙烯、氨(或丙烷(R290))组成三元复叠制冷系统,获得−150 ℃左右的低温,用于天然气液化装置。

正丁烷(R600)、异丁烷(R600a)或正丁烷与异丁烷的混合物可以用作家用冰箱制冷剂。

2.传统制冷剂及其替代

(1)氨(R717)。

氨是一种很好的制冷剂。它的标准蒸发温度为−33.3 ℃,凝固温度为−77.7 ℃。在常温和普通低温范围内压力适中,氨的单位容积制冷量较大,黏性小,流动阻力小,密度小,传热性能好,价格低廉,易于获得。

氨的主要缺点:毒性大、易燃、易爆。氨液飞溅到人的皮肤上会引起肿胀甚至冻伤。氨蒸气无色,有强烈的刺激性气味。在空气中氨蒸气的体积分数达到 0.5%～0.6%时,人停留半小时就会引起中毒;体积分数为 11%～14%时可点燃,发出黄色火焰;体积分数达 15%～27%时会引起爆炸。

氨的压缩终温较高,故压缩机气缸要采取冷却措施。

氨难溶于润滑油,所以氨制冷系统的管道和热交换器传热表面上会积有油膜,影响传热。润滑油还会积存在冷凝器、储液器以及蒸发器的下部,这些部位应定期放油。

氨与水能够以任意比例互溶,形成氨水溶液。在普通低温下,水分不会析出造成冰堵,所以氨系统可以不设干燥器。纯氨不腐蚀钢铁,但氨系统内含水量超过 0.2%时,形成氨水溶液的过程中会放出大量的热,使蒸发温度升高;更重要的是对锌、铜、青铜及铜合金(磷青铜例外)有强烈腐蚀作用。故氨制冷系统不允许采用铜构件,耐磨件和密封件(如轴瓦、密封环等)限定使用高锡磷青铜材料。

尽管有诸多缺点,但它的应用历史悠久,人们已掌握了有关技术,所以现在仍广泛使用。

(2)氟利昂。

各种氟利昂有如下的共性,优点:无色、无味、基本无毒、化学性质稳定、不易燃易爆、绝热指数小、排气温度低,对金属腐蚀性小。缺点:密度大、黏性大、流动阻力大,渗透性强,易于泄漏而不易被发现,遇明火时,会分解出对人体有毒害的氟化氢、氯化氢或光气等,价格高。

氟利昂还有其它的理化性质。含 H 原子多的，可燃性强；含 Cl 原子多的，有毒性，破坏大气臭氧层；含 F 原子多的化学稳定性好；完全卤代烃在大气中寿命长。此性质可用三角形图形象描述，如图 2.3 所示。对臭氧层破坏最大的是氯原子和溴原子，含氯原子 Cl 且在大气中存在寿命长的物质，对大气破坏作用最大，氟利昂中的 CFC 类制冷剂正是此类物质，也是首批被淘汰的制冷剂。

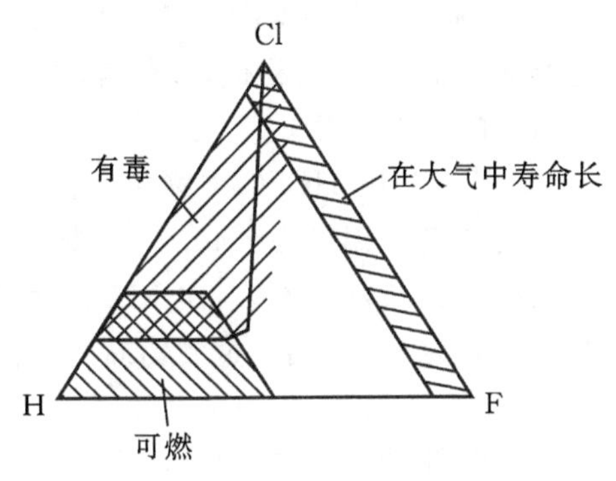

图 2.3　氟利昂性质规律的三角形图

①R11 及其替代物。R11($CFCl_3$)属于 CFC 类物质。标准沸点为 23.7 ℃，凝固温度为 −111 ℃。它的分子量大、单位容积制冷量很小，主要用于空调用离心式制冷压缩机中。

R123($C_2HF_3Cl_2$)属于 HCFC 类物质。标准蒸发温度为 27.6 ℃。热力性质与 R11 很接近，而环境危害比 R11 小得多，ODP 为 0.013～0.022，GWP 为 70，被认为是 R11 的合适的过渡性替代物。

②R12 及其替代物。R12(CF_2Cl_2)属于 CFC 类物质。它无色、无味、不燃烧、不爆炸，标准蒸发温度为 −29.8 ℃，凝固温度为 −158 ℃，是最早出现、使用量大、性能优良的制冷剂。它最大的缺点是单位容积制冷量小，对臭氧层有破坏作用，也是被首批限用的制冷剂。

目前替代 R12 的物质是 R134a、R600a、R152a 以及一些混合物(如 R22/R152a/R124)。

R134a($C_2H_2F_4$)属于 HFC 类物质。标准蒸发温度为 −26.2 ℃，凝固点为 −101.0 ℃。它的制冷循环特性与 R12 接近，但不如 R12，容积制冷量和 COP 都小于 R12。它的分子量大，流动阻力损失比 R12 大，传热性能比 R12 好。环境指标 ODP 为 0，GWP 为 1430(比 R12 低，但从长远看，也将被替代)。

R134a 的分子极性大，在非极性油中的溶解度很小。完全不溶于 R12 所用的常规矿物油，故在系统改造时，必须对润滑油进行彻底清洗，同时应设置抽真空和脱水干燥装置以清除水分。

R134a 分子中不含 Cl，自身不具润滑性。机器中的运动部件在供油不足时，会加剧磨损甚至产生烧结。为此，在合成油中需增加添加剂以提高润滑性。另外还应改善运动部件材料的表面特征，并改善供油机构性能。

R134a 对非金属材料的膨润作用比 R12 略强，可使用氢化丁腈橡胶或氯化橡胶作为密封材料。R134a 的分子直径比 R12 小，更容易泄漏。而稳定性高又使它对传统的电子卤素检漏仪不敏感,故应使用灵敏度更高的新型检漏仪检测。

R152a($C_2H_4F_2$)属于 HFC 类物质。标准蒸发温度为-25 ℃,凝固点为-117 ℃。它的制冷循环特性优于 R12,但燃烧性很强,使用时要有很好的安全措施。环境指标 ODP 为 0,GWP 为 140(优于 R134a),在与润滑油相溶性方面的情况与 R134a 类似,是极性化合物。

除了 R134a、R152a 外,按标准沸点考虑,有可能替代 R12 的氟利昂还应包括 R124、R134、R22 和 R142b。

R600a(C_4H_{10})存在于自然界,标准蒸发温度为-11.8 ℃,凝固点为-159.6 ℃。环境指标 ODP 为 0,GWP 为 20。它与矿物油互溶,价格低,易获得,可直接充注到使用 R12 的装置中。因其易燃,主要用于充注量小的制冷装置。

③R22 及其替代物。R22(CHF_2Cl)属 HCFC 类物质。它无色、无臭、不燃、不爆、毒性稍比 R12 大,但仍然是很小的。标准蒸发温度为-40.8 ℃,凝固温度为-160 ℃,它的饱和压力特性与氨相近,单位体积制冷量也与氨差不多,比 R12 约大 60%,但使用中比氨可靠。环境指标 ODP 为 0.04~0.06,GWP 为 1810(属于过渡物质),广泛用在家用空调器、电冰箱以及中型冷水机组中。

R22 的传热性能与 R12 差不多,流动性比 R12 好,溶水量比 R12 稍大,但 R22 仍属于不溶水物质,含水量超过溶解度仍会发生冰堵,并且对金属有腐蚀作用,所以对 R22 的含水量仍限制在 0.0025%以内,系统中需设置干燥装置。

R22 与润滑油能有限溶解,在高温侧,R22 与润滑油完全溶解;在低温测,R22 与润滑油出现分层,上层主要为油,下层主要为 R22,所以要有专门的回油措施。

R22 是极性分子,对有机物的膨润作用很强。系统的密封件应采用耐氟材料,如氯乙醇橡胶或聚四氟乙烯。

HCFC 的限用时间为 2030 年。目前研究表明,R22 的替代物主要为 R410a、R407c 和 R134a。

R410a 为近共沸混合物,由 R32/R125 两种工质按各 50%的质量比例混合而成,其蒸发压力比 R22 高 50%,理论 COP 值低于 R22,但经过系统优化,有可能减小能耗、提高 COP 值和压缩效率。R410a 的缺点是 GWP 为 2100,高于 R22。

R407c 是相变滑移温度为 7 ℃的非共沸混合物,由 R32/R125/R134a 三种工质按 23%/25%/52%的质量比例混合而成,它的泡、露点压力曲线与 R22 相当,是 R22 理想的灌注式替代物。

R134a 主要在离心式或螺杆式机组中替代 R22。因为 R134a 的体积制冷量较小,压缩机的排量比 R22 大 50%以上,应采用管径较大的换热器来减小压降损失。

④R114 及其替代物。R114($C_2F_4Cl_2$)属于 CFC 类物质。标准沸点为 3.6 ℃,介于 R11 和 R12 之间。其冷凝压力低,冷凝温度高,适合于高温环境的制冷系统,主要用于小型制冷装置。它的替代物主要有:R142b、R600、R600a、R124、R227ea、R236ea、R236fa 等。

R142b 的标准蒸发温度为-9.5 ℃,循环性能较好,但可燃,它在空气中的体积分数达 10.6%~15.1%时,会引起爆炸,使用中要注意防爆措施。R142b 属于过渡制冷剂,也可作为混合制冷剂的一个组分,起到性质调配的作用。R600、R600a 的可燃性太强,用于充注量小的制冷装置。R124(C_2HF_4Cl)和 R227ea(C_3HF_7)不可燃,但其冷凝温度一般小于 90 ℃,循环性能也不如 R114，只可作为过渡性替代制冷剂。R236ea($C_3H_2F_6$)和 R236fa($C_3H_2F_6$)制冷剂均不可燃，溶油性和毒性都可接受。R236ea 用作已有设备的制冷剂充注，R236fa 适宜用作新设备中。

⑤R13、R14 和 R23。R13(CF_3Cl)属于 CFC 类物质。其 ODP=1.0，标准蒸发温度为－81.5 ℃，凝固温度为－180 ℃。用以制冷的温度范围是－70～－110 ℃。R14(CF_4)属于 HFC 物质。标准蒸发温度为－128 ℃，用以制冷的温度范围是－110～－140 ℃。这两种制冷剂常用作复叠式制冷系统的低温制冷剂(与 R22 配套使用)。

R13 和 R14 不含氢原子，含较多氟原子。化学性质稳定、无毒、不可燃。二者都不溶于油，微溶于水。常温下超临界，压力很高，单位体积制冷量大。

R23(CHF_3)属于 HFC 物质。标准蒸发温度为－82.1 ℃，临界温度为 25.9 ℃。其制冷温度与 R13 很接近，可以作为 R13 的替代制冷剂使用。

(3)混合制冷剂。

混合制冷剂是由两种(或以上)的纯工质按一定比例相互溶解而成的混合物。采用混合物做制冷剂可调节制冷剂的性质和扩大制冷剂的使用范围。按其定压下相变时的热力学特征分为非共沸制冷剂、近共沸制冷剂和共沸制冷剂。下面用二元混合溶液的温度-浓度关系($T-\xi$ 相图)反映这些混合物的不同。

图 2.4 是某压力下 A、B 两组分所形成的二元混合溶液的相平衡关系。图中 1 点为某组分比情况下开始蒸发的温度，称为**泡点**；2 点为该组分比情况下开始冷凝的温度，称为**露点**；露点和泡点之差，称为**温度滑移**(temperature glide)。

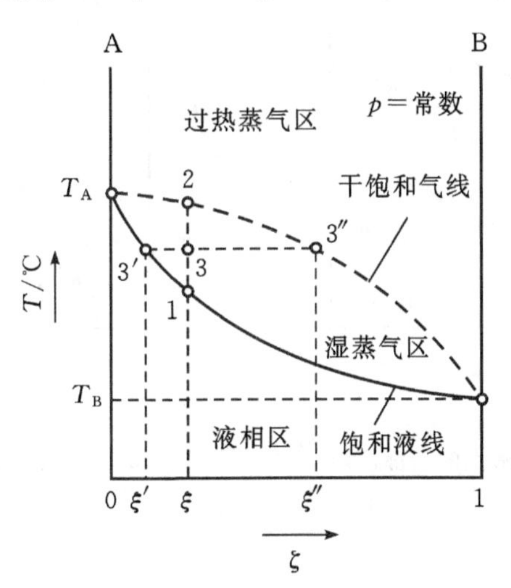

图 2.4　二元混合溶液的温度-浓度关系

非共沸混合物在定压下沸腾时，露点线与泡点线整体上呈鱼形曲线，沸腾温度介于两个纯组分蒸发温度之间。在定压下蒸发或冷凝时，蒸发温度与冷凝温度不能保持恒定，在露点与泡点之间变化，变化量为该组分比下所对应的露点与泡点温度之差。湿蒸气区气相与液相的组分亦不相同，而且各自都是变化的，直到相变完成。如 3′、3″点，沸点低的组分，蒸气分压力高，气相浓度也高，但溶液的总质量和平均浓度不变，即

$$m = m' + m'' \tag{2.2}$$

$$m\xi = m'\xi' + m''\xi'' \tag{2.3}$$

式中，m' 表示液相质量；m'' 表示气相质量；ξ' 表示液相浓度，ξ'' 表示气相浓度。

当非共沸混合溶液的饱和液线与干饱和蒸气线非常接近时，其定压相变时的温度滑移很小(通常认为泡、露点温度差小于 1 ℃，可视为近似等温过程，故将这类混合溶液叫做近共沸混合制冷剂(Near Zeotropic Mixture Refrigerant)。

非共沸混合制冷剂具有定压下相变不等温的特性。与实际有限大热源的变温特点相适应，可以减小冷凝器和蒸发器的传热不可逆损失，所以在热泵中应用取得较好的节能效果。但它在使用上的一个麻烦是系统泄漏会引起混合物成分的变化，而近共沸混合物(泡点线和露点线很靠近，定压相变时的温度滑变不大，可视作近似等温)使用时大致与纯制冷剂一样，系统泄漏对混合物成分的影响不大，受到用户欢迎。

共沸混合物在定压下沸腾时，泡点线与露点线存在一个相切点，该点称共沸点。在共沸点处，定压相变过程中温度滑移为零(定温)，且气相与液相的成分相同(即两组分物质共沸)。所以，共沸混合物具有与纯物质相同的热力特征，可以像纯制冷剂一样使用。图 2.5 和图 2.6 是具有最低沸点和最高沸点(在某段浓度范围，溶液的蒸发温度低于或高于两个纯组分的蒸发温度)的共沸溶液相平衡关系。

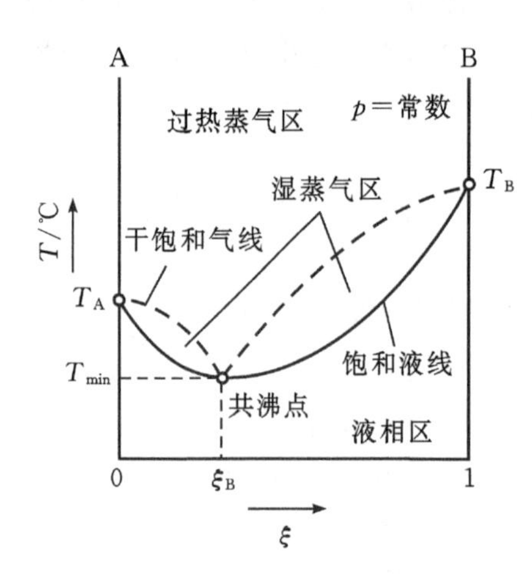

图 2.5 具有最低沸点的共沸溶液

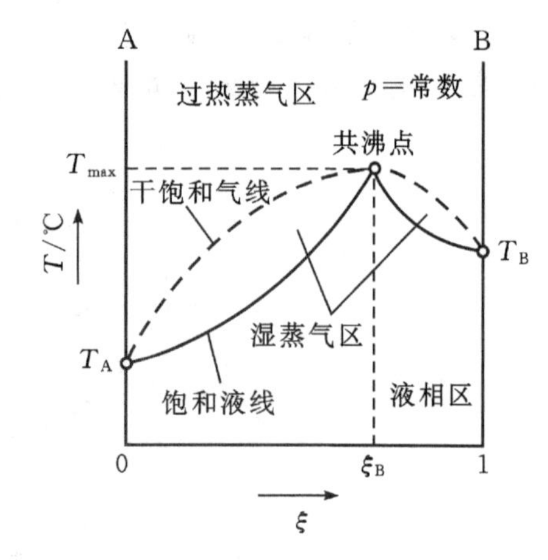

图 2.6 具有最高沸点的共沸溶液

2.2 载冷剂

载冷剂是制冷系统中间接传递热量的物质。当被冷却对象离蒸发器较远或用冷场所不便于安装蒸发器时，可用载冷剂传递冷量。载冷剂在蒸发器中与制冷剂热交换获得冷量，然后被输送到用冷场所，用以冷却被冷却对象。

采用载冷剂的优点：①将制冷剂集中在机房或者一个很小的范围内，使制冷系统的连接管和接头大大减少，便于密封和系统检漏；②制冷剂的充注量减少；③在大容量、集中供冷的装置中采用载冷剂便于解决冷量的控制和分配；④便于机组的运行管理；⑤便于安装，生产厂可以直接将制冷机安装好，用户只需安装载冷剂系统即可。不足之处是在制冷剂和被冷却对象之间增加了传热次数，引起冷量损失，使整个系统的循环效率下降。

2.2.1　对载冷剂性质的要求

载冷剂在蒸发器和用冷场所之间循环，通过显热传输冷量。用作载冷剂的物质需具备如下性质。

(1)无毒，无燃烧、爆炸的危险。

(2)化学稳定性好。在使用条件下不分解、不氧化、不改变其物理化学性质。

(3)在使用温度范围内呈液态。凝固温度低于制冷机的蒸发温度(一般低 4～8 ℃)，沸点应远高于使用温度。

(4)密度和黏度小，比热容和热导率大。这样，在载冷系统中流动阻力损失小，液体循环量少，泵消耗的功率小，可减小换热器的尺寸。

(5)价格低廉。

2.2.2　常用载冷剂

常用的载冷剂有水、无机盐水溶液和有机溶液。它们适用于不同的载冷温度，其能够载冷的最低温度受其凝固点的限制。

1.水

水作为载冷剂，载冷量大，选取方便。但水的凝固点是 0 ℃，所以只适用于载冷温度在 0 ℃以上的使用场合。对集中式空调系统，水是最适宜的载冷剂，冷水机组产生的 7 ℃左右的冷水供给空调用户，12 ℃左右的冷水再返回到冷水机组进行换热。此外，冷水还可以直接喷入空气，实现温度和湿度调节。

2.无机盐水溶液

无机盐水溶液有较低的凝固温度，适合于载冷温度在 0 ℃以下的中、低温制冷装置中使用。最常用的无机盐水溶液有氯化钠(NaCl)、氯化钙($CaCl_2$)和氯化镁($MgCl_2$)水溶液。

盐水溶液的状态与其温度 T 和浓度 ξ 的关系如图 2.7 所示。

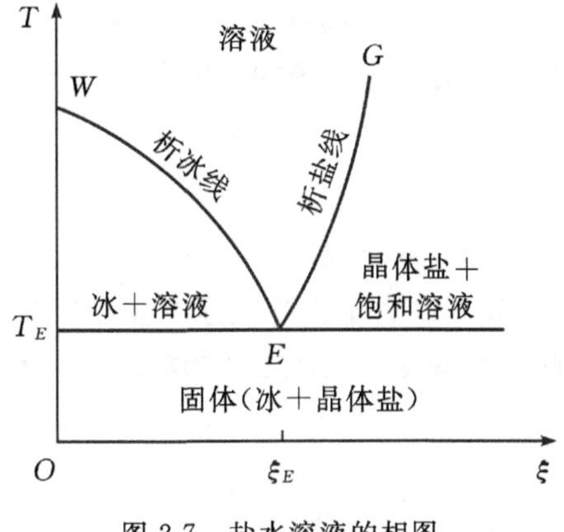

图 2.7　盐水溶液的相图

曲线 WE 为析冰线，EG 为析盐线，E 点为共晶点。共晶点所对应的温度 T_E 和浓度 ξ_E 分别叫做共晶温度和共晶浓度。溶液温度降低发生相变的情况与浓度有关，当 $\xi<\xi_E$ 时，随着温度降低，首先析出冰来，浓度越高，析冰温度越低，直到 E 点成为固态冰晶盐；当 $\xi>\xi_E$ 时，随着温度降低，首先析出盐晶体来，浓度越高，所需析盐温度越高。共晶温度是溶液不出现结冰或析盐的最低温度。析冰线和析盐线之间的区域是将盐水作为载冷剂的选择区，用户可根据载冷剂温度需求在该区域确定溶液的浓度。

利用上述相图配制盐水溶液载冷剂时，浓度不宜超过其共晶浓度 ξ_E。否则盐水浓度高会使耗盐量增多、溶液密度增大、阻力和泵耗功增大，载冷液的凝固温度反而升高。配制浓度只要满足它所对应的析冰温度比制冷剂的蒸发温度高 5～8 ℃即可。NaCl、$CaCl_2$ 和 $MgCl_2$ 水溶液的共晶温度分别是－21 ℃、－55 ℃和－34 ℃。

盐水的密度和比热容都较大，因此，传递一定的冷量所需盐水溶液的体积循环量较小。盐水在工作过程中，会因吸湿而浓度减小，必须定期加盐。

3.有机载冷剂

(1)甲醇(CH_3OH)、乙醇(C_2H_6OH)和它们的水溶液。甲醇的凝固点为－97 ℃，乙醇的凝固点为－117 ℃，故可以在更低温度下载冷。甲醇比乙醇的水溶液黏性稍大一些，它们的流动性都比较好。甲醇和乙醇都有挥发性和可燃性，所以使用中要注意防火。

(2)乙二醇、丙二醇和丙三醇水溶液。乙二醇和丙二醇水溶液的特性相似，它们的共晶温度可达－60 ℃，比重和比热容较大，溶液黏度高，略有毒性，但无危害。

丙三醇(甘油)是极稳定的化合物，其水溶液对金属无腐蚀，无毒，可以和食品直接接触。

(3)纯有机液体。纯有机液体如二氯甲烷 R30(CH_2Cl_2)、三氯乙烯 R1120(C_2HCl_3)和其它氟利昂液体，它们的凝固点很低，多在－100 ℃左右，特点是比重大、黏性小、比热容小。可以用来得到更低的载冷温度。

2.3 蓄冷剂

随着经济的发展，我国的电力需求越来越大，昼夜用电的不平衡率也增大。将电能移峰填谷，达到平衡供电，减少电力设备投资，节省制冷系统运行费用，是一项紧迫的任务，蓄冷技术是实现这个目标的重要途径之一，而蓄冷剂是用在冰蓄冷技术中的一种储存冷量的介质。因此，选择性能较好的蓄冷剂对制冷系统的性能和经济性有重要的意义，常用的空调蓄冷剂主要有如下几种。

1.水

水是利用显热来蓄冷的蓄冷剂，蓄冷温度为 4～6 ℃，其特点是便于利用现有空调用常规冷水机组。蓄冷槽的体积和效率取决于供冷回水与蓄冷槽供水之间的温差，对于大多数建筑的空调系统来说，供冷回水与蓄冷槽供水之间的温差可为 8～11 ℃，蓄冷水槽的体积为 0.086～0.118 $m^3/(kW\cdot h)$。

2.冰

冰属于潜热式蓄冷剂。水的凝固点为 0 ℃，蓄冷温度为－3～－9 ℃，这要求制冷机组供出的载冷剂温度大大低于常规空调使用的制冷机组供出的冷水温度，导致 COP 下降。蓄冷冰槽的体积一般为 0.02～0.025 $m^3/(kW \cdot h)$，只有水槽的 1/6 左右，设备占用体积大大减小。蓄冰系统可提供低温冷水供空调用户使用，提高了空调供回水温差，减小流量；同时可与低温送风技术相结合，降低空调系统的配管尺寸和输送能耗，同时完成对空气的降温和除湿处理。

3.共晶冰

共晶冰属于潜热式蓄冷剂。共晶冰因所含溶质的种类不同而融点不同。共晶溶液在共晶温度下结冰时，和纯液体一样要放出潜热，融化时要吸收热量，因而可用共晶冰储存冷量。如用共晶冰制作的冷板（四周封闭的夹层板中充入共晶溶液，把制冷机的蒸发器管通入板的夹层之间，制成的共晶板）很适宜在运输冷冻食品的冷藏车上使用。白天车辆行驶时，利用共晶冰融化为冷藏车提供冷量，由于融化过程恒温，车内温度变化不大。夜间冷藏车停止运行时，只需将车底座上的制冷机电源接到供电线上，制冷机便可正常工作。通过一夜的制冷在冷板中重新形成共晶冰，为第二天白天行车提供冷量储备。

一些共晶物质的共晶点和融化潜热如表 2.6 所示。

表 2.6　共晶物质（水溶液）

溶质	分子式	溶质的质量分数/%	共晶温度/℃	共晶冰的熔化热/$(kJ \cdot kg^{-1})$
氨	NH_3	33	−100	175
		57	−87	310
		81	−92	290
氯化钙	$CaCl_2$	32	−55	212
氯化钠	NaCl	23	−21	235
硫酸钠	Na_2SO_4	4	−1.2	335

4.气体水合物

气体水合物属于潜热式蓄冷剂。它作为新一代蓄冷工质，从 20 世纪 80 年代初开始发展。气体水合物是一种包络状晶体，外来气体分子被水分子结成的晶体网络坚实地包围在中间。由于大多数蓄冷剂能在 5～12 ℃条件下形成气体水合物，比较适合于空调工况，而且容易融解和生成，在水合物结晶时释放出相当于水结冰的相变热，传热效果好，具有很好的化学稳定性，腐蚀性低，安全性好，因而被认为是比冰蓄冷更为有效的一种蓄冷技术。但是气体水合物对蓄冷槽的要求很高，蓄冷槽的结构、密封性、承压能力以及内部不凝性气体含量对蓄冷效果都有影响。

复习思考题

2.1　什么是制冷剂？对制冷剂有什么要求？选择制冷剂时应考虑哪些因素？

2.2　“无氟制冷剂就是环保制冷剂”的说法正确吗？请简述其原因；如何评价制冷剂的

环境友好性能?

2.3　简述代号 CFC、HCFC、HFC 的含义。

2.4　试写出 H_2O、CO_2、CH_4、$C_2H_2F_4$、CHF_2Cl 的代号。

2.5　制冷剂能否溶于润滑油的性质分别有什么优缺点?

2.6　为什么要严格控制氟利昂制冷剂中水的含量?

2.7　什么是载冷剂?对载冷剂有何要求?常用的载冷剂有哪些?

2.8　将 R22 和 R134a 制冷剂分别放置在两个完全相同的钢瓶中,如何利用最简单的方法进行识别?

2.9　试分析冷冻油对制冷系统性能有何影响。如果制冷系统的蒸发器内含有浓度较高的冷冻油,对系统的制冷量有何影响,为什么?

第3章 蒸气压缩式制冷循环

3.1 单级蒸气压缩式制冷理论循环

3.1.1 单级蒸气压缩式制冷系统的组成及工作过程

蒸气压缩式制冷是以消耗机械能(电能)为补偿,完成将低温热源的热量向高温热源传递的过程,它是利用制冷剂液体在低压下汽化产生吸热效应来实现制冷的。

单级蒸气压缩式制冷系统(见图3.1)主要由压缩机、冷凝器、节流装置和蒸发器四个设备组成,并用管道连接,构成一个封闭的循环系统。系统工作时,压缩机不断吸入蒸发器中产生的低温低压制冷剂蒸气,创造了蒸发器内的低压状态和制冷剂液体在低温下沸腾的条件;吸入的制冷剂蒸气经过压缩,温度和压力升高;高温高压的制冷剂蒸气送往冷凝器,放出热量给冷却介质,同时被冷却和冷凝成液体;高压制冷剂液体经节流装置后变为低温低压的两相混合物;低温低压的两相混合物制冷剂在蒸发器内吸收被冷却介质的热量,形成低温低压的制冷剂蒸气再被压缩机吸走,如此反复循环。

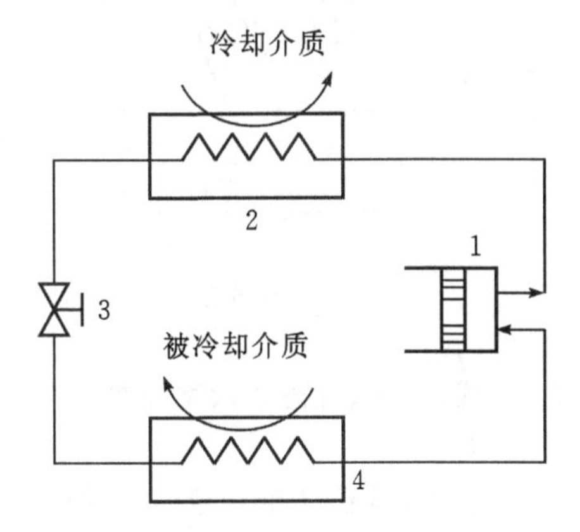

1—压缩机;2—冷凝器;3—节流装置;4—蒸发器

图3.1 单级蒸气压缩式制冷系统图

在整个循环过程中,压缩机是“心脏”,起着压缩和输送制冷剂蒸气的作用;节流装置对制冷剂起节流降压的作用,并可根据负荷变化调节进入蒸发器的制冷剂流量;蒸发器是输出冷量的设备,制冷剂在蒸发器中吸收被冷却物体的热量,达到制冷的目的;冷凝器是输出热量的设备，从蒸发器中吸取的热量连同压缩机消耗的功所转化的热量在冷凝器中传递给冷却介质。根据热力学第二定律，压缩机所消耗的功起补偿作用，使制冷剂不断从低温热源吸热，并向高温热源放热，完成整个制冷循环。

在实际的蒸气压缩式制冷系统中，除了四个主要部件外，还有许多辅助部件，例如干燥过滤器、油分离器、回热器等。这些是为了保证系统正常运行或提高机组运行可靠性和经济性而设置的部件，它们对分析制冷循环和原理没有本质的影响。

3.1.2 制冷剂热力状态图

在压缩式制冷循环中，制冷剂经历了汽化、压缩、冷却冷凝和节流等热力过程，制冷剂的状态在不断发生变化。为了表示制冷循环中的每个过程及各过程之间的关系，计算、分析和比较制冷循环的性能，必须知道制冷剂的状态参数变化规律。通常借助热力状态图完成上述工作，并且使问题得到简化。常用的热力状态图有压焓图（$p-h$ 图）和温熵图（$T-s$ 图）。

1.压焓（$p-h$）图

压焓图的结构如图 3.2 所示。它以比焓为横坐标，以绝对压力为纵坐标（为了使低压区域的热力参数表示清楚和避免压比高时纵横坐标比例不当而影响数据查取精度，通常对压力取对数坐标，即 $\lg p$）。图上用不同的等值线簇将制冷剂在不同状态下的温度 t、比体积 v、比熵 s、比焓 h、干度 x 等状态参数表示出来。

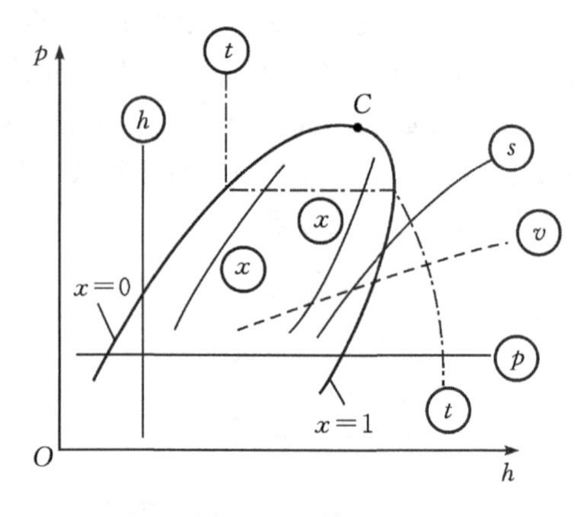

图 3.2 压焓图

简单地说，压焓图由一点、两线、三区、五态和六类等参数线组成。

（1）一点。制冷剂的临界点 C。

（2）两线。图中临界点 C 左边的粗实线为饱和液体线，线上的任何一点表示一个饱和液体状态，干度 $x=0$；右边的粗实线为饱和蒸气线，线上任何一点表示一个饱和蒸气状态，干度 $x=1$。

（3）三区。两条饱和状态线将压焓图分为三个区域。饱和液体线左侧的过冷液体区；饱和蒸气线右侧的过热蒸气区；两条线之间的两相区，该区域内制冷剂为气液混合状态，又称为湿蒸气区，干度 $0<x<1$。

（4）五态。两条线和三个区域可以表示制冷剂的五种状态：过冷状态、饱和液体状态、湿蒸气状态、干饱和蒸气状态、过热蒸气状态。

(5)六类等参数线簇。

①等压线,即水平线。

②等比焓线,即垂直线。

③等温线,即在过冷液体区几乎为垂直线;在两相区内,制冷剂处于饱和状态,故等温线与等压线重合,是水平线;在过热蒸气区为向右下方弯曲的倾斜线。

④等比熵线,即向右上方倾斜的实线。

⑤等容线(等比体积线),即向右上方倾斜的虚线,其斜率比等熵线小。

⑥等干度线只存在于湿蒸气区,曲线形状和方向大致与饱和液体线或饱和蒸气线相近,由干度大小而定。

在压焓图中,由任意两个状态点作垂线,两条垂线间的距离为该两点的焓差,即能量变化。故压焓图在制冷循环的热力计算中得到更广泛的应用。

2.温熵($T-s$)图

温熵图的结构如图 3.3 所示。它以比熵为横坐标,以温度为纵坐标,也是由一点、两线、三区、五态和六类等参数线簇组成。

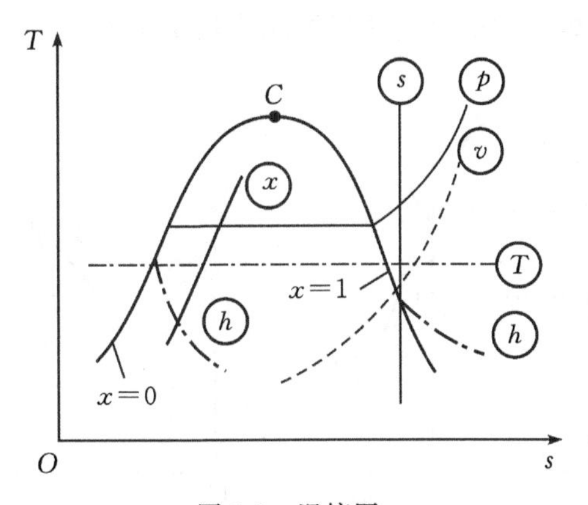

图 3.3　温熵图

图中临界点 C 左侧的实线为饱和液体线,右边实线为饱和蒸气线。饱和液体线左侧为过冷液体区,饱和蒸气线右侧为过热蒸气区,两条线之间为两相区。

六类等参数线簇如下。

①等温线,即水平线。

②等比熵线,即垂直线。

③等压线。过冷区内等压线密集于 $x=0$ 线附近,可近似用 $x=0$ 线代替;在两相区内,制冷剂处于饱和状态,故等压线与等温线重合,是水平线;在过热蒸气区为向右上方弯曲的倾斜线。

④等比焓线。过热区及两相区内,等焓线均为向右下方倾斜的实线,但两相区内等焓线的斜率更大;过冷区液体的焓值可近似用同温度下饱和液体的焓值代替。

⑤等容线(等比体积线),即向右上方倾斜的虚线,其在过热区内的斜率大于等压线。

⑥等干度线只存在于湿蒸气区，曲线形状和方向大致与饱和液体线或饱和蒸气线相近，由干度大小而定。

温熵图用来分析制冷的循环过程，因为图中热力过程线下面的面积为该过程所交换的热量，所以此图可直观地分析比较各个过程。

在压力、温度、比焓、比熵、比体积、干度等参数中，只要知道其中任意两个状态参数，就可在压焓图或温熵图中确定过热蒸气及过冷液体的状态点。对于饱和蒸气及饱和液体，只要知道一个状态参数就能确定其状态。

本书附录中给出了部分制冷剂的饱和液体及饱和蒸气的热力性质表和相应的压焓图，可供查阅。制冷剂的饱和热力性质可直接查表；过热蒸气的性质从相应的图或表中查找；过冷液体的性质，由于液体的不可压缩性，可近似用同温度下饱和液体的参数来替代。

3.1.3 单级蒸气压缩式制冷理论循环在热力图上的表示

1.蒸气压缩式制冷理想循环

理想制冷循环是逆卡诺循环，所有过程是在可逆条件下进行的，它由两个等温过程和两个绝热过程组成，如图 3.4 所示。蒸发器里液体的汽化和冷凝器里蒸气的冷凝都是等温等压过程，而压缩机和膨胀机实现的是绝热压缩和绝热膨胀过程。

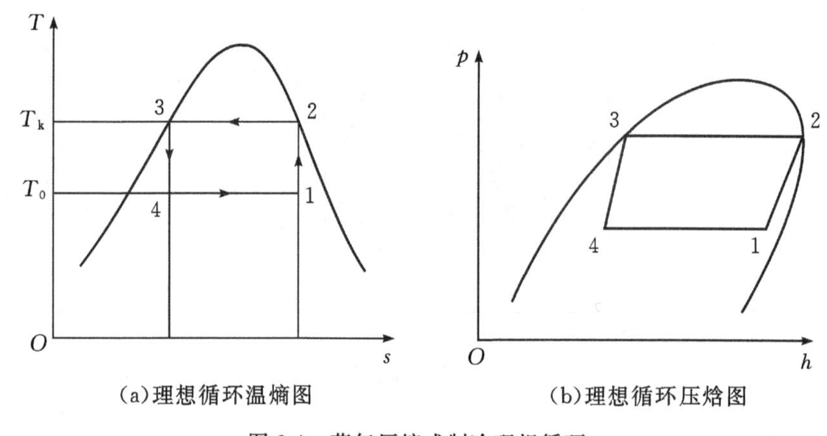

(a)理想循环温熵图　　(b)理想循环压焓图

图 3.4　蒸气压缩式制冷理想循环

实际上，蒸气压缩式制冷的理想循环是很难实现的，原因在于无温差的传热过程很难实现，液态制冷剂在膨胀机中做的膨胀功不足以克服机器本身的阻力，压缩机湿压缩运行会破坏压缩机内部的润滑和产生液击现象。

2.蒸气压缩式制冷理论循环

理论制冷循环由两个等压过程、一个绝热压缩过程和一个绝热节流过程组成，如图 3.5 所示。它与理想制冷循环相比，有以下三个特点。

(1)用膨胀阀代替膨胀机。

(2)蒸气的压缩过程是在过热区进行，而不是在湿蒸气区内进行。

(3)两个传热过程均为等压过程，冷凝过程存在传热温差。

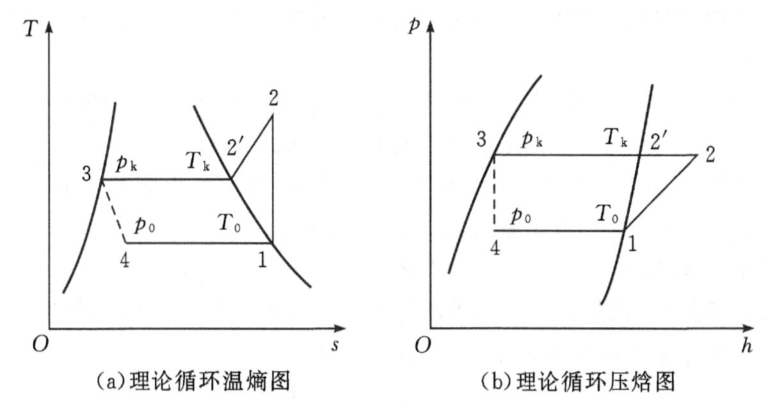

(a)理论循环温熵图　　(b)理论循环压焓图

图 3.5　蒸气压缩式制冷理论循环

图中各个状态点及各个过程如下。

点 1 表示制冷剂离开蒸发器进入压缩机时的状态，为蒸发温度 T_0 所对应的饱和蒸气。根据饱和压力与饱和温度一一对应的关系，该点为蒸发压力 p_0 的等压线与饱和蒸气线($x=1$)的交点。

点 2 表示制冷剂蒸气排出压缩机进入冷凝器时的过热蒸气状态。过程线 1—2 表示制冷剂蒸气在压缩机中的等熵压缩过程，压力由蒸发压力 p_0 升高到冷凝压力 p_k。故该点可通过 1 点的等熵线和压力为 p_k 的等压线的交点确定。

点 3 表示制冷剂出冷凝器进入节流阀时的状态，为冷凝温度 T_k 所对应的饱和液体。过程线 2—2′—3 为制冷剂在冷凝器内的冷却(2—2′)和冷凝(2′—3)过程。由于这个过程是在冷凝压力 p_k 不变的情况下进行的，进入冷凝器的过热蒸气首先将显热传给外界冷却介质，冷却成饱和蒸气(点 2′)，然后在等温等压下放出潜热，冷凝成饱和液体(点 3)。故点 3 为冷凝压力 p_k 的等压线与饱和液体线($x=0$)的交点。

点 4 表示制冷剂出节流阀进入蒸发器时的状态。过程线 3—4 表示制冷剂在通过节流阀时的节流过程，制冷剂的压力由 p_k 降低到 p_0，温度由 T_k 降到 T_0 并进入到两相区。由于节流前后制冷剂的焓值不变，因此由点 3 作等焓线与等压线 p_0 的交点即为点 4 的状态。不可逆的节流过程用虚线 3—4 表示。

过程 4—1 表示制冷剂在蒸发器中的汽化过程。由于这一过程是在等温等压下进行的，制冷剂的状态沿等压线向干度增大的方向变化，直到全部变为饱和蒸气为止，完成一个理论制冷循环。

理论循环与实际循环之间仍然存在偏差，但由于理论循环可使问题得到简化，便于分析研究，而且理论循环的各个过程均是实际循环的基础，可作为实际循环的标准，因此分析讨论该循环有很重要的意义。

3.1.4　单级蒸气压缩式制冷理论循环的热力计算

1.制冷系统中各设备的功和热量

在进行制冷循环热力计算时，先了解系统各设备中功和热量的变化状况。在压缩机中，外界对制冷剂做功;在冷凝器中热量由制冷剂传给外界冷却介质,在蒸发器中热量由被冷却介质传给制冷剂。

根据热力学第一定律,如果忽略位能和动能的变化,稳定流动的能量方程可表示为

$$Q+P=q_m(h_{\text{out}}-h_{\text{in}}) \tag{3.1}$$

式中,Q、P 为单位时间内外界加给系统的热量和功(kW);q_m 为流进或流出该系统的质量流量(kg/s);h_{in}、h_{out}为流进和流出系统的比焓(kJ/kg)。

上式适用于系统的每一台设备,下面以图3.5为基准进行分析。

(1)蒸发器。制冷剂在蒸发器中是等压等温吸热过程,被冷却介质通过蒸发器向制冷剂传递热量 Q_0,与外界无功量交换。则由式(3.1)可得

$$Q_0=q_m(h_1-h_3)=q_m(h_1-h_4) \tag{3.2}$$

式中,Q_0 为蒸发器的制冷量(kW);$h_3(h_4)$、h_1 为流进和流出蒸发器的制冷剂的比焓(kJ/kg)。

(2)压缩机。在制冷循环的压缩过程中,制冷剂蒸气为等熵压缩过程,即 $Q=0$,则由式(3.1)可得压缩机的理论功率为

$$P_0=q_m(h_2-h_1) \tag{3.3}$$

式中,P_0 为外界输入压缩机的机械能或电能(kW);h_1、h_2 为吸入和排出压缩机的制冷剂的比焓(kJ/kg)。

(3)冷凝器。在冷凝器中,制冷剂向冷却介质放出热量是一个等压过程,不对外做功。由式(3.1)可得

$$Q_{\text{k}}=q_m(h_2-h_3) \tag{3.4}$$

式中,Q_{k} 为冷凝器的热负荷(kW);h_2、h_3 为流进和流出冷凝器的制冷剂的比焓(kJ/kg)。

(4)节流阀。制冷剂液体通过节流装置时是一个绝热过程,与外界既没有热量交换,也不对外做功。故式(3.1)变为

$$h_4=h_3 \tag{3.5}$$

式中,h_3、h_4 为节流前后制冷剂的比焓(kJ/kg)。

2.单级蒸气压缩式制冷理论循环的热力性能参数

在图3.5的制冷循环中,各热力性能参数有如下关系。

(1)单位质量制冷量表示1 kg制冷剂在蒸发器内从被冷却介质中吸取的热量。其值以制冷剂进、出蒸发器的焓差表示,即

$$q_0=h_1-h_4=h_1-h_3 \tag{3.6}$$

式中,q_0 为制冷剂单位质量制冷量(kJ/kg)。可见,单位质量制冷量与制冷剂的性质和工作压力有关。

(2)单位容积制冷量表示压缩机每吸入1 m³制冷剂蒸气(以压缩机吸气状态计)所制取的冷量为

$$q_{zv}=\frac{q_0}{v_1}=\frac{h_1-h_4}{v_1} \tag{3.7}$$

式中,q_{zv}为制冷剂单位容积制冷量(kJ/m³);v_1 为压缩机吸气状态下制冷剂蒸气的比体积(m³/kg)。v_1 与制冷剂性质有关,且受蒸发压力的影响很大,蒸发温度越低,v_1 值越大,q_{zv} 值越小。

(3)压缩比功表示压缩机每压缩并输送 1 kg 制冷剂蒸气所消耗的功，也称理论比功。可用制冷剂蒸气进、出压缩机的焓差表示，即

$$w_0 = h_2 - h_1 \tag{3.8}$$

式中，w_0 为制冷循环的压缩比功(理论比功)(kJ/kg)。w_0 的大小不仅与制冷剂的性质有关，也与压缩机的吸、排气压力有关。

(4)单位冷凝热负荷表示 1 kg 制冷剂在冷凝器内被冷却和冷凝所放出的热量。其值以制冷剂进、出冷凝器的焓差表示，即

$$q_k = h_2 - h_3 \tag{3.9}$$

式中，q_k 为制冷循环的单位冷凝热负荷(kJ/kg)。

(5)制冷系数为制冷循环的单位质量制冷量与理论比功之比，或制冷循环的总制冷量与总的理论压缩功之比，为

$$\mathrm{COP}_0 = \frac{Q_0}{P_0} = \frac{q_m \cdot q_0}{q_m \cdot w_0} = \frac{q_0}{w_0} = \frac{h_1 - h_4}{h_2 - h_1} = \frac{h_1 - h_3}{h_2 - h_1} \tag{3.10}$$

式中，ε_0 为理论制冷循环的制冷系数。

(6)制冷剂的质量流量和体积流量表示单位时间制冷系统中制冷剂的循环量，有质量流量和体积流量两种表达方式。通常以单位时间压缩机吸入制冷剂蒸气的质量和体积计，表示为

$$q_m = \frac{Q_0}{q_0} \tag{3.11}$$

$$q_v = q_m \cdot v_1 \tag{3.12}$$

式中，q_m 为制冷剂的质量流量(kg/s)；q_v为制冷剂的体积流量(m^3/s)。

(7)热力完善度是理论制冷循环的制冷系数 COP_0 与理想的逆卡诺循环制冷系数 COP_c 之比，反映了该理论循环与可逆循环的接近程度

$$\eta = \frac{\mathrm{COP}_0}{\mathrm{COP}_c} = \frac{h_1 - h_4}{h_2 - h_1} \cdot \frac{T_k - T_0}{T_0} \tag{3.13}$$

[例 3.1]　单级蒸气压缩式制冷理论循环，制冷剂为 R22，蒸发温度 $t_0 = -10$ ℃，冷凝温度 $t_k = 35$ ℃，循环的制冷量 $Q_0 = 50$ kW，试对该理论循环进行热力计算。

[解]　1)列出已知条件及所求的参数。

已知：单级理论制冷循环，制冷剂为 R22，蒸发温度 $t_0 = -10$ ℃，冷凝温度 $t_k = 35$ ℃，制冷量 $Q_0 = 50$ kW。

2)绘制制冷循环的 p-h 图(纵坐标采用对数坐标)，并在其上标出相应的状态点。理论制冷循环如图 3.6 所示。

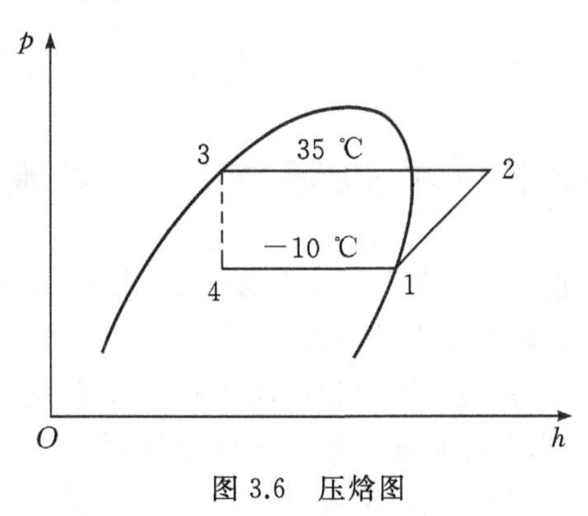

图 3.6　压焓图

3)查 R22 制冷剂的热力性质图，得到各状态点的热力参数值。

根据 $t_0 = -10$ ℃，查到 $p_0 = 0.3543$ MPa，作等温等压线与饱和蒸气线相交于 1 点，查得

$h_1=401.555$ kJ/kg，$v_1=0.0653$ m^3/kg；根据 $t_k=35$ ℃，查找到 $p_k=1.3548$ MPa，作等温等压线与饱和液体线相交于3点，查得 $h_3=243.114$ kJ/kg；过1点作等熵线与等 p_k 线相交为2点，查得 $h_2=435.2$ kJ/kg，$t_2=57$ ℃；过3点作等焓线与等 p_0 线相交为4点，查得 $h_4=h_3=243.114$ kJ/kg。

4)根据状态点参数值计算制冷循环的热力性质。

①单位质量制冷量

$$q_0=h_1-h_4=(401.555-243.114)\ \text{kJ/kg}=158.441\ \text{kJ/kg}$$

②单位容积制冷量

$$q_v=\frac{q_0}{v_1}=\frac{158.441}{0.0653}\ \text{kJ/m}^3=2426\ \text{kJ/m}^3$$

③压缩比功

$$w_0=h_2-h_1=(435.2-401.555)\ \text{kJ/kg}=33.645\ \text{kJ/kg}$$

④冷凝器单位热负荷

$$q_k=h_2-h_3=(435.2-243.114)\ \text{kJ/kg}=192.086\ \text{kJ/kg}$$

⑤制冷系数

$$\varepsilon_0=\frac{q_0}{w_0}=\frac{h_1-h_4}{h_2-h_1}=\frac{401.555-243.114}{435.2-401.555}=4.71$$

⑥制冷剂质量流量

$$q_m=\frac{Q_0}{q_0}=\frac{50}{158.441}\ \text{kg/s}=0.316\ \text{kg/s}$$

⑦体积流量

$$q_v=q_m v_1=(0.316\times0.0653)\ \text{m}^3/\text{s}=0.0206\ \text{m}^3/\text{s}$$

⑧冷凝器热负荷

$$Q_k=q_m q_k=(0.316\times192.086)\ \text{kW}=60.7\ \text{kW}$$

⑨压缩机消耗的理论功率

$$P_0=q_m w_0=(0.316\times33.645)\ \text{kW}=10.632\ \text{kW}$$

⑩热力完善度

$$\eta=\frac{\varepsilon_0}{\varepsilon_c}=\frac{h_1-h_4}{h_2-h_1}\cdot\frac{T_k-T_0}{T_0}=\frac{4.71}{5.84}=0.81$$

3.2 单级蒸气压缩式制冷实际循环

前面所做的分析都是以理论循环为基础的，但实际循环与理论循环之间存在许多差别，实际循环有如下的特点：

(1)蒸发和冷凝过程均为有温差传热过程；

(2)制冷剂通过设备和管道时，有流动阻力损失；

(3)制冷剂出蒸发器时，通常有一定的过热度；

(4)制冷剂出冷凝器时，通常有一定的过冷度；

(5)压缩过程并非等熵过程，而是不可逆的多变过程；

(6)实际制冷循环系统中会存在不凝性气体。

这些因素都会影响到循环的性能,下面针对这些问题加以分析和讨论。

3.2.1　制冷剂液体过冷对循环性能的影响

制冷剂液体的温度低于同一压力下饱和状态的温度称为过冷,两者温度之差称为过冷度。

理论循环中,冷凝器出口为制冷剂的饱和液体,而在实际循环中可能为过冷液体。图3.7为具有液体过冷的循环和理论循环的对比图,图中 1—2—3—4—1 为理论循环,1—2—3′—4′—1 为过冷循环。

从图 3.7 中可以看出,液体过冷对制冷循环的影响。在一定的蒸发温度和冷凝温度下,液体过冷可以减小节流后制冷剂的干度,增加制冷剂在蒸发器中汽化时的吸热量,即增加了单位质量制冷量。过冷循环的单位制冷量为 $q_0=h_1-h_{4'}=h_1-h_{3'}$,增加的制冷量为 $\Delta q_0=h_4-h_{4'}$。由于两种循环进、出压缩机的状态相同,因此比功相同,意味着制冷剂过冷可提高制冷循环的性能系数,即液体过冷对制冷循环是有利的,而且过冷度越大,对循环越有利。另外,制冷剂过冷也有利于膨胀阀的稳定工作。

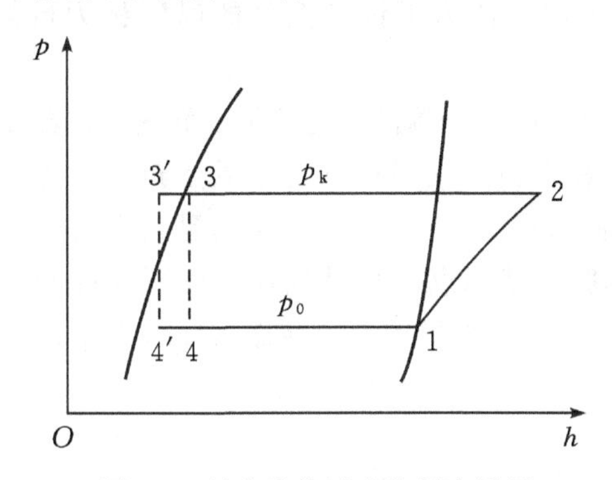

图 3.7　具有液体过冷的制冷循环

[**例 3.2**]　试比较理论循环与过冷循环的性能,假定两个循环的冷凝温度 t_k 均为40 ℃,蒸发温度 t_0 均为 5 ℃,过冷循环中液体的温度由 40 ℃过冷到 35 ℃,两个循环的压缩机吸入状态均为蒸发压力 p_0 下的饱和蒸气状态,制冷剂为 R22,制冷量 $Q_0=50$ kW。

[**解**]　两个循环的 $p-h$ 图如图 3.7 所示,查 R22 的热力性质图或表得各状态点的热力性质:

$h_1=403.499$ kJ/kg　　　　$h_2=436.0$ kJ/kg

$h_3=249.686$ kJ/kg　　　　$h_{3'}=243.114$ kJ/kg

$v_1=0.05543$ m^3/kg

计算结果见表 3.1。

表 3.1 理论循环与过冷循环的比较

序号	项目	计算公式		计算结果		增加百分数/%
		理论	过冷	理论	过冷	
1	单位质量制冷量 $q_0/(\mathrm{kJ\cdot kg^{-1}})$	h_1-h_3	$h_1-h_{3'}$	153.813	160.385	4.27
2	制冷剂质量流量 $q_m/(\mathrm{kg\cdot s^{-1}})$	$\frac{Q_0}{h_1-h_3}$	$\frac{Q_0}{h_1-h_{3'}}$	0.325	0.3118	4.23
3	压缩机容积流量 $q_v/(\mathrm{m^3\cdot s^{-1}})$	$\frac{Q_0 v_1}{h_1-h_3}$	$\frac{Q_0 v_1}{h_1-h_{3'}}$	17.99×10^{-3}	17.26×10^{-3}	4.23
4	循环比功 $w/(\mathrm{kJ\cdot kg^{-1}})$	h_2-h_1	h_2-h_1	23.377	23.377	0
5	性能系数 COP	$\frac{h_1-h_3}{h_2-h_1}$	$\frac{h_1-h_{3'}}{h_2-h_1}$	4.733	4.935	4.27

3.2.2 制冷剂蒸气过热对循环性能的影响

制冷剂蒸气的温度高于同一压力下饱和蒸气的温度称为过热，两者温度之差称为过热度。

实际循环中，为了不将液滴带入压缩机，通常制冷剂液体在蒸发器中完全蒸发后仍然要继续吸收一部分热量，以便在它被压缩机吸入时已处于过热状态。图 3.8 为吸气过热的制冷循环和理论循环的对比图，图中 1—2—3—4—1 为理论循环，1′—2′—3—4—1′为过热循环。过热循环中，压缩机的吸气状态点 1′由蒸发压力的延长线和过热后温度的等温线的交点来确定，1—1′表示过热过程。压缩机的出口状态由经过点 1′的等熵线和冷凝压力的交点来确定。

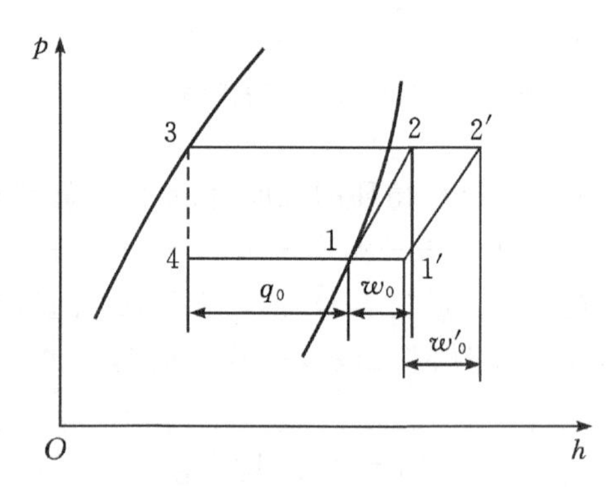

图 3.8 具有制冷剂蒸气过热的制冷循环

从图 3.8 可以看出，①过热循环中压缩机的排气温度比理论循环的排气温度高；②过热循环的比功大于理论循环的比功；③由于过热循环在过热过程中吸收了一部分热量，再加上比功又稍有增加，因此每千克制冷剂在冷凝器中排出的热量较理论循环大；④相同压力下，温度升高时，过热蒸气的比体积要比饱和蒸气的比体积大，这意味着对每千克制冷剂而言，将需要更大的压缩机容积。

吸入过热蒸气对制冷量和制冷系数的影响如何？取决于吸收的热量是否产生有用的制冷效果以及过热度的大小。产生有效制冷量的过热循环称为有效过热，没有产生有效制冷量的过热循环称为无效过热或有害过热。

1.无效过热

从蒸发器出来的低温制冷剂蒸气，在通过吸入管道进入压缩机前，从周围环境中吸取热量而过热，但并未对被冷却物体产生任何制冷效应，这种过热称为“无效”过热。它与同条件下理论循环的单位制冷量相等，但比体积的增加使单位容积制冷量减少，压缩机消耗的功率增加，导致制冷的性能系数降低。

可见，无效过热对循环是不利的，故又称为有害过热。实际循环中可尽量地缩短蒸发器和压缩机间吸气管路的长度或对管道进行保温等措施，来减少有害过热对系统的影响。

2.有效过热

如果过热发生在蒸发器的后部，或者发生在被冷却对象的吸气管路上，或两者皆有的情况下，那么由于过热而吸收的热量来自被冷却对象，因而产生了有用的制冷效果，称为“有效”过热。

有效过热使循环的单位制冷量增加，但由于吸入蒸气的比体积也随之增加，故单位容积制冷量可能增加，也可能减少，这与制冷剂本身的特性有关。另外，单位理论功也增加了，因此有效过热对性能系数的影响与单位容积制冷量类似。

图 3.9 给出了几种制冷剂在过热区单位容积制冷量的变化情况，图 3.10 给出了不同制冷剂的性能系数随过热度变化而变化的情况。图中是在假设蒸发温度－15 ℃，冷凝温度 30 ℃的情况下得到的，纵坐标为过热循环与理论循环相应指标的比值，横坐标为过热度值。图中可以看出，对于氨、R11 和 R22 而言，吸入蒸气过热使单位容积制冷量下降，制冷系数降低；但对于 R12、R502、CO_2 和丙烷而言，则正好相反。

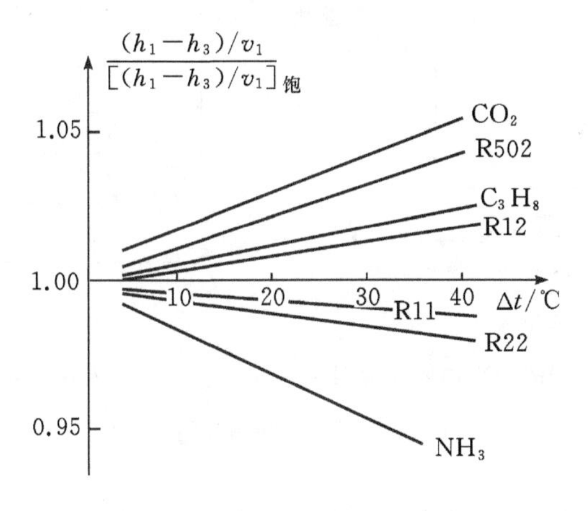

图 3.9　各种制冷剂在过热区单位容积制冷量的变化

吸气过热虽可避免湿压缩现象发生，但会使压缩机的排气温度升高，对过热不利的制冷剂排气温度升高更大，严重时会影响压缩机的正常润滑，故对采用过热不利制冷剂时应控制其过热度。

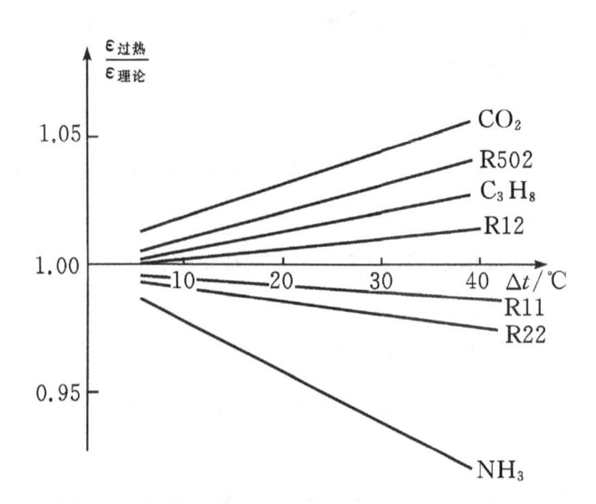

图 3.10　各种制冷剂过热时性能系数的变化

3.2.3　气-液热交换对循环性能的影响

在系统中增加一个气-液热交换器，利用蒸发器出口的低温制冷剂蒸气冷却冷凝器中流出的制冷剂液体，使得高压制冷剂液体过冷，同时使低压低温蒸气有效过热，这种循环称为回热循环，如图 3.11 所示。

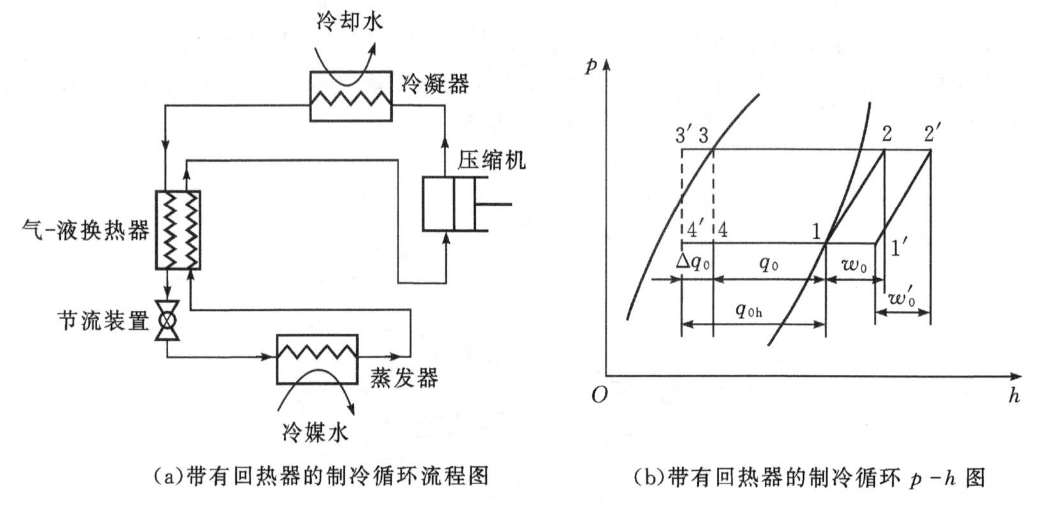

(a)带有回热器的制冷循环流程图　　(b)带有回热器的制冷循环 $p-h$ 图

图 3.11　带有回热器的制冷循环示意图

图中，1—2—3—4—1 表示理论循环，1—1′—2′—3—3′—4′—1 表示回热循环，其中 1—1′和 3—3′表示回热过程，即在过热的同时实现了液体过冷，相当于有效过热循环。在没有冷量损失的情况下，热交换过程中液体放出的热量应等于蒸气吸收的热量

$$h_3 - h_{3'} = h_{1'} - h_1 \quad \text{kJ/kg} \tag{3.14}$$

回热循环中的单位制冷量为

$$q_0 = h_1 - h_{4'} = h_{1'} - h_4 \quad \text{kJ/kg} \tag{3.15}$$

单位制冷量的增加量为

$$\Delta q_0 = h_4 - h_{4'} = h_{1'} - h_1 \quad \text{kJ/kg} \tag{3.16}$$

循环的比功增加量为

$$\Delta w_0 = (h_{2'} - h_{1'}) - (h_2 - h_1) \quad \text{kJ/kg} \tag{3.17}$$

可见,采用回热循环后性能系数可能增加,也可能减小,它的变化规律与前面所分析的有效过热对单位容积制冷量及性能系数的变化规律一致。

需要注意的是,采用回热器时,液体过冷失去的热量过热了饱和蒸气,系统内部达到热平衡,真正转移的热量值是 $\Delta q_0 = h_4 - h_{4'} = h_{1'} - h_1$,所以系统采用回热器后,单位制冷量为 $q_0 = h_1 - h_{4'} = h_{1'} - h_4$,而非 $q_0 = h_{1'} - h_{4'}$。但对于由系统外界变化,如冷却水温度降低引起冷凝液体过冷、蒸发面积增加或放置在被冷却对象中的蒸发器和压缩机之间的连接管路加长引起蒸气过热,此时制冷系统的制冷量为 $q_0 = h_{1'} - h_{4'}$,并且 $h_{1'} - h_1$ 不一定等于 $h_4 - h_{4'}$。

[例 3.3] 某空调系统采用单级蒸气回热式压缩制冷循环,制冷剂为 R12,工作参数:蒸发温度 $t_0 = 0$ ℃,冷凝温度 $t_k = 40$ ℃,压缩机吸气温度 $t_1 = 15$ ℃,循环的制冷量 $Q_0 = 20$ kW,试对该制冷循环进行热力计算。

[解] 1) 列出已知条件及所求的参数。

已知:单级蒸气回热式压缩制冷循环;制冷剂为 R12;蒸发温度 $t_0 = 0$ ℃;吸气温度 $t_1 = 15$ ℃;冷凝温度 $t_k = 40$ ℃;制冷量 $Q_0 = 20$ kW。

求:该制冷系统热力性质。

2)绘出该制冷循环的 $p-h$ 图(纵坐标采用对数坐标),并在其上标出相应的状态点。制冷循环如图 3.12 所示。

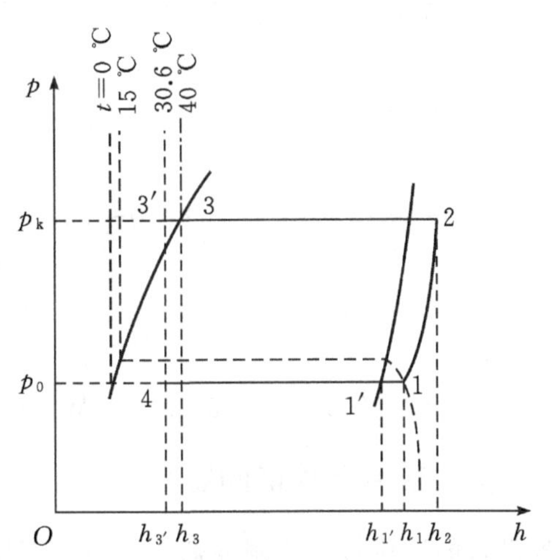

图 3.12 带有回热制冷循环的 $p-h$ 图

3)根据氟利昂 R12 的热力性质表结合制冷循环压焓图,得到各状态点的热力参数值。

根据 $t_0 = 0$ ℃找到蒸发压力线 $p_0 = 3.089$ bar(1 bar=100 kPa),可确定饱和蒸气状态点 1′,得焓值

$$h_{1'}=352.54\ \text{kJ/kg}$$

等压线 p_0 与 $t_1=15$ ℃等温线的交点，即为压缩机吸气状态点 1，其中

$$h_1=361.97\ \text{kJ/kg},v_1=0.05973\ \text{m}^3/\text{kg}$$

根据 $t_k=40$ ℃找到冷凝压力线 $p_k=9.634$ bar，过点 1 的等比熵线与等 p_k 线的交点即为压缩机排气状态点 2，其中

$$h_2=383.74\ \text{kJ/kg}$$

等 p_k 线与饱和液体线的交点为状态点 3，即为冷凝器出口、回热器入口状态点，其中

$$h_3=283.62\ \text{kJ/kg}$$

回热器中冷凝器出口饱和液体的放热量与蒸发器出口过热量是相等的，即有 $h_3-h_{3'}=h_1-h_{1'}$，则可以求得

$$h_{3'}=229.19\ \text{kJ/kg}$$

由 $h_{3'}$ 的值在横坐标确定一个点，由该点作垂直于等 p_k 线的交点即为状态点 3′；过状态点 $h_{3'}$ 作等焓线与等 p_0 线的交点即为状态点 4，且 $h_4=h_{3'}=229.19$ kJ/kg。

4)根据状态点参数值计算制冷循环的热力性质。

① 冷凝器单位热负荷

$$q_k=h_2-h_3=(352.54-229.19)\ \text{kJ/kg}=123.35\ \text{kJ/kg}$$

② 制冷系数

$$\varepsilon_0=\frac{q_0}{w_0}=\frac{h_1-h_3}{h_2-h_1}=\frac{361.97-238.62}{383.74-361.97}=5.666$$

③ 制冷剂质量流量

$$q_m=\frac{Q_0}{q_0}=\frac{20}{361.97-238.62}\ \text{kg/s}=0.1621\ \text{kg/s}$$

④ 制冷剂体积流量

$$q_v=q_m v_1=(0.1621\times 0.05973)\ \text{m}^3/\text{s}=0.0097\ \text{m}^3/\text{s}$$

⑤ 冷凝器热负荷

$$Q_k=q_m q_k=(0.1621\times 123.35)\ \text{kW}=23.52\ \text{kW}$$

⑥ 回热器热负荷

$$Q'_k=q_m(h_1-h_{1'})=0.1621\times(361.97-352.54)\ \text{kW}=3.529\ \text{kW}$$

⑦ 压缩机消耗的理论功率

$$P_0=q_m w_0=0.1621\times(383.74-361.97)\ \text{kW}=3.529\ \text{kW}$$

3.2.4 热交换及压力损失对循环性能的影响

理论循环中，假定在各设备的连接管道中制冷剂不发生状态变化，实际上，由于热交换和流动阻力的存在，制冷剂热力状态的变化是不可避免的，现讨论这些因素对循环性能的影响。

1.吸入管道

实际循环中，压缩机入口的吸入管道存在压力降，而吸入管道中的压降始终是有害的，它使得吸气比体积增大，压缩机的压力比增大，单位容积制冷量减少，比压缩功增大，性能系

数下降。

2.排气管道

压缩机的排气管道中,热量传给周围空气,不会引起性能的改变,仅减少了冷凝器的热负荷。而此管道中的压降是有害的,它增加了压缩机的排气压力,因而增加了压缩机的压力比及比功,使得性能系数下降。所以压缩机排气管道中制冷剂的流速必须加以控制。

3.冷凝器到膨胀阀之间的液体管道

一般热量由制冷剂液体传给周围空气,使液体过冷,制冷量增大;偶尔出现另外情况,即水冷冷凝器中冷却水温度很低,冷凝温度低于环境温度,这时热量由空气传给液体制冷剂,有可能使部分液体汽化,此外,液体在该段管中流动会产生压力损失,当压力损失值大于液体过冷度相对应的压力差时,管内的液体就有可能部分汽化。这些现象发生不仅使单位制冷量下降,而且使得膨胀阀不能正常工作。

4.膨胀阀到蒸发器之间的管道

通常膨胀阀靠近蒸发器安装。若将它安装在被冷却空间内,热量的传递将产生有效制冷量,若装在室外,热量的传递使制冷量减少,此时需保温。对给定的蒸发温度,此管道中产生的压降是无关紧要的,因为制冷剂进入蒸发器之前压力必须降到蒸发压力,而压力的降低无论是发生在节流阀中,还是发生在管路中没有什么区别。

5.蒸发器

讨论蒸发器中压降对循环性能的影响时,需注意比较条件。假定不改变制冷剂出蒸发器时的状态,为克服流动阻力,需提高制冷剂进蒸发器时的压力,也就是提高进蒸发器的温度,从而使制冷剂的平均温度升高,传热温差减小,需增大传热面积,但对循环性能没有影响;若不改变蒸发过程的传热温差,压降使得制冷剂出蒸发器时压力降低,吸气比体积增大,压力比升高,制冷量减少,性能系数下降。

6.冷凝器

假定制冷剂出冷凝器的压力不变,压降的存在使得压缩机排气压力升高,压力比增大,压缩机功耗增加,性能系数下降。

7.压缩机

实际压缩过程并非等熵过程,在压缩的开始阶段,由于气缸壁温度高于制冷剂蒸气的温度,热量由气缸壁传向制冷剂,压缩到某一阶段后,当气体温度高于气缸壁时,热量由蒸气传向气缸壁面,因此整个压缩过程是指数不断变化的多变过程,再加上余隙容积的影响,气体在吸、排气阀及通道处的热量交换及流动阻力等,使压缩机的输气量减小,制冷量下降,功耗增大。

活塞式压缩机的相关计算如下。

(1)各种损失引起压缩机输气量的减少可用容积效率(输气系数)表示。

容积效率(输气系数):压缩机的实际输气量与理论输气量之比。

$$\lambda=\frac{q_{v,\mathrm{s}}}{q_{v,\mathrm{th}}} \tag{3.18}$$

式中,λ 为输气系数,可根据经验公式和图表确定;$q_{v,s}$为压缩机的实际输气量(m^3/s);$q_{v,th}$为压缩机的理论输气量(m^3/s)。

压缩机的理论输气量用下式计算:

$$q_{v,th}=\frac{\pi}{4}D^2SnZ \qquad m^3/s \tag{3.19}$$

式中,D 为气缸直径,m;S 为活塞行程,m;n 为压缩机的转速,r/min;Z 为气缸数。

可见压缩机的理论输气量由压缩机的结构参数和转速来确定,与制冷剂的种类和工作条件无关。

压缩机的实际输气量由下式确定:

$$q_{v,s}=q_{v,th}\cdot\lambda \qquad m^3/s \tag{3.20}$$

(2)在给定蒸发温度和冷凝温度的情况下,循环的实际制冷量由下式得出:

$$Q_0=q_{v,s}\cdot q_{zv}=q_{v,th}\lambda q_{zv} \qquad m^3/s \tag{3.21}$$

式中,q_{zv}为给定工况下单位容积制冷量,kJ/m³。

(3)实际压缩过程中,因偏离等熵过程以及流动阻力损失等因素,压缩气体所消耗的功称为指示功。理论比功与实际压缩过程的指示比功之比称为指示效率。

$$\eta_i=\frac{w_0}{w_i} \tag{3.22}$$

式中,η_i 为指示效率;w_0 为理论比功(kJ/kg);w_i 为实际压缩过程的指示比功(kJ/kg)。

为克服机械摩擦和带动辅助设备,压缩机实际消耗的比功 w_s 又较指示比功 w_i 大,两者的比值称为压缩机的机械效率 η_m。

$$\eta_m=\frac{w_i}{w_s} \tag{3.23}$$

压缩机实际消耗的比功为

$$w_s=\frac{w_i}{\eta_m}=\frac{w_0}{\eta_i\eta_m}=\frac{w_0}{\eta_k} \tag{3.24}$$

式中,η_k 为压缩机的轴效率。

3.2.5 不凝性气体与水分对循环性能的影响

系统中除制冷剂外,往往会存在水分与不凝性气体。不凝性气体(如空气等)因其不能通过冷凝器或储液器的液封,会积存在冷凝器上部,使冷凝器内的压力增加,导致压缩机排气压力提高,比功增加,性能系数下降;而水分的存在可能会对制冷设备产生腐蚀。故应及时排除不凝性气体与水分。

3.2.6 单级蒸气压缩式制冷的实际循环

将实际循环偏离理论循环的各种因素综合在一起考虑的实际制冷循环如图 3.13 所示。图中 1—2—3—4—1 为单级蒸气压缩理论制冷循环。1—1′—1″—2s—2s′—3—3′—4′—1 表示实际循环,其中 4′—1 表示制冷剂在蒸发器中的蒸发和压降过程;1—1′表示蒸气在回热器及吸气管路中的过热和压降过程;1′—1″表示蒸气经过吸气阀的压力损失过程;1″—2s 表示压缩机的多变压缩过程;2s—2s′表示排气经过排气阀时的压降过程;2s′—3 表示蒸气经排气管道进入冷凝器的冷却、冷凝过程及压降过程；3—3′表示液体在回热器中的降温、降压过程；3′—4′表示节流过程。

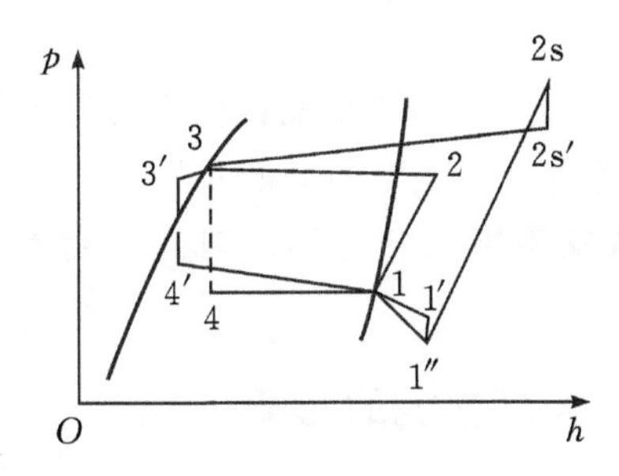

图 3.13　单级压缩实际制冷循环的压焓图

3.3　单级蒸气压缩式制冷机变工况特性分析

所谓制冷机的工况，是指制冷系统运行时的工作条件，包括温度条件与其它附加条件。工况是评定和比较压缩机或制冷系统性能的基础。对一个制冷系统而言，它的工况条件主要包括蒸发温度、冷凝温度、过冷温度和过热温度等。其中蒸发温度和冷凝温度对制冷系统性能的影响最大，故通常所说的制冷机变工况运行是指蒸发温度和冷凝温度的变化。

与名义参数(通常规定在有关标准、产品铭牌或样本上)相应的温度条件称为名义工况，这些“工况”的具体温度数值各国有所不同，也随制冷剂的种类而定。实际运行中，如果工况发生改变，制冷机的性能可从制造厂提供的变工况性能曲线中查取。

3.3.1　蒸发温度对制冷循环性能的影响

蒸发温度变化对制冷系统性能的影响如图 3.14 所示。分析时，假设冷凝温度 t_k 不变。蒸发温度由 t_0 降低到 t'_0时，循环由原来的 1—2—3—4—1 变为 1′—2′—3—4′—1′，其性能指标发生了下列变化。

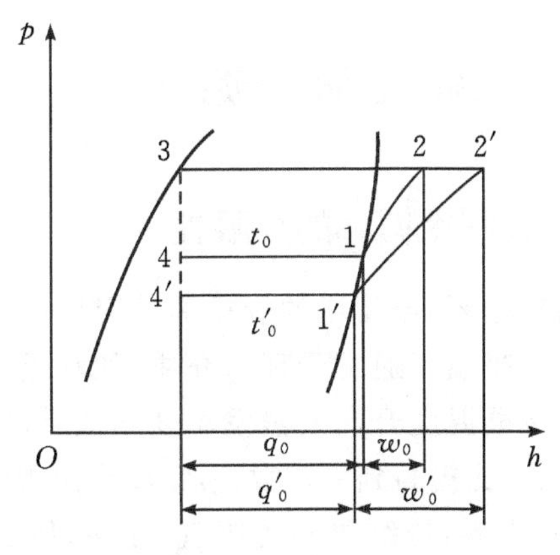

图 3.14　蒸发温度变化时循环状态参数的变化情况

(1)蒸发压力由 p_0 降低到 p'_0。

(2)单位质量制冷量由 q_0 减小到 q'_0,单位理论耗功由 w_0 增加到 w'_0,因此,循环的制冷系数降低。

(3)单位容积制冷量为 $q_v=q_0/v_1$,由于压缩机的吸气比体积 v_1 增大为 v'_1,单位质量制冷量由 q_0 减小到 q'_0,故 q_v会随着蒸发温度的降低而降低。

当冷凝温度 t_k 不变,而蒸发温度 t_0 升高时,对同一台制冷机来说,其变化情况正好相反。

3.3.2 冷凝温度对制冷循环性能的影响

冷凝温度变化对制冷系统性能的影响如图 3.15 所示。分析时,假设蒸发温度不变,冷凝温度由 t_k 升高到 t'_k 时,循环由原来的 1—2—3—4—1 变为 1—2′—3′—4′—1,其性能指标发生了下列变化。

(1)制冷剂的冷凝压力由 p_k 升高到 p'_k。

(2)单位质量制冷量由 q_0 减小到 q'_0,单位理论耗功由 w_0 增加到 w'_0,因此,循环的制冷系数必然降低。

(3)单位容积制冷量为 $q_v=q_0/v_1$,尽管压缩机的吸气比体积 v_1 未变,但单位质量制冷量减小,导致 q_v会随着冷凝温度的增高而减小。

当蒸发温度 t_0 不变,而冷凝温度 t_k 降低时,对同一台制冷机来说,其变化情况正好相反。

综上所述,随着蒸发温度的降低、冷凝温度的升高,循环的制冷量及制冷性能系数明显下降,因此,在运行中在满足被冷却物体温度的前提下,尽量使制冷机保持较高的蒸发温度,同时适当控制冷凝温度,不应使它过高。

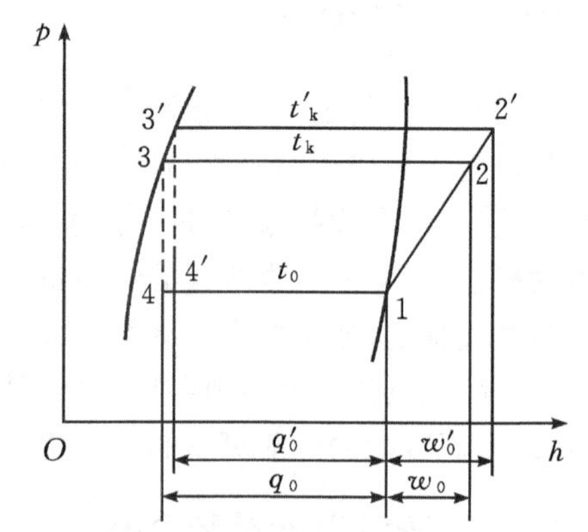

图 3.15 冷凝温度变化时循环状态参数的变化情况

3.4 两级蒸气压缩式制冷循环

3.4.1 单级蒸气压缩式制冷循环的局限性

对于一个蒸气压缩式制冷循环,当使用的制冷剂确定后,其冷凝压力、蒸发压力均由冷凝温度和蒸发温度决定。而冷凝温度通常受环境介质(如水或空气)温度的限制,蒸发温度由制冷装置的用途确定。当冷凝温度升高或蒸发温度降低时,压缩机的压力比将增大。由于压缩机余隙容积的存在,压力比提高到一定数值后,将会出现以下问题。

(1)压缩机的容积系数变为零,压缩机不再吸气,制冷机虽然在不断运行,制冷量却变为零。

(2)压缩机排气温度过高,润滑油可能碳化,从而堵塞油路,产生故障;润滑油可能会挥发随制冷剂进入换热设备，增加传热热阻；润滑油也可能分解产生不凝性气体，进入冷凝器，增加冷凝压力。

(3)实际压缩过程偏离等熵程度增加，效率下降，实际功耗增加。

(4)节流损失增大，节流后制冷剂的干度增大，单位质量制冷量和制冷系数大为下降。

所以，单级制冷压缩机的压力比是有限制的，一般不应超过 8～10。在应用中温中压制冷剂时，为达到更低的蒸发温度及较高的性能系数，就需要采用多级蒸气压缩式制冷循环、复叠式制冷循环或自复叠式制冷循环。

3.4.2　两级往复式蒸气压缩制冷循环

采用多级蒸气压缩式制冷循环能够避免或减少单级制冷循环中由于压力比过大引起的一系列不利因素，从而改善制冷机的工作条件。

(1)可降低每一级压力比，减少制冷压缩机的余隙影响，减少制冷剂蒸气与气缸壁之间的热交换，减少制冷剂在压缩中的内部泄漏损失；提高制冷压缩机的输气系数，提高实际输气量；在其它条件不变的情况下，增加制冷量；提高制冷压缩机的指示效率(也称内效率)，减少实际压缩过程中的不可逆损失。

(2)可降低每一级制冷压缩机的压力差，增强制冷机运行的平衡性，简化机器结构，减少能耗损失。

(3)可减少制冷循环中的节流损失，提高制冷性能。

从热力学上分析，压缩级数越多越接近等温过程，功耗越少，制冷性能系数也越大。但级数越多系统越复杂，设备费用增加，技术复杂性提高。工程中常采用二级或三级压缩制冷循环。

两级压缩制冷循环中，制冷剂的压缩过程分两个阶段进行，即使来自蒸发器的低压制冷剂蒸气 p_0 先进入低压压缩机，在其中压缩到中间压力 p_m，经过中间冷却后再进入高压压缩机，将其压缩到冷凝压力 p_k，最后排入冷凝器中。两级压缩制冷系统，可以是双机双级型，也可以是单机双级型。

两级压缩制冷循环按中间冷却方式可分为中间完全冷却循环与中间不完全冷却循环；按节流方式又可分为一级节流循环与两级节流循环。所谓中间完全冷却是指将低压级排气直接冷却到中间压力下的饱和蒸气；如果低压级排气虽经冷却降温，但并未达到饱和蒸气状态，则为中间不完全冷却。将高压液体先从冷凝压力节流到中间压力，再节流至蒸发压力，称为两级节流循环；如果高压液体直接从冷凝压力节流至蒸发压力，则称为一级节流。下面分析两种具有代表性的两级压缩制冷循环。

1.一级节流中间完全冷却的两级压缩制冷循环

一级节流中间完全冷却的两级蒸气压缩制冷循环系统原理图及相应的 $p-h$ 图和 $T-s$ 图如图 3.16 和图 3.17 所示。该理论循环的工作过程如下。

1—2 是低压级压缩机等熵压缩过程，耗功为 $P_{0,L}$(低压级理论功率)。

2—3 是低压级排气在中间冷却器中的等压冷却过程，被完全冷却成中间压力 p_m 下的干饱和蒸气，即中间完全冷却过程。

3—4 是高压级压缩机等熵压缩过程，耗功为 $P_{0,H}$(高压级理论功率)。

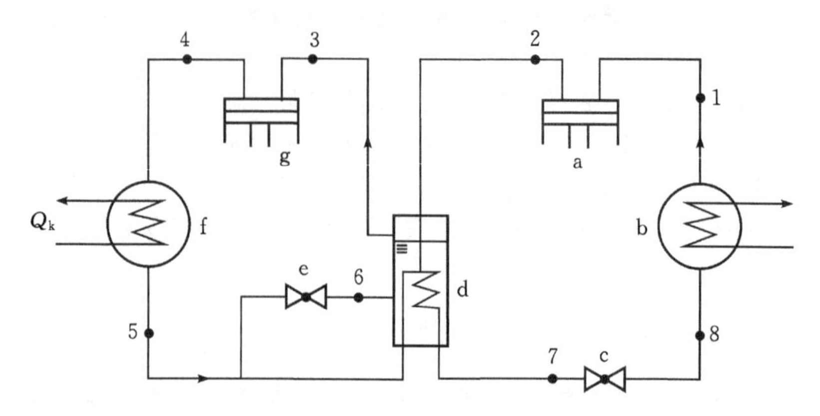

a—低压级制冷压缩机；b—蒸发器；c—节流器；
d—中间冷却器；e—节流器；f—冷凝器；g—高压级制冷压缩机。

图 3.16　一级节流中间完全冷却的两级蒸气压缩制冷循环原理图

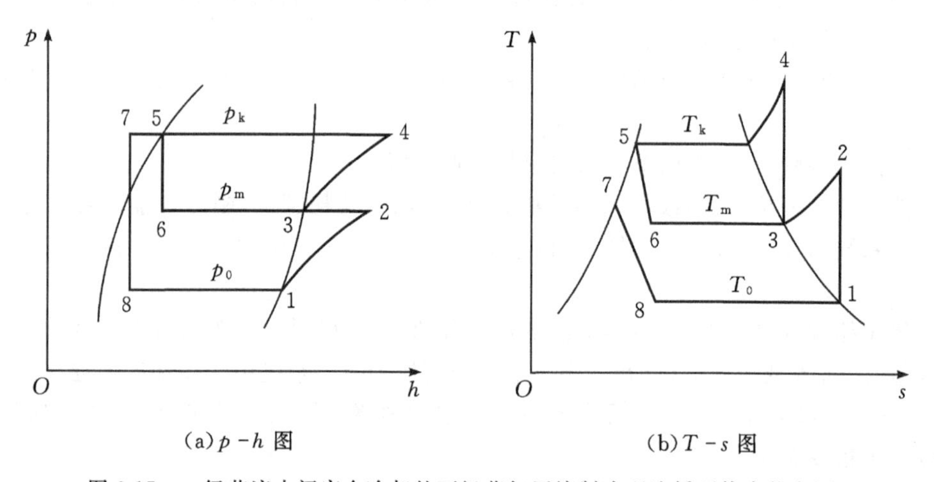

(a)$p-h$ 图　　(b)$T-s$ 图

图 3.17　一级节流中间完全冷却的两级蒸气压缩制冷理论循环热力状态图

4—5 是制冷剂蒸气在冷凝器中的等压冷却冷凝过程，向外放热 Q_k。

5—6 是部分制冷剂液体经节流器由高压 p_k 节流至中间压力 p_m 的过程，节流之后的制冷剂进入中间冷却器。

5—7 是另一部分制冷剂在中间冷却器中的过冷过程，盘管内的制冷剂液体向盘管外的制冷剂放热 Q_m。

7—8 是过冷的制冷剂液体经节流器由高压 p_k 节流至低压 p_0 的过程。

8—1 是制冷剂在蒸发器内的等压汽化吸热过程，吸热量为 Q_0。

该理论循环的主要热力性能计算如下。

(1)单位质量制冷量为

$$q_0 = h_1 - h_8 = h_1 - h_7 \quad \text{kJ/kg} \tag{3.25}$$

(2)单位容积制冷量为

$$q_v = \frac{q_0}{v_1} = \frac{h_1 - h_8}{v_1} \quad \text{kJ/kg} \tag{3.26}$$

式中，v_1 为压缩机的吸气比体积(m^3/kg)。

(3)低压压缩机单位质量理论功为

$$w_{0,L} = h_2 - h_1 \quad \text{kJ/kg} \tag{3.27}$$

(4)设制冷机的制冷量为 Q_0(kW)，则低压压缩机制冷剂的循环量为

$$q_{m,L} = \frac{Q_0}{q_0} = \frac{Q_0}{h_1 - h_8} \quad \text{kg/s} \tag{3.28}$$

(5)低压压缩机的理论功率为

$$P_{0,L} = q_{m,L} \cdot w_{0,L} = q_{m,L}(h_2 - h_1) \quad \text{kW} \tag{3.29}$$

(6)高压压缩机单位质量理论功为

$$w_{0,H} = h_4 - h_3 \quad \text{kJ/kg} \tag{3.30}$$

(7)高压级制冷剂循环量可根据中间冷却器的热平衡关系求得，如图 3.18 所示。

$$q_{m,L}h_2 + q_{m,L}h_5 + (q_{m,H} - q_{m,L})h_6 = q_{m,H}h_3 + q_{m,L}h_7$$

$$h_5 = h_6$$

整理得

$$q_{m,H} = q_{m,L}\frac{h_2 - h_7}{h_3 - h_6} \quad \text{kg/s} \tag{3.31}$$

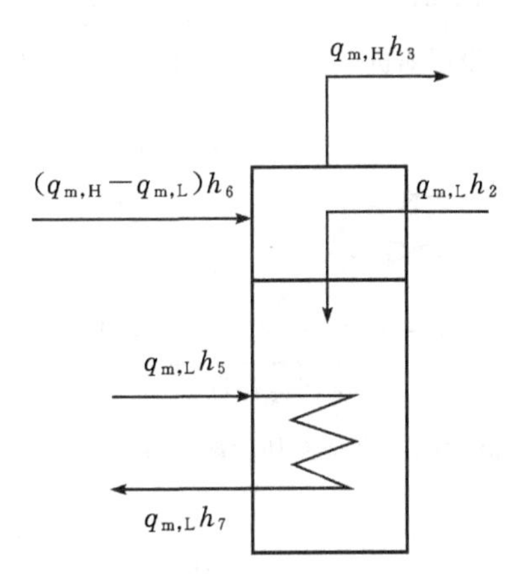

图 3.18　中间冷却器热平衡图

(8)高压级制冷压缩机理论功率为

$$P_{0,H} = q_{m,H} \cdot w_{0,H} = q_{m,H}(h_4 - h_3) \quad \text{kW} \tag{3.32}$$

(9)冷凝器负荷为

$$Q_k = q_{m,H} \cdot q_k = q_{m,H}(h_4 - h_5) \quad \text{kW} \tag{3.33}$$

式中，q_k 为单位冷凝器负荷(kJ/kg)。

(10)中间冷却器盘管负荷

$$Q_m = q_{m,L} \cdot q_m = q_{m,L}(h_5 - h_7) \quad \text{kW} \tag{3.34}$$

式中，q_m 为单位中间冷却器盘管负荷(kJ/kg)。

(11)理论循环制冷系数为

$$\begin{aligned}\mathrm{COP}_0 &= \frac{Q_0}{P_{0,\mathrm{L}} + P_{0,\mathrm{H}}} = \frac{q_0 \cdot q_{\mathrm{m,L}}}{q_{\mathrm{m,L}} \cdot w_{0,\mathrm{L}} + q_{\mathrm{m,H}} \cdot w_{0,\mathrm{H}}} \\ &= \frac{q_0}{w_{0,\mathrm{L}} + \dfrac{q_{\mathrm{m,H}}}{q_{\mathrm{m,L}}} w_{0,\mathrm{H}}} = \frac{h_1 - h_8}{(h_2 - h_1) + \dfrac{h_2 - h_7}{h_3 - h_6}(h_4 - h_3)}\end{aligned} \tag{3.35}$$

(12)理论循环热力完善度为

$$\eta_0 = \frac{\mathrm{COP}_0}{\mathrm{COP}_c} = \frac{h_1 - h_8}{(h_2 - h_1) + \dfrac{h_2 - h_7}{h_3 - h_6}(h_4 - h_3)} \cdot \frac{T_\mathrm{H} - T_\mathrm{L}}{T_\mathrm{L}} \tag{3.36}$$

式中，COP_c 为相同冷源和热源间工作的理想制冷循环制冷系数。

2.一级节流中间不完全冷却的两级压缩制冷循环

一级节流中间不完全冷却的两级蒸气压缩制冷循环系统原理图及相应的 $p-h$ 图和 $T-s$ 图如图 3.19 和图 3.20 所示。它与一级节流中间完全冷却制冷循环的主要区别是高压级压缩机吸入的是中间压力下具有一定过热度的过热蒸气，故称为“中间不完全冷却”。

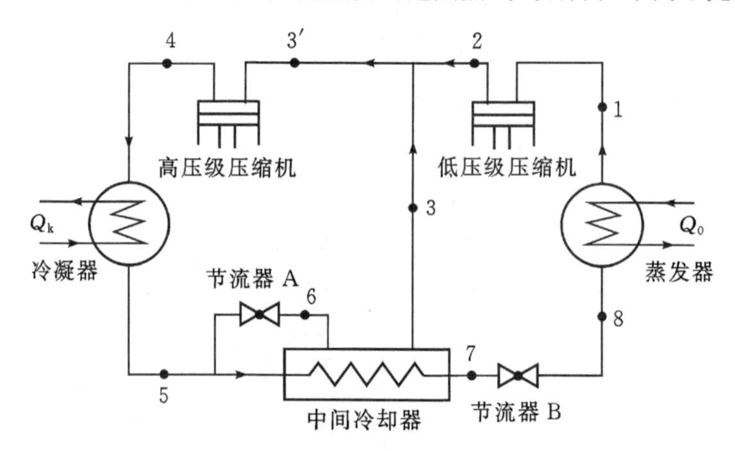

图 3.19 一级节流中间不完全冷却的两级蒸气压缩制冷循环原理图

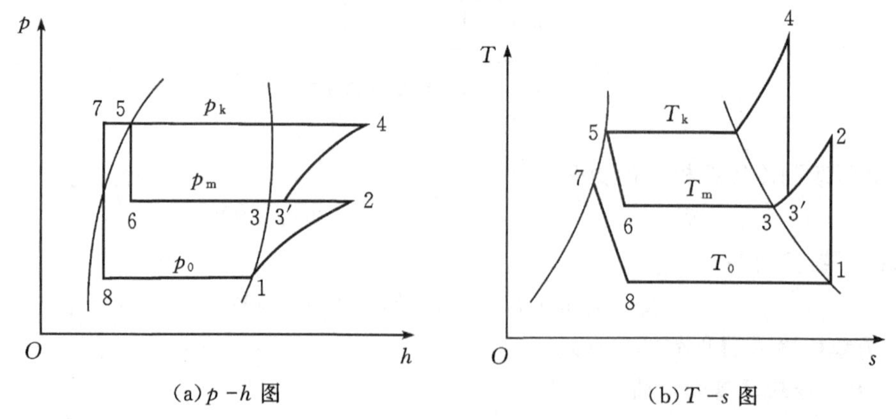

(a)$p-h$ 图　　(b)$T-s$ 图

图 3.20 一级节流中间不完全冷却的两级蒸气压缩制冷理论循环热力状态图

图3.19和图3.20所示的一级节流中间不完全冷却的两级压缩制冷理论循环的工作过程如下。

1—2是低压级压缩机等熵压缩过程，耗功为$P_{0,L}$(低压级理论功率)。

2—3′是低压级排气与中间冷却器中产生的饱和蒸气相混合、冷却成中间压力p_m下的过热蒸气的过程，即中间不完全冷却过程。

3′—4是高压级压缩机等熵压缩过程，耗功为$P_{0,H}$(高压级理论功率)。

4—5是制冷剂蒸气在冷凝器中的等压冷却冷凝过程，向外放热Q_k。

5—6是部分制冷剂液体经节流器由高压p_k节流至中间压力p_m的过程，节流之后的制冷剂进入中间冷却器。

5—7是另一部分制冷剂在中间冷却器中的过冷过程，盘管内的制冷剂液体向盘管外的制冷剂放热Q_m。

7—8是过冷的制冷剂液体经节流器由高压p_k节流至低压p_0的过程。

8—1是制冷剂在蒸发器内的等压汽化吸热过程，吸热量为Q_0。

一级节流中间不完全冷却的两级压缩制冷理论循环热力性能计算方法同一级节流中间完全冷却的两级压缩制冷理论循环热力性能计算方法基本一样。

高压级的制冷剂循环量可根据中间冷却器的热平衡关系求得，如图3.21所示。

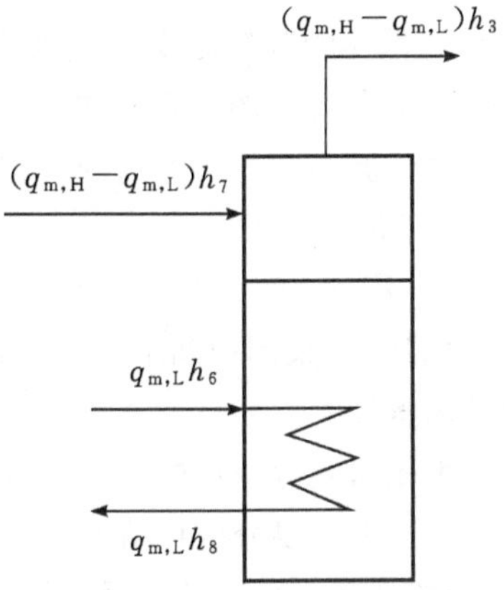

$$h_6=h_5, h_8=h_7$$

$$q_{m,L}h_7+(q_{m,H}-q_{m,L})h_3=(q_{m,H}-q_{m,L})h_6+q_{m,L}h_5$$

图3.21　中间冷却器热平衡图

整理得高压级制冷剂循环量为

$$q_{m,H}=q_{m,L}\frac{h_3-h_7}{h_3-h_6}\quad \text{kg/s} \tag{3.37}$$

高压压缩机的吸气状态参数点3′的比焓可由两部分蒸气混合过程的热平衡关系式求得

$$(q_{m,H}-q_{m,L})h_3+q_{m,L}h_2=q_{m,H}h_{3'}$$

$$h_{3'}=\frac{q_{m,H}h_3+q_{m,L}(h_2-h_3)}{q_{m,H}}$$

$$=h_3+\frac{h_3-h_6}{h_3-h_7}(h_2-h_3)\quad \text{kJ/kg} \tag{3.38}$$

该一级节流中间不完全冷却的两级压缩制冷理论循环的制冷系数和热力完善度分别如下

$$\mathrm{COP}_0=\frac{Q_0}{P_{0,L}+P_{0,H}}=\frac{q_0\cdot q_{m,L}}{q_{m,L}\cdot w_{0,L}+q_{m,H}\cdot w_{0,H}}$$

$$=\frac{q_0}{w_{0,L}+\dfrac{q_{m,H}}{q_{m,L}}w_{0,H}}=\frac{h_1-h_8}{(h_2-h_1)+\dfrac{h_3-h_7}{h_3-h_6}(h_4-h_{3'})} \tag{3.39}$$

$$\eta_0=\frac{COP_0}{COP_c}=\frac{h_1-h_8}{(h_2-h_1)+\frac{h_3-h_7}{h_3-h_6}(h_4-h_{3'})}\cdot\frac{T_H-T_L}{T_L} \tag{3.40}$$

式中，COP_c 为工作于相同冷源和热源间理想制冷循环的制冷系数。

3.4.3 两级压缩制冷循环的热力计算

两级往复式蒸气压缩制冷循环热力计算方法与单级蒸气压缩制冷循环类似，包括制冷剂和循环形式的确定、工作参数的确定、热力性能的计算分析。

1.制冷剂与循环形式的选择

两级蒸气压缩制冷循环常使用中温中压制冷剂，如 R717、R22 和 R502 等。根据制冷剂的热力性质，R717 宜采用中间完全冷却形式，R22、R502 宜采用中间不完全冷却形式。

2.循环工作参数的确定

两级蒸气压缩制冷循环的工作参数主要有冷凝温度 t_k、蒸发温度 t_0、中间温度 t_m、过冷温度 $t_{s,c}$、低压级吸气温度 $t_{sh,L}$及高压级吸气温度 $t_{sh,H}$。其中冷凝温度 t_k、蒸发温度 t_0 及低压级吸气温度 $t_{sh,L}$的确定与单级实际制冷循环相同。

一次节流形式的制冷剂液体经中间冷却器冷却后的过冷温度，一般比中间温度 t_m 高 3～7 ℃，常取高 5 ℃。

R717 采用中间完全冷却形式，高压级吸入干饱和蒸气，其吸气温度 $t_{sh,H}$等于中间温度 t_m。R22、R502 采用中间不完全冷却形式，取高压级吸气温度 $t_{sh,H}\leqslant 15$ ℃，是中间压力 p_m 下的过热蒸气。

两级压缩制冷循环中的中间温度 t_m(中间压力 p_m)的高低对循环的性能有直接的影响。确定中间压力时要分两种情况：一种是已经选配好高、低压级压缩机，需通过计算确定中间压力(校核计算)；另一种是通过循环的热力计算来确定中间压力，该中间温度为最佳中间温度(设计计算)。

第一种情况，由于高、低压级压缩机已定，通过热力计算去确定中间压力。高压压缩机的理论输气量 q_{VhH}和低压压缩机的理论输气量 q_{VhL}之比 ε_0 为定值，一般采用试凑法(或作图法)来确定中间压力。具体步骤是：①按一定间隔选择若干个中间温度，按所选温度分别进行循环的热力计算，求出不同中间温度下的理论输气量的比值 ε；②绘制 $\varepsilon=f(t_m)$曲线，并在图上画一条 ε 等于给定值的水平线，此线与曲线的交点即为所求中间温度(中间压力)。用这种方法确定的中间压力不一定是循环的最佳中间压力。

第二种情况，最佳中间温度 t_m 应根据循环的制冷系数最大、制冷压缩机的高低压级耗功总量最小等原则来确定。中间温度 t_m(中间压力 p_m)的确定方法有比例中项计算法、最大制冷系数 COP_{max}法、拉塞公式与拉塞图法等。

(1)比例中项计算法的公式如下

$$p_m=\sqrt{p_k p_0} \tag{3.41}$$

式中，p_m 为中间压力。上式是根据热力学理论推导得到的，并假定在循环中工质为理想气体；低压级排气在中间水冷却器中完全冷却；高、低压级制冷剂循环量相等；高、低压级压缩

都是等熵过程。由式(3.41)求得的中间压力是理论最佳中间压力。实际循环计算时用下式进行修正

$$p_m = \phi \sqrt{p_k p_0} \tag{3.42}$$

式中,ϕ 为与制冷剂的性质有关的修正系数,一般 R22,$\phi=0.90\sim0.95$;R717,$\phi=0.95\sim1.00$。

(2)最大制冷系数 COP_{max} 法。

①根据确定的冷凝压力 p_k 和蒸发压力 p_0,按式 $p_m=\sqrt{p_k p_0}$ 求得一个近似值;②在该 $t_m(p_m)$ 值的上下按一定间隔选取若干个中间温度值;③对每个 t_m 值进行循环的热力计算,求得该循环下的性能系数 COP_0;④绘制 $COP_0=f(t_m)$ 曲线,找到 COP_{0max} 值,由该点对应的中间温度即为循环的最佳中间温度(最佳中间压力)。

(3)拉塞公式与拉塞图。

对于两级压缩制冷循环,拉塞提出了较为简单的最佳温度的计算公式

$$t_m = 0.4t_k + 0.6t_0 + 3℃ \tag{3.43}$$

在-40~40 ℃的温度范围内,上式对 R717、R22、R40 和 R12 等都是适用的。与拉塞公式对应的有拉塞图(见图 3.22)。在拉塞图中,由冷凝温度 t_k 与蒸发温度 t_0 求得最佳中间温度 t_m,并由图中的 $p_m=f(t_m)$ 曲线查纵坐标求得相应的最佳中间压力 p_m 值。

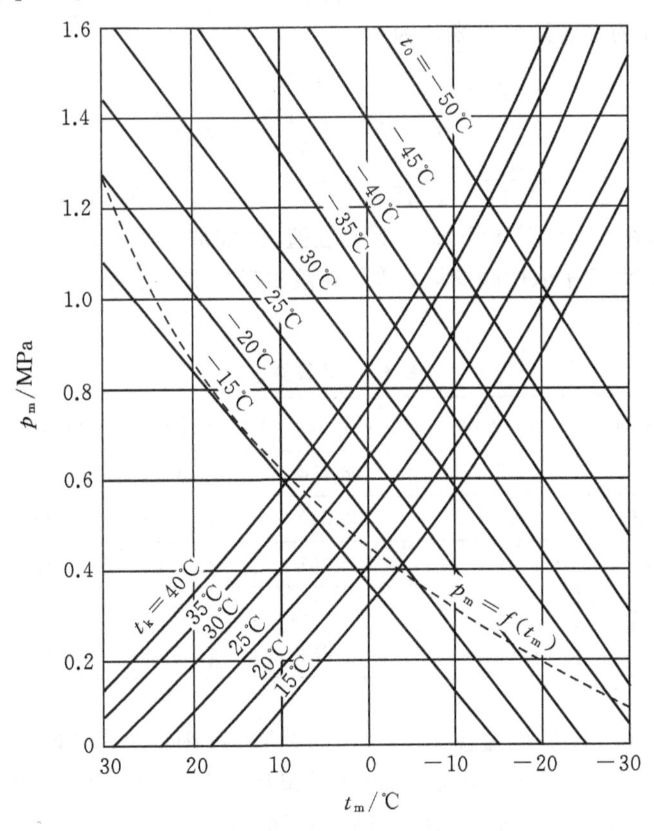

图 3.22　确定最佳中间温度的拉塞图

3.制冷循环状态点及状态参数的确定

由所求得的工作温度画出循环的状态图,并求出各状态点的有关参数。

下面通过例题来说明热力计算的方法和步骤。

[**例 3.4**] 某冷库需要一套两级压缩制冷机,其工作条件如下:制冷量 $Q_0=150$ kW;制冷剂为氨;冷凝温度 $t_k=40$ ℃,无过冷;蒸发温度 $t_0=-40$ ℃;管路有害过热 $\Delta t=5$ ℃。试进行热力计算并选配适宜的压缩机。

[**解**] 因制冷剂为氨,选用一级节流中间完全冷却循环,其 $p-h$ 图如图 3.23 所示。根据给定条件,可确定如下参数:

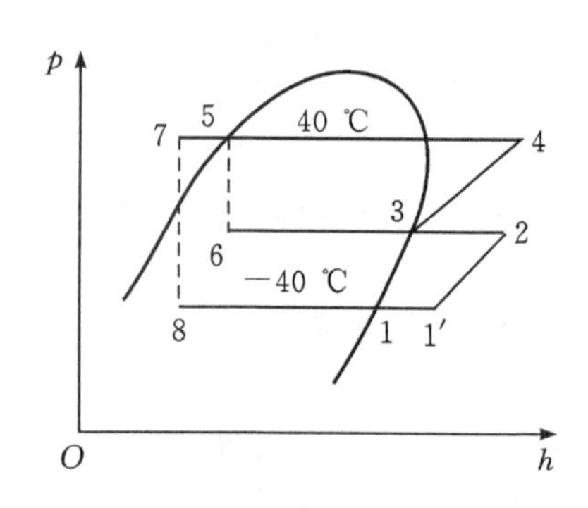

图 3.23 $p-h$ 图

$p_k=1.557$ MPa

$p_0=0.0716$ MPa

$h_5=390.247$ kJ/kg

$h_1=1405.887$ kJ/kg

$h_{1'}=1418.027$ kJ/kg

$v_{1'}=1.58$ m^3/kg

首先按性能系数最大的原则来确定中间温度及中间压力,该循环的性能系数可表达为

$$COP_0=\frac{h_1-h_7}{(h_2-h_{1'})+\dfrac{h_2-h_7}{h_3-h_5}(h_4-h_3)}$$

假定中间压力 $p_m=\sqrt{p_k p_0}=\sqrt{1.557\times0.0716}=0.334$ MPa,对应的中间温度 $t_m=-6.5$ ℃,因此我们在 −6.5 ℃上下取若干个数值,例如取 −2 ℃、−4 ℃、−6 ℃、−8 ℃、−10 ℃进行计算,在计算中取中间冷却盘管的氨液出口处端部温差 $\Delta t=3$ ℃,即 $t_7=t_m+\Delta t$,现将计算结果列于表3.2中。

表 3.2 计算结果

t_m/℃	p_m/MPa	h_3/(kJ·kg^{-1})	h_7/(kJ·kg^{-1})	h_2/(kJ·kg^{-1})	h_4/(kJ·kg^{-1})	COP_0
−2	0.399	1455.505	204.754	1656.677	1658.767	2.329
−4	0.369	1453.550	195.249	1644.287	1667.137	2.345
−6	0.342	1451.515	185.761	1631.557	1677.607	2.340
−8	0.316	1449.396	176.293	1618.987	1688.075	2.327
−10	0.291	1447.201	166.864	1606.437	1698.519	2.317

从表中的数据可知,最佳温度在 −4 ~ −6 ℃,按图 3.22 可查出最佳中间温度为 −5.5 ℃,两者比较接近,这说明按图 3.22 得到的结果是满意的。我们取中间温度 $t_m=-5$ ℃,相应的中间压力 $p_m=0.355$ MPa。这样,相应各状态点的参数为

$h_3=1452.54$ kJ/kg　　　$h_7=190.51$ kJ/kg

$h_2=1637.92$ kJ/kg　　　$h_4=1672.37$ kJ/kg

$v_3=0.345\ \text{m}^3/\text{kg}$

高压级及低压级的压力比分别是

$$\frac{p_k}{p_m}=\frac{1.557}{0.355}=4.39, \qquad \frac{p_m}{p_0}=\frac{0.355}{0.0716}=4.96$$

现在根据所确定的循环工作参数进行热力计算。

(1)单位质量制冷量为

$$q_0=h_1-h_7=1125.38\ \text{kJ/kg}$$

(2)低压压缩机制冷剂流量为

$$q_{mD}=\frac{Q_0}{q_0}=0.1234\ \text{kg/s}$$

(3)低压压缩机理论输气量为

$$q_{v_{hD}}=\frac{q_{mD}v_{1'}}{\lambda_D}=0.3\ \text{m}^3/\text{s}(\text{取}\ \lambda_D=0.65)$$

(4)低压压缩机理论功率为

$$P_{0D}=q_{mD}(h_2-h_{1'})=27.13\ \text{kW}$$

(5)低压压缩机轴功率为

$$P_{eD}=\frac{P_{0D}}{\eta_{kD}}=40.5\ \text{kW}(\text{取}\ \eta_{kD}=0.67)$$

(6)低压压缩机实际排气焓值为

$$h_{2s}=h_{1'}+\frac{h_2-h_{1'}}{\eta_{iD}}=1682.96\ \text{kJ/kg}\ (\text{取}\ \eta_{iD}=0.83)$$

(7)高压压缩机制冷剂流量为

$$q_{mG}=q_{mD}\frac{h_{2s}-h_7}{h_3-h_5}=0.173\ \text{kg/s}$$

(8)高压压缩机理论输气量为

$$q_{v_{hG}}=\frac{q_{mG}v_3}{\lambda_G}=0.082\ \text{m}^3/\text{s}\quad(\text{取}\ \lambda_G=0.73)$$

(9)高压压缩机理论功率为

$$P_{0G}=q_{mG}(h_4-h_3)=38\ \text{kW}$$

(10)高压压缩机轴功率为

$$P_{eG}=\frac{P_{0G}}{\eta_{kG}}=54.3\ \text{kW}\qquad(\text{取}\ \eta_{kG}=0.70)$$

(11)高压压缩机实际排气焓值为

$$h_{4s}=h_3+\frac{h_4-h_3}{\eta_{iG}}=1711.16\ \text{kJ/kg}\quad(\text{取}\ \eta_{iG}=0.85)$$

(12)理论性能系数为

$$\text{COP}_0=\frac{h_1-h_7}{(h_2-h_{1'})+\dfrac{h_{2s}-h_7}{h_3-h_5}(h_4-h_3)}=2.364$$

（13）理论输气量比为

$$\xi=\frac{q_{vhG}}{q_{vhD}}=0.273$$

（14）冷凝器热负荷

$$Q_{k}=q_{mG}(h_{4s}-h_{5})=228.5\ \text{kW}$$

根据热力计算所确定的理论输气量，对于低压压缩机可选用178A（即8AS17）型，它的理论输气量为0.304 m^3/s，对于高压压缩机可选用12.54A（即4AV12.5）型，它的理论输气量为0.079 m^3/s。

关于计算中选取的输气系数及效率，可参阅《制冷压缩机》有关章节。

3.5 复叠式制冷

为了获取更低的蒸发温度，采用单一制冷剂（中温中压制冷剂）的多级压缩循环仍将受到蒸发压力过低，甚至使制冷剂凝固的限制。例如，当蒸发温度为－80 ℃，若采用R717为制冷剂，它的凝固点是－77.7 ℃，循环受到限制。如果采用R22为制冷剂，此时它虽未凝固，但蒸发压力已经低达10 kPa，不但增加了空气漏入的可能性，而且会导致压缩机吸气比体积增大和输气系数降低，从而使压缩机气缸尺寸增大，运行的经济性下降。如果采用低温制冷剂R13，凝固点是－180 ℃，而临界温度为28.8 ℃，临界压力为3.861 MPa，使其无法液化，循环的经济性变差。目前为止还未找到一种制冷剂，既满足冷凝压力不太高，又满足蒸发压力不太低的要求。

如果在一套制冷机中同时采用两种（或两种以上）不同的制冷剂，使之在低温下蒸发时具有合适的蒸发压力，在环境温度下冷凝时具有适中的冷凝压力，上述矛盾即可解决。这种机组就是复叠式制冷机组。

3.5.1 复叠式制冷系统的组成及工作过程

复叠式压缩制冷系统通常是由两个或两个以上单独的制冷系统组成的多元复叠制冷循环系统。

二元复叠式制冷机通常由两个单独的制冷系统组成，分别称为高温级部分和低温级部分。同理，三元复叠式制冷系统中，则分别由低温级部分、中温级部分、高温级部分复叠而成。高温级部分使用中温中压制冷剂，中温及低温级部分使用低温高压制冷剂。各部分之间用一个冷凝蒸发器联系起来，它既是高温部分的蒸发器，又是低温或中温部分的冷凝器。低温部分的制冷剂在蒸发器内向被冷却对象吸收热量，并将此热量传给高温部分的制冷剂，然后再由高温部分制冷剂将热量传给冷却介质。图3.24是由两个单级压缩制冷系统组成的最简单的二元复叠式制冷循环系统原理图。

复叠式制冷循环的每台压缩机的工作压力范围比较适中，低温部分制冷压缩机的输气系数及指示效率有明显提高，实际功耗减少，制冷系数提高。复叠式制冷循环系统保持正压，空气不易漏入，运行的稳定性好。但系统较复杂，除了采用多种制冷剂，系统中还需多种设备，如冷凝蒸发器、膨胀容器、气-液换热器及气-气换热器等。

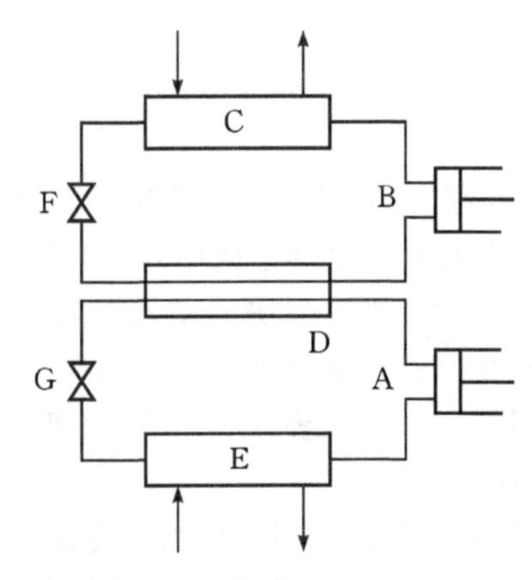

A—低压级制冷压缩机；B—高压级制冷压缩机；C—冷凝器；
D—冷凝蒸发器；E—蒸发器；F,G—节流器。

图 3.24　二元复叠式制冷循环系统原理图

3.5.2　复叠式制冷装置中的几个问题

(1)应用温度范围。当蒸发温度低于－80 ℃时,应采用复叠式制冷。当蒸发温度为－60～80 ℃时,复叠式制冷和双级压缩都可以采用。

(2)制冷剂的选择。高温部分可选用 R22、R717、R502、丙烷、丙烯;低温部分可选用 R13、CO_2、R14、乙烷、乙烯、甲烷等,根据制冷装置的用途配对选用。

(3)热力计算。根据所需达到的低温来选用不同组合的复叠式制冷循环型式和制冷剂种类。热力计算可分别对低温部分、中温部分及高温部分单独进行计算,计算方法与单级或两级压缩制冷循环的热力计算相似,计算中注意高温部分的制冷量等于低温或中温部分的冷凝热负荷加上冷损失。复叠式制冷循环的中间温度涉及两个温度,即放热部分制冷剂的冷凝温度和吸热部分制冷剂的蒸发温度,传热温差一般取 5～10 ℃。

(4)启动与膨胀容器。复叠式制冷机必须先启动高温级,当中间温度降低到足以保证低温级的冷凝压力不超过 1.57 MPa 时才可以启动低温级。复叠式制冷机的低温部分设置膨胀容器,它是低温系统中一个特有的设备,其功用是防止系统内压力过度升高。如果膨胀容器与排气管路连接,并在连接管路上装有压力控制阀,则高、低温部分可以同时启动。

复习思考题

3.1　为什么单级压缩制冷压缩机的压力比一般不应超过 8～10?

3.2　什么叫做两级压缩?两级压缩制冷的中间压力应如何确定?

3.3　为什么两级压缩制冷所能达到的最低温度也是有限的?

3.4　什么叫复叠式制冷?为什么要采用复叠式制冷?

3.5　复叠式制冷系统中的冷凝蒸发器的作用是什么?

3.6　复叠式制冷系统,为什么要在低温级设膨胀容器?

习　题

3.1　某 R22 制冷循环，其蒸发温度为 0 ℃，冷凝温度为 35 ℃，膨胀阀前的液体温度为 30 ℃，压缩机吸入干饱和蒸气，试计算该理论循环的制冷系数 ε_{th} 及制冷效率 η_R。

3.2　一台采用 R22 制冷剂的热泵型房间空调器，其额定制热工况下的蒸发温度为 3 ℃，冷凝温度为 50 ℃，再冷度和过热度分别为 3 ℃和 5 ℃，当额定制热量为 2800 W，压缩机的总效率（$\eta_i\eta_m\eta_d\eta_e$）和容积效率（η_v）分别为 0.7 和 0.9 时，请问需选用多大理论输气量 V_h 的压缩机？其制热 COP 为多少？

3.3　将一级节流、中间不完全冷却的双级压缩制冷循环表示在以 10 为底的对数 $p-h$ 图和 $T-s$ 图上，并推导该循环的理论制冷系数 ε_{th} 的计算公式。

3.4　利用热力学基本原理，证明双级压缩制冷循环的最佳中间压力可近似表示为：$p_m=\sqrt{p_0 \cdot p_k}$。

第4章 吸收式制冷

在制冷技术发展的初始阶段,吸收式制冷技术的研究和开发曾经开辟过人工制冷技术的新纪元,1810年,莱斯利(Leslie)制成了硫酸/水(H_2SO_4/H_2O)吸收式制冰装置;1859年法国人卡列(Carre)制成了氨/水(NH_3/H_2O)吸收式制冷机,并于1860年获得了美国专利。后来,C. Munters 和 B. Von-platen 制成了氨/水/氢($NH_3/H_2O/H_2$)扩散吸收式冰箱,于1920年取得了专利,并流行于世。但是,从20世纪中期以来,电力驱动的蒸气压缩式制冷机由于使用方便、效率高,在普通制冷领域内占据了统治地位。

1973年的中东石油危机推动了能源利用技术的发展,使利用低品位热能的吸收式热泵技术、热电冷联产技术等吸收式冷热源设备的研究,进入了实用化的开发阶段。1987年《蒙特利尔议定书》签订后,吸收式制冷系统由于采用了对大气环境无破坏作用的天然工质,而成为一种现实可行的替代制冷技术得到进一步发展。20世纪90年代,随着吸收式制冷机性能的显著提高,直燃型多效溴化锂吸收式制冷机、高效氨/水GAX循环吸收式制冷机以及小型氨/水吸收式制冷机进入了商业化开发阶段。各种吸收式机组在余热利用、总能系统和区域集中供热(冷)方面,得到了进一步的推广应用。

4.1 吸收式制冷的工作原理及工质特性

4.1.1 吸收式制冷的基本原理

吸收式制冷与蒸气压缩式制冷一样,都是利用液体在汽化时要吸收热量这一物理特性来实现制冷的,不同的是蒸气压缩式制冷是消耗机械能作为补偿,使热量从低温热源转移到高温热源,而吸收式制冷则是依靠消耗热能来完成这种非自发过程的。

吸收式制冷使用的工质,是两种沸点相差较大的物质组成的二元溶液,其中沸点低的物质为制冷剂,沸点高的物质为吸收剂,通常称为“工质对”。目前常用的吸收式制冷装置有两种,一种是氨吸收式制冷机,工质对是氨-水溶液,氨为制冷剂,水为吸收剂。这种制冷机的制冷温度在1～－45 ℃范围之内,多用来制取－15 ℃以下的盐水,为石油化工、医药卫生等工艺生产过程提供冷源。另一种是溴化锂吸收式制冷机,其工质对是溴化锂-水溶液,水为制冷剂,溴化锂为吸收剂。溴化锂(LiBr)是一种具有强烈的吸水能力的无色粒状结晶物,其化学性质与食盐相似,性质稳定,在大气中不会变质分解或挥发,沸点为1265 ℃。溴化锂吸收式制冷机的制冷温度在0 ℃以上,多用来制取空气调节用冷水或为其它生产工艺过程提供冷却水。

与蒸气压缩式制冷循环图 4.1(a)相比较,吸收式制冷循环图 4.1(b)主要由发生器、冷凝器、膨胀阀、蒸发器、吸收器以及溶液泵等组成,并形成了制冷剂循环和吸收剂循环两个循环环路。左半部分为制冷剂循环,由冷凝器、膨胀阀、蒸发器组成。右半部分为吸收剂循环,由发生器、吸收器以及溶液泵等组成。

两种沸点相差较大的二元溶液在发生器中被外来热源加热,使蒸发温度较低的制冷剂首先蒸发,形成一定压力和温度的制冷剂蒸气进入左半部分制冷剂循环的冷凝器,在冷凝器中被冷却介质冷凝成压力较高的制冷剂液体,然后通过膨胀阀节流降压后,进入蒸发器,在蒸发器里吸收被冷却介质的热量而汽化成为低压制冷剂蒸气,蒸发器里的被冷却介质因失去热量而温度下降,产生制冷效应。右半部分发生器中剩余的浓度较高的高沸点吸收剂溶液通过减压阀降压后,送入吸收器,吸收从蒸发器进来的低压制冷剂蒸气而成为浓度较低的二元溶液,这种低浓度的二元溶液再被溶液泵送入发生器加热汽化分离出制冷剂蒸气,进入左半部分,开始下一个循环过程。

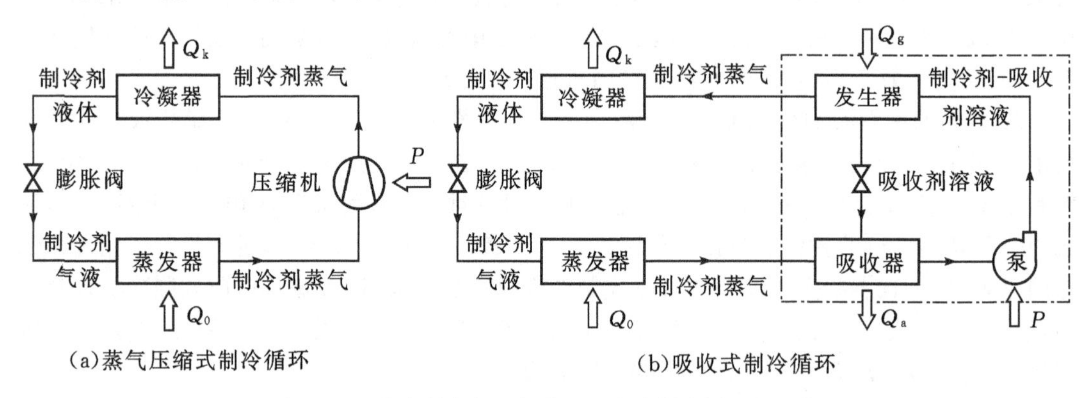

图 4.1 吸收式制冷循环与蒸气压缩式制冷循环的比较

在右半部分的吸收剂循环中,可以将吸收器、发生器和溶液泵看作是一个“热力压缩机”,吸收器相当于压缩机的吸入端,发生器相当于压缩机的压出端。吸收剂则可以视为将已产生制冷效应的制冷剂蒸气从循环的低压侧输送到高压侧的运载液体。

4.1.2 二元溶液的特性

两种互不起化学作用的物质组成的均匀混合物称为二元溶液。所谓均匀混合物是指各种物理性质,如压力、温度、浓度、密度等在混合物内部各处完全一致,且不能用机械的方法将任一组分分离。吸收式制冷使用的二元溶液工质对,在使用的温度和浓度范围内都应当是均匀混合物。

溶液的组成可以用物质的量浓度、质量分数等进行度量。吸收式制冷工质对常采用质量分数(即溶液中一种物质的质量与溶液质量之比)进行度量,并规定,溴化锂水溶液的浓度是指溶液中溴化锂的质量分数;氨水溶液的浓度是指溶液中氨的质量分数。所以,在溴化锂吸收式制冷机中,吸收剂溶液是浓溶液,制冷剂-吸收剂溶液是稀溶液;而氨吸收式制冷机则相反。

1.二元溶液的混合特性

两种液体混合时，混合前后的容积和温度一般都有变化。如图 4.2 所示，(a)图的容器中有一道隔墙，将 A、B 两种液体分开，ξ kg 的液体 A 占有容积 ξv_A，而$(1-\xi)$kg 的液体 B 占有容积$(1-\xi)v_B$。

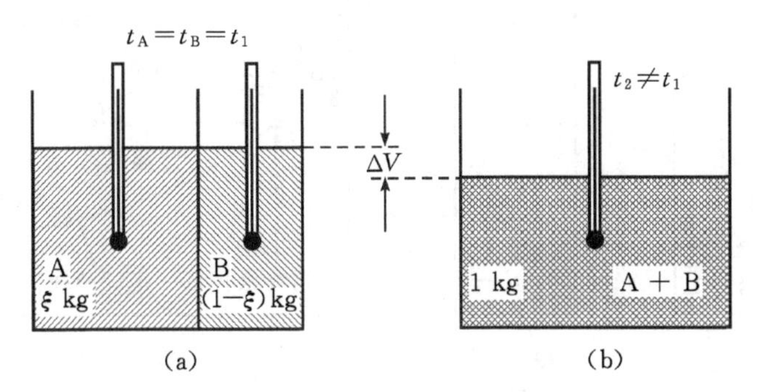

图 4.2　两种液体混合容积和温度的变化

混合前两种液体总容积：

$$V_1=\xi v_A+(1-\xi)v_B \tag{4.1}$$

如果除去隔墙，将 A、B 两种液体混合，如图 4.2(b)所示，形成 1 kg 浓度均匀的混合物，混合后两种液体的容积为 V_2，一般

$$V_1\neq V_2$$

不同液体在不同质量分数下混合时，其容积可能缩小，也可能增大，需通过实验确定。

如图 4.2 所示，虽然混合前两种液体的温度相同($t_A=t_B=t_1$)，而混合后的温度则与混合前的温度不同($t_2\neq t_1$)。在与外界无热量交换的条件下，若混合时有热量产生，则温度升高；若混合时需要吸热，则温度下降。因此，欲维持混合前后温度不变，就必须排出或加入热量。

在等压等温条件下混合时，每生成 1 kg 混合物所需要加入或排出的热量，称为混合物的混合热或等温热 Δq_ξ，可由实验测得。通常将需要加入的混合热规定为正值，将需要排出的混合热规定为负值。

两种液体混合前的比焓为

$$h_1=\xi h_A+(1-\xi)h_B \tag{4.2}$$

混合后的比焓为

$$h_2=h_1+\Delta q_\xi=\xi h_A+(1-\xi)h_B+\Delta q_\xi \tag{4.3}$$

利用上式，只要知道两种纯物质的比焓和混合物的混合热，就可以计算出一定温度下已知质量分数混合物的比焓。

溴化锂与水混合，以及水与氨混合时都会有热量产生，即混合热为负值。

2.二元溶液的压力-温度关系

图 4.3 中的(a)和(b)，为封闭容器中某一浓度的二元溶液定压汽化实验示意图。容器中的活塞上压有一重块，使容器内的压力在整个过程中维持不变。图 4.3 中的(c)表示该实

验在温度-质量分数简图上的状态变化过程。

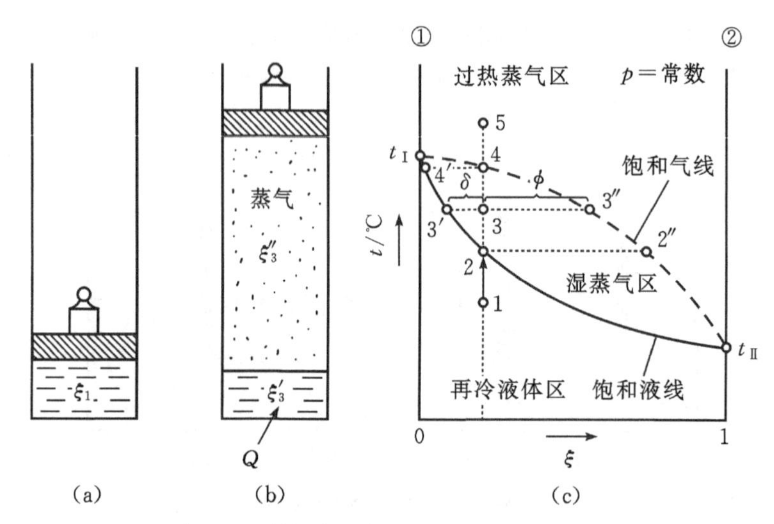

图 4.3 封闭容器内二元溶液的定压汽化

如图 4.3(c)所示,状态 1 的未饱和二元溶液,质量分数为 ξ_1,温度为 t_1,在定压下受热,温度逐渐升高。当温度达到 t_2 时,开始产生气泡,该状态 2 的二元溶液为饱和溶液,$\xi_2=\xi_1$,温度 t_2 即为该压力、质量分数下的沸腾温度(或称为饱和液体温度,亦称泡点)。

溶液在定压下进一步被加热,温度上升,液体不断汽化,形成气液共存的湿蒸气状态,如图 4.3(c)状态 3 所示,其温度为 t_3,质量分数仍为 ξ_1。状态 3 的湿蒸气,由饱和液体 $3'$和饱和蒸气 $3''$组成,它们的温度均为 t_3,而分数并不相同,饱和蒸气的质量分数 ξ_3'' 大于饱和液体的质量分数 ξ_3',即 $\xi_3''>\xi_3>\xi'_3$。

溶液在定压下继续被加热,温度不断上升,液体逐渐减少,蒸气逐渐增多,当温度达到 t_4 时,液体全部蒸发为蒸气,此状态 4 为干饱和蒸气,质量分数仍为 ξ_1,温度 t_4 称为该压力、质量分数下的蒸气冷凝温度(或称为饱和蒸气温度,亦称露点)。若状态 4 的干饱和蒸气继续被加热,则将在等质量浓度下过热,如图 4.3(c)状态 5 所示。

图 4.3(c)中,2、$3'$等状态点均为压力相同而质量分数不同的饱和液状态点,其连线称为等压饱和液线;4、$3''$等状态点是压力相同而质量分数不同的饱和蒸气状态点,其连线称为等压饱和气线。同一压力下,饱和液线和饱和气线在 $\xi=0$ 的纵轴上相交于 t_{I},在 $\xi=1$ 的纵轴上相交于 t_{II},t_{I}、t_{II} 分别为该压力下构成二元混合溶液的两种纯物质的饱和温度。可见,饱和液线和饱和气线将二元混合物的温度-质量分数图分为三区:饱和气线以上为过热蒸气区,饱和液线以下为再冷液体区,两条曲线之间为湿蒸气区。

湿蒸气中气、液的比例可按下面的方法来确定。

例如图 4.3(c)中,1 kg 状态 3 的湿蒸气中有 δ kg 饱和蒸气和 ϕkg 饱和液体,则

$$\delta+\phi=1 \tag{4.4}$$

由于汽化前后总质量分数不变

$$\xi_1=\xi_3=\delta\xi_3''+\phi\xi_3' \tag{4.5}$$

则

$$\delta=\frac{\xi_3-\xi_3'}{\xi_3''-\xi_3'}\qquad \phi=\frac{\xi_3''-\xi_3}{\xi_3''-\xi_3'} \tag{4.6}$$

得

$$\frac{\delta}{\phi}=\frac{\xi_3-\xi_3'}{\xi_3''-\xi_3} \tag{4.7}$$

从上式可看出，状态点 3 将直线 $3'$—$3''$分成线段 $3'$—3 和 3—$3''$，此两条线段之比即为 δ 与 ϕ 之比。

如果在不同的压力下重复前述实验，所得结果示于图 4.4 中。从图中状态点 1、2、3 可以看出，同一质量分数下的二元溶液，当压力 $p_3>p_2>p_1$ 时，饱和温度 $t_3>t_2>t_1$。若实验反向进行，使过热蒸气在定压下冷凝，其状态变化过程如图 4.5 所示。

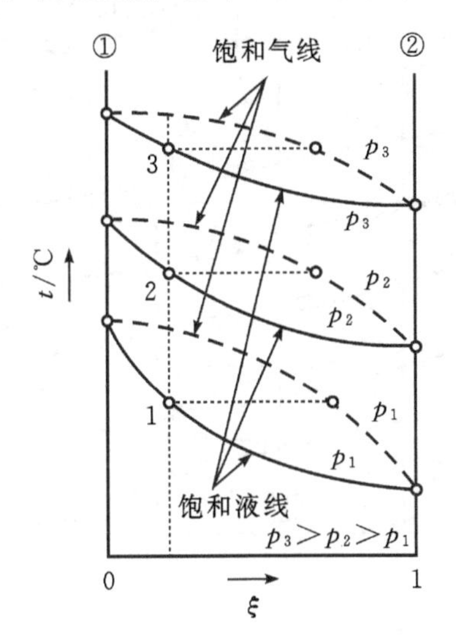

图 4.4　二元溶液在不同压力下的温度-质量分数关系

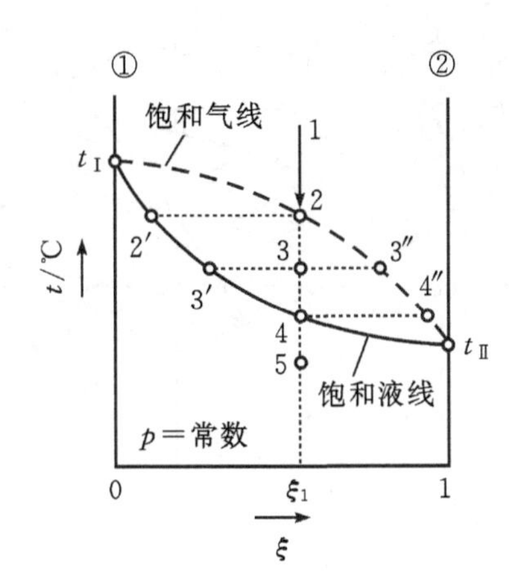

图 4.5　封闭容器内二元气态溶液定压冷凝

可见，二元溶液与单一物质不同。单一物质在一定压力下只有一个饱和温度，其定压汽化或冷凝过程是定温过程。而二元溶液在一定压力下的饱和温度却与质量分数有关，随着汽化的不断发生，低沸点物质的含量逐渐减少，溶液的温度将逐渐升高。所以，二元溶液的定压汽化过程是升温过程。同理，二元湿蒸气的定压冷凝过程则是降温过程。

湿蒸气中饱和液体和饱和气体的温度相同而质量分数不同，饱和液体的浓度低于湿蒸气的质量分数，饱和气体的质量分数高于湿蒸气的质量分数。

对于一定质量分数的二元溶液，其饱和温度随压力的增加而上升。

单一物质的饱和液体或饱和气体的状态点只需压力或温度二者中一个参数即可确定，其它非饱和状态点，如过热蒸气、湿蒸气、过冷液体等，需要由两个状态参数确定。而二元溶液的饱和液体或饱和气体的状态点，必须由压力、温度、质量分数中任意两个参数确定，其它非饱和状态点，则需由压力、温度和质量分数三个参数确定。

3.二元溶液的比焓-质量分数图

(1)氨-水溶液。

图 4.6 是氨水溶液的比焓-质量分数图，横坐标为氨水的质量分数 ξ，纵坐标为溶液温度 t。图中给出了氨水溶液的饱和压力 p(kPa)、氨水溶液的饱和焓值 h_1(kJ/kg)、饱和蒸气比焓 h_v(kJ/kg)以及氨蒸气质量分数 ξ_v(kg(NH_3)/kg)等参数线簇。

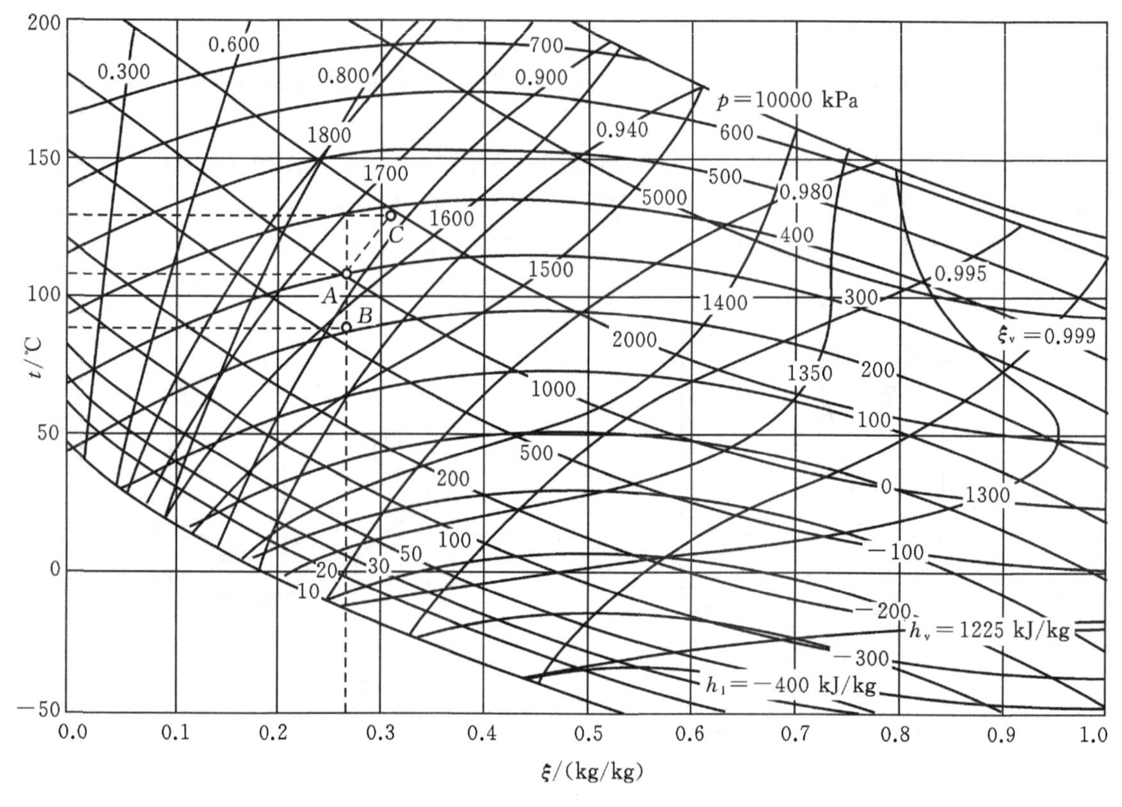

图 4.6 氨水溶液的 h - ξ 图

已知压力和温度的饱和液体状态，可以通过等饱和压力线和等温线的交点来确定。如图中 A 点，表示压力 $p_A = 1000$ kPa、温度 $t_A = 110$ ℃的饱和氨水溶液，其比焓值 $h_{1A} = 300$ kJ/kg，质量分数 $\xi_{1A} = 0.27$；过冷液体状态点，需由压力、温度和质量分数来确定。如图中 B 点可表示 A 点对应的过冷液体状态点，其状态位于 1000 kPa 等压线以下，比焓值 $h_{1B} = 210$ kJ/kg、$t_B = 90$ ℃、$\xi_{1B} = 0.27$ kg/kg、$p_B = 600$ kPa。

同样，已知压力和温度的饱和氨蒸气状态点，也需通过等饱和压力线与等温线的交点来确定，如图中 A 点，是压力 $p_A = 1000$ kPa、温度 $t_A = 110$ ℃的饱和蒸气点，但蒸气的比焓值和蒸气中氨的含量需从饱和蒸气比焓 h_v 和氨蒸气质量分数 ξ_v 线上分别查取，$h_{vA} = 1640$ kJ/kg，质量分数 $\xi_{vA} = 0.88$。

一定压力下的过热蒸气，其状态位于饱和压力线上方等 ξ_v 线上，需根据 ξ_v、温度和压力确定其状态点，如图中 C 点所示，$p_C = 1000$ kPa、温度 $t_C = 110$ ℃、$\xi_{vC} = 0.88$ 的过热蒸气，其比焓值 $h_{vC} = 1660$ kJ/kg。

(2)溴化锂-水溶液。

溴化锂-水溶液是目前空调用吸收式制冷机采用的工质对。无水溴化锂(LiBr)是一种无色颗粒结晶物,锂和溴分别属于碱和卤族元素,所以其性质与食盐相似。无水溴化锂的熔点为 549 ℃,沸点为 1265 ℃,在大气中不会变质、分解或挥发。

溴化锂具有极强的吸水性,对水制冷剂来说是良好的吸收剂。当温度为 20 ℃时,溴化锂在水中的溶解度为 111.2 g/100 g 水。此外,溴化锂无毒,对皮肤无刺激,但溴化锂水溶液对一般金属有腐蚀性,并且,腐蚀产生的不凝性气体对制冷机影响很大。

由于溴化锂的沸点比水高得多,溴化锂水溶液在发生器中沸腾时只有水汽化,生成纯冷剂水,故不需要蒸汽精馏设备,系统较为简单。但由于以水为制冷剂,蒸发温度不能太低,系统内真空度较高。

正是由于溴化锂水溶液沸腾时只有水被汽化,所以溶液的蒸气压就是水蒸气分压力。而水的饱和蒸汽压只是温度的单值函数,因此,溶液的蒸气压可以由该压力下水的饱和温度来代表。图 4.7 给出了溴化锂水溶液在不同质量分数下压力和饱和温度的关系。该图以溶液的温度为横坐标,以溶液的饱和压力为纵坐标,图中左侧第一条斜线表示纯水的压力和饱和温度的关系;右下侧的结晶线表明在不同温度下溶液的饱和浓度。温度越低,饱和浓度也越低。因此,溴化锂水溶液的浓度过高或温度过低均易于形成结晶。

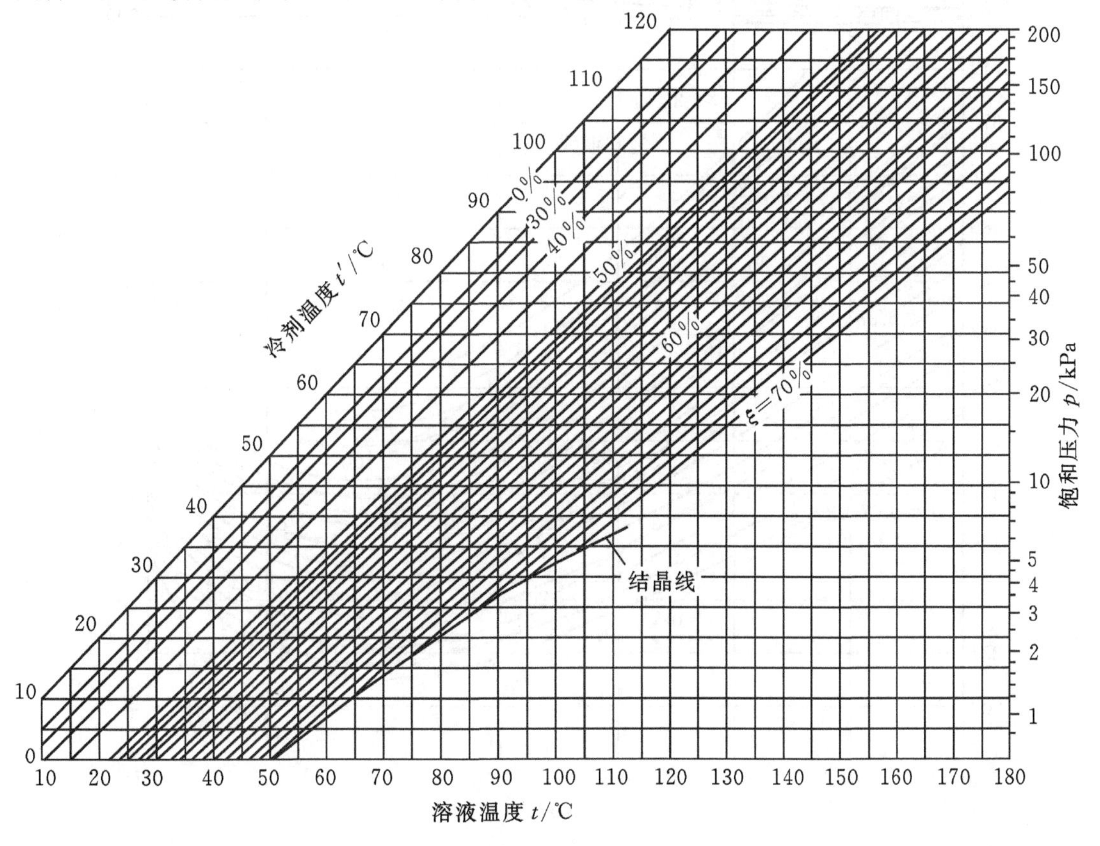

图 4.7　溴化锂水溶液的压力-饱和温度图

从图中可以看出，在一定温度下溶液面上的水蒸气饱和分压力低于纯水的饱和分压力，而且，溶液的浓度越高，液面上水蒸气饱和分压力越低。

溴化锂水溶液的比焓-浓度图如图4.8所示。横坐标为溴化锂水溶液的质量分数ξ，纵坐标为溶液的焓值h，图中给出了溴化锂水溶液的h、ξ、t和p之间的相互关系。对于饱和溶液，只要知道其中任意的两个参数，就能确定其它两个参数，同时也可以确定位于溶液面上

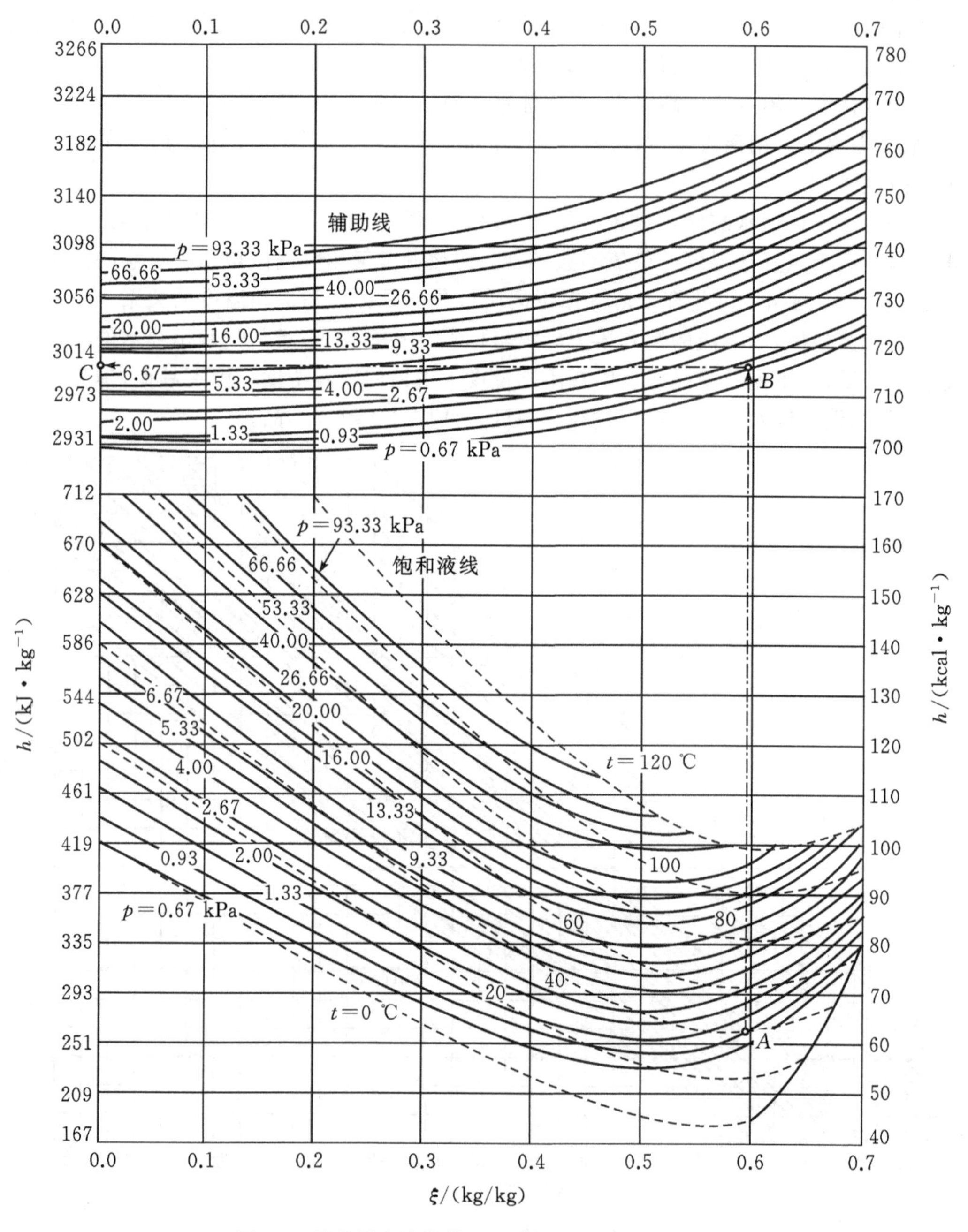

图4.8 溴化锂水溶液的$h-\xi$图(1 kcal=4.1868 kJ)

处于过热状态的水蒸气的焓值。

该图分为上、下两部分。下半部为沸腾溶液的状态曲线，上半部是与溶液相平衡的等压水蒸气辅助曲线。下半部图中的虚线为液态等温线，通过该线可以查找某温度和浓度下溶液的比焓；图中的实线为等压饱和液线，等压液线以下为该压力溶液的过冷液区，根据某状态点与相应等压饱和液线的位置关系，可以判别该点的相态。

［**例 4.1**］　已知饱和溴化锂水溶液的压力为 0.93 kPa，温度为 40 ℃，求溶液及其液面上水蒸气各状态参数。

［**解**］　首先在 $h-\xi$ 图的下半部找到 0.93 kPa 等压液线，与 40 ℃等温线的交点 A，查得溶液质量分数 $\xi_A=59\%$，比焓 $h_A=255$ kJ/kg。

液面上水蒸气的温度等于溶液温度 40 ℃，质量分数 $\xi=0$。通过点 A 的等质量分数线 $\xi_A=59\%$与压力 0.93 kPa 的辅助线的交点 B 作水平线与 $\xi=0$ 的纵坐标相较于 C 点，C 点即为液面上水蒸气的状态点。查该点比焓 $h_C=2998$ kJ/kg，因其位置在 0.93 kPa 的辅助线上，所以是过热蒸气。

4.2　吸收式制冷循环的热力计算

4.2.1　吸收式制冷装置的工作过程

吸收式制冷装置，是利用高沸点的吸收剂具有在低温下能够强烈地吸收低沸点制冷剂蒸气，在高温下又能将所吸收的制冷剂释放出来的特性，以及制冷剂在低压状态下蒸发时，具有较低的蒸发温度来实现制冷的。由于溴化锂制冷装置在大型空调以及低品位热能利用方面应用十分广泛，所以，本教材以溴化锂吸收式制冷装置为例，介绍其工作过程和循环的热力计算。

溴化锂吸收式制冷装置主要由发生器、冷凝器、节流阀、蒸发器、吸收器、溶液泵以及溶液热交换器等组成。通常将发生器和冷凝器、蒸发器和吸收器合置于一个或两个密闭的筒体内，即所谓单筒结构或双筒结构。

图 4.9 为双筒式溴化锂吸收式制冷装置的工作流程图。装置的上筒体内有发生器和冷凝器，下筒体内有吸收器和蒸发器，换热设备均采用管壳式结构。为了防止发生器中的溴化锂水溶液液滴随气流进入冷凝器中，发生器与冷凝器之间设有挡水板；蒸发器与吸收器之间也设有挡水板，以防制冷剂水滴随气流进入吸收器，影响装置性能。

装置工作时，由发生器泵送来的溴化锂稀溶液，经溶液热交换器进入发生器内，被发生器管簇内的工作蒸汽加热，由于溶液中水的沸点比溴化锂的沸点低得多，因此，溶液中的水汽化为冷剂水蒸气，冷剂水蒸气经挡水板将其中携带的液滴分离后进入冷凝器，被冷凝器管簇内的冷却水冷凝成冷剂水。冷剂水经 U 形管节流后进入蒸发器，在蒸发器里通过蒸发器泵将冷剂水均匀地喷淋在蒸发器管簇的外表面上，吸收管簇中冷水的热量而汽化成低压冷剂水蒸气，管簇中的冷水因失去热量而温度下降，产生制冷效应。

发生器中剩余的浓度较高的溴化锂溶液通过溶液热交换器降温后，送入吸收器，并由吸收器泵送往吸收器的喷淋装置，在喷淋过程中吸收从蒸发器引来的低压冷剂水蒸气而成为浓度较低的二元溶液,这种低浓度的二元溶液再被溶液泵送入发生器加热汽化分离出冷剂水蒸气,开始下一个循环过程。吸收过程释放出的混合热被吸收器管簇内的冷却水带走。

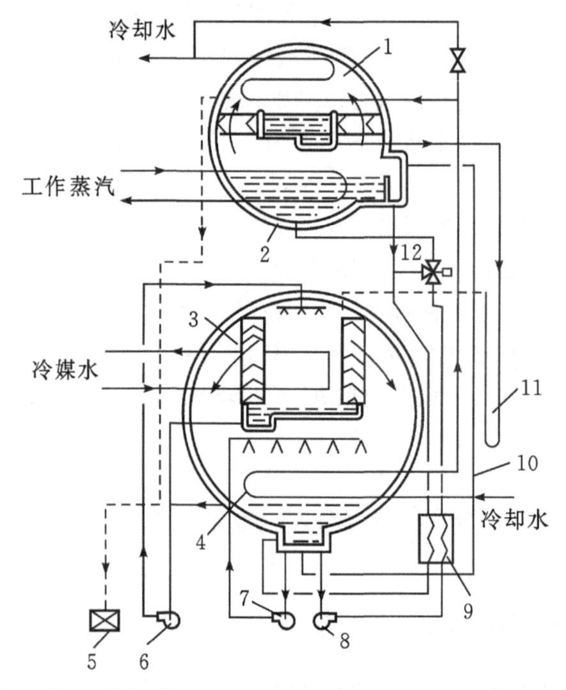

1—冷凝器;2—发生器;3—蒸发器;4—吸收器;5—抽气装置;6—蒸发器泵;7—吸收器泵;8—发生器泵;9—溶液热交换器;10—自动溶晶管;11—U形管;12—溶液三通阀。

图 4.9 溴化锂吸收式制冷装置工作过程

4.2.2 溴化锂吸收式制冷循环的热力计算

溴化锂吸收式制冷的理论循环,可用如图 4.10 所示的 $h-\xi$ 图表示。图中 p_k 为冷凝压力,也是发生器压力,p_0 为蒸发压力,也是吸收器压力,ξ_α 和 ξ_γ 分别表示稀溶液浓度和浓溶液浓度。

(1)发生过程。

$h-\xi$ 图中,点 2 表示溴化锂稀溶液出吸收器的状态,其浓度为 ξ_α,压力为 p_0,温度为 t_2。经由发生器泵,压力升高到 p_k 后,送往溶液热交换器,在等压等浓度下,温度由 t_2 升高到 t_7,进入发生器,被发生器管簇内的工作蒸气加热,温度由 t_7 升高到压力 p_k 下的饱和状态 t_5,开始在等压下沸腾,溶液中的水分不断蒸发,浓度逐渐增大,温度也逐渐升高。过程终了时,溶液的浓度达到 ξ_γ,温度达到 t_4,图中用状态点 4 表示。2—7 表示稀溶液在热交换器中的升温过程,7—5—4 表示稀溶液在发生器中的加热和发生过程,它所产生的冷剂水蒸气状态,用开始发生时溶液的状态(点 5)和发生终了时溶液的状态(点 4)的平均状态点 6 所对应的状态点 6′表示。

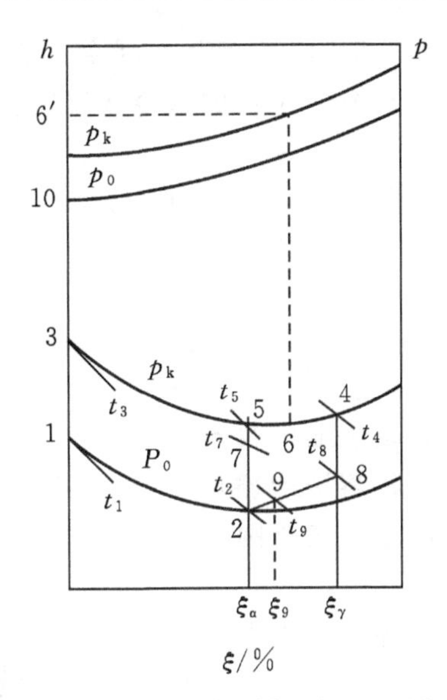

图 4.10　溴化锂吸收式制冷循环在 $h-\xi$ 图上的表示

(2)冷凝过程。

自发生器产生的冷剂水蒸气(点 6′)进入冷凝器,在压力 p_k 不变的情况下,被冷却、凝结为冷剂水(点 3)。6′—3 表示冷剂水蒸气在冷凝器中冷却及冷凝过程。

(3)节流过程。

压力为 p_k 的饱和冷剂水(点 3),经过 U 形管节流降压为 p_0 后,进入蒸发器。节流前后因冷剂水的焓值和浓度均不发生变化,故节流后的状态与点 3 重合,但由于压力的降低,部分冷剂水汽化成水蒸气(点 10),其余冷剂水温度降低到与蒸发压力 p_0 相对应的饱和温度 t_1(点 1),并积存在蒸发器水盘中。因此,节流前的点 3 表示冷凝压力 p_k 下的饱和液体状态,而节流后的点 3,则表示压力为 p_0 下的饱和蒸气 10 与饱和液体 1 相混合的湿蒸汽状态。

(4)蒸发过程。

积存在蒸发器水盘中的冷剂水(点 1),通过蒸发器泵均匀喷淋在蒸发器管簇的外表面,吸收管内冷水的热量而蒸发,使冷剂水在等压、等温下由点 1 变为点 10。1—10 表示冷剂水在蒸发器中的蒸发过程。

(5)吸收过程。

浓度为 ξ_γ、温度为 t_4、压力为 p_k 的浓溶液,在自身重力及压力的作用下,由发生器流入溶液热交换器,将部分热量传递给稀溶液,温度降至 t_8(点 8),于是,压力为 p_k 的浓溶液,由饱和溶液变为过冷溶液。4—8 表示浓溶液在热交换器中的放热过程。点 8 状态的浓溶液节流降压后进入吸收器,与吸收器中状态 2 的稀溶液相混合,形成浓度为 ξ_9、温度为 t_9 的中间溶液(点 9),这些中间溶液再由吸收器泵均匀地喷淋在吸收器管簇的外表面上。由于吸收器管簇内流动的冷却水不断带走吸收过程中放出的吸收热,因此,中间溶液便不断吸收来自蒸发器的冷剂水蒸气(点 10),使其浓度由 ξ_9 降低至 ξ_a,温度由 t_9 降低至 t_2(点 2)。8—9 和 2—9 表示浓溶液与稀溶液的混合过程,9—2 表示中间溶液在吸收器中吸收冷剂水蒸气的过程,这些过程都是在压力 p_0 下进行的。

若送往发生器的稀溶液量为 F kg/h，浓度为 ξ_α，它被工作蒸汽加热，产生的冷剂水蒸气量为 D kg/h，剩下的 $(F-D)$ kg/h、浓度为 ξ_γ 的浓溶液流出发生器。根据发生器的物量平衡关系，得到

$$\xi_\alpha F=(F-D)\xi_\gamma$$

令 $a=\dfrac{F}{D}$，则

$$a=\frac{\xi_\gamma}{\xi_\gamma-\xi_\alpha} \tag{4.8}$$

式中，a 称为循环倍率，它表示在发生器中每产生 1 kg 冷剂水蒸气，所需溴化锂稀溶液的循环量。$(\xi_\gamma-\xi_\alpha)$ 称为放气范围，通常放气范围为 3%～6%。

从溴化锂吸收式制冷理论循环的 h-ξ 图和热平衡方程式，可得

①单位质量制冷量 q_0，如图 4.11 所示。

$$q_0=h_{10}-h_3 \quad (\text{kJ/kg})$$

②系统总制冷量 Q_0

$$Q_0=D(h_{10}-h_3) \quad (\text{kW}) \tag{4.9}$$

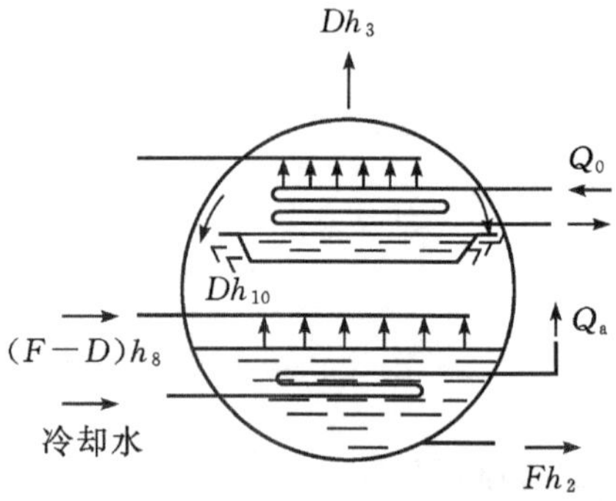

图 4.11　蒸发器和吸收器的热平衡

式中，h_{10} 为蒸发压力下，饱和冷剂水蒸气的焓值，kJ/kg；h_3 为冷凝压力下，饱和冷剂水的焓值，kJ/kg。

③制冷装置中冷剂水流量 D

$$D=\frac{Q_0}{q_0} \quad (\text{kg/s}) \tag{4.10}$$

④吸收器热负荷 Q_a，由图 4.11 吸收器热平衡可知

$$Q_a=(F-D)h_8+Dh_{10}-Fh_2 \quad (\text{kW})$$

即

$$Q_a=D[(a-1)h_8+h_{10}-ah_2] \quad (\text{kW}) \tag{4.11}$$

式中，h_8 为蒸发压力下，浓溶液的焓值，kJ/kg；h_2 为蒸发压力下，稀溶液的焓值，kJ/kg。

⑤发生器热负荷 Q_h，如图 4.12 所示。

$$Q_h=(F-D)h_4+Dh_6'-Fh_7 \quad (\text{kW})$$

即

$$Q_h=D[(a-1)h_4+h_6'-ah_7] \quad (\text{kW}) \tag{4.12}$$

式中，h_4 为冷凝压力下，浓溶液的焓值，kJ/kg；H_7 为冷凝压力下，稀溶液的焓值，kJ/kg；h_6' 为自发生器产生的冷剂水蒸气的焓值，kJ/kg。

⑥冷凝器热负荷 Q_k，由图 4.12 冷凝器热平衡可知

$$Q_k=D(h_6'-h_3) \quad (\text{kW}) \tag{4.13}$$

在稳定工况下，若忽略不计输送流体的泵所消耗的功率，则由热力学第一定律可得如下热平衡关系式：

$$Q_0+Q_h=Q_a+Q_k \tag{4.14}$$

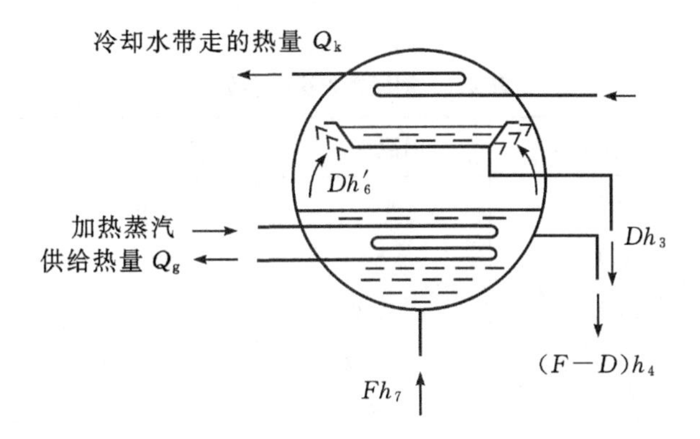

图 4.12　发生器和冷凝器的热平衡

⑦吸收式制冷装置的热力系数 ξ 为

$$\xi=\frac{Q_0}{Q_h} \tag{4.15}$$

热力系数表示消耗单位热量所能获得的制冷量，是衡量吸收式制冷装置的主要性能指标。在给定条件下，热力系数越大，循环的经济性就越好。

[例 4.2]　如图 4.9 所示为溴化锂吸收式制冷装置。已知装置制冷量 $Q_0=1000$ kW，冷水出口温度 $t_{12}=7$ ℃，冷却水入口温度 $t_{w1}=32$ ℃，发生器热源的饱和蒸气温度 $t_h=119.6$ ℃，试对该系统进行热力计算。

[解]　1.根据已知条件和经验公式确定设计参数。

溴化锂吸收式制冷装置中的冷却水，一般采用先通过吸收器，再进入冷凝器的串联方式。冷却水出、入口总温差取 8～9 ℃，冷却水在吸收器和冷凝器内的温升之比与这两个设备的热负荷之比相近，一般吸收器的热负荷及冷却水的温升稍大于冷凝器。

系统的冷凝温度 t_k 比冷凝器内冷却水出口温度高 3～5 ℃；蒸发温度 t_0 比蒸发器内冷水出口温度低 2～5 ℃；吸收器内溶液最低温度 t_2 比冷却水出口温度高 3～7 ℃；发生器内溶液最高温度 t_4 比热媒温度高 10～40 ℃；热交换器浓溶液出口温度 t_8 比稀溶液入口温度 t_2 高 12～25 ℃。

冷凝器冷却水出口温度　　$t_{w3}=t_{w1}+9=41$ ℃

冷凝温度　　$t_k=t_{w3}+5=46$ ℃

冷凝压力　　$p_k=10.09$ kPa

蒸发温度　　$t_0=t_{12}-2=5$ ℃

蒸发压力　　$p_0=0.87$ kPa

吸收器冷却水出口温度　　$t_{w2}=t_{w1}+5=37$ ℃

吸收器溶液最低温度　　$t_2=t_{w2}+6.2=43.2$ ℃

发生器溶液最高温度　　$t_4=t_h-17.4=102.2$ ℃

热交换器最大端温差　　$t_8-t_2=25$ ℃

2.确定循环状态点参数

将已经确定的设计参数填入表 4.1，并利用溴化锂水溶液的 $h-\xi$ 图求出图 4.10 中各状态点参数,填入表中。

表 4.1　例题 4.2 状态参数表

状态点	压力 p/kPa	温度 t/℃	浓度 ξ/%	比焓 h/kJ·kg^{-1}
2	10.09	43.2	59.5	281.77
7	10.09	—	59.5	338.60
5	10.09	92.0	59.5	—
4	10.09	102.2	64.0	393.56
8	10.09	68.2	64.0	332.43
6′	10.09	97.1	0	3100.33
3	10.09	46.0	0	611.11
10	0.87	5.0	0	2928.67

3.溶液的循环倍率 a

$$a=\frac{\xi_\gamma}{\xi_\gamma-\xi_\alpha}=0.64/(0.64-0.59)=14.2$$

4.单位质量制冷量 q_0

$$q_0=h_{10}-h_3=2928.67-611.11=2317.56 \quad (\text{kJ/kg})$$

5.冷剂水流量 D

$$D=\frac{Q_0}{q_0}=1000/2317.56=0.4315 \quad (\text{kg/s})$$

6.稀溶液循环量 F

$$F=a\cdot D=14.2\times 0.4315=6.1271 \quad (\text{kg/h})$$

可见,浓溶液循环量为

$$F-D=6.1271-0.4315=5.6956 \quad (\text{kg/h})$$

7.各设备的热负荷

1)发生器的热负荷

$$\begin{aligned}Q_h&=D[(a-1)]h_4+h_6'+ah_7]\\&=0.4315\times[(14.2-1)\times 393.56+3100.33-14.2\times 338.60]\\&=1504.7 \quad (\text{kW})\end{aligned}$$

2)吸收器的热负荷

$$\begin{aligned}Q_a&=D[(a-1)h_8+h_{10}-ah_2]\\&=0.4315\times[(14.2-1)\times 332.43+2928.67-14.2\times 281.77]\\&=1430.6 \quad (\text{kW})\end{aligned}$$

3)冷凝器的热负荷

$$\begin{aligned}Q_k&=D(h_6'-h_3)=0.4315\times(3100.33-611.11)\\&=1074.1 \quad (\text{kW})\end{aligned}$$

8.热力系数 ξ

$$\xi=\frac{Q_0}{Q_h}=1000/1504.7=0.66$$

吸收式制冷装置的优点是设备简单、造价低廉，其工质对大气环境无害，而且可以利用工业余热作为发生器热源，能耗较低，但热能利用系数比较小。

4.3　溴化锂吸收式制冷装置的种类及工作性能

4.3.1　溴化锂吸收式制冷装置的种类

空调工程中常用的溴化锂吸收式制冷装置有蒸汽型、热水型以及直燃型三种类型。

1.蒸汽型溴化锂吸收式冷水机组

蒸汽型溴化锂吸收式制冷机以蒸汽的潜热为驱动热源，其结构有单筒、双筒、三筒等几种形式。中、小型制冷装置，一般是将发生器、冷凝器、蒸发器、吸收器等放置在一个筒体内，称为单筒式。大型制冷装置多是将发生器和冷凝器、蒸发器和吸收器分别放置在两个筒体内，称为双筒式。三筒式是将发生器与冷凝器分别放置在两个筒体内，而将蒸发器和吸收器放置在同一筒体内，以满足某些特殊场合的需要，例如在轮船上工作时，考虑到轮船的摇摆、颠簸和震动，为了防止溴化锂水溶液进入冷凝器，而采用将发生器与冷凝器分开的三筒式。

根据工作蒸汽的品位高低，蒸汽型溴化锂吸收式冷水机组分为单效和双效两种类型。图 4.9 所示就是一种单效溴化锂吸收式制冷装置的工作原理图。由于受溶液结晶条件的限制，单效溴化锂吸收式制冷装置的热源温度不能很高，一般采用 0.1 MPa(表)的低压蒸汽，其热力系数仅在 0.65～0.75 之间，而蒸汽消耗量则高达约 2.58 kg/kW。为了提高热效率，降低冷却水和蒸汽的消耗量，在有较高压力的加热蒸汽可供利用的情况下，通常采用双效溴化锂吸收式制冷装置。

双效溴化锂吸收式冷水机组是在机组中设有高压与低压两个发生器。在高压发生器中，采用压力较高的蒸汽(一般为 0.25～0.8 MPa)来加热，产生的冷剂水蒸气再作为低压发生器的热源。这样，不仅有效地利用了冷剂水蒸气的潜热，同时，又减小了冷凝器的热负荷，因此，装置的热效率较高，热力系数可达 1.0 以上。图 4.13 为双效溴化锂吸收式制冷装置的工作原理图。它由高压发生器、低压发生器、冷凝器、蒸发器、吸收器、高温热交换器、低温热交换器、屏蔽泵和抽气装置等组成。

在高压发生器 1 中，送入 0.25～0.8 MPa 的高压蒸汽，使稀溶液第一次发生，产生高温冷制水蒸气。发生后的高温溶液经高温热交换器 12 进入低压发生器 2，在低压发生器中，被来自高压发生器的高温冷剂水蒸气加热，再次发生，产生第二次冷剂水蒸气，溶液的浓度进一步提高。高温浓溶液经低温热交换器 10 进入吸收器 5，与吸收器中的溶液混合，组成中间溶液。

高压发生器 1 产生的高温冷剂水蒸气，加热低压发生器 2 中的溴化锂溶液后进入冷凝器 3，与低压发生器 2 中产生的二次冷剂水蒸气一起被冷却水冷却而成为冷剂水。冷剂水经 U 形管节流降压后进入蒸发器 4 的水盘中，并由蒸发器泵 6 输送，喷淋在蒸发器的管簇外表

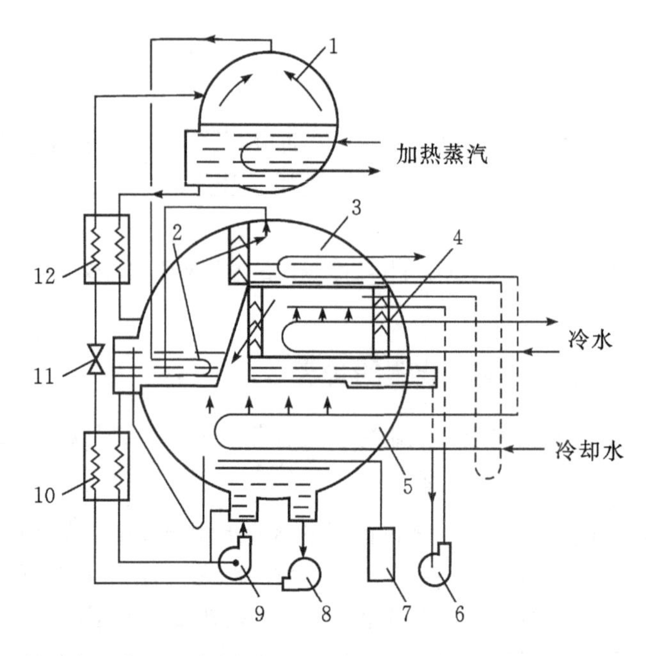

1—高压发生器；2—低压发生器；3—冷凝器；4—蒸发器；5—吸收器；6—蒸发器泵；7—抽气装置；8—发生器泵；9—吸收器泵；10—低温热交换器；11—调节阀；12—高温热交换器。

图 4.13　蒸汽型双效溴化锂吸收式冷水机组循环原理图

面上，吸收管簇内冷水的热量而汽化成为冷剂水蒸气。冷剂水蒸气进入吸收器 5，被吸收器泵 9 喷淋的中间溶液所吸收形成稀溶液，吸收过程中产生的冷凝热则由吸收器管簇内冷却水带走。稀溶液由发生器泵 8 送经低、高温交换器 10 和 12，吸收热介质的热量，温度升高后进入高压发生器 1，再次被高压蒸汽加热。

蒸发器管簇内的冷水因失去热量而温度降低，从而达到制冷的目的。

双效溴化锂吸收式制冷机与单效制冷机相比，热效率提高了 50%，蒸汽消耗量降低了 30%，释放出的热量减少了 25%，因此，冷却水消耗量相应减少，装置的经济性大为提高。双效溴化锂吸收式制冷机的主要缺点是高低压差较大，设备结构复杂，发生器溶液温度较高，高温下的防腐问题是一个值得注意的问题。

2.热水型溴化锂吸收式冷水机组

热水型溴化锂吸收式制冷机以热水的显热为驱动热源，一般说来，工业余热、废热、地热以及太阳能等低品位热源，均可作为其驱动热源。根据热源温度不同，可分为单效和双效两大类。

单效热水型溴化锂吸收式冷水机组的结构形式与单效蒸汽型溴化锂吸收式冷水机组相似，可以采用单筒式，也可以采用双筒式。单效热水型溴化锂吸收式冷水机组因为加热热水温度不同又分为中温型和低温型两种形式，中温型的热水温度为 80～105 ℃，可制取 10 ℃冷水；低温型的热水温度为 105～140 ℃，可制取 7 ℃冷水。

单效热水型溴化锂吸收式冷水机组以 150～200 ℃热水为热源，这种类型的冷水机组尚不多见。

3.直燃型溴化锂吸收式冷热水机组

直燃型溴化锂吸收式冷热水机组以燃料的燃烧为驱动热源。根据所用的燃料种类分为燃油型、燃气型、双燃料型等类型。燃油型以轻油和重油为燃料;燃气型以液化气、城市煤气和天然气为燃料;双燃料型既可使用燃油也可以使用燃气。

直燃式溴化锂吸收式冷热水机组一般均为双效型,其制冷循环与蒸汽型双效溴化锂吸收式冷水机组相同,只是它的高压发生器相当于一个火管锅炉,依靠燃料燃烧生成的烟气来加热。这种机组的最大优点是夏天可用来制冷,冬天可用来供热。

直燃式溴化锂冷热水机组工作原理如图 4.14 所示。

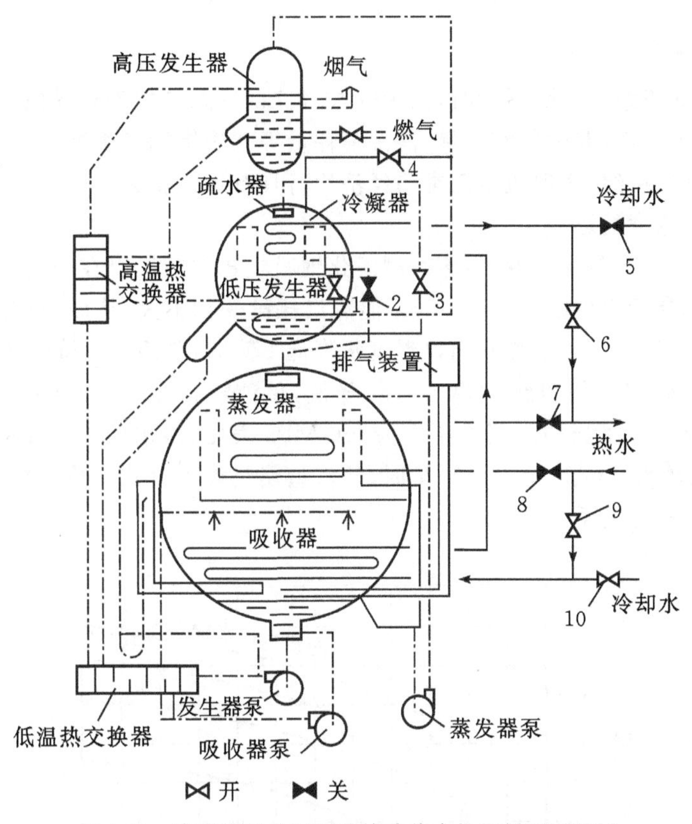

图 4.14　直燃型溴化锂吸收式冷热水机组循环原理图

机组夏季制冷时,与蒸汽双效溴化锂吸收式冷水机组相同。冬季供热时,关闭冷却水阀 5、冷水阀 7、8 以及冷凝器至蒸发器的冷剂水管路上的阀门 2,打开冷却水与热水之间的旁通阀 6 和 9、高压发生器至冷凝器的高温冷剂水蒸气阀 4 和冷凝器到低压发生器管路上的阀门 1,使冷凝器中凝结的冷剂水直接流入低压发生器,将浓溶液稀释,同时,使蒸发器泵停止运行,并将冷却水管路改为提供热水的供热管路。

工作流程如下:吸收器出来的溴化锂溶液,由发生器泵输送,经低温热交换器和高温热交换器加热后,进入高压发生器,被燃气或燃油直接加热,产生高温冷剂水蒸气。浓缩后的溴化锂溶液,经高温热交换器降低温度后,进入低压发生器。来自高压发生器的高温冷剂水蒸气,进入低压发生器盘管,加热浓缩后的溴化锂溶液,使其再次发生,释放出冷剂水蒸气后,生成浓度更高的浓溶液。低压发生器产生的二次冷剂水蒸气进入冷凝器,与来自高压发生器的高温冷剂水蒸气一起加热冷凝器管簇中的热水,放出汽化潜热后,凝结为冷凝水,经阀门1进入低压发生器。低压发生器中的溴化锂浓溶液,被冷凝器中的凝结水稀释为稀溶液,经低温热交换器降温后,进入吸收器,喷淋在吸收器管簇上,预热吸收器管簇内流动的热水。预热后的热水进入冷凝器被再次加热,成为供热工程中所需要的热水。吸收器内的稀溶液,再由发生器泵送往高压发生器,不断循环。

4.3.2 溴化锂吸收式制冷装置的性能

1.影响机组性能的因素

溴化锂吸收式机组在实际运行时,因为气候、负荷、热源参数等外界条件的变化,使机组不能在设计工况下工作,并引起制冷量、能源消耗量等性能指标发生变化。了解机组的变工况特性,对合理选用机组,确保机组正常与经济运行具有重要意义。

(1)冷水出口温度的影响。

当外界与机组内部条件不变时,蒸汽型溴化锂吸收式制冷机组在一定范围内,冷水出口温度每升高1 ℃,制冷量约提高3%～5%,但蒸汽耗量变化不大,从而使机组的热力系数提高,单位耗汽量下降。反之,当冷水出口温度每降低1 ℃时,制冷量会降低7%～9%,但蒸汽消耗量无明显下降,因而使机组的热力系数降低,单位耗汽量上升,机组运行不经济。图4.15、图4.16分别表示了当加热蒸汽压力为0.6 MPa表压,冷水流量为100%,冷却水流量为100%,污垢系数为0.086 $m^2 \cdot K/kW$时,蒸汽型溴化锂吸收式制冷机组冷水出口温度与制冷量、单位耗汽量的关系。

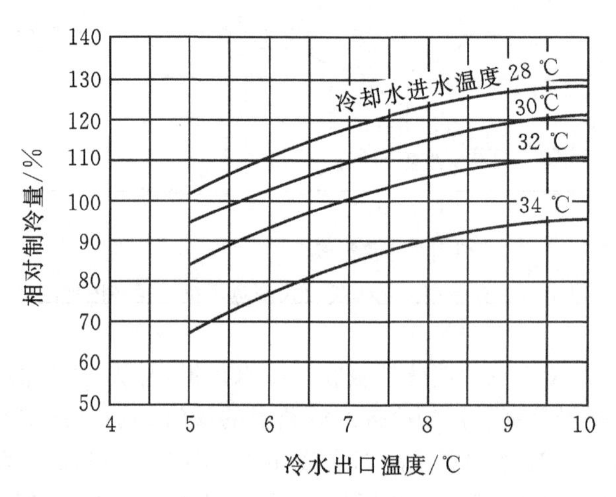

图4.15 冷水出口温度与相对制冷量的关系

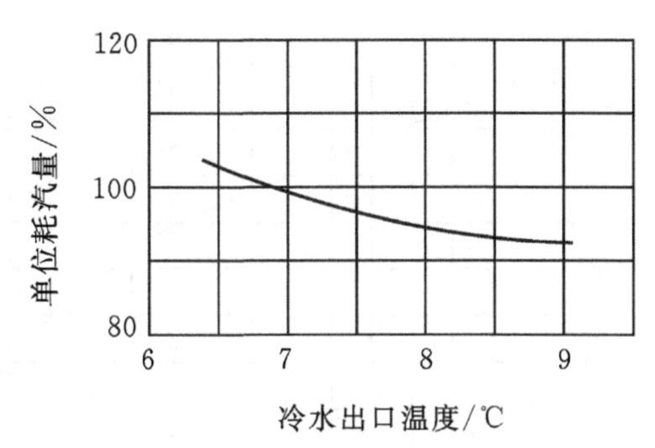

图 4.16　冷水出口温度与单位耗汽量的关系

图 4.17 表示燃气直燃型溴化锂吸收式机组冷水出口温度与相对制冷量的关系。应该注意的是，直燃型溴化锂吸收式机组的冷水出口温度变化必须控制在一定的范围内，如果冷水温度过低，不但有产生溶液结晶的危险，而且会因为蒸发温度过低，引起冷水冻结，从而使制冷量急剧下降。如果冷水出口温度过高，可能出现冷水泵吸空现象，从而导致气蚀发生，水泵出现噪声和震动，在叶轮表面形成麻点和斑痕。因此，对于名义工况下冷水出口温度为 7 ℃的机组，其出水温度的变化应控制在 5～10 ℃范围内；对于出口温度为 10 ℃的机组，应控制在 8～13 ℃范围内。

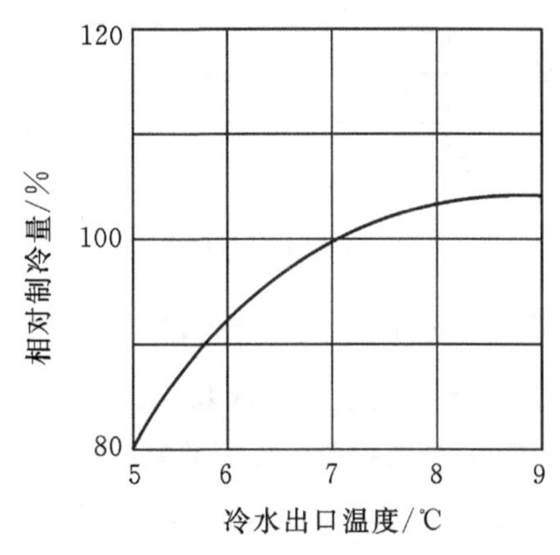

图 4.17　燃气直燃型溴化锂吸收式机组冷水出口温度与相对制冷量的关系

(2)冷却水进口温度的影响。

以蒸汽型溴化锂吸收式冷水机组为例，当其它条件不变时，冷却水进口温度每升高 1 ℃，制冷量下降 5%～8%。由于蒸汽消耗量变化不大，从而导致机组的热力系数下降，单位耗汽量上升。反之，冷却水进口温度每下降 1 ℃，制冷量上升 3%～5%，热力系数提高，单位耗汽量下降。图 4.18、4.19 分别表示了在冷水进出口温度为 12 ℃和 7 ℃，冷却水进出口温差为 5.5 ℃的情况下，蒸汽型机组冷却水进口温度与相对制冷量、单位耗汽量的关系。

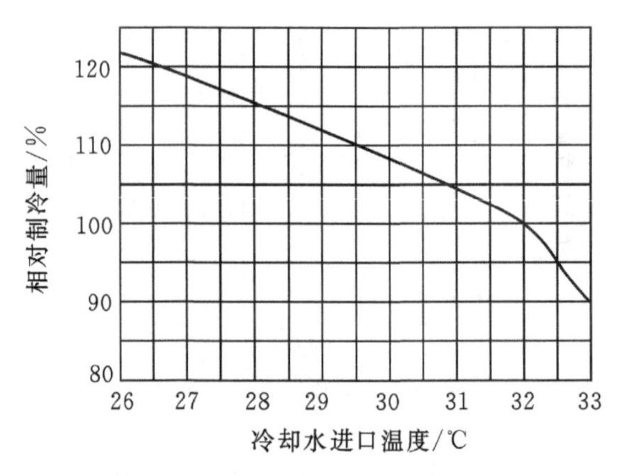

图 4.18　冷却水进口温度与相对制冷量的关系

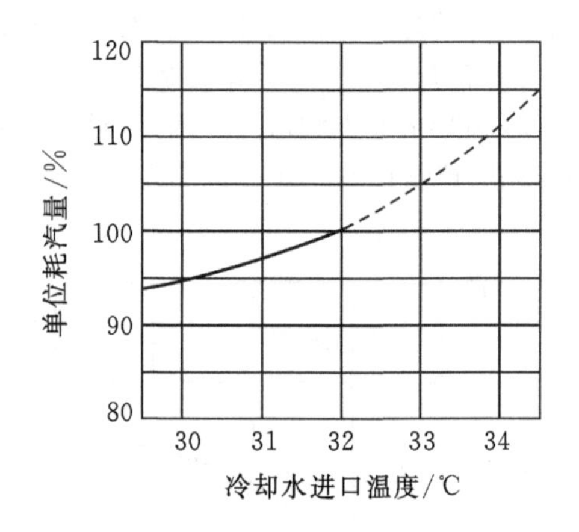

图 4.19　冷却水进口温度与单位耗汽量的关系

图 4.20 表示燃气直燃型溴化锂吸收式机组冷却水进口温度与相对制冷量的关系。必须注意的是，冷却水温度不能过低，否则将引起稀溶液温度过低，浓溶液质量分数升高，两者

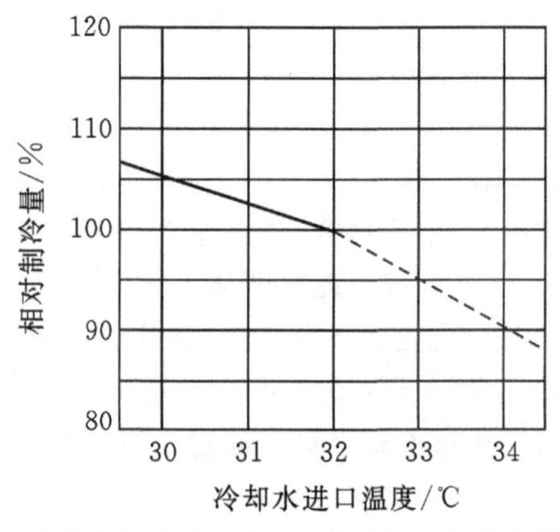

图 4.20　燃气直燃型溴化锂吸收式机组冷却水进口温度与相对制冷量的关系

均增大了浓溶液产生结晶的危险性；同时，还会因为稀溶液质量分数过低及冷凝压力过低，使发生器中的溶液剧烈沸腾，致使溶液液滴进入冷凝器中，造成冷剂水污染。所以，机组运行时冷却水温度不允许过低，当冷却水进口温度低于 16 ℃时，应减少冷却水量，以提高其出口温度。

(3)冷却水量的影响。

图 4.21 给出了在冷水进出口温度为 12 ℃和 7 ℃，冷却水进口温度为 32 ℃的条件下，溴化锂吸收式冷水机组的冷却水量与相对制冷量的关系。从图 4.21 可以看出当冷却水量减少 10%时，制冷量下降约 3%；反之制冷量上升约 2%。当冷却水量减少 20%以上时，制冷量出现大幅度下降，而冷却水量增加 20%以上时，制冷量上升幅度缓慢。

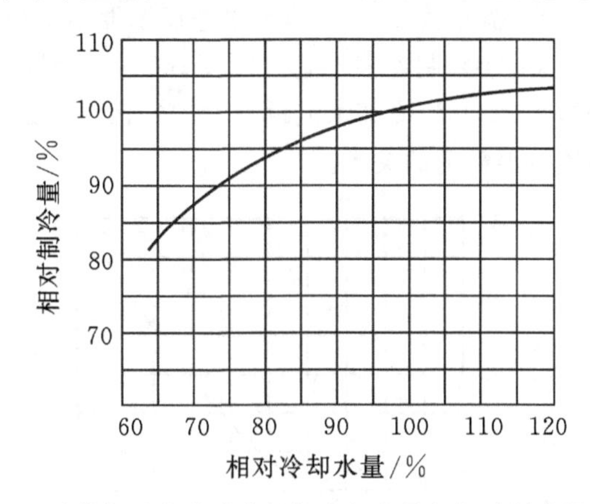

图 4.21　溴化锂吸收式冷水机组冷却水量与相对制冷量的关系

我国标准规定冷却水量的变化范围为 80%～120%，不可过大也不可过小，水量过大，传热管内流速太高，将会引起水侧的冲刷腐蚀，影响机组寿命；水量过小，浓溶液就会出现结晶的危险。

(4)污垢系数的影响。

溴化锂吸收式冷水机组运转一段时间后，在传热管内壁与外壁逐渐形成一层污垢，通常用污垢系数来衡量它对传热的影响。污垢系数越大，说明管道的热阻越大，其传热性能越差。表 4.2 表明了污垢系数对机组制冷量、制热量的影响程度。

表 4.2　污垢系数对制冷量、制热量的影响

<table>
<tr><td colspan="2">污垢系数/($m^2 \cdot K \cdot kW^{-1}$)</td><td>0.086</td><td>0.172</td><td>0.258</td><td>0.344</td></tr>
<tr><td rowspan="2">制冷量/%</td><td>冷却水侧</td><td rowspan="3">100</td><td>92</td><td>85</td><td>79</td></tr>
<tr><td>冷水侧</td><td rowspan="2">94</td><td rowspan="2"></td><td rowspan="2"></td></tr>
<tr><td>供热量/%</td><td>热水侧</td></tr>
</table>

在国家标准中，蒸气压缩式冷水机组以及溴化锂吸收式冷(热)水机组的冷水侧与冷却水侧的污垢系数均为 0.086 $m^2 \cdot K/kW$。在机组选择时，设计者可根据工程具体情况，提出机组冷水侧与冷却水侧的污垢系数值，供生产厂在配置机组时考虑。

2.能量调节

溴化锂吸收式冷水机组的能量调节，是由安装在从吸收器到发生器去的稀溶液管路上的三通阀来完成的。当系统的负荷减少时，调节三通阀，将部分稀溶液旁通到浓溶液管路之中，使其短路而流回吸收器。这样既降低了发生器产生水蒸气的数量，又因为流入吸收器的浓溶液中掺入稀溶液而使溴化锂的质量浓度降低，降低了其吸收冷剂水蒸气的能力，从而减少了装置的制冷量。用这样的方法，可以实现10％～100％范围内制冷量的无级调节。

3.部分负荷时的性能

溴化锂吸收式冷水机组一般能在25％～100％负荷范围内进行能量调节。图4.22给出了当冷水出口温度为7 ℃，冷水流量为100％，冷却水进口温度随负荷呈线性变化(100％制冷量时，冷却水进口温度为32 ℃；80％制冷量时，为30 ℃；60％制冷量时，为28 ℃；40％制冷量时，为26 ℃，20％制冷量时，为24 ℃)，冷却水流量为100％，污垢系数为0.086 $m^2 \cdot K/kW$时，部分负荷条件下制冷量与燃料消耗量的关系。

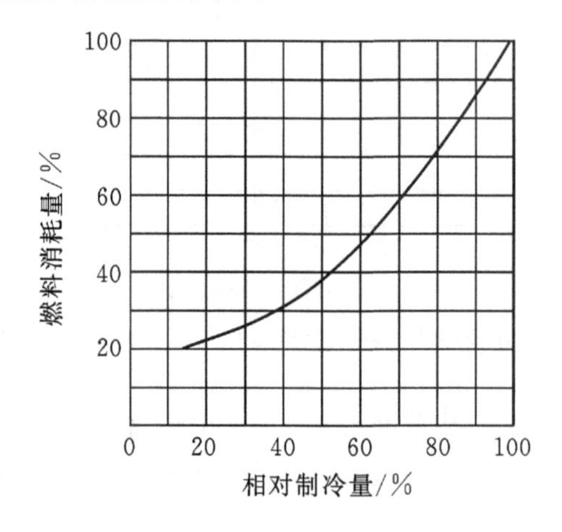

图4.22　相对制冷量与燃料消耗量的关系

图4.23给出了直燃型溴化锂吸收式冷水机组部分负荷条件下的供热量与燃料消耗量的关系。

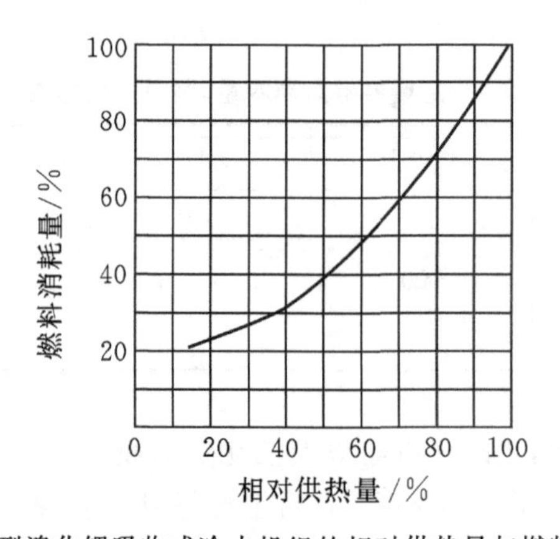

图4.23　直燃型溴化锂吸收式冷水机组的相对供热量与燃料消耗量的关系

溴化锂吸收式冷水机组具有加工简单,操作方便,可实现无级调节,运动部件少,噪声低,振动小,对臭氧层无破坏作用以及成本低,对热源品位要求不高,运行费用少等许多优点,但这种机组节电而不节能,系统COP值低,单效型热力系数仅为0.6左右,双效型为1.2左右,直燃型可达1.6左右,所以这种冷水机组只适用于有余热或电厂废热可以利用的场合。

4.4 吸收式制冷技术的研究展望

4.4.1 吸收式制冷循环的研究

受20世纪70年代世界性能源危机的影响,世界各国尤其是发达国家,十分重视吸收式制冷的研究。目前该技术领域的研究热点主要集中在对制冷循环、新工质对以及传热传质、智能化控制方式等方面的研究。

为了提高吸收式制冷循环的性能系数,国外提出了三效、多效溴化锂吸收式制冷机的设想,并已经进行过各种高效吸收式循环的开发研究工作。从循环本身出发,开发研究的基本思路是尽量回收利用各种排放热量。

(1)在溶液回路中设置溶液热交换器,回收来自发生器的高温浓溶液的热量,用于预热来自吸收器的稀溶液,通常可使单效溴化锂吸收式冷水机组的性能系数COP达到0.7。

(2)在热源回路中设置热交换器,回收加热蒸气排放的凝结水的余热;或者在直燃型溴化锂吸收式机组中设置烟气热交换器,回收排放烟气的余热,进一步提高进入发生器的稀溶液温度。

(3)在制冷剂回路中设置发生冷凝式热交换器(Generater-Condensor heat eXchanger, GCX),回收发生器所产生的制冷剂蒸气的冷凝潜热,用作下一级发生器的热源,可以大幅度提高制冷循环的性能系数。如图4.24、4.25所示,这是开发双效和多效循环的基本思路。通常,双效溴化锂吸收式冷水机组的性能系数COP可达1.2,三效溴化锂吸收式制冷循环的性能系数COP可达1.7,四效溴化锂吸收式制冷循环的性能系数COP可达2.0以上。

(4)在溶液吸收器回路中设置发生吸收式热交换器(Generater-Absorber heat eXchanger,GAX),回收稀溶液吸收低压冷剂水蒸气过程排放的吸收热,用作发生过程的热源,可以大幅度提高制冷循环的热力系数。这是开发GAX循环及其派生循环的基本思路。

(5)采用各种复叠循环提高循环的性能系数,如吸收-吸收复叠式制冷循环或吸附-吸收复叠式制冷循环;也可采用在吸收式制冷循环中引入压缩装置或引射装置构成复合循环来提高循环的性能系数。图4.26所示为一种带蒸气压缩装置的三效溴化锂吸收式复合制冷循环。引入蒸气压缩装置可以降低高压发生器中溶液的温度,减少或避免金属材料的腐蚀,根据理论分析,当高压发生器流出的浓溶液温度为180 ℃时,该循环的性能系数COP可达1.75。

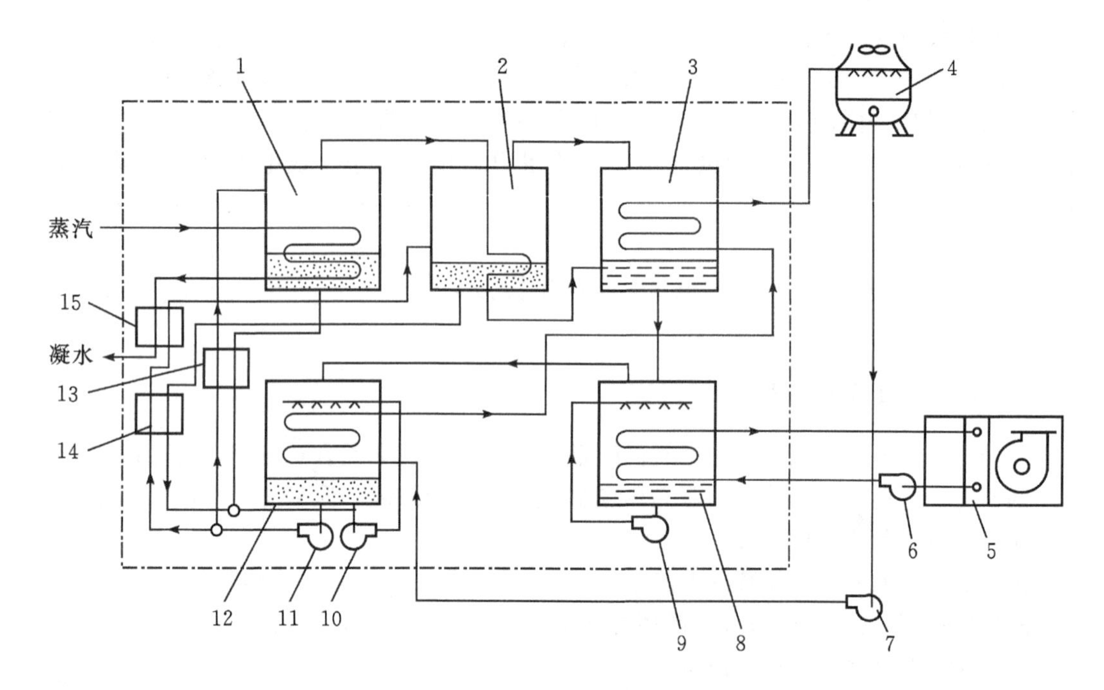

1—高压发生器;2—低压发生器;3—冷凝器;4—冷却塔;5—空调器;6—冷水泵;7—冷却水泵;8—蒸发器;9—制冷剂泵;10—溶液泵Ⅰ;11—溶液泵Ⅱ;12—吸收器;13—低温溶液热交换器;14—高温溶液热交换器;15—凝结水热交换器。

图 4.24　蒸气双效型溴化锂吸收式制冷循环

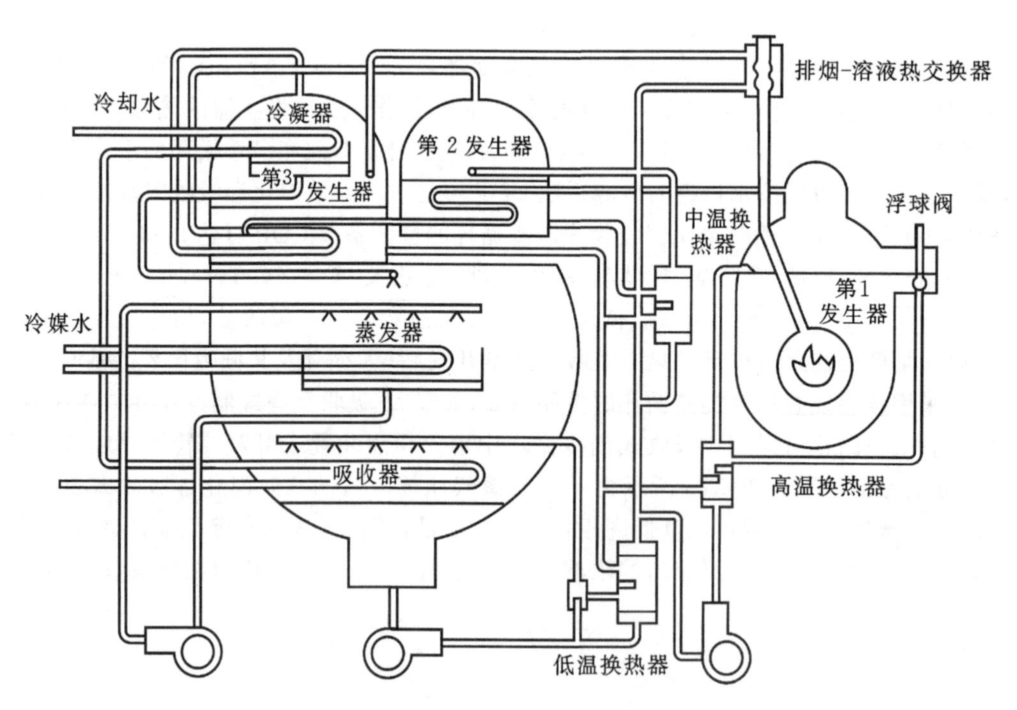

图 4.25　直燃型三效溴化锂吸收式制冷循环

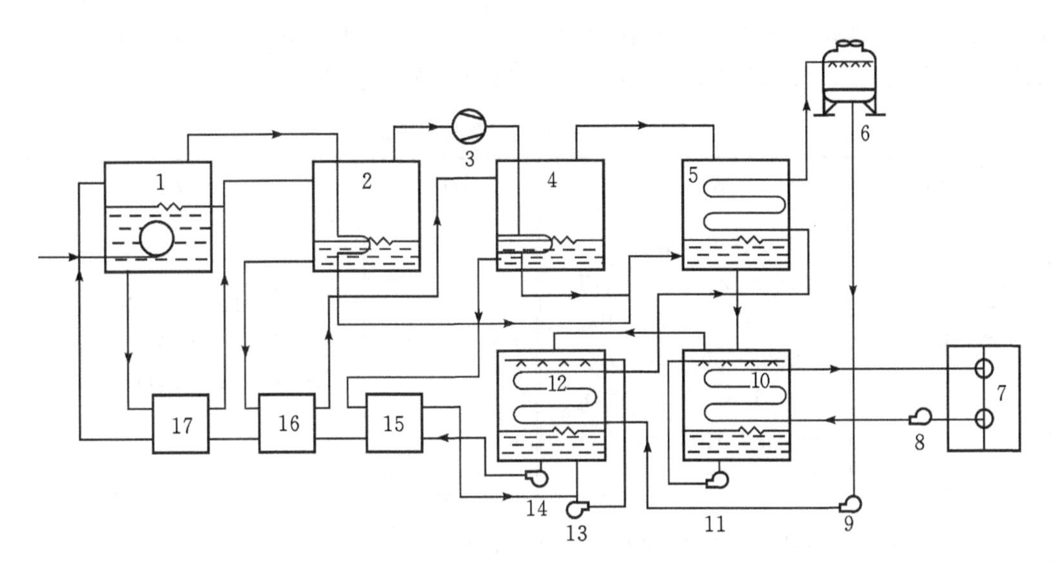

1—高压发生器；2—中压发生器；3—蒸气压缩装置；4—低压发生器；5—冷凝器；6—冷却塔；7—空调器；8—冷水泵；9—冷却水泵；10—蒸发器；11—制冷剂泵；12—吸收器；13—溶液泵Ⅰ；14—溶液泵Ⅱ；15—低温溶液热交换器；16—中温溶液热交换器；17—高温溶液热交换器。

图 4.26　带蒸气压缩装置的三效溴化锂吸收式制冷循环

4.4.2　吸收式制冷工质对的研究

目前已经有两对吸收式制冷工质投入使用，由于水-溴化锂工质对的制冷温度不能低于 5 ℃，使其应用的范围受到限制。而氨-水工质对因氨有刺激性及燃烧性，使其应用范围也受到限制。因此在吸收式制冷循环中，急需要研究和开发既具有水-溴化锂工质对的优点，又具有氨-水工质对的优点的新型工质对。为此，在吸收式制冷循环工质对的研究过程中，已经对许多新型吸收制冷工质进行过理论和实验研究，包括甲醇（CH_3OH）、甲胺（CH_3NH_2）、三氟乙醇（TFE）、六氟异丙醇（HFIP）及氟利昂类（R22、R123a）等，如表 3.8 所示。到目前为止，对这些吸收式制冷工质的实用化研究仍在进行之中。

由日本三洋电机研究的 TFE-NMP 吸收式制冷工质对，以及由日本三菱重工研究的 TFE-E181 吸收式制冷工质对，目前均已接近实用化程度。

TFE(Tri fluoro ethanol)，是一种有机物，其分子式如表 4.3 所示，基本物理性质如表4.4 所示。作为性能比较优良的制冷剂，TFE 具有工作温度范围广、在真空状态下无爆炸危险、循环 COP 值较高、工质热稳定性好、在正常工作温度下不会因受热而分解、无毒、不燃烧、无结晶问题等优点。其主要缺点是蒸发潜热比较小。

NMP(N-Methylyrolidone)和 E181 也是有机物，其分子式如表 4.3 所示，基本物理性质如表 4.5 所示。

对比表 4.4 和表 4.5 可以看出，TFE-NMP 与 TFE-E181 作为吸收式制冷工质对的最大缺点是制冷剂与吸收剂的沸点相差较小。TFE-NMP 工质对的标准沸点差为 129 ℃，TFE-E181 工质对的标准沸点差稍大一些，也只有 201.7 ℃。所以，为了提高制冷循环的 COP 值，在进入冷凝器前，制冷剂的纯度必须达到99.5%以上。为此，使用这类工质对的吸收式制冷系统，必须采用与氨-水吸收式制冷系统类似的精馏分离措施。

表 4.3 新型吸收式制冷工质对

<table>
<tr><th>制冷剂</th><th>吸收剂</th><th>制冷剂</th><th>吸收剂</th></tr>
<tr><td>水(H_2O)</td><td>LiCl、LiBr+LiSCN、
LiBr+$ZnBr_2$、LiBr+$ZnCl_2$、
LiBr+$C_2H_6O_2$、LiBr+$CaCl_2$、
LiBr+LiI+$C_2H_6O_2$、
LiBr+LiI+LiCl+$LiNO_3$、
$LiNO_3$+KNO_3+$NaNO_3$</td><td>氨(NH_3)</td><td>$LiNO_3$、LiSCN、
NaSCN、H_2O+LiBr、
H_2O+$CaCl_2$、H_2O+$LiNO_3$</td></tr>
<tr><td rowspan="4">甲胺(CH_3NH_2)</td><td rowspan="4">LiSCN、LiSCN+NaSCN、
H_2O、$C_2H_6O_2$、
H_2O+LiBr</td><td>甲醇(CH_3OH)</td><td rowspan="4">LiBr、LiCl、LiI、$ZnBr_2$</td></tr>
<tr><td>乙醇(C_2H_3OH)</td></tr>
<tr><td>水+甲醇</td></tr>
<tr><td>水+乙醇</td></tr>
<tr><td>三氟乙醇(TFE)
(CF_3CH_2OH)</td><td rowspan="2">$CH_3(OC_2H_4)OCH_3$(E181)、
C_5H_9NO(NMP)、
IQU、QUI、DMPU 等</td><td>R22</td><td rowspan="2">DIG(E181)、
DTrG、DDG、PYR、DMF 等</td></tr>
<tr><td>六氟异丙醇(HFIP)</td><td>R123a</td></tr>
</table>

表 4.4 几种制冷剂的主要物性参数

名称	化学式	分子量	凝固点/℃	沸点/℃	潜热/$(kJ \cdot kg^{-1})$	比热容/$(kJ \cdot (kg \cdot K)^{-1})$	黏度/$(Pa \cdot s)$
水	H_2O	18.02	0.0	100.15	2257	4.174(25 ℃)	891
氨	NH_3	17.03	−77.7	−33.4	1368	2.156(25 ℃)	10.2
甲胺	CH_3NH_2	31.06	−93.5	−6.33	872(157 ℃)	3.2(25 ℃)	240(0 ℃)
甲醇	CH_3OH	32.04	−97.7	64.65	1190(0 ℃)	2.52(25 ℃)	555
TFE	CF_3CH_2OH	100.04	−45	75	356	1.72(20 ℃)	1560(30 ℃)

表 4.5 NMP 和 E181 的物理性质

名称	分子量	凝点/℃	沸点/℃	潜热/$(kJ \cdot kg^{-1})$	比热容/$(kJ \cdot (kg \cdot K)^{-1})$	黏度/$(Pa \cdot s)$	表面张力/$(N \cdot m^{-1})$	密度/$(kg \cdot m^{-3})$	闪点/℃	燃点/℃
NMP	99.14	−25	204	439	1.75	1.55	3.9×10^{-2}	1022	95	346
E181	222.28	−28	275.3	—	2.05	4.05	—	1014	—	—

但TFE-NMP和TFE-E181工质对具有工作温度范围广，使用场合不受限制，在真空状

态下工作安全性好等优点，是目前正在使用的吸收式制冷工质对无法比拟的，因此具有非常良好的应用前景。日本三洋电机经过十几年的研究，已于1989年成功地将TFE-NMP工质对应用于日本冲绳县太阳能制冷系统中。三菱重工也已经完成了以TFE-E181为工质对，输出功率为30 kW的吸收-压缩式热泵的实验研究工作。

水-溴化锂吸收式制冷工质对，以水为制冷剂，不仅对环境毫无影响，而且非常廉价，并因其具有较大的优越性而得以广泛的应用，所以，迄今为止对这类工质的研究依然方兴未艾。

为了提高溴化锂的溶解度，在水-溴化锂工质对内添加各种无机盐类（如：$ZnBr_2$、$ZnCl_2$、$CaCl_2$、LiI、$LiNO_3$、KNO_3、$NaNO_3$等）或有机物（如：$C_2H_6O_2$），构成多元工质系，以增大溴化锂的溶解度。实验研究表明，在溴化锂水溶液中添加一些无机盐或有机物后，不仅提高了溴化锂的溶解度，而且在有些情况下，还会提高循环的COP值或金属抗溴化锂溶液的腐蚀能力。

为了降低溴化锂溶液的表面张力，在降膜吸收过程中降低液膜厚度，并易于产生湍流流动，提高吸收界面处的传质速率和吸收器的传热系数，在溴化锂水溶液内添加表面活性剂，如1-辛醇（$CH_3(CH_2)_7OH$），2-乙基乙醇（$CH_3(CH_2)_3CH(C_2H_5)CH_2OH$），以强化溴化锂溶液的吸收过程。研究表明，在溴化锂水溶液中添加微量的1-辛醇后，其表面张力有大幅度的降低。

使用辅助制冷剂，在吸收式制冷系统几乎不变的条件下，可使吸收式制冷循环性能系数有较大幅度的提高。日本东京燃气能源技术研究所在水-溴化锂吸收式制冷系统中，添加高醇类化合物作为辅助制冷剂，在模拟和实验两方面进行了大量的探索性研究，从而明确了吸收式制冷循环的特性和辅助制冷剂对提高制冷循环COP值的作用。

添加辅助制冷剂后可以提高制冷循环COP值，但可能会破坏吸收器和蒸发器内的传热和传质过程。因此，目前仅仅在有余热可以利用的吸收式制冷系统中应用这种添加辅助制冷剂的方法，对添加辅助制冷剂的研究不仅在于寻找更为良好的辅助制冷剂，而且必须对添加辅助制冷剂后的强化蒸发和强化吸收进行充分的研究。

复习思考题

4.1　溴化锂水溶液在一定压力下，其饱和液面上的水蒸气是湿蒸气、饱和蒸气还是过热蒸气？为什么？

4.2　吸收式制冷机是如何完成制冷循环的？在溴化锂吸收式制冷循环中，制冷剂和吸收剂分别起哪些作用？从制冷剂、驱动能源、制冷方式、散热方式等各方面比较吸收式制冷与蒸气压缩式制冷的异同点。

4.3　什么叫循环倍率、放气范围和热力系数？

4.4　简述蒸汽型单效溴化锂吸收式冷水机组的主要部件，并在$h-\xi$图上定性地表示其制冷循环过程。

4.5　何为双效溴化锂吸收式冷水机组？试分析在吸收式制冷系统中双效系统比单效系统的热力系数高的原因？

4.6　何为直燃型溴化锂吸收式冷热水机组？简述其供冷、供热的工作过程。

4.7　溴化锂吸收式制冷装置的性能与哪些因素有关？

4.8　试分析吸收式冷水机组与蒸气压缩式制冷机组的冷却水温度是否越低越好？为什么？

4.9　溴化锂吸收式制冷装置的能量调节有哪几种方法？通常采用哪种方法？

4.10　吸收式冷水机组只适用于有余热或电厂废热可以利用的场合？

习　题

4.1　利用溴化锂溶液的 $h-\xi$ 图，计算溶液从状态 a（$\xi_a=62\%$，$t_a=50$ ℃）变化到状态 b（$\xi_b=58\%$，$t_b=40$ ℃）时所放出的热量。

4.2　已知直燃型溴化锂吸收式冷水机组的 $COP_c=1.4$，离心式冷水机组的 $COP_c=6.0$，当制冷量和冷却水温差均相同时，请问哪种冷水机组的冷却水量更大？一次能源利用效率更高？

4.3　将蒸气压缩式热泵与吸收式热泵有机结合的压缩-吸收式热泵系统可获得较大的热水温升，以三氟乙醇（TFE，$C_2H_2F_3OH$）和四甘醇二甲醚（TEGDME，$CH_3(C_2H_4O)_4CH_3$，又称 E181）为工质对的压缩-吸收式热泵系统的工作原理如图 4.27 所示，试分析其工作原理。

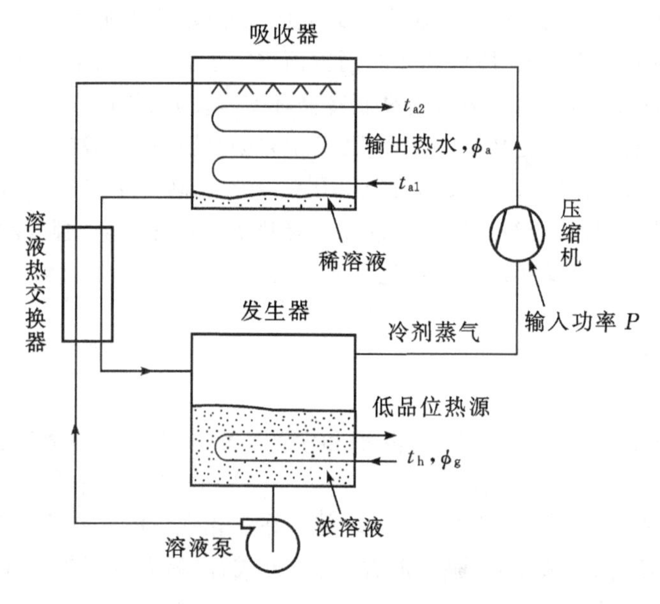

图 4.27　习题 4.3 图

第 5 章 其它制冷循环与低温技术

5.1 蒸气喷射式制冷

蒸气喷射式制冷是以喷射器代替压缩机，以消耗热能作为补偿，利用工质在低压下汽化吸热来实现制冷的。

蒸气喷射式制冷的工质可以是水，也可以是氨、R134a、R123、R600a 等。目前在空调工程中多采用以水为工质的蒸汽喷射式制冷，简称为蒸汽喷射式制冷装置。

5.1.1 蒸汽喷射式制冷系统的组成及工作过程

蒸汽喷射式制冷装置的主要设备有蒸汽加热器、喷射器、冷凝器、蒸发器、节流阀以及循环泵等，其工作原理如图 5.1 所示。

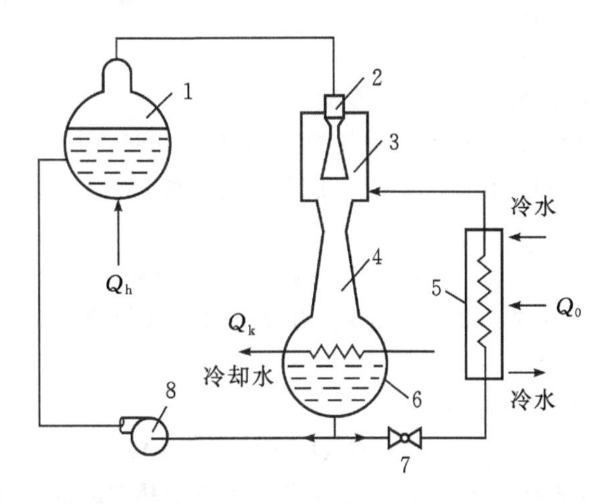

1—蒸汽加热器；2—喷嘴；3—混合室；4—扩压器；5—蒸发器；6—冷凝器；7—节流阀；8—循环泵。

图 5.1 喷射式制冷工作原理图

来自蒸汽加热器 1 的高温高压工作蒸汽在喷射器喷嘴 2 中绝热膨胀，形成一股低压高速气流，从而将蒸发器 5 里的低压水蒸气抽吸到喷射器混合室 3 中，并与之混合，在扩压器 4 中增压后进入冷凝器 6，被冷却水冷凝成液体。一部分凝结水通过循环泵 8 提高压力后送回蒸汽加热器 1 加热汽化，用作高温高压工作蒸汽开始下一个循环；另一部分凝结水经节流阀

7 降压后进入蒸发器 5,在蒸发器 5 内吸收冷水的热量汽化为低压水蒸气后又被喷射器中的低压高速气流抽走。蒸发器 5 中的冷水因失去热量而温度下降,产生制冷效应。

5.1.2 蒸汽喷射式制冷理论循环及热力计算

蒸汽喷射式制冷的工作过程可以表示在 $T-s$ 图上,如图 5.2 所示,实线部分表示该过程的理论循环。图中 1—2 表示工作蒸汽在喷管中的等熵膨胀过程,其压力从加热器的出口压力 p_1 降至状态 2 的蒸发压力 p_0,并与从蒸发器引射出来的状态 3 的低压、低温制冷剂蒸汽相混合,2—4 和 3—4 表示等压混合过程。4—5 是混合蒸汽在喷射器的扩压室中等熵压缩过程,压力从 p_0 提高到 p_k。5—6 是混合蒸汽在冷凝器中的冷凝过程,点 6 表示从冷凝器出来的凝结水的状态。从冷凝器出来的凝结水分为两个部分:一部分经节流阀节流降压后进入蒸发器汽化制冷,用过程线 6—7—3 表示;另一部分凝结水用循环泵送入蒸汽加热器,重新加热成高温、高压工作蒸汽,用过程线 6—8—9—1 表示。

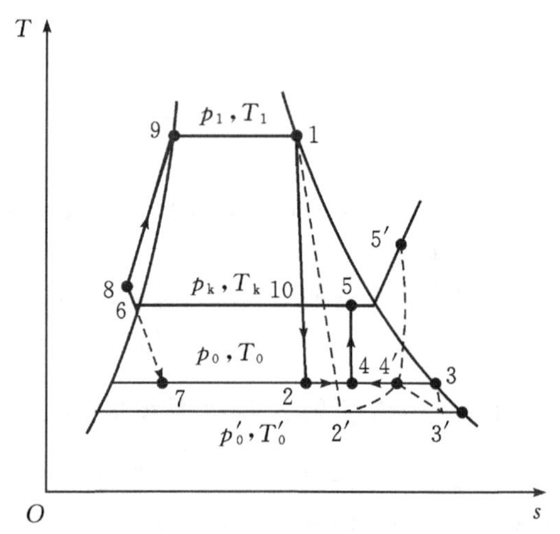

图 5.2 喷射式制冷工作过程的 $T-s$ 图

由上述分析可以看出,蒸汽喷射式制冷循环是由两个循环组成的:一个是工作蒸汽所完成的动力循环 1—2—4—5—6—8—9—1;另一个是制冷剂所完成的制冷循环 3—4—5—6—7—3。在理论循环中,动力循环所产生的功,正好补偿了制冷循环所消耗的功,而且工作蒸汽与制冷剂是同一种物质。

从蒸汽喷射式制冷理论循环的 $T-s$ 图和稳定流能量方程式,可得

(1)循环的总制冷量 Q_0

$$Q_0 = G_0(h_3 - h_6) \quad (\text{kW}) \tag{5.1}$$

式中,G_0 为被引射蒸汽的流量,kg/s;h_3 为被引射蒸汽的焓值,kJ/kg;h_6 为进入蒸发器的凝结水的焓值,kJ/kg。

(2)蒸汽加热器的热负荷 Q_h

$$Q_h = G_1(h_1 - h_8) \quad (\text{kW}) \tag{5.2}$$

式中,G_1 为工作蒸汽流量,kg/s;h_1 为工作蒸汽离开加热器时的焓值,kJ/kg;h_8 为进入加热器的凝结水焓值,kJ/kg。

(3)冷凝器的热负荷 Q_k

$$Q_k = (G_1 + G_0)(h_5 - h_6) \quad (\text{kW}) \tag{5.3}$$

(4)凝结水泵所消耗的功率 Q_p

$$Q_p = G_1(h_6 - h_8) \quad (\text{kW}) \tag{5.4}$$

泵功率较小,如果忽略不计,则循环的热平衡可以简化为

$$Q_0 + Q_h = Q_k$$

(5)喷射式制冷循环的热力系数 ξ

$$\xi=\frac{Q_0}{Q_h}=\frac{G_0(h_3-h_6)}{G_1(h_1-h_8)}=\mu\frac{q_0}{q_h} \tag{5.5}$$

式中，$\mu=\frac{G_0}{G_1}$称为引射系数，它表示 1 kg 工作蒸汽能引射的低压蒸汽量。理想状况下，可由喷射器的热平衡式求得，因为 $G_0h_3+G_1h_1=(G_0+G_1)h_5$

故

$$\mu=\frac{G_0}{G_h}=\frac{h_5-h_1}{h_3-h_5} \tag{5.6}$$

蒸汽喷射式制冷实际循环的工作过程与理论循环过程差别甚大，如图 5.2 虚线所示。工作蒸汽在喷嘴中的膨胀过程并非等熵过程，膨胀终了为压力低于 p_0 的状态点 2′；工作蒸汽与引射来的低压制冷剂蒸汽在混合室的混合过程也不完全是定压过程，混合后的终了状态为 4′；同样在扩压器中的压缩过程也不是等熵过程，而是不可逆熵增过程 4′—5′。实际循环与理论循环之间的差别，对循环特性带来的影响主要是使引射系数降低，并使喷射器出来的蒸汽焓值由 h_5 提高到了 $h_{5'}$。

实际循环同样可以用上述理论循环的计算方法，只是实际的引射系数不能按喷射器的热平衡去求解，而是用实验方法去确定，可按具有实验系数的空气动力学公式去计算。

$$\alpha=0.25+1.6\left(\frac{\Delta h_2}{\Delta h_1}\right)+15.8\left(\frac{\Delta h_2}{\Delta h_1}\right)^2 \tag{5.7}$$

式中，α 为循环倍率，是引射系数的倒数，$\alpha=\frac{G_1}{G_0}$；Δh_2 为被引射蒸汽从压力为 p_0 的状态绝热压缩到 p_k 时的焓差，$\Delta h_2= h_4-h_5$；Δh_1 是工作蒸汽从压力为 p_1 的状态绝热膨胀到 p_0 时的焓差，$\Delta h_1= h_1-h_2$。

公式(5.7)也可用图 5.3 中的关系曲线来表示。

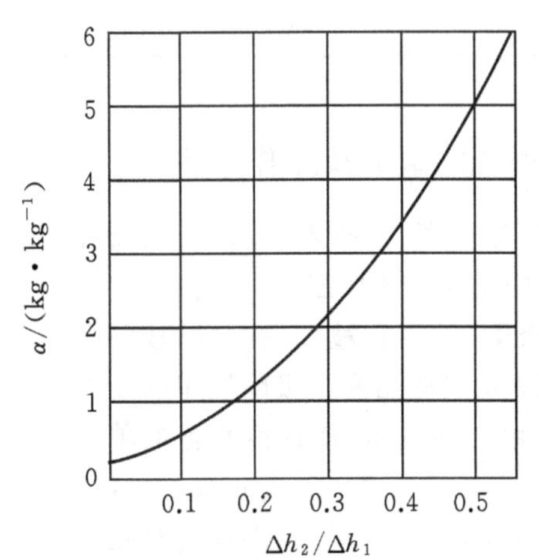

图 5.3　循环倍率 α 与 $\Delta h_2/\Delta h_1$ 的关系曲线

此外，引射系数也可用如下简化公式计算

$$\mu=0.765\sqrt{\frac{\Delta h_1}{\Delta h_2}}-1 \tag{5.8}$$

5.2 固体吸附式制冷

固体吸附式制冷是通过微孔固体吸附剂在较低温度下吸附制冷剂，在较高温度下解吸制冷剂的吸附-解吸循环来实现的。相对于同样利用热能驱动的吸收式制冷而言，在热源温度比较低或冷凝温度比较高的条件下，采用合适的制冷工质对，吸附式制冷具有更高的效率，因此，吸附式制冷在低品位热源的利用方面极具优越性。

具有吸附作用的物质称为吸附剂；被吸附的物质称为吸附质(用作制冷剂)，吸附剂与吸附质组成了吸附式制冷的工质对，工质对的性能直接影响到制冷循环的效率以及装置的大小。理想的工质对应能满足平衡吸附量、吸附与解吸温度、吸附与解吸速率等一系列要求。要求吸附剂的吸附量大，吸附等温线平坦，吸附容量对温度变化敏感，吸附剂与吸附质相容。一般说来，吸附剂的表面积越大，它的吸附能力就越强。对吸附质的要求是单位体积蒸发潜热大，冰点较低，饱和蒸气压适当，无毒，不可燃，无腐蚀性，具有良好的热稳定性。目前已开发出的工质对主要有如活性炭-甲醇、活性炭-氨、沸石-水、硅胶-水等物理吸附工质对以及氯化钙-氨、氯化锶-氨、氯化钙-甲醇等化学吸附工质对等百余种。比较成熟的工质对如表5.1 所示。

表 5.1　比较成熟的工质对及其适用范围

冷冻 ($T<253$ K)	制冷 ($T=273$ K)	空调 ($T=273\sim288$ K)	采暖 ($T\approx333$ K)	工业热泵 ($T>373$ K)
沸石-氨 氯化钙-氨	活性炭-甲醇	活性炭-氨 活性炭-甲醇 沸石-水 硅胶-水	活性炭-氨 沸石-水	沸石-水

5.2.1 吸附式制冷系统的组成及工作过程

固体吸附式制冷系统由吸附器、冷凝器、蒸发器以及控制阀等辅助设备组成，系统的工作原理如图 5.4 所示。

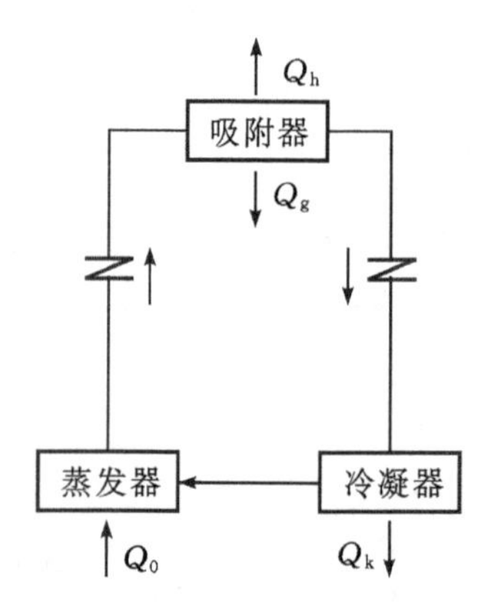

图 5.4　吸附式制冷工作原理图

吸附器里填满了固体吸附剂，当它被加热时，已被吸附剂吸附的吸附质，从吸附剂表面脱附出来。吸附器里的压力逐渐升高，使通往蒸发器的单向阀关闭，通往冷凝器的单向阀打开，吸附质进入冷凝器，与冷却介质(空气或水)进行热量交换，由气体冷凝为液体，并进入蒸发器。当停止对吸附剂加热时，吸附剂开始冷却，吸附能力逐渐升高，吸附器里的压力逐渐降低，通往冷凝器的单向阀关闭，通往蒸发器的单向阀打开，并开始吸附蒸发器里的制冷剂(吸附质)蒸气，形成蒸发器中的低压状态，使液态制冷剂在低压下不断吸热汽化，达到制冷的目的。吸附了大量制冷剂蒸气的吸附剂，为下一次加热脱附创造了条件。脱附-吸附循环如此周而复始,间歇地进行着制冷过程。

5.2.2 吸附式制冷理论循环与热力计算

固体吸附式制冷循环在 $p-T-x$ 图上的表示如图5.5所示。图中1—2过程为吸附床定容加热过程,吸收的显热用 Q_h 表示。2—3过程为吸附床定压脱附过程,T_{g1} 为脱附开始温度,T_{g2} 为脱附终了温度,点3表示脱附终了吸附剂的状态,解吸态吸附率用 X_{dil} 表示,脱附过程吸收的热量用 Q_g 表示。2—5过程表示自吸附剂解吸出来的制冷剂在冷凝器中定压冷凝过程,T_k 表示冷凝温度,此过程可以认为与2—3过程同时发生,冷凝过程放出的热量用 Q_k 表示。5—6过程表示冷凝液体定容降压、降温过程,释放出的显热用 Q_{c1} 表示。6—1过程表示制冷剂液体在蒸发器中定压蒸发过程,T_0 表示蒸发温度,蒸发过程吸热量用 Q_0 表示。3—4过程表示吸附床定容冷却过程,冷却吸附床带走的热量用 Q_{c2} 表示。4—1过程为吸附床定压吸附过程,T_{a1} 为吸附开始温度,T_{a2} 为吸附终了温度,点1表示吸附终了吸附剂的状态,吸附率用 X_{conc} 表示,吸附过程中带走的热量用 Q_a 表示。此过程可以认为与6—1过程同时发生。

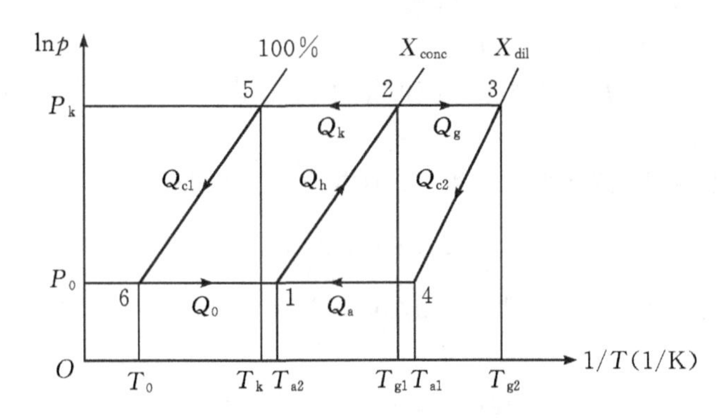

图5.5 吸附式制冷热力循环图

(1)吸附床等容加热过程吸收的显热 Q_h

$$Q_h=\int_{T_{a2}}^{T_{g1}} c_{va}(T)M_a\,dT+\int_{T_{a2}}^{T_{g1}} c_{vr}(T)M_r\,dT \quad (\text{kW}) \tag{5.9}$$

式中,$c_{va}(T)$ 为吸附剂定容比热容,kJ/(kg·K);$C_{vr}(T)$ 为制冷剂定容比热容,kJ/(kg·K);M_a、M_r 分别表示吸附剂和制冷剂的质量(kg),其中 $M_r=X_{conc}\times M_a$。

公式(5.9)中第一部分表示的是吸附剂的显热,第二部分表示制冷工质(吸附质)的显热。

(2)吸附床在脱附过程吸收的热量 Q_g

$$Q_g=\int_{T_{g1}}^{T_{g2}} c_{pa}(T)M_a\,dT+\int_{T_{g1}}^{T_{g2}} c_{pr}(T)M_r\,dT+\int_{T_{g1}}^{T_{g2}} M_a H_{des}\,dx \quad (\text{kW}) \tag{5.10}$$

式中,$c_{pa}(T)$ 为吸附剂定压比热容,kJ/(kg·K);$c_{pr}(T)$ 为制冷剂定压比热容,kJ/(kg·K);x 表示吸附率;H_{des} 表示脱附热,kJ。

公式(5.10)中第一部分表示吸附剂的显热,第二部分表示留在吸附床内制冷工质的显热,第三部分表示脱附过程所需的热量。

(3)冷却吸附床带走的热量 Q_{c2}

$$Q_{c2}=\int_{T_{g2}}^{T_{a1}} c_{va}(T)M_a\mathrm{d}T+\int_{T_{g2}}^{T_{a1}} c_{vr}(T)M_r\mathrm{d}T \quad (\mathrm{kW}) \tag{5.11}$$

公式(5.11)中第一部分表示吸附剂的显热,第二部分表示留在吸附床内制冷工质的显热。

(4)吸附过程带走的热量 Q_a

$$Q_a=\int_{T_{a1}}^{T_{a2}} c_{pa}(T)M_a\mathrm{d}T+\int_{T_{a1}}^{T_{a2}} c_{pr}(T)M_r\mathrm{d}T+\int_{T_{a1}}^{T_{a2}} M_aH_{ads}\mathrm{d}x-\int_{0}^{T_{a2}-T_0} c_{prq}(T)M_a\Delta x\mathrm{d}T \tag{5.12}$$

式中,$c_{prq}(T)$为自由气态工质的定压比热容,kJ/(kg·K);H_{ads}表示吸附热,kJ。

公式(5.12)中第一、二部分表示整个吸附床的显热,第三部分表示吸附过程放出的热量,第四部分表示蒸发的制冷剂蒸气温度升至 T_{a2} 所吸收的显热。

(5)冷凝过程带走的热量 Q_k

$$Q_k=M_aL_e\Delta x+\int_{T_{g1}}^{T_k} c_{prq}(T)M_a\Delta x\mathrm{d}T \quad (\mathrm{kW}) \tag{5.13}$$

式中,L_e为制冷工质的汽化潜热,kJ/kg。

公式(5.13)中第一部分表示制冷工质的饱和汽化潜热,第二部分表示制冷剂蒸气在冷凝过程中放出的显热。

(6)液态制冷剂从 T_k 降至蒸发温度 T_0 释放出的显热 Q_{c1}

$$Q_{c1}=\int_{T_0}^{T_k} c_{vrf}(T)M_a\Delta x\mathrm{d}T \quad (\mathrm{kW}) \tag{5.14}$$

式中,$c_{vrf}(T)$为液态制冷剂定容比热容,kJ/(kg·K)。

(7)制冷量 Q_0

$$Q_0=M_aL_e\Delta x \quad (\mathrm{kW}) \tag{5.15}$$

(8)循环的性能系数 COP

$$\mathrm{COP}=\frac{Q_0-Q_{c1}}{Q_h+Q_g}\approx\frac{Q_0}{Q_k+Q_g} \tag{5.16}$$

应当指出,上述热力计算公式是纯理论的,实际上由于工质物性复杂,且存在着各种损失,精确地计算各个热力过程的热量确实比较困难,但可以利用以上公式对循环进行分析,从理论上加以指导。

5.2.3 吸附式制冷工质对的工作特性

长期以来,人们对吸附式制冷工质对的研究一直方兴未艾。比较成熟的有活性炭-甲醇、活性炭-氨、氯化钙-氨、沸石-水、金属氢化物-氢。

沸石-水的等温吸附曲线比较平坦,而且水的汽化潜热比较大(2258 kJ/kg),这是该工质对的最大优点。但是沸石对水的吸附容量随温度变化不是很敏感,而且水在 0 ℃以下会结冰。所以,沸石-水工质对比较适合于高温热源(120 ℃)驱动的蒸发温度在 0 ℃以上的空调冷源。

活性炭-甲醇的等温吸附曲线不是十分平坦,但是活性炭对甲醇的吸附容量比较大,而且吸附容量对温度变化比较敏感，甲醇的汽化潜热大，冰点低，沸点比室温高，对铜、钢等金属材料不腐蚀。但由于甲醇在 150 ℃左右将分解，因而该工质对的驱动热源温度宜低于 150 ℃。因此，活性炭-甲醇工质对适合于太阳能或其它低温热源驱动的一般制冷系统应用。目前用于太阳能等低温热源驱动的固体吸附式制冷工质对的工作特性如表 5.2 所示。

表 5.2　固体吸附制冷工质对的工作特性

工质对	T_0 /K	T_k /K	T_{a2} /K	T_{g2} /K	X_{conc} /(kg/kg)	COP	真空度要求	抗压性要求	有无毒性
硅胶-水	278	303	303	373	0.07	0.87	高	低	无
活性炭-氨气	268	303	303	363	0.15	0.86	高	高	有
活性炭-甲醇	268	303	303	383	0.171	0.84	高	适中	有
活性炭-乙醇	268	303	303	373	0.145	0.85	适中	适中	无

活性炭纤维是活性炭经过物化处理之后的一种吸附剂，具有很高的比表面积，一般达 1000～3000 m^2/g，并具有丰富的微孔和均匀的孔径，微孔率高达 90%以上，具有吸附容量大，吸附和解吸速度快等优点。研究表明，活性炭纤维与甲醇组成的吸附工质对与活性炭-甲醇工质对比较，可将吸附式制冷系统的 COP 提高 15%左右，单位活性炭纤维的制冷量可达活性炭的 2～3 倍，并可使吸附-解吸时间缩短为活性炭系统的 1/10，活性炭纤维-甲醇制冷系统的单位质量制冷功率可达活性炭-甲醇制冷系统的 20～30 倍。

乙醇的蒸发潜热比甲醇低，但在活性炭中的最大吸附量以及吸附特性均与甲醇十分接近，因此，在低品位热能的应用方面，从系统真空度、抗压要求以及安全和使用角度考虑，有研究者认为活性炭纤维-乙醇是比较适宜的制冷工质对。

5.2.4　吸附式制冷的其它循环

基本型吸附式制冷循环设置有一个吸附器，吸附-脱附过程交替进行，没有采用回热措施，不但损失了吸附床冷却放热及吸附放热的显热量，而且因为间歇式制冷产生切换损失，所以循环效率比较低。为了连续制冷，可以采用两个或多个吸附器交替工作等循环方式，以获得更高效的吸附制冷循环。

1.连续回热循环

如图 5.6 所示，系统中有两个吸附器，假定对吸附器 A 加热，对吸附器 B 冷却，当吸附器 A 充分解析，吸附器 B 吸附饱和后，使吸附器 A 冷却，吸附器 B 加热，吸附器 A、B 交替运行组成了一个完整的连续制冷循环。为了提高热能的利用率，在两个吸附器切换过程中，可通过循环冷却水将正在吸附的吸附器冷却时释放的显热和吸附热传递给正在解析的吸附器，以实现回热，从而减少了系统的能量输入，提高了循环的效率。连续回热型热力循环流程如图 5.7 所示。有人对以活性炭-甲醇为工质对的连续回热型制冷系统进行模拟计算，在蒸发温度、吸附温度和冷凝温度分别为－10 ℃、30 ℃和 30 ℃的工况下，可使系统 COP 最大值提高 30%左右。

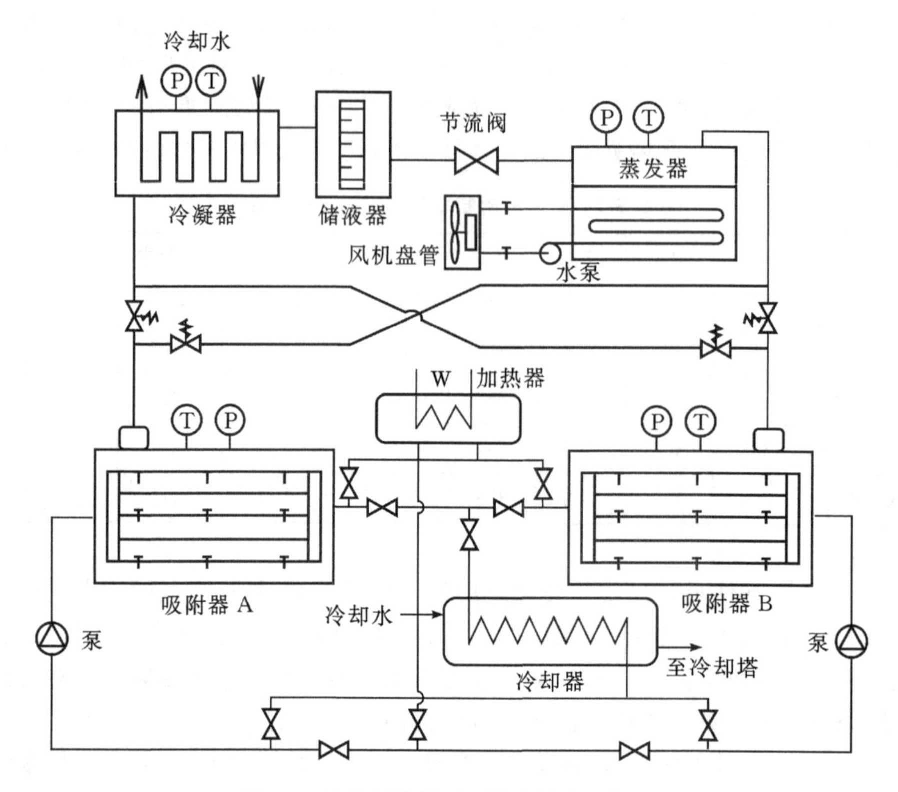

图 5.6　连续回热循环吸附式制冷系统图

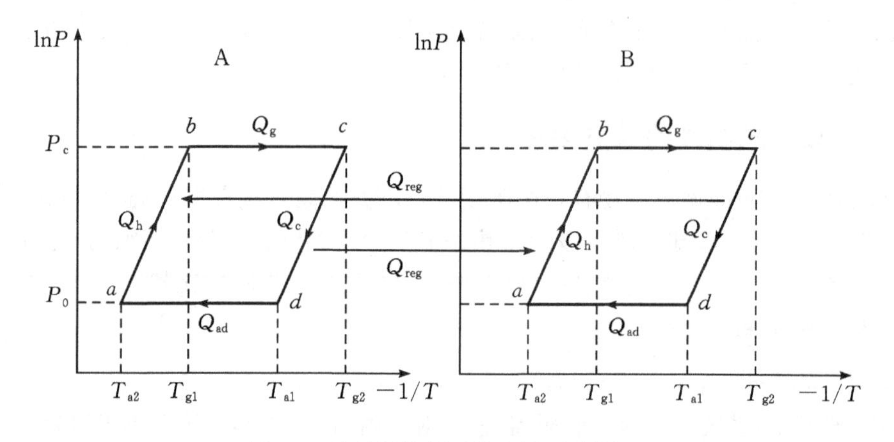

图 5.7　连续回热循环热力循环系统图

上海交通大学研制的一台采用螺旋板式吸附器的连续回热型活性炭-甲醇吸附式制冷机，在 95 ℃热源驱动下，实现了每千克活性炭日制冰 2.6 千克的突破。所研制的连续回热型活性炭-甲醇吸附式空调-热泵，在 100 ℃热源驱动下，单位质量吸附剂空调工况制冷量达到了 150 W/kg，系统 COP 达到了 0.4～0.5。

2.热波循环

多床循环的吸附床与吸附床之间存在传热温差使系统的回热利用率不高，且投资费用随床数的增加而成倍增加。为了解决这个问题，1989 年有人提出了热波循环，如图 5.8 所示。循环中吸附床 A 和 B 均被设计成由一系列能独立进行热交换的，且沿冷却(加热)流体流程存在很大的温度梯度的小吸附床组成。两个吸附床 A、B 反相运行，各自只有一小部分进行热量交换，以便能最大限度地利用吸附过程放出的热量，更充分地回热。

Pons 等人采用分子筛-水作为热波循环的工质对，将分子筛固化成块并粘接在膨胀石墨板上，使吸附床的导热率从堆积状态的 0.1 W/(m・K)提高到 15 W/(m・K)，吸附床用金属板加紧，金属板上设有冷(热)流体通道，空调工况下，单位质量吸附剂制冷量 SCP 达到了 40～120 W/kg，COP 达到了 0.3～0.4。

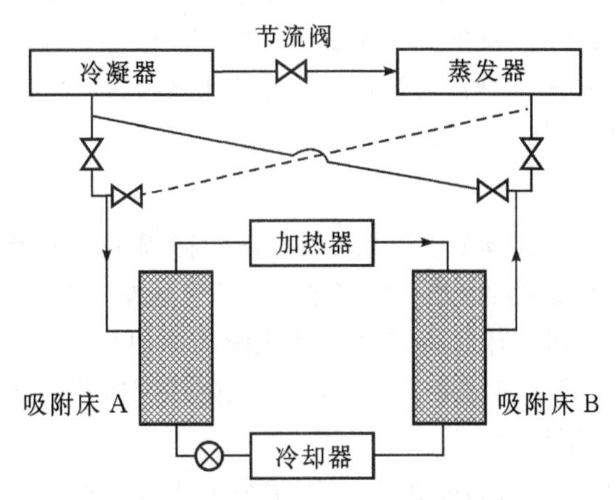

图 5.8　热波循环吸附式制冷系统图

3.对流热波循环

如图 5.9 所示，对流热波循环是一种吸附床内强迫对流以改善吸附床传热传质性能的循环方式，即利用制冷剂气体和吸附剂之间的强制对流，利用循环泵使高压制冷剂蒸气直接

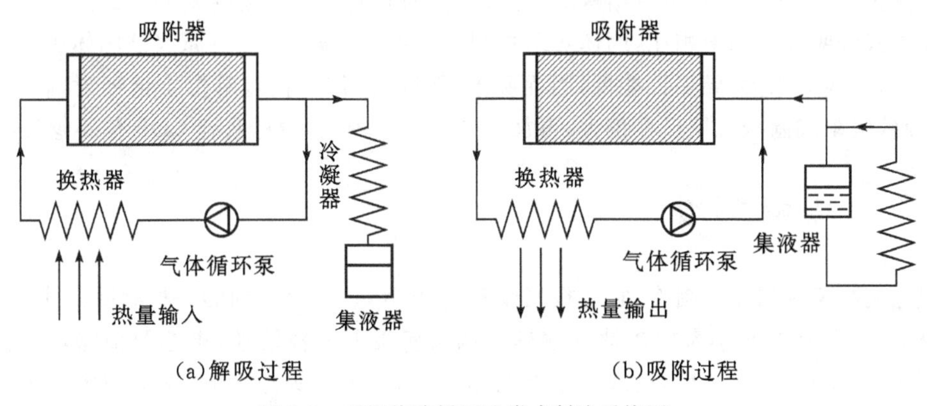

图 5.9　对流热波循环吸附式制冷系统图

加热或冷却吸附床而获得较高的热流密度。由于吸附床内传热条件良好，在较短的时间内就可将吸附床加热或冷却到预定温度。

程坚等人以活性碳纤维-氨为吸附工质对，模拟计算了对流热波循环吸附床内温度分布和循环的性能参数，系统的回热率达到0.4，制冷效率COP和热泵效率COA分别达到0.78和1.78，单位质量吸附剂制冷量SCP和供热量SHP分别达到了760 W/kg和1616 W/kg。

4.复叠式循环

复叠式循环是Douss等人提出的利用两个工作在不同温度范围内的吸附循环提高吸附热的利用率的一种双效循环，例如以沸石-水为工质对的高温循环来驱动以活性炭-甲醇为工质对的低温循环。

研究表明，用分子筛-水作为高温循环的工质对，硅胶-水作为低温循环的工质对的复叠式制冷循环，当高温级分子筛-水的工作温度为100～220 ℃，低温级硅胶-水的工作温度为30～100 ℃(100 ℃为中间温度)时，通过选择合适的加热温度、中间温度以及两级冷凝压力，可使复叠式循环的COP值达到1.2。

5.回质循环

对于具有两个吸附床的连续型吸附式制冷循环，当吸附床1加热解析完毕，处于冷凝压力P_k下，将被冷却以实现吸附过程时，吸附床2正处于蒸发压力P_0下吸附饱和后，将被加热实现解析过程。如果在吸附床1冷却之前或吸附床2加热之前，将吸附床1和吸附床2连同在一起，在压差的作用下，吸附床1中的部分吸附质气体将快速转移到吸附床2中，显然，回质过程增大了循环解析量。

研究表明，回质过程对吸附制冷循环COP有较显著的影响，尤其是在解析温度较低时影响特别明显，COP增量可达10%～100%。

回质过程一般应在回热之前进行，回质后再回热将会显著提高系统COP值。研究表明，在80 ℃热源驱动下，活性炭-甲醇吸附式制冷系统COP可达0.6以上，如果在120 ℃热源驱动下，系统COP可接近0.8。

近些年来，国内外陆续开展了对固体吸附式制冷的研究工作，如吸附工质对性能、吸附床的传热传质、系统循环及设备结构等，这些方面的研究推动了吸附式制冷的发展。但是与蒸气压缩式和吸收式制冷相比，固体吸附式制冷还不十分成熟，主要原因是固体吸附剂为多微孔介质，比表面积大，导热性能低，因而吸附-解吸所需时间长，单位质量吸附剂的制冷功率小，导致吸附式制冷机械尺寸偏大，再加上热损失比较大，使得系统COP值不够高。

5.3 热电制冷

热电制冷又称温差电制冷，它是根据佩尔捷(Peltier)效应得到的一种制冷方式。

1834年，法国物理学家佩尔捷在铜丝的两头各接上一根铋丝，再把两根铋丝分接在直流电源的正、负极上，通电后，发现一个接头是热的，一个接头是冷的，这个现象称为佩尔捷效应。

佩尔捷效应是泽贝克(Seebeck)效应的逆反应。所谓泽贝克效应是在两种不同金属组成的闭合线路中，如果保持金属的两个结点存在温度差，就会在两个结点之间产生接触电动势，在闭合线路中产生温差电流。

佩尔捷效应与泽贝克效应密切相关，都属于温差电效应。前者是说电偶中有温差存在时会产生电动势，后者是说电偶中有电流通过时，会产生温差。

热电制冷的效率主要取决于材料的热电势。纯金属材料的导电性好，导热性也好，但佩尔捷效应很弱，制冷效率不到 1%。半导体材料内部的结构特点，决定了它具有较高的热电势，所以热电制冷都采用半导体材料，故也称为半导体制冷。

5.3.1　热电制冷原理及热力计算

电荷载体在导体中运动形成电流，电流流过两种不同导体界面时，将从外界得到或向外界放出热量。这是因为电荷载体在不同的材料中处于不同的能量级，当它从高能量级的材料向低能量级的材料运动时，便释放出多余的能量；反之，从低能量级的材料向高能量级的材料运动时，需要从外界吸收能量。

热电制冷的基本元件是电偶，由金属电桥连接两个电偶臂组成，如图 5.10 所示，一个电偶臂用 P 型（空穴型）半导体材料制作，另一个电偶臂用 N 型（电子型）半导体材料制作。当通以直流电流 I 时，半导体内的载流子在外电场作用下产生运动。由于载流子在半导体内和金属片内具有的势能不一样，势必在金属片与半导体接头处发生能量的传递及转换。

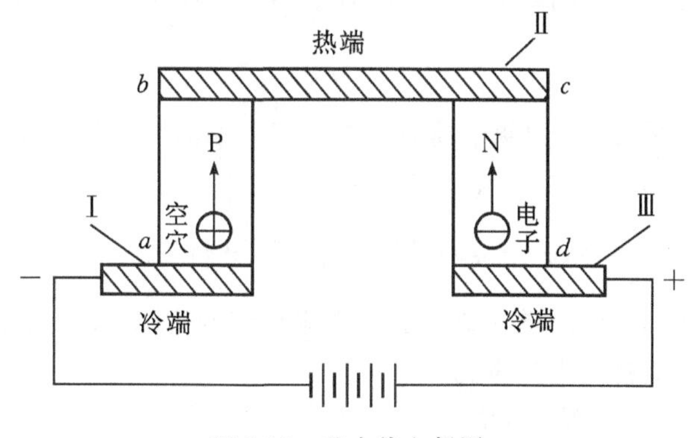

图 5.10　基本热电偶图

P 型半导体的载流子是空穴，金属和 N 型半导体的载流子是电子。空穴在 P 型半导体内具有的势能高于在金属片内的势能，在外电场作用下，当空穴从金属Ⅰ流入 P 型电偶臂时，需要吸收能量，在结点 a 处可以观察到吸热效应；当它从 P 型电偶臂流入金属Ⅲ时，则会释放能量，在结点 b 处可以观察到放热效应。电子的运动方向与空穴相反，电子在金属中的势能低于在 N 型半导体内的势能，同理，当它从金属Ⅱ流入 N 型电偶臂时，要吸收能量，在结点 d 处可以观察到吸热效应；当它从 N 型电偶臂流入金属Ⅲ时，会释放能量，在结点 c 处可以观察到放热效应。

如果将电源极性互换，则电偶的制冷端与发热端也随之互换。由此可见，电偶既可以作制冷器用，又可以通过改变电流的方向作热泵使用。

当电偶通以直流电 I 时，因佩尔捷效应产生的吸热量 Q_{π} 与电流 I 成正比

$$Q_{\pi}=\pi I \tag{5.17}$$

式中，π 为佩尔捷系数，它与导体的物理化学性质有关，可按下式计算

$$\pi=(\alpha_P-\alpha_N)T_c \tag{5.18}$$

式中，α_P、α_N分别为P型、N型电偶臂的温差电动势率，α_P为正值，α_N为负值，它们所组成的电偶的温差电动势率是 α_P及 α_N的绝对值之和；T_c 为电偶冷端温度，K。

由于电流通过电偶时，要克服电阻，因而需要消耗电能，电能转变为热能。热电元件内放出的焦耳热 Q_j与电流的平方成正比，即

$$Q_j=I^2R \tag{5.19}$$

式中，R 为热电元件的电阻，Ω。

若电偶臂的长度为 L，电阻率为 ρ_1、ρ_2，截面面积为 s_1、s_2，则

$$R=L\left(\frac{\rho_1}{s_1}+\frac{\rho_2}{s_2}\right) \tag{5.20}$$

计算证明，有一半的焦耳热传给了热电元件的冷端，引起制冷效应降低。

除了焦耳热以外，由于半导体冷热端温差引起的热传导作用，将有一定量的导热热量 Q_k 从电偶热端传递到冷端

$$Q_k=k(T_h-T_c) \tag{5.21}$$

式中，k 为长度为L 的热电元件总导热系数；T_h 为电偶热端温度，K。

若两电偶臂的导热系数及截面面积分别为 λ_1、λ_2 及 s_1、s_2，则

$$k=\frac{1}{L}(\lambda_1 s_1+\lambda_2 s_2) \tag{5.22}$$

因此，电偶的制冷量 Q_0 应为佩尔捷热量与传回冷端的焦耳热量和导热量之差，即

$$\begin{aligned}Q_0&=Q_{\pi}-Q_j-Q_k\\&=(\alpha_P-\alpha_N)IT_c-\frac{1}{2}I^2R-k(T_h-T_c)\end{aligned} \tag{5.23}$$

电偶工作时，加在电偶上的电压既要克服电阻引起的压降，又要克服泽贝克效应产生的温差电动势，故电偶上消耗的电功率为

$$\begin{aligned}N_i&=UI\\&=I^2R+(\alpha_P-\alpha_N)(T_h-T_c)I\end{aligned} \tag{5.24}$$

因此，电偶的制冷系数可以表示为

$$\begin{aligned}\varepsilon&=\frac{Q_0}{N_i}\\&=\frac{(\alpha_P-\alpha_N)IT_c-0.5I^2R-k(T_h-T_c)}{I^2R+(\alpha_P-\alpha_N)(T_h-T_c)I}\end{aligned} \tag{5.25}$$

5.3.2 热电制冷的特性分析

分析式(5.23)、式(5.24)、式(5.25)可知，在半导体材料及电偶臂尺寸已经选定的情况下，电偶的制冷量、耗功率以及制冷系数与电偶的热端温度 T_h、冷端温度 T_c 及电流强度 I 有关。

在电流强度 I 为某一定值的情况下，当外部无热负荷(即 $Q_0=0$)时，电偶臂上建立的温差 T_h-T_c 将达到最大值，冷端将达到最低温度。令 $Q_0=0$，由式(5.23)得

$$(T_h - T_c) = \frac{1}{k}[(\alpha_P - \alpha_N)IT_c - 0.5I^2R] \tag{5.26}$$

可见，最大温差的大小与电流强度 I 的大小有关。将公式(5.26)对 I 取偏导数，并令其等于零，即

$$\frac{\partial(T_h - T_c)}{\partial I} = 0$$

从而求出最佳电流值 I_{opt} 与其对应的最大温降 $(T_h - T_c)_{max}$

$$I_{opt} = \frac{(\alpha_P - \alpha_N)T_c}{R} \tag{5.27}$$

$$(T_h - T_c)_{max} = \frac{(\alpha_P - \alpha_N)^2 T_c^2}{2Rk} \tag{5.28}$$

将式(5.20)与式(5.22)代入式(5.28)得

$$(T_h - T_c)_{max} = \frac{1}{2}\frac{(\alpha_P - \alpha_N)^2 T_c^2}{(\lambda_1 s_1 + \lambda_2 s_2)\left(\frac{\rho_1}{s_1} + \frac{\rho_2}{s_2}\right)} \tag{5.29}$$

若两电偶臂的几何尺寸相同($s_1 = s_2$)，且具有相同的导热系数($\lambda_1 = \lambda_2 = \lambda$)和电阻率($\rho_1 = \rho_2 = \rho$)，则式(5.29)可简化为

$$(T_h - T_c)_{max} = \frac{1}{2}\frac{(\alpha_P - \alpha_N)^2 T_c^2}{4\lambda\rho} \tag{5.30}$$

或

$$(T_h - T_c)_{max} = \frac{1}{2}\frac{(\alpha_P - \alpha_N)^2 r T_c^2}{4\lambda} \tag{5.31}$$

式中，r 为热电元件的电导率，$r = 1/\rho$。

若两电偶臂的温差电动势率相同($\alpha_P = \alpha_N = \alpha$)，则根据它们所组成的电偶的温差电动势率是 α_P 及 α_N 的绝对值之和，式(5.31)可简化为

$$(T_h - T_c)_{max} = \frac{1}{2}\frac{\alpha^2 r T_c^2}{\lambda} = \frac{1}{2}ZT_c^2 \tag{5.32}$$

式中，Z 称为制造电偶材料的优质系数

$$Z = \frac{\alpha^2 r}{\lambda} \tag{5.33}$$

由此可见，热电制冷的最大温差取决于材料的优质系数 Z 与冷端温度 T_c。因此在选择材料的优质系数时，要综合考虑材料的 α、r、λ 之间既互相依存，又互相矛盾的关系。对于目前最通用的掺有杂质的碲化铋(Bi_2Te_3)合金材料来讲，当温度为 200 ～300 K 时，优质系数 Z 取$(2\sim3.5)\times10^{-3}$。

以上分析了当制冷量 $Q_0 = 0$ 时，电偶最大温降情况。下面再来分析电偶的制冷系数与供给电偶的电流强度之间的关系。将公式(5.25)对电流 I 取偏导数，并令其等于零，即

$$\frac{\partial \varepsilon}{\partial I} = 0$$

从而得到与最大制冷系数 ε_{max} 相对应的电流 I_{opt}^{ε} 与电压 U_{opt}^{ε} 值。

$$I_{opt}^{\varepsilon} = \frac{(\alpha_P - \alpha_N)(T_h - T_c)}{R(M-1)} \tag{5.34}$$

$$U_{\text{opt}}^{\varepsilon}=I_{\text{opt}}^{\varepsilon}R+(\alpha_{\text{P}}-\alpha_{\text{N}})(T_{\text{h}}-T_{\text{c}})=\frac{M(\alpha_{\text{P}}-\alpha_{\text{N}})(T_{\text{h}}-T_{\text{c}})}{M-1} \tag{5.35}$$

由此

$$\varepsilon_{\max}=\frac{T_{\text{c}}}{T_{\text{h}}-T_{\text{c}}}\frac{M-\dfrac{T_{\text{h}}}{T_{\text{c}}}}{M+1} \tag{5.36}$$

其中 $$M=[1+0.5Z(T_{\text{h}}-T_{\text{c}})]^{\frac{1}{2}}$$

可见，制冷系数 ε 与冷热端温差（$T_{\text{h}}-T_{\text{c}}$）及材料的优质系数 Z 密切相关。

一对电偶的制冷量是很小的，如一对 $\varphi6\times L7$ 的电偶，其制冷量仅为 3.3～4.2 kJ/h。为了获得较大的制冷量，可以将很多对电偶串联成热电堆，称为单级热电堆。单级热电堆通常情况下只能得到大约 50 ℃的温差。为了得到更低的冷端温度，可用串联、并联及串并联的方法组成多级热电堆，将上一级热电堆的热端贴在下一级热电堆的冷端，下一级热电堆实际上起着上一级热电堆的散热器作用。图 5.11 所示为多级热电堆的结构形式。

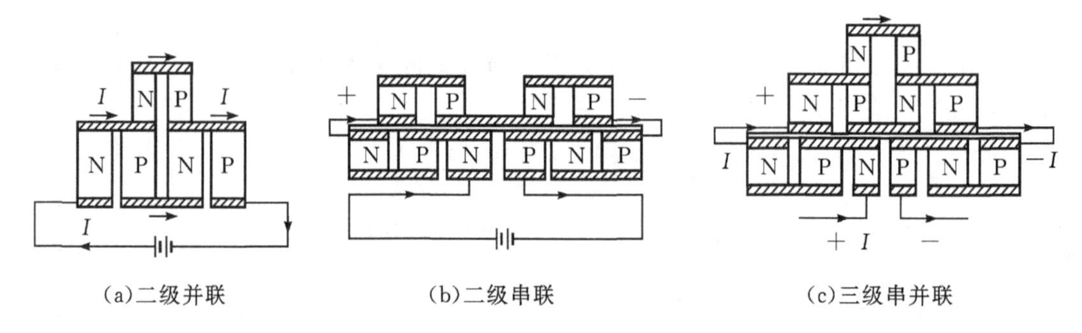

(a)二级并联　　(b)二级串联　　(c)三级串并联

图 5.11　多级热电堆的结构形式

5.3.3　半导体制冷设备的特点及应用

1.半导体制冷设备的特点

半导体制冷设备是靠空穴和电子在运动中直接传递能量来实现制冷的，它与采用制冷剂传递能量的蒸气压缩式或吸收式制冷具有显著的不同之处。

（1）半导体制冷不需要制冷剂，故无泄漏、无污染、清洁卫生。

（2）半导体制冷设备结构简单，无机械传动部件，因此无噪声、无磨损、寿命长，可靠性高，维修方便。

（3）冷却速度和制冷温度可通过改变工作电流的大小任意调节，灵活度高，启动快，易于控制。

（4）既可制冷，又可制热，可用改变电流极性的方法，方便地达到冷、热端互换的目的，故用于有特殊要求的恒温器。

（5）体积小，功率低，特别适合于在小冷量、小体积的用冷场合使用。

（6）半导体制冷的主要缺点是效率低，能耗大。在大容量情况下，半导体制冷设备的效率远不如蒸气压缩式制冷机的效率。但当制冷量在 20 W 以下，冷热端温差不超过 50 ℃时，半导体制冷设备的效率比蒸气压缩式制冷机还高。

2.半导体制冷设备的用途

(1)半导体制冷设备方便的操作可逆性,使它作为小型空调器用于小轿车、飞机以及家庭夏天降温,冬天取暖。

(2)半导体制冷设备可用作便携式冷藏箱,为高温作业及汽车司机提供冷饮;采用多级电偶还可以为家用电冰箱提供冷源,例如,用 20 对电偶制成 60 L 电冰箱,可在 2 个小时内,使冰箱内温度从 20 ℃降至－8 ℃,并使冰箱内盛水全部结冰。

(3)半导体制冷设备在医学方面的应用十分广泛。例如,用多级电偶制成各种低温医疗器具,用作冷冻麻醉、冷冻降温、冷冻止血,甚至用作冷刀切除白内障、皮肤囊肿以及皮肤癌细胞等,手术安全,出血量少。医用热电冷藏箱可用来保存血浆、血清、疫苗、药品等,当容积为 10～20 L 时,其经济性优于蒸气压缩式冷藏箱。

(4)半导体制冷设备在工业生产方面的应用。冶金、化工、机械制造工业中,常常需要准确地测定气体的湿度。测定装置中的露点湿度计是很关键的部件,用半导体制冷设备制作的露点湿度计具有结构简单,精度高的优点;用热电偶进行温度测量时,采用热电制冷元件制成的零点仪,用来保持热电偶测温的固定点温度,既方便,又可靠。此外,精密机床的油箱冷却、石油、化学工业中各种冷凝液及油样的露点、凝固点分析设备等,都用到了热电制冷技术。

(5)半导体制冷设备在电子工业方面的应用。使用条件严格、对温度反应敏感的电子元器件,采用半导体制冷设备可以使它们维持低温或恒温的工作条件;热电制冷元件与电子仪器制成一体,可对电子仪器进行冷却,减少其热燥性;在标准电器(电池、电容)定标测量的超级恒温槽中,采用热电制冷技术,温度控制精度可达到 0.005 ℃以下。

原子物理、天文学等科技领域中广泛使用的光学倍增管,其暗电流、噪声、灵敏度等参数主要取决于光电阴极的温度。采用多级电偶为它提供低温条件,可以有效地降低其噪声和暗电流,提高灵敏度。

5.4　气体制冷机

气体制冷机以气体为工质,其工作过程包括等熵压缩、等压冷却、等熵膨胀及等压吸热四个基本过程,如图 5.12 所示,也称为布雷顿制冷循环。气体制冷机的制冷过程与蒸气压缩式制冷过程基本相似,但制冷原理完全不同,蒸气压缩式制冷是利用制冷剂液体在低压下汽化产生吸热效应来实现制冷的,而气体制冷机是利用压缩气体在膨胀机中等熵膨胀并对外界做功,或利用压缩气体的节流效应来实现制冷的。它们二者最显著的区别在于气体制冷机所采用的制冷工质是在循环过程中不发生集态变化的气态物质。

如图 5.12,气态工质进入膨胀机时的压力为 $p_3=p_2$、温度为 T_3、比焓为 h_3,流出膨胀机时的压力为 $p_4=p_1$、温度为 T_4、比焓为 h_4,单位质量气态工质经膨胀机输出的机械功为 w_e,若忽略工质与外界的热量交换及其进、出膨胀机的动能变化,则根据能量方程,可得

$$\omega_e = h_3 - h_4 = \Delta h \tag{5.37}$$

式(5.37)表示气体工质在膨胀机里经等熵膨胀后,由于气流输出机械功 w_e 比焓降低了

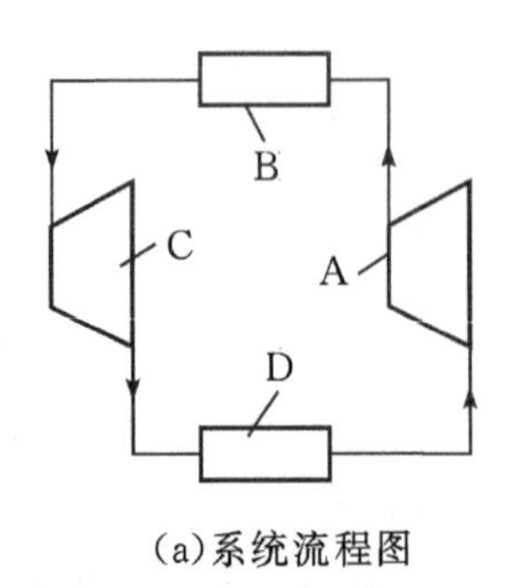

(a)系统流程图

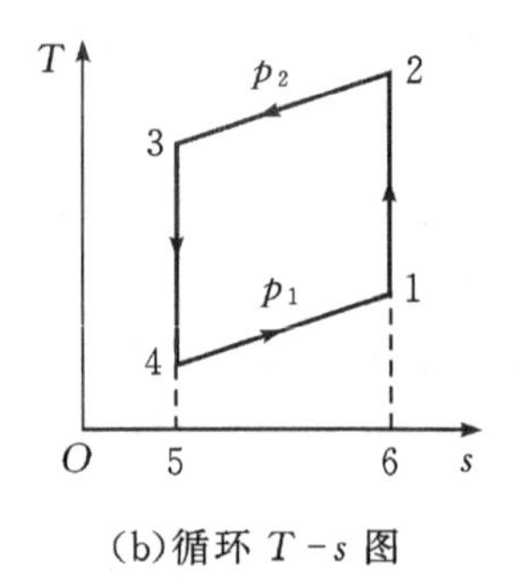

(b)循环 $T-s$ 图

A—压缩机;B—冷却器;C—膨胀机;D—冷箱。

图 5.12　气体制冷机工作原理图

Δh,所以气流温度降低了 $\Delta T = T_3 - T_4$,Δh 也就是制冷量。

将理想气体的比焓表示成与等熵过程中状态参数间的关系式为

$$h = c_p T \tag{5.38}$$

$$\frac{T_4}{T_3} = \left(\frac{p_1}{p_2}\right)^{\frac{k-1}{k}} \tag{5.39}$$

代入式(5.37)后,可得

$$\omega_e = h_3 \left[1 - \left(\frac{p_1}{p_2}\right)^{\frac{k-1}{k}}\right] \tag{5.40}$$

$$\Delta T_3 = T_3 \left[1 - \left(\frac{p_1}{p_2}\right)^{\frac{k-1}{k}}\right] \tag{5.41}$$

式(5.40)表明,理想气体经等熵膨胀后,其比焓 h_3 中可转化为机械功 ω_e的百分比,仅取决于气体的绝热指数 k 和膨胀比 p_2/p_1,而与气体的初始焓值 h_3 或温度 T_3 无关。膨胀过程是实现把气体所具有的热能 h_3 部分地转化为机械能 ω_e的前提条件。

式(5.41)表明,无论气体的初始温度 T_3 为多少,通过等熵膨胀,总可以将气体所具有的部分热能转化为机械功,从而使气体获得更低的温度。所以利用气体的等熵膨胀是获得低温,直至接近绝对零度的有力手段。式(5.41)还表明,当膨胀机进气温度 T_3 一定时,膨胀比 p_2/p_1 越大,绝热膨胀的焓降 Δh 越大,对外做功 ω_e也越多,气体温降 ΔT 也越显著,反之亦然。因此工程上通常采用在膨胀机前加调节阀,改变膨胀机入口压力的方法来调节制冷量。

与实际气体节流降温效应相比,等熵膨胀并对外做功所获得的温降大得多。例如,当 $T_3 = 30$ ℃$=303$ K,$p_3 = 6\times10^5$ Pa,$p_4 = 1\times10^5$ Pa 时,根据式(5.41)可计算出等熵膨胀理论温降为 122.4 ℃,而在同样的温度和压力变化范围内,实际气体节流降温效应产生的温降仅为 1.07 ℃。

根据使用目的不同,气体制冷机采用的工质为空气、N_2、He 以及 CO_2 等。

5.4.1　空气制冷机

历史上第一次实现的气体制冷机是以空气作为工质的。1844 年美国人戈里在商业广告里首次介绍了他发明的空气制冷机,1862 年,英国人基尔克发明了封闭循环的空气制冷机。

最早出现的空气制冷机是无回热的定压循环系统，如图 5.12 所示。图中 1—2 表示在压缩机中的等熵压缩过程，2—3 表示在冷却器中的等压冷却过程，3—4 表示在膨胀机中的等熵膨胀过程，4—1 表示在冷箱中的等压吸热过程。空气作为制冷工质，在整个循环过程中始终保持气体状态。

循环过程中，单位制冷量及冷却器的单位热负荷分别是

$$q_0 = h_1 - h_4 = c_p(T_1 - T_4) \tag{5.42}$$

$$q_k = h_2 - h_3 = c_p(T_2 - T_3) \tag{5.43}$$

单位压缩功和膨胀功分别是

$$\omega_c = h_2 - h_1 = c_p(T_2 - T_1) \tag{5.44}$$

$$\omega_e = h_3 - h_4 = c_p(T_3 - T_4) \tag{5.45}$$

从而可以计算出循环消耗的单位功和制冷系数

$$\omega = \omega_c - \omega_e = c_p(T_2 - T_1) - c_p(T_3 - T_4) \tag{5.46}$$

$$\varepsilon = \frac{q_0}{\omega} = \frac{c_p(T_1 - T_4)}{c_p(T_2 - T_1) - c_p(T_3 - T_4)} \tag{5.47}$$

若不计比热随温度的变化，并注意到

$$\frac{T_2}{T_1} = \frac{T_3}{T_4} = \left(\frac{p_2}{p_1}\right)^{\frac{k-1}{k}} \tag{5.48}$$

则上式可简化为

$$\varepsilon = \frac{1}{\left(\frac{p_2}{p_1}\right)^{\frac{k-1}{k}} - 1} = \frac{T_1}{T_2 - T_1} = \frac{T_4}{T_3 - T_4} \tag{5.49}$$

式(5.49)表明，理论循环的制冷系数与循环压力比 p_2/p_1 或压缩温度比 T_2/T_1、膨胀温度比 T_3/T_4 有关。压力比越大，制冷系数越小。为了提高循环的经济性，系统应采用较小的循环压力比，但由于受到冷却介质以及被冷却环境温度的限制，难以实现。于是，就出现了带有回热器的定压回热制冷循环，利用回热原理降低膨胀前空气温度，从而降低循环压力比，如图 5.13 所示。

图 5.13 表示基本理想循环 1—2—3—4—1 与工作于同一温度范围内、具有相同单位制冷量的定压回热式理想循环 1′—2′—8—3′—4—1—1′。1′—2′为等熵压缩过程；2′—8 为冷却器中定压冷却过程；8—3′为回热器中的回热（定压冷却）过程；3′—4 为等熵膨胀过程；4—1 为冷箱中定压吸热过程；1—1′为回热器中的回热（定压加热）过程。

利用冷箱排出的低温气体，冷却从冷却器出来的高压常温气流，降低膨胀机入口的气流温度，从而解决了单位制冷量不变的情况下，系统经济性与循环压力比之间的矛盾。

理想回热循环的制冷系数为

$$\varepsilon_h = \frac{q_0}{\omega} = \frac{T_1}{T_2 - T_1} = \frac{T_0}{T_2' - T_0} \tag{5.50}$$

可见，在制冷量以及工作温度相同的情况下，回热循环的制冷系数与无回热循环的制冷系数是相等的。但循环压力比由原来的 p_2/p_1 降为 p_2'/p_1，这就极大地降低了压缩机和膨

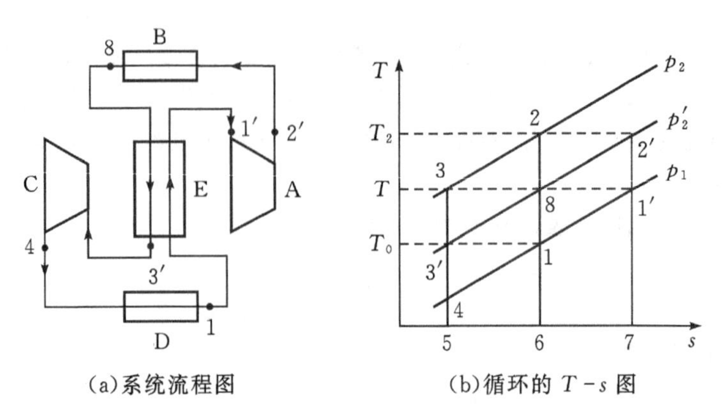

(a)系统流程图　　(b)循环的 $T-s$ 图

A—透平压缩机;B—冷却器;C—透平膨胀机;D—冷箱;E—回热器

图 5.13　定压回热气体制冷机工作原理图

胀机的耗功率,同时降低了压缩机和膨胀机内各种损失的绝对值,使实际回热循环的制冷系数明显地高于实际无回热循环的制冷系数。

空气制冷机以空气为工质,对环境无害,取之不尽,用之不竭。空气制冷机实际使用流程比较灵活,对不同的使用目的和要求适应性较强,制冷量和制冷温度易于调节,操作维护比较简单。空气制冷机的主要缺点是在普通制冷空调温区制冷系数明显低于蒸气压缩式制冷,但在－50～－80 ℃两者相差不大,当制取－80 ℃以下低温时,定压回热式空气制冷机的制冷系数高于复叠式蒸气压缩式制冷。随着透平机械以及回热器等设备设计和制造技术的不断提高,空气制冷机的性能随之不断提高。

20 世纪 90 年代以来,随着 CFCs 替代工质的研究开发,空气制冷循环又一次成为世界科学家关注的焦点。美国、澳大利亚、德国、日本、英国等国家先后进行了空气制冷装置和技术的研究与实验,应用范围涉及住宅、列车空调、食品冷冻及冷藏等几乎所有的制冷技术应用领域。

5.4.2　CO_2 制冷

CO_2 作为制冷工质的历史可以追溯至 100 多年以前,早在 1866 年,美国的 Thaddeus S. C.Lowe 首先利用 CO_2 制了冰。CO_2 虽然并不是早期唯一的制冷工质,但由于其无毒性和不可燃性,在食品行业和民用建筑空调制冷领域,占据了主要的地位。20 世纪 30 年代,由于氟利昂类制冷工质的出现,CO_2 被迅速替代。作为一种已经使用过且已经证明对环境无害的制冷工质,近几年又一次引起了人们的重视。

1.CO_2 制冷循环

CO_2 制冷循环如图 5.14 所示,系统由制冷压缩机、高压换热器、节流阀及低压换热器组成,循环过程如图 5.15 所示。

CO_2 安全、无毒、不可燃,作为一种自然界天然存在的物质,ODP＝0,GWP＝1。CO_2 的蒸发潜热比较大,单位容积制冷量相当高,运动黏度低,导热系数高,液体密度和蒸气密度的

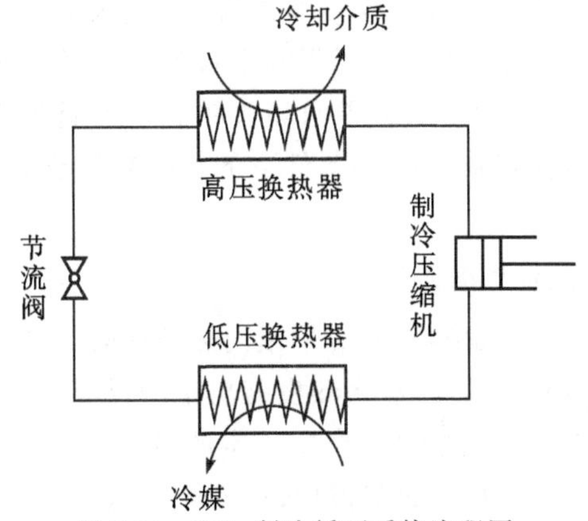

图 5.14　CO_2 制冷循环系统流程图

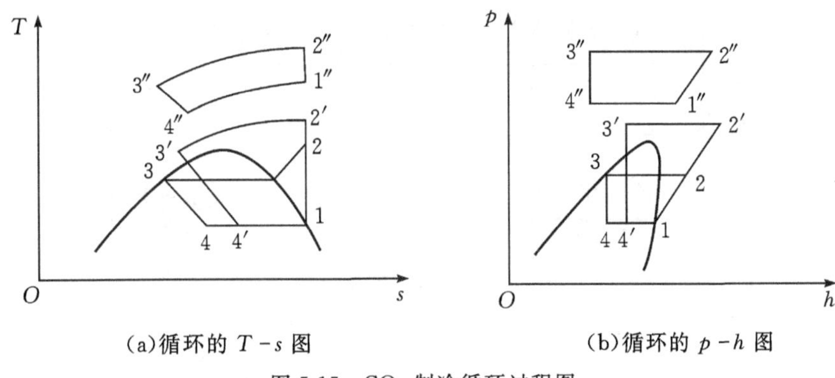

(a)循环的 $T-s$ 图　　(b)循环的 $p-h$ 图

图 5.15　CO_2 制冷循环过程图

比值小，节流后各回路间制冷剂的分配比较均匀。CO_2 的临界温度为 31.2 ℃，接近环境温度。根据循环的外部条件，可以实现超临界、跨临界以及亚临界三种制冷循环。

（1）超临界循环。

CO_2 超临界循环与空气制冷循环一样，整个循环过程都处于临界点以上，工质的循环过程没有相变，一直维持气体状态，如图 5.15 循环的 $T-s$ 图和循环的 $p-h$ 图中 1″—2″—3″—4″—1″所示。在这里高压换热器称为气体冷却器，低压换热器称为冷箱。

（2）亚临界循环。

CO_2 亚临界循环与蒸气压缩式制冷循环完全一样，循环过程如图 5.15 中 $T-s$ 图和 $p-h$ 图 1—2—3—4—1 所示。循环过程中压缩机的吸、排气压力都低于临界压力，蒸发温度、冷凝温度也都低于临界温度，循环的吸热、放热过程都在亚临界条件下进行，换热过程主要依靠潜热来完成。高压换热器在这里称为冷凝器，低压换热器称为蒸发器。

（3）跨临界循环。

CO_2 跨临界循环介于空气制冷循环与蒸气压缩式制冷循环之间，其循环过程如图 5.15 中 $T-s$ 图和 $p-h$ 图中 1—2′—3′—4′—1 所示。此时压缩机的吸气压力低于临界压力，蒸发温度也低于临界温度，循环的吸热过程仍在亚临界条件下进行，换热过程主要依靠潜热来完成。但是压缩机的排气压力高于临界压力，工质的冷凝过程与在亚临界状态下完全不同，换热过程依靠显热来完成。在这里高压换热器称为气体冷却器,低压换热器仍称为蒸发器。

CO_2 跨临界循环是目前 CO_2 制冷循环研究中最为活跃的循环方式。该循环介于超临界循环和亚临界循环之间,既避免了亚临界循环条件下 CO_2 冷凝温度过高而导致系统性能下降的缺点,又利用了 CO_2 在超临界循环条件下的特殊热物理性质,使其在流动和传热方面都具有无与伦比的优势。

2.带回热器的 CO_2 跨临界制冷循环

为了提高 CO_2 跨临界循环效率,一般应采用回热循环的方式,如图 5.16 所示,循环过程如图 5.17 所示。显然,采用回热循环,利用蒸发器出来的低温低压制冷剂蒸气,进一步冷却气体冷却器出来的高压气体,可以使 CO_2 产生一定的过冷度(过程 3—4),有利于减少节流损失;同时提高了压缩机入口 CO_2 的过热度(过程 6—1),避免了液击。

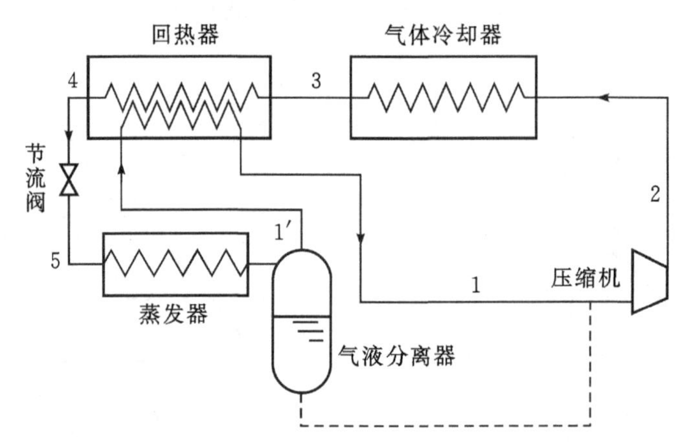

图 5.16　CO_2 跨临界回热循环系统流程图

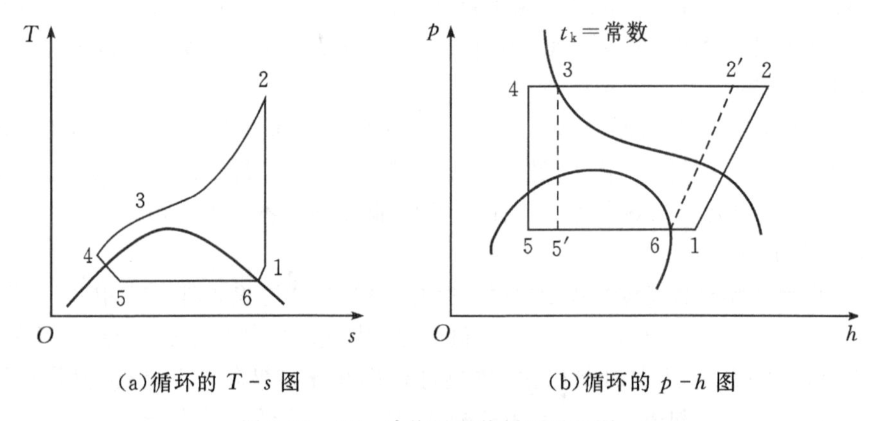

(a)循环的 $T-s$ 图　　(b)循环的 $p-h$ 图

图 5.17　CO_2 跨临界回热循环过程图

CO_2 跨临界循环与蒸气压缩式循环相比有以下特点。

(1)制冷工质的放热过程在超临界区进行,整个放热过程没有相变现象产生。由于 CO_2 的等熵指数比较高($k=1.3$),压缩机的排气温度(高达 100 ℃以上)和排气压力(高达11 MPa左右)均比较高,并且放热过程为一变温过程,有较大的温度滑移。这种温度滑移正好与所需的变温热源相匹配，是一种特殊的洛伦茨循环，有较高的放热效率。但由于压缩机排气压力和进气压力都比较高，尽管压缩比较小，有利于提高压缩机的效率，然而泄漏损失对压缩机的效率影响较大，因此防泄漏是压缩机设计的一个重要问题。

(2)当蒸发温度、气体冷却器出口温度保持不变时，随着高压侧压力的变化，循环系统的制冷系数存在着最大值，对应于该状态点的压力，称为最优高压侧压力。研究表明，最优高压侧压力主要受气体冷却器出口温度的影响。有人对最优压力进行了比较详细的研究，就典型工况而言，最优压力一般为 10 MPa 左右。

(3)由于跨临界 CO_2 制冷循环中制冷剂的压力大约是蒸气压缩式制冷循环的 7～8 倍，所以节流过程的不可逆损失相当大。采用膨胀机代替节流阀，双级压缩代替单级压缩，都会对制冷系统的性能有所改善。实际上，利用膨胀机回收膨胀功，可有效提高系统的循环效率，这一结论对任何工质都适用。对于传统工质的蒸气压缩式制冷循环而言，由于其较大的膨胀比(20～40)和较低的膨胀功回收比例(10%～20%)，采用膨胀机循环既不经济，也很不容易实现。但对于 CO_2 跨临界循环来说，由于其膨胀比小(2～4)，而膨胀功大(占压缩功的 25%～30%)，循环效率提高十分明显。因此，无论从经济角度还是从技术角度来看，用膨胀机代替节流阀都是可行的。

(4)CO_2 跨临界制冷循环效率比较低，也是该循环的一个主要缺点。为此各国学者对改善系统的循环方式进行了大量的研究。除了上述的回热循环方式、利用膨胀机回收膨胀功的循环方式，还有双级压缩回热循环方式、复叠式制冷循环方式(利用 CO_2 作为低压级制冷剂，高压级则采用 NH_3 或 R134a)等。CO_2 跨临界循环与蒸气压缩式循环性能比较如表 5.3 所示。表中各个循环的比较条件：当量冷凝温度为 55 ℃，当量蒸发温度为 5 ℃，为比较方便起见，各个循环过程均为可逆过程，CO_2 跨临界循环均按内部无回热器考虑。

表 5.3　CO_2 跨临界循环与蒸气压缩式循环性能比较

制冷剂循环方式	R22	R134a	CO_2 单级压缩	CO_2 双级压缩
冷凝温度/℃	53.81	54.90		
冷却器出口温度/℃			43.1	40.45
当量冷凝温度/℃	55	55	55	55
节流阀循环 COP	4.285	4.068	2.608	3.120
膨胀机循环 COP	5.558	5.562	5.559	5.569

由表 5.3 可以看出，对于 CO_2 跨临界制冷循环，即使采用双级压缩，节流阀循环的 COP 也低于常规工质的蒸气压缩式循环，然而采用膨胀机循环，COP 则比较高，与常规工质的蒸气压缩式循环相当。所以利用膨胀机回收膨胀功，是提高 CO_2 制冷循环效率的根本途径，也是 CO_2 制冷技术推广和应用的关键。

3.CO_2 跨临界循环的应用

(1)汽车空调的应用。

CO_2 跨临界循环，虽然压缩机的排气压力和排气温度均比较高，但压缩比却很低，压缩机效率相对较高，再加上超临界流体优良的传热和热力学特性，气体冷却器的效率也很高，因而整个系统的能效比并不是很低，所以比较适合汽车空调这种恶劣的工作环境，而且还可以解决现代汽车空调冬季不能向车厢提供足够热量的缺点。

1996年8月，世界第一台公共汽车CO_2空调样机在车上通过现场实验且运行良好。

(2)热泵中的应用。

CO_2跨临界循环气体冷却器中的放热过程为一变温过程，放热温度比较高，且有较大的温度滑移，这种温度滑移与冷却介质的温升过程正好相匹配，使其在热泵循环方面具有其它工质等温冷凝过程无法比拟的优势。

有人对CO_2跨临界循环在热泵热水器的应用方面进行了理论分析与实验研究，结果表明，CO_2热泵热水器不仅有较高的供热系数，而且系统结构紧凑，出水温度高。

(3)复叠式制冷系统中的应用。

CO_2用作低温级制冷剂，高温级采用NH_3或R134a作制冷剂，可组成复叠式制冷循环。与其它在低压下工作的制冷剂相比，CO_2的黏度非常小，传热性能良好。与NH_3两级压缩系统相比，低温级采用CO_2，其压缩机体积可以减少到原来的1/10，CO_2环路可达到−45～−50 ℃的低温，通过干冰粉末的作用最终可降低到−80 ℃。

目前，欧洲在超市中已经出现了这种用CO_2作低温制冷剂的复叠式制冷系统，运行情况表明，技术上是可行的。

5.5 涡流管制冷

涡流管制冷是使压缩气体产生涡流并分离成冷、热两部分，其中冷气流用来制冷。

1931年，法国人Rauque发现旋风分离器中旋转的空气流具有较低的温度，于是，他在1933年发明了一种装置，可以使压缩气体产生涡流，进而将其分离成冷、热两部分流体，该装置称为涡流管，又称为兰克·赫尔胥管。这种制冷方法称为涡流管制冷。

涡流管制冷装置的结构如图5.18(a)所示，由进气管、喷嘴、涡流室、孔板、冷端管子、热端管子和控制阀等组成。喷嘴设置在进气管下端，沿切线方向嵌入在涡流室边缘，涡流室的内部形状为阿基米德线，两端连接着冷、热端管子，孔板设置在涡流室与冷端管子之间，控制阀设置在热端管子出口处。图5.18(b)为涡流管制冷装置工作原理示意图。

设备工作时，经过压缩压力为p并冷却到常温T_a的气体(通常是空气，也可以是CO_2或NH_3)自进气管3进入喷嘴4，在喷嘴中膨胀并加速到声速，从切线方向射入涡流室7，形成自由涡流。自由涡流的旋转角速度越到中心处越大，由于角速度不同，在环形层流之间产生摩擦，中心部分气流角速度逐渐下降，外层气流的角速度逐渐升高，因此存在着由中心向外层的动量流。内层气体失去能量，从孔板5流出时具有较低的温度T_0。外层气体吸收能量，动量增加，又因与管壁摩擦，部分动能转化成热能，使得从控制阀1流出的气流具有较高的温度T_h。由此可见，涡流管可以同时获得冷、热两种效应。

控制阀的开启度可以改变热端管子内气体的压力，因而可以调节冷、热流部分气体的流量比，从而控制它们的温度。涡流管的性能与下列因素有关。

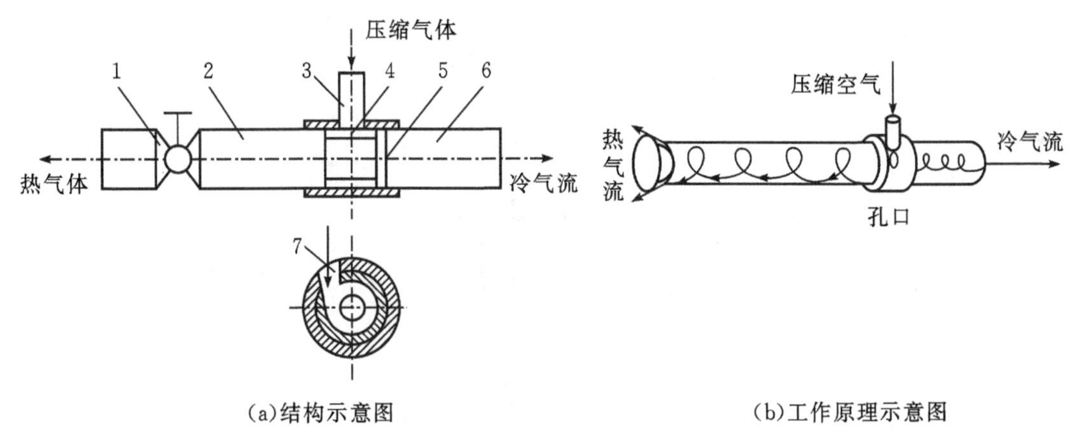

(a)结构示意图　　　　(b)工作原理示意图

1—控制阀;2—热端管子;3—进气管;4—喷嘴;5—孔板;6—冷端管子;7—涡流室。

图 5.18　涡流管制冷装置示意图

(1)进口工作气流压力 p。当 p 增大时,气流在喷嘴中膨胀后的温度更低,同时流出喷嘴时的速度更大,引起了更为强烈的旋涡,增强了能量分离效果,因此冷却效应 Δt_0(进气温度与冷气流温度之差)增大。

(2)冷气流量与工作气流量之比 μ。当 μ 值在 0～1 变化时,冷却效应 Δt_0 均有极值存在。实验表明,μ 取 0.2～0.35,Δt_0 达到最大值。加热效应 Δt_h(热气流温度与进气温度之差)随 μ 增大而增大,但无极值存在。而且,当 $\mu \approx 0$ 时,冷气流出口处将出现负压;当 $\mu \approx 1$ 时,由于热气流不能顺畅地由热端排出而转向冷端,再加上摩擦生热效应,导致 $\Delta t_0 < 0$ 的现象产生,即冷气流温度高于进口工作气流温度。

(3)气体种类。等熵指数大的气体,在喷嘴内等熵膨胀时,温降大,故可获得较大的冷却效应。

(4)孔板孔径。孔板孔径越小,冷却效应越大。因为气流形成自由旋涡时,能量由内向外传递,故气流温度沿径向向内递减,孔板孔径越小,取出的气流越接近轴心,故温度也越低。

(5)气体的湿度。气体的含湿量越大,在冷气流中冷凝时放出的汽化潜热量越多,从而使冷却效应 Δt_0 有所下降;同时,在热气流中蒸发时因为需要吸收更多的热量,从而降低了加热效应 Δt_h。

涡流管制冷的优点是结构简单,造价低廉,无运动部件,易操作维修,启动迅速,工作稳定,工质对大气环境无害,且能达到比较低的冷气温度。缺点是热力效率低、能耗大。目前只有在小型低温装置中才被采用。

为了提高涡流管制冷的效率,可在系统中增加回热器、干燥器、喷射器等设备,如图 5.19 所示。压缩空气经干燥器 1 干燥后进入回热器 5,被由冷箱 2 中排出的冷气流冷却后进入涡流管 3,通过涡流管制冷,获得更低温度的冷气流进入冷箱。由涡流管内排出的热气流进入喷射器 4,经喷射器内喷嘴膨胀获得局部真空,从而抽出自冷箱 2 出来经回热器 5 升温后的气流,并经喷射器扩压管压力升高后排入大气。该系统不仅降低了进口工作气流的温度,同

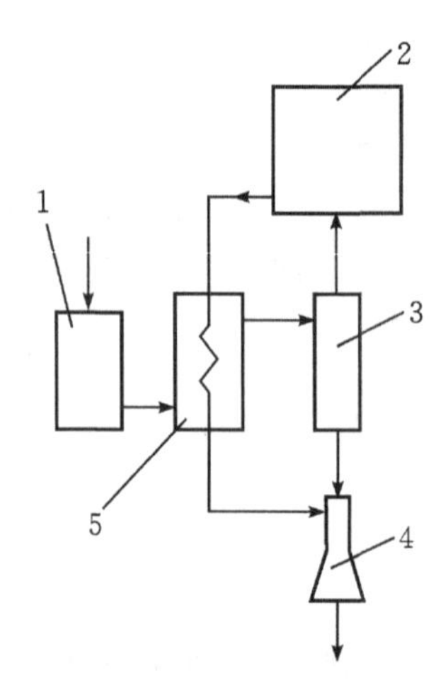

1—干燥器；2—冷箱；3—涡流管；4—喷射器；5—回热器。

图 5.19　带回热器的涡流管冷箱系统

时降低了冷气流的温度，从而提高了涡流管制冷的经济性。该冷箱可获得−70 ℃的低温。

另一种提高涡流管制冷效率的途径，是将热端管子由直管改为环形锥管，并采用所谓双路涡流管结构，如图 5.20 所示。图中 q_{m1} 为主工作气流，q_{m2} 为附加工作气流。主气流进入进气室 3 后，经由喷嘴 4 进入涡流室 5，分离后冷气流经孔径为 d 的孔板 2，从冷端管子 1 排出，热气流经热端锥管 6 及热端扩压器 7 排出。

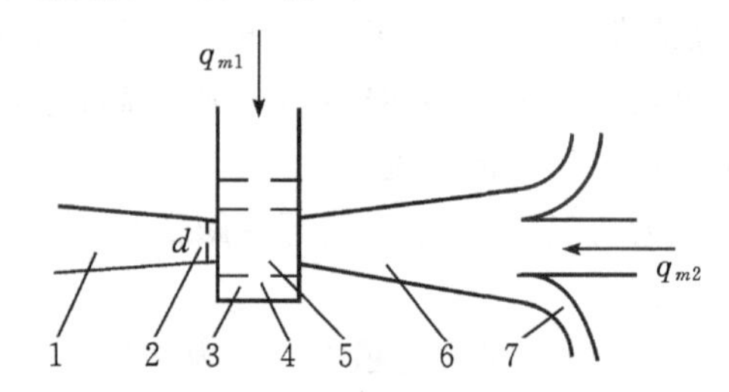

1—冷端管子；2—孔板；3—进气室；4—喷嘴；5—涡流室；6—热端锥管；7—热端扩压器。

图 5.20　新型涡流管制冷装置示意图

目前涡流管制冷装置已经在制冷、便携式空调、气体混合物分离、气体干燥、电子元件和仪表的冷却，以及机械加工材料中的冷却等领域获得了应用。

5.6　天然气液化、储存与应用

5.6.1　天然气液化

天然气既是制取合成氨、炭黑、乙炔等化工产品的原料，又是优质燃料，是理想的城市气源。由于天然气具有热值高、燃烧物对环境的污染少等优点，目前已与煤炭、石油并列为世界三大能源支柱。

天然气一般可分为四种：从气井直接开采出来的称为气田气或纯天然气；伴随石油一起开采出来的石油气，也称石油伴生气；含石油轻质馏分的天然气称为凝析气田气；从井下煤层抽出的称为煤矿矿井气。天然气的组分以甲烷(CH_4)为主，此外还含有少量的丙烷(C_3H_8)、丁烷(C_4H_{10})、碳氢化合物(C_mH_m)以及二氧化碳、氧和氮等气体成分，在常压下的沸点温度及其低发热值如表 5.4 所示。

表 5.4　天然气的组分及其在常压下的沸点温度

天然气类别	组分(体积分数)/%							低发热值/(kJ·(N·m³)⁻¹)
	CH_4	C_3H_8	C_4H_{10}	C_mH_m	CO_2	O_2	N_2	
纯天然气	98	0.3	0.3	0.4	—	—	1.0	36220
石油伴生气	81.7	6.2	4.86	4.94	0.3	0.2	1.8	45470
凝析气田气	74.3	6.75	1.87	14.91	1.62	—	0.55	48360
矿井气	52.4	—	—	—	4.6	7.0	36.0	18840
沸点温度/℃	−161.45	−42.05	−0.5	—	−78.45	−182.97	−195.79	—

液化天然气(简称 LNG)的体积仅为气态天然气的 1/625，十分有利于输运和贮存，天然气液化技术属于深冷范畴。下面介绍几种利用低温温区的制冷方法制取液态天然气的制冷循环。

1.逐级制冷循环

逐级制冷循环也称为梯级循环或串级循环，如图 5.21 所示。

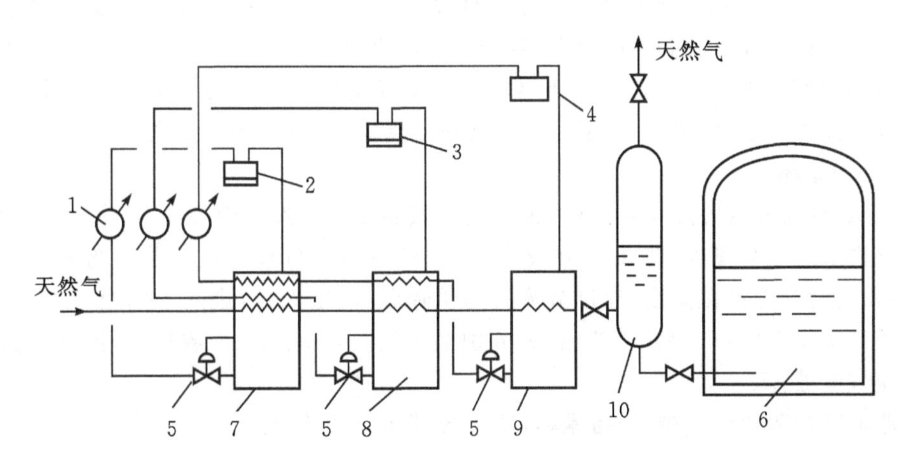

1—冷凝器；2—丙烷制冷机；3—乙烯制冷机；4—甲烷制冷机；5—节流阀；6—低温储液罐；
7—丙烷蒸发器；8—乙烯蒸发器；9—甲烷蒸发器；10—气液分离器。

图 5.21　逐级制冷循环系统流程图

为了达到天然气液化的目的，可利用某种沸点较高的制冷工质的蒸发，来分别冷凝另一种沸点较低的制冷工质，从而组成逐级制冷循环。通常用于逐级制冷循环的制冷剂分别是丙烷(常压下沸点为－42.05 ℃)、乙烯(常压下沸点为－104 ℃)和甲烷(常压下沸点为－161.45 ℃),也可以由氨(常压下沸点为－33.35 ℃)、乙烷(常压下沸点为－88.65 ℃)和甲烷组成逐级制冷循环。在图 5.21 所示的串级制冷循环中,丙烷制冷循环通过蒸发器 7,在冷凝制冷剂乙烯和甲烷的同时,使天然气被冷却到－40 ℃左右;乙烯制冷循环通过蒸发器 8,在冷凝制冷剂甲烷的同时,使天然气被冷却到－100 ℃左右;甲烷制冷循环通过蒸发器 9 将天然气冷却到－162 ℃左右,使之液化,经气液分离器分离后,液态天然气进罐储存。

逐级制冷循环的优点是能耗低,循环中采用的制冷剂可取自液化分离的天然气本身(除乙烯以及氨等制冷剂之外),各级循环与天然气液化系统各自独立,运行可靠。但流程中至少要有 3 台独立的压缩机组,需要有储存各种制冷剂的设备,各系统间不能有任何泄漏,管道及控制比较复杂,维护不便。所以这种循环系统早在 20 世纪 70 年代之后就很少采用了。

2.膨胀机制冷循环

膨胀机制冷是指利用具有一定压力的制冷剂通过透平膨胀机等熵膨胀的克劳德循环制冷实现天然气液化的过程。根据制冷剂的不同,该循环又分为氮膨胀循环与天然气膨胀循环两种。

(1)氮膨胀循环。

以氮气作为制冷剂,通过膨胀机等熵膨胀制冷,实现天然气液化的流程以及循环 $T-s$ 图如图 5.22 所示。其中,天然气液化系统与氮制冷系统是各自独立的。在氮制冷系统中,从制冷压缩机出来的高压氮气在换热器 1 中预冷后分为两路,一路氮气进透平膨胀机膨胀制冷,冷却天然气的同时也冷却了另一路氮气,并输出膨胀功。被冷却了的这一路氮气进入换热器 3,在换热器 3 中被节流后返流回来的低温氮气进一步冷却,并达到与天然气液化温度相同的温度。最后经节流阀膨胀降温,部分氮气液化,进入液氮储罐。未液化的饱和氮气从液氮储罐的顶部引出,逆流而上,经换热器 3 冷却节流前的高压氮气和天然气后,与来自膨胀机的那一路氮气汇合,经换热器 2、1 换热升温到室温,进入制冷压缩机压缩到工作压力,开始下一个循环。

在图 5.22 左侧天然气液化系统中,天然气被氮制冷循环经换热器 1、换热器 2 冷却后,部分天然气进入气液分离器,将重组分液体分离,气相部分与来自换热器 2 的天然气相混合,经换热器 3 冷却至液化温度,通过节流阀降压降温,使之液化,进入 LNG 储罐。未能液化的不凝性气体从 LNG 储罐顶部排出,并分别经过换热器 3、2、1 回收冷量,温度升高至常温后作为尾气释放掉。

氮膨胀循环流程比较简单,设备紧凑,造价低,但能耗比较大。

(2)天然气膨胀循环。

以天然气为制冷剂,直接利用高压天然气在膨胀机中等熵膨胀制冷,达到天然气液化的目的。天然气膨胀制冷的流程以及循环 $T-s$ 图如图 5.23 所示。

天然气膨胀制冷循环,利用了天然气原本具有的较高压力,因而动力消耗少,基本投资低。但制冷循环不能获得像氮循环那样低的温度,故循环气量大,液化率较低。制冷系统中膨胀机的工作受天然气固有压力和组分变化的影响较大,系统的安全性要求较高。

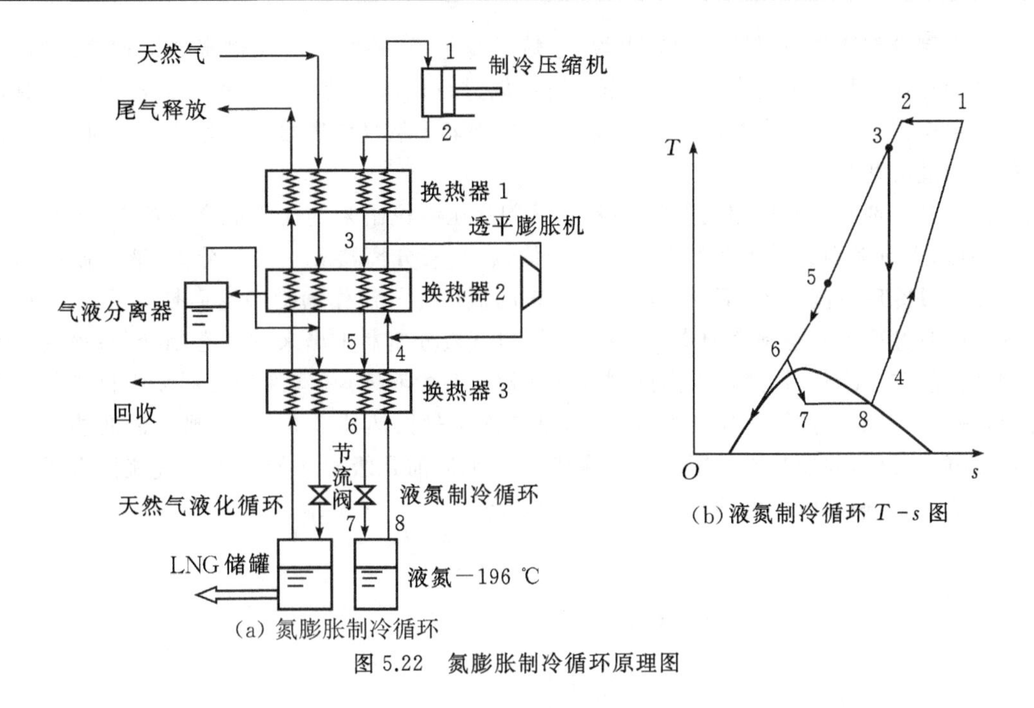

(a) 氮膨胀制冷循环

(b) 液氮制冷循环 $T-s$ 图

图 5.22　氮膨胀制冷循环原理图

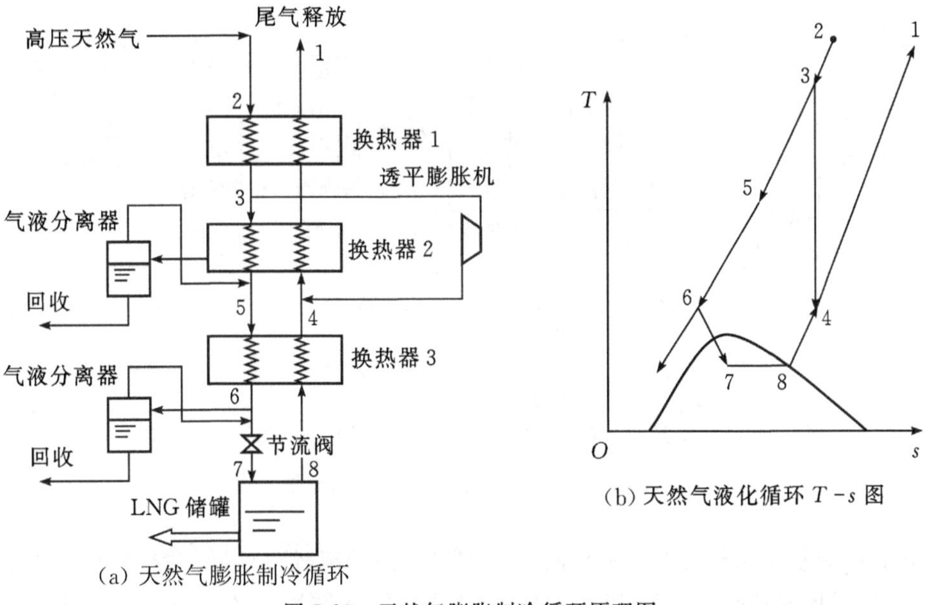

(a) 天然气膨胀制冷循环

(b) 天然气液化循环 $T-s$ 图

图 5.23　天然气膨胀制冷循环原理图

3.混合制冷剂制冷循环

该循环的基本原理与逐级制冷循环相同，不同的是它用数种沸点不同的物质组成的非共沸混合制冷剂，取代了原逐级制冷循环中每一级循环的单质制冷剂，用一台压缩机，取代了逐级制冷循环中的多台压缩机，实现了在连续的温度变化下制冷量的逐级冷却、逐级液化的过程。

混合制冷剂通常由甲烷、乙烯、丙烷、丁烷及氮组成，各组分的比例根据天然气的组分、对系统的热量和物料平衡来确定，操作中还可以进行调整。特别指出混合制冷剂中的氮含量应该根据天然气所要求的过冷度来确定，并应随着天然气中氮含量的增大而增加，有效物质的量浓度可达 0.12 以上。

混合制冷剂制冷循环如图 5.24 所示。从制冷压缩机出来的高压混合制冷剂，经水冷却器冷却后，沸点较高的制冷剂首先冷凝为液体，在气液分离器 1 中气液分离，液态制冷剂经换热器 1 过冷后节流降压，汇同后面几级出来的低压冷气流作为冷源返回换热器 1，冷却天然气的同时过冷了液态制冷剂本身，并冷却了自气液分离器 1 出来的气态制冷剂；该气态制冷剂经换热器 1 冷却后，沸点次高的制冷剂又被冷凝为液体，在气液分离器 2 中再进行气液分离，进入下一级换热器。如此类推，制冷剂依次经过换热器 2、3、4 后，沸点最低的制冷剂也被冷凝为液体，并经节流降压后返回换热器 4，汇同前几级出来的低压冷气流依次通过换热器 3、2、1 后，进入压缩机，开始下一轮制冷循环。

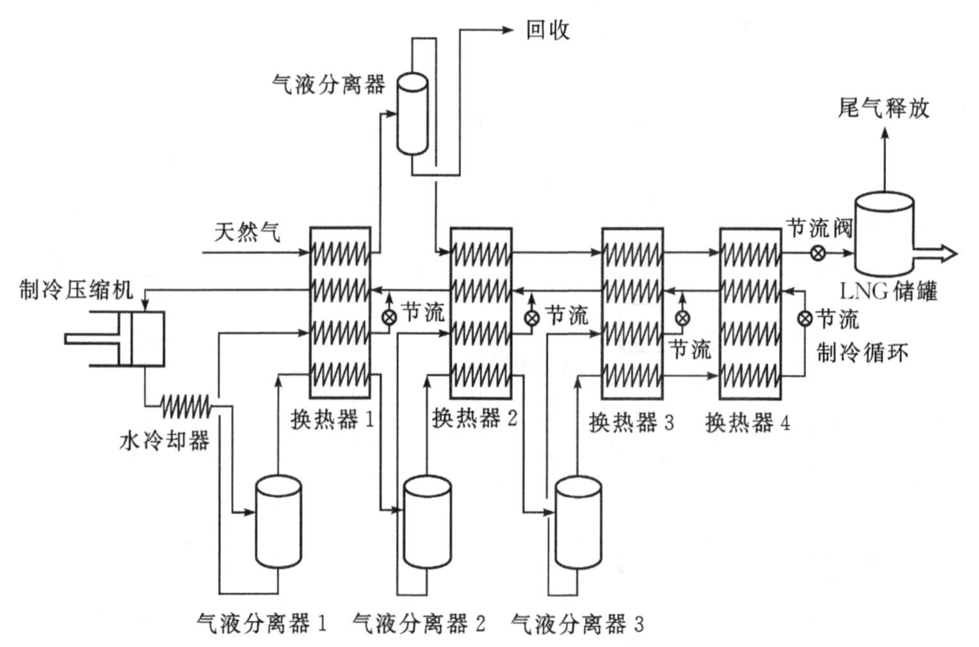

图 5.24　混合制冷剂制冷循环原理图

混合制冷剂制冷循环只需要一台制冷压缩机，具有流程简单、操作控制方便、投资少等优点，系统能耗比氮膨胀循环低 40%左右，但比逐级制冷循环高 20%左右。该循环适用于液化能力为$(7\sim30)\times10^4$ N·m^3/d 的天然气液化装置。

5.6.2　液态天然气的储存

液态天然气必须储存在低温储罐中。低温储罐通常由内罐和外罐构成，中间填充隔热材料。

1.内罐

内罐又称“薄膜罐”，是由薄低温钢板制成的具有液密性、可挠性的容器。用作薄膜的材料必须具有在低温条件下不脆化的特性，并具有足够的韧性与良好的加工性能，通常采用镍钢、不锈钢或铝合金制作。内罐不承压，它必须把罐内液体的压力传递给隔热层。

2.隔热层

隔热层起保温作用，以减少罐内液体的汽化量，缩小储罐内、外壁面的温差以及由此产生的温差应力作用，同时将内罐液体的压力传递给外罐，此外它还具有固定“薄膜”的作用。因此要求隔热层导热率小，并且具有足够的强度。常用的隔热层材料有硬质泡沫氨基甲酸乙酯、泡沫玻璃、珍珠岩以及硬质泡沫酚醛树脂等。为了提高隔热材料的隔热性能和经济性，可采用由粉末状、纤维状、板状隔热材料组合使用的方法。

液化天然气注入储罐后，内罐壁就会发生冷缩；反之，当罐内天然气液体完全排出后，罐内温度逐步上升，内罐壁随之膨胀。填充在内外罐壁之间的粉末状隔热材料，由于内罐壁的反复胀缩而变得更加密实。因此在靠近内罐壁面的地方必须敷设一层伸缩性强的隔热层，其厚度应与内罐壁的热胀冷缩相适应，以便在内罐壁胀缩时起缓冲作用，保证储罐安全工作。

3.外罐

外罐就是能够承受各种负荷的外壳，它必须具有足够的强度。根据所用材料的不同可以分为冻土壁、金属壁、钢筋混凝土壁及预应力混凝土壁。

(1)冻土壁。

冻土壁和隔热盖共同组成气密性封闭空间作为外罐，又称为坑储穴。建造时，采用冷冻的方法使内罐周围土壤冻结而成。坑储穴的底部应是最不易渗透的岩石或黏土层。坑储穴起用后，低温天然气液体会进一步加深周围土壤的冷冻状态，因此蒸发损失也随之逐年减少。

(2)金属壁。

外罐由钢、铝或合金制成，它只适用于建造地上低温储罐。

液化天然气的地上低温储罐不同于常温储罐，必须考虑罐底下地面因土壤冻结膨胀而鼓起，使储罐有损坏的危险。所以必须采取措施，防止地面土壤冻结，一般可将地上储罐分为落地式和高架式两种，如图 5.25 所示。

落地式储罐底部用珍珠岩混凝土隔热，在预埋的管道中通入热风或热水，或在基础内部预设电加热器，以防土壤冻结。

高架式是用立柱支撑罐体盘底，使其与地面分开，保持储罐与地面之间空气通畅，防止液化天然气吸收地面热量，导致土壤冻结。

(3)钢筋混凝土壁及预应力混凝土壁。

这两种材料制成的外罐，一般用于地下储罐，具有如下优点：

①钢筋混凝土及预应力混凝土是很好的低温材料，即使薄膜受损，低温储液与预应力混凝土接触也不会损坏外壁；

②耐久性好，不受地下水腐蚀，不变脆；

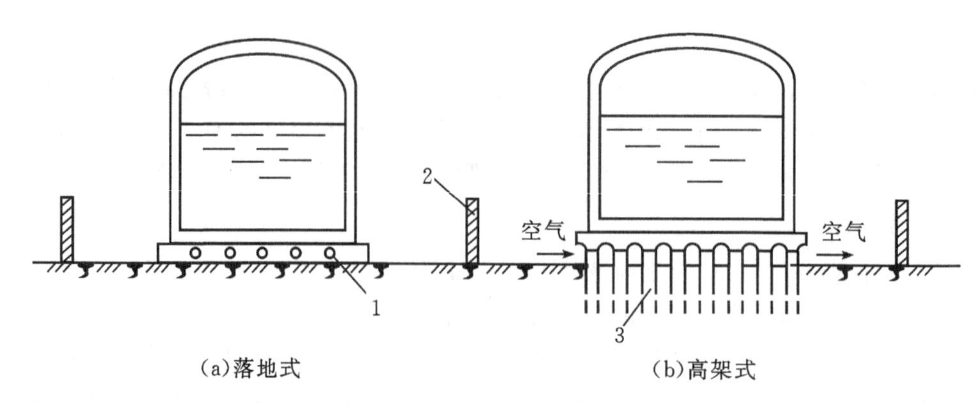

1—加热管;2—防波堤;3—柱。

图 5.25 地上储罐底部的防冻措施

③具有良好的液密性和较好的抗震性能。

根据有关资料介绍,这三种材料的外罐以坑储穴的造价最便宜,金属制成的外罐最贵。但如果包括运行费用在内全面考虑,这三种储存方式的生产成本几乎是相同的。

4.液态天然气的储存安全要求

由于液化天然气是一种易燃易爆的物质,其设施的设计、建造以及液化天然气的安全储存必须符合《液化天然气码头设计规程》以及《城镇燃气设计规范》的有关规定。特别要考虑到一旦发生事故时,尽量减少对周围环境造成的灾害性影响。因此,除了正确选择储存站的地址外,必须设置一系列的安全措施,例如,在储存站平面布置中一定要考虑各种设备之间的安全距离,保证某一局部发生火灾时不会波及其它设备;为防止液化天然气泄露,造成不安全隐患,在每一个 LNG 储罐周围、所有阀门组及各种设备底部均设置 LNG 容积池;设置完善的安全监测系统,包括低温传感器、LNG 泄露检测仪、火焰报警器、热监测器和烟气检测仪等,以及用于消防的泡沫生成器、粉末灭火系统和水冷却系统等。

5.6.3 天然气的应用

天然气产业快速发展是当今世界能源领域最重要的一大特点。据有关专家预测和推断,天然气大约在 2030～2050 年间将超过石油而成为世界第一大能源,从而进入天然气能源时代。天然气的推广应用,不仅能促进我国能源消费结构的变化,而且有利于环境保护。天然气应用领域非常广泛,而且应用技术的发展空间非常大。

1.天然气汽车及 LNG 充液站

(1)天然气汽车。

天然气汽车是指通过高压钢瓶供给天然气作为燃料的汽车,其工作原理如图 5.26 所示。

(2)液化天然气汽车。

液化天然气汽车是指通过 LNG 液化天然气储液槽供给天然气作为燃料的汽车,如图 5.27所示。液化天然气 LNG 储液槽的工作原理如图 5.28 所示,LNG 储液槽的外壳由高强

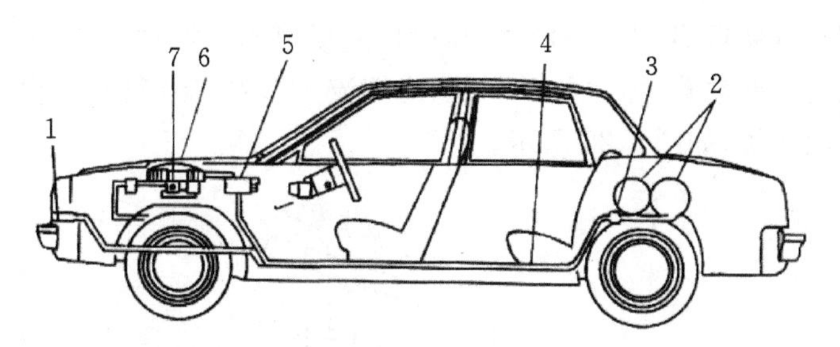

1—天然气注入阀；2—CNG 高压钢瓶；3—手动控制阀；4—天然气供气管；5—电磁阀；6—混合器；7—汽油气化器。

图 5.26　用天然气作为燃料的汽车

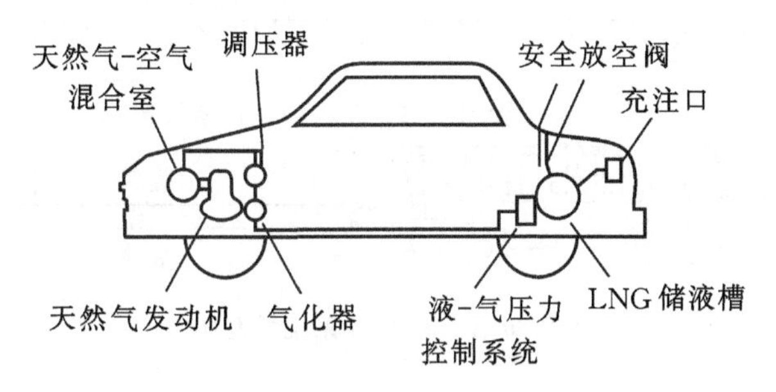

图 5.27　用液化天然气作为燃料的汽车

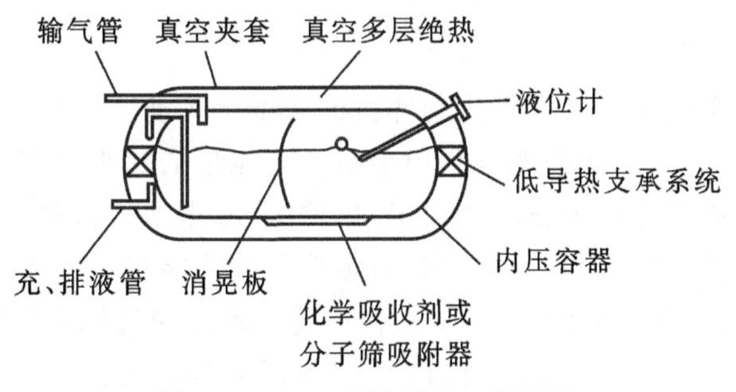

图 5.28　LNG 储液槽的工作原理

度碳钢制作，内容器采用 304 型奥氏体不锈钢制作，支撑件由 G－10CR 环氧玻璃承压材料制成，输液管材为 304 型或 316 型奥氏体不锈钢材料。

液化天然气汽车车厢和驾驶室内均应设置甲烷探测器，当甲烷含量超标即发出报警。在驾驶室和储液槽区域，应分别设置两个独立的灭火系统，它们由多红外双频率的传感器组成。传感器始终处于警戒状态，能探测各个光频信号，以保证车辆的安全。

(3)LNG 充液站。

天然气汽车燃料系统采用压缩天然气(CNG)充灌车内压力钢瓶的工艺，几乎与充灌汽油和柴油的情况一样。然而由于天然气加注站必须建在天然气输气管网附近，再加上大量的汽车因为行程、载重负荷和空间的限制而不能或不便使用压缩天然气作为替代燃料。液化天然气的使用却方便得多，近年的实验和试用表明，LNG 加注与汽油或柴油一样方便可行。通常采用的是双壁软管，加注的 LNG 从内管流入 LNG 储液槽，汽化了的蒸气则从环隙内返回天然气管网系统，如图 5.29 所示。

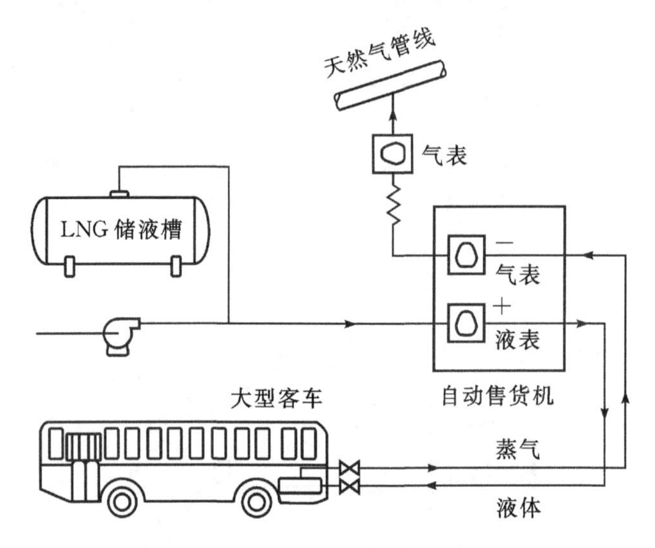

图 5.29　LNG 加注系统示意图

总之，采用液化天然气作为汽车代用燃料的新技术在国外已渐趋完善和成熟，经济合理，环保节能，在国内推广应用十分必要。

2.微型冷热电联供系统

基于微型内燃发电机和小型吸附式制冷机的微型可移动式冷热电三联供机组，具有结构简单、造价低、占用空间小，能够充分利用余热实现能量的梯级利用等优点。上海交通大学研制了世界上首台微型冷热电三联供机组，集发电、冬季地板供暖、夏季空调及全年热水供应等多供功能于一体，是一种新型的自给自足型分布式能量供应系统。该系统可以提供最大 12 kW 发电量、28 kW 供热量和 9 kW 供冷量。系统结构原理如图 5.30 所示，包括一台燃气往复式内燃机、一台吸附式制冷机、一套地辐式采暖系统、一套废热回收系统、一台冷却塔和一个热水容器。

西班牙的莫格兹(Moguez)研发了基于燃气内燃机的微型家用冷热电联供机组，其工作原理如图 5.31 所示。该机组可以在备用模式、发电模式、联供模式、夏季热泵模式、冬季热泵模式等五种模式下运行，可对外提供发电功率 3～4 kW、采暖 25～35 kW、制冷 10～15 kW、生活热水 20～30 kW 的能量供应。

为了避免能量转换中的损失，提高系统的总运行效率，可以用发动机直接驱动制冷机，以替代电力驱动。当小于 700 kW 的发动机驱动制冷机时，采用往复式压缩机与发动机直接封装在一起；在 700～4220 kW 应用范围内，采用螺杆式和离心式压缩机；当容量超过 4500 kW 时，只能选择离心式压缩机。发动机驱动的制冷机有很好的变速性能，可以提高制冷机在部分负荷下的运行效率。该技术的应用增加了冷热电联供系统的冗余度、多样性、可靠性和经济性，其成本和性能如表 5.5 所示。

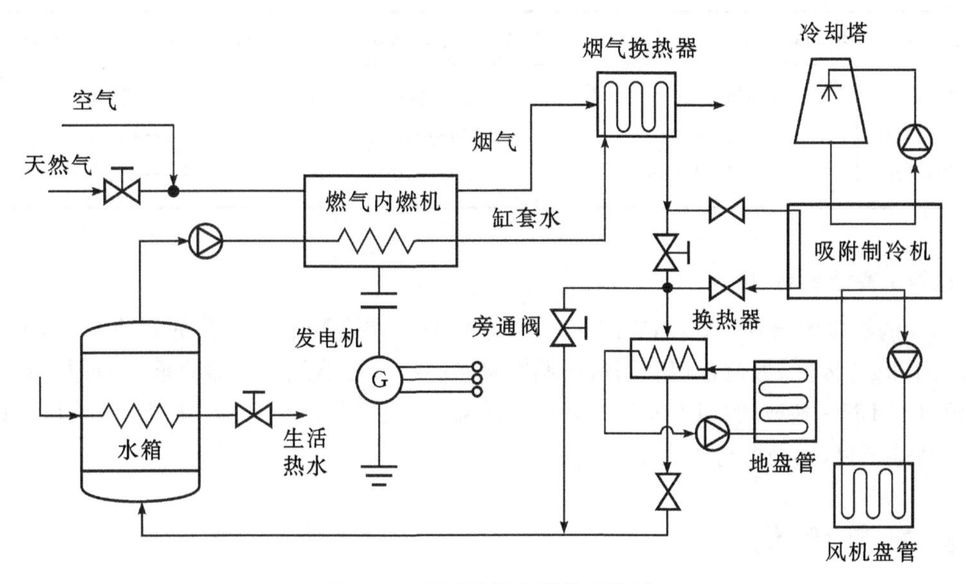

图 5.30　微型冷热电联供系统图

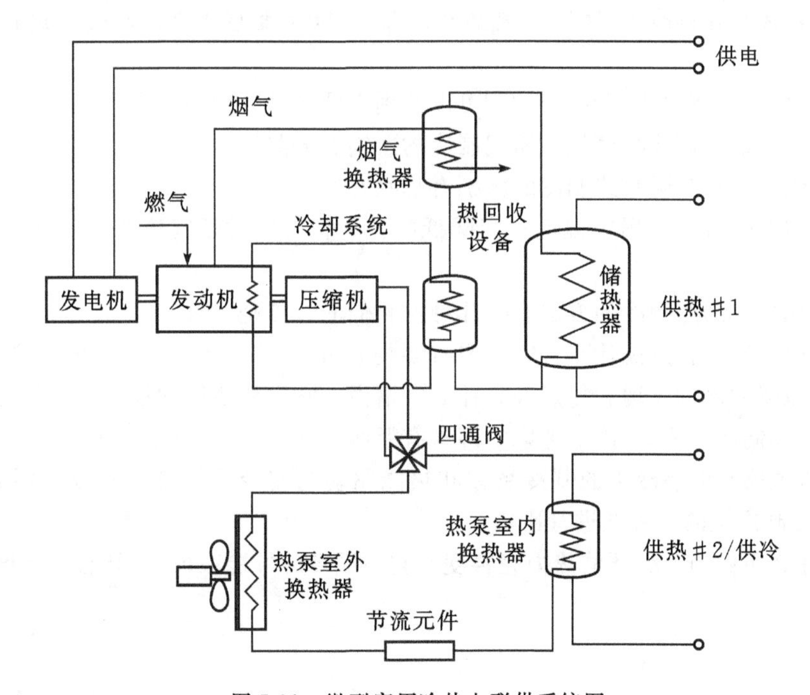

图 5.31　微型家用冷热电联供系统图

表 5.5 发动机直接驱动制冷机的成本和性能

功率/kW	电消耗/(kW·(kW·a)$^{-1}$)	成本/(美元·kW^{-1})	维护成本/(美元·(kW·a)$^{-1}$)
35～350	0.014～0.029	230～300	12.8～28.4
350～1760	0.003～0.014	180～270	10.0～21.3
1760～7030	0.001～0.003	130～210	7.1～17.0

3.LNG 冷量的利用

LNG 的温度为－162 ℃，当它汽化升温至常温时，将会释放出大量的制冷量，其值大约是 837 kJ/kg。因此，如何合理利用这些制冷量将是一个影响经济效益的重要问题。在日本的大阪泉北 LNG 基地，利用 LNG 冷量实施低温发电、空气液化、CO_2 液化、低温粉碎以及冷冻食品等项目，已经取得了成功的经验。

复习思考题

5.1 利用相变制冷的方法有哪几种？它们各有什么特点？

5.2 在液体汽化制冷中，制冷剂离开蒸发器后，能不能直接进入冷凝器进行冷凝？为什么？

5.3 在夏季，将室内冰箱的门打开，可以起到空调作用么？为什么？

5.4 蒸气喷射式制冷与蒸气压缩式制冷的区别有哪些？

5.5 吸附式制冷与吸收式制冷的区别有哪些？

5.6 气体绝热节流过程中温度一定降低吗？为什么？对于气体等熵膨胀过程情况又如何？

5.7 利用气体膨胀制冷的方法有哪几种？它们的特点是什么？

5.8 热电制冷的特点是什么？它主要有哪些应用？

5.9 涡流管制冷的原理和特点各是什么？请说出它主要使用的场合。

5.10 选择制冷方法时，需要考虑的因素有哪些？

5.11 机械驱动的制冷机的制冷系数和热能驱动的制冷机的热力系数分别如何计算？怎样对这两台制冷机的经济性进行比较？

5.12 什么叫做制冷循环的热力完善度？它与循环的性能系数 COP 有什么区别？

第6章 活塞式制冷压缩机

6.1 概　述

制冷压缩机是蒸气压缩式制冷系统和热泵系统的关键部件之一，它在制冷系统中相当于动力源和升压源，它对系统的运行性能、噪声、振动、使用寿命和节能有着决定性的作用。

压缩机将汽化的低压制冷剂蒸气从蒸发器中吸出并对其做功，压缩成为高压的过热蒸气，再排入冷凝器中（提高压力是为了使制冷剂蒸气容易在常温下放出热量而冷凝成液体）。在冷凝器中利用冷却水或空气将高压的过热蒸气冷凝成为液体并带走热量，制冷剂液体又从冷凝器底部排出，经节流降压之后进入蒸发器。如此周而复始，实现连续制冷。

6.1.1 制冷压缩机的分类

制冷压缩机的分类方法很多，按照不同的标准可以划分为不同的类型。

1.按提高气体压力的原理分类

制冷压缩机通常根据热力学原理可以分为容积型和速度型两大类。

(1)容积型压缩机靠改变工作腔的容积，将周期性吸入（吸气是不连续的）的定量气体压缩，提高蒸气压力。它分为活塞式压缩机、回转式压缩机（包括螺杆式（单、双）压缩机、滚动活塞式压缩机、滑片式压缩机、涡旋式压缩机等）。

(2)速度型压缩机靠离心力的作用，连续地将吸入的气体压缩。由旋转部件将动能传给蒸气，再将动能转为压力能。速度型压缩机有离心式和轴流式两种，因轴流式压缩机的压力比小，不适用于制冷系统，故速度型制冷压缩机主要指离心式压缩机。

制冷压缩机分类及结构示意图如图6.1所示。图6.2所示为目前各类压缩机的大致应用场合及制冷量的大小。

2.按使用的制冷剂种类分类

按制冷剂的种类不同，制冷压缩机可分为无机制冷剂压缩机和有机制冷剂压缩机两类。前者使用的制冷剂如R717（氨）、R744（二氧化碳）等，后者使用的制冷剂有氟利昂制冷剂和碳氢化合物，如R22、R404A、R134a、R407C、R410A 、R600a（异丁烷）、R290（丙烷）等。R717（氨）、R744（二氧化碳）、R600a（异丁烷）、R290（丙烷）存在于自然界，属于环境友好型制冷剂，受到人们的广泛重视。

不同制冷剂对压缩机材料和结构的要求不同。氨对铜有腐蚀性，氨制冷压缩机中不允

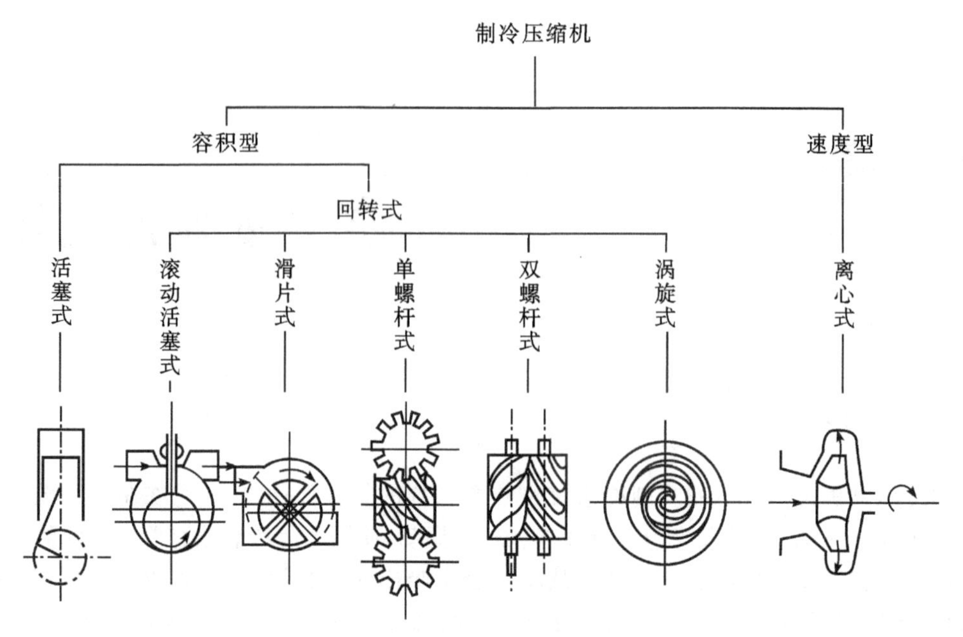

图 6.1 制冷压缩机分类及结构示意图

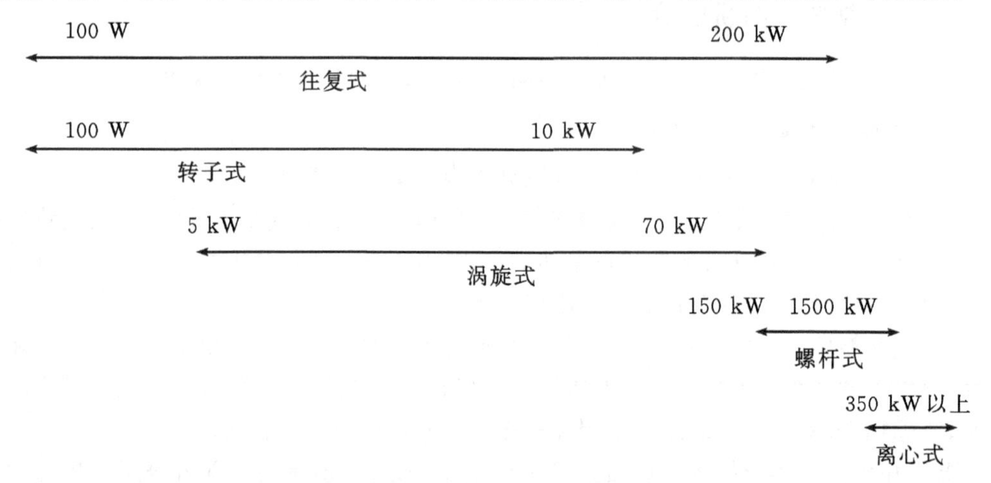

图 6.2 各类压缩机在制冷和空调工程中的应用范围

许使用铜质零件(磷青铜除外);氟利昂制冷剂对有机物质有溶胀作用,必须在设计和制造氟利昂制冷机时充分考虑;二氧化碳压缩机用于跨临界的制冷循环,排气压力是传统制冷压缩机的5~10倍,故对压缩机的可靠性和密封性要求更高;碳氢化合物易燃易爆,故对碳氢化合物制冷压缩机的安全性必须严格要求。

3.按密封方式分类

按密封方式的不同,制冷压缩机可分为开启式、半封闭式和全封闭式三类。

开启式制冷压缩机是一种靠原动机驱动其伸出机壳外的轴或其它运转零件的压缩机。它的特点是容易拆卸、维修。半封闭式制冷压缩机是一种可在现场拆卸外壳、修理内部机件的无轴封的压缩机。全封闭式制冷压缩机是一种压缩机和电动机装在一个由熔焊或钎焊焊死的外壳内的压缩机。

4.按使用的蒸发温度范围分类

使用的蒸发温度范围与制冷压缩机的种类、规格和使用的制冷剂有关。如国家标准GB/T10079—2001 规定了单级活塞式制冷压缩机的使用范围，如表 6.1 和表 6.2 所示，但该标准不适用于家用冷藏箱和冻结箱、运输用及特殊用途制冷空调设备。

表 6.1　有机制冷剂压缩机使用范围

类型	吸入压力饱和温度/℃	排出压力饱和温度/℃		压力比
		高冷凝压力	低冷凝压力	
高温	−15～12.5	25～60	25～50	≤6
中温	−25～0	25～55	25～50	≤16
低温	−40～−12.5	25～50	25～45	≤18

表 6.2　无机制冷剂压缩机使用范围

类型	吸入压力饱和温度/℃	排出压力饱和温度/℃	压力比
中低温	−30～5	25～45	≤8

6.1.2　制冷压缩机的发展

制冷压缩机是蒸气压缩式制冷机的核心部件，制冷压缩机的发展关系着制冷技术的发展，制冷压缩机的技术水平在一定程度上代表制冷技术的发展水平。1834 年在伦敦工作的美国发明家波尔金斯制造出了第一台以乙醚为工质的压缩式制冷机，这是后来所有蒸气压缩式制冷机的雏形，但乙醚易燃、易爆。1875 年卡列和林德将氨作为制冷剂，使得蒸气压缩式制冷机在制冷领域占据了统治地位。1930 年，氟利昂制冷剂的应用给蒸气压缩式制冷机带来新的变革，随着环境友好型制冷剂的开发和应用，制冷压缩机的研发取得了很大进展。

在适应制冷剂不断发展的同时，制冷压缩机的种类也不断增加。由最初的往复式制冷压缩机发展到一系列的制冷量不同的容积式压缩机，如螺杆式压缩机、涡旋式压缩机、滚动转子式压缩机等形式，以及离心式压缩机。制冷量的范围也不断扩大，小到 100 W，大到 27000 kW；同时随着制造工艺的进步，使加工难度较大的制冷压缩机的发展得以提高。

(1)往复式制冷压缩机。往复式压缩机是应用最广泛的一种压缩机，但它的市场份额已被其它形式压缩机占去一部分，这是因为后者比往复式压缩机具有更好的可靠性、容积效率、输气压力稳定等性能。

(2)转子式制冷压缩机。从结构上看转子式制冷压缩机不用吸气阀，可靠性高，亦适用于变速运行。机器的零部件少、尺寸紧凑、重量轻。但它也有受限制的一面，即这种压缩机一旦在其轴承、主轴 、滚轮或是滑片处发生磨损，间隙增大，马上会对其性能产生较明显的不良影响，因而它通常是用在整体装配的冰箱、空调器中，系统内具有较高的清洁度。

(3)涡旋式压缩机。涡旋式压缩机中没有吸气阀，也可不带排气阀，从而提高了可靠性，转速变化范围也可扩大，动力平衡性较好、轴的扭矩较均匀、压力波动小、振动和噪声也较小。再者，涡旋式压缩机的容积效率在给定的吸气条件下，几乎与工况的压力比无关，这是因为它没有像往复式压缩机一样有余隙容积损失。这种特性使它在制冷、空调和热泵中的应用比往复式压缩机更具有优势。

(4)螺杆式压缩机。20 世纪 50 年代，就有喷油螺杆式压缩机应用在制冷装置上，由于其具有结构简单，易损件少，能在大的压力差或压力比的工况下工作，排气温度低，对制冷剂中含有大量的润滑油(常称为湿行程)不敏感，有良好的输气量调节性等优点，很快占据了大容量往复式压缩机的使用范围，而且不断地向中等容量范围延伸，广泛地应用在冷冻、冷藏、空调和化工工艺等制冷装置上。以它为主机的螺杆式热泵从 20 世纪 70 年代初便开始用于采暖空调方面，有空气源型、水源型、热回收型、冰蓄冷型热泵等。

(5)离心式压缩机。离心式压缩机目前在大冷量范围内(大于 1500 kW)，保持优势，这主要是因为在这个冷量范围内，它具有无可比拟的系统总效率。离心式压缩机的运动零件少而简单，且其制造精度比螺杆式压缩机低得多，这使得它造价低且性能可靠。此外，大型离心式压缩机应用在工作压力变化范围狭小的场合中，可避开由喘振所带来的问题。

影响制冷压缩机发展的因素很多，主要有以下两个方面。

1.CFC 和 HCFC 的替代

新制冷剂的开发和应用对压缩机的设计和选型产生影响，主要是由于这些制冷剂与原有制冷剂的热物性及与冷冻油的相溶性不同。新型制冷剂对压缩机的影响大致分为三种情况：一是对压缩机没有影响，可直接充灌；二是对压缩机有一定影响，关键部件需重新设计；三是影响很大，压缩机需重新设计。

与冷冻油相溶性方面，除了天然环保工质外，新开发的制冷剂(碳氢化合物除外)与制冷系统原来应用的矿物油相溶性差，必须更换酯类或者酸类冷冻机油。这些制冷剂还应与所用的材料相容。

2.新技术、新材料的开发和应用

随着计算机、新材料和其它相关工业技术领域的渗透和促进，压缩机技术正在向高效、可靠、低振动、低噪音、结构简单、低成本方向飞速发展。

(1)计算机已广泛应用到压缩机工业的各个方面，这包括计算机数据采集和整理、计算机辅助设计/制造、工艺的优化等。

(2)微电子技术在制冷压缩机输气量调节中的应用。目前采用这种技术的制冷压缩机主要有两种：一种是变转速制冷压缩机；另一种是数码涡旋制冷压缩机。这两种制冷压缩机在控制室温时，可使室温波动小、舒适度高，并能减少电能消耗，提高制冷压缩机的可靠性。

(3)新材料的应用。新材料是指那些新出现或已在发展中的、具有传统材料所不具备的优异性能和特殊功能的材料。新材料作为高新技术的基础和先导，应用范围极其广泛，进一步催生了压缩机相关生产制造技术的变革。新材料的应用，使得压缩机产品性能和寿命提高，成本降低。

6.2　活塞式制冷压缩机的工作原理及分类

6.2.1　活塞式压缩机的工作原理

压缩机是蒸气压缩式制冷机的主要组成部分，它起着压缩和输送制冷剂的作用。在各种类型的制冷压缩机中，活塞式压缩机是应用最早也是目前应用较普遍的一种机型。它具有使用温度范围广，设计、制造及运行管理技术成熟、可靠的特点，所以广泛应用于中、小型制冷装置中。

1.结构示意图

图 6.3 所示的是单缸活塞式压缩机的基本组成及主要零部件的基本结构。压缩机的机体由气缸体 2 和曲轴箱 11 组成。气缸中装有活塞 9，曲轴箱中装有曲轴 1，通过连杆 10 与活塞 9 连接起来。在气缸顶部装有吸气阀 5 和排气阀 6，通过吸气腔 4、排气腔 7，分别与吸气管 3、排气管 8 相连。当曲轴被电动机带动而旋转时，通过连杆的传动，活塞便在气缸内作上下往复运动，在吸、排气阀的配合下完成对制冷剂蒸气的吸入、压缩和输送。

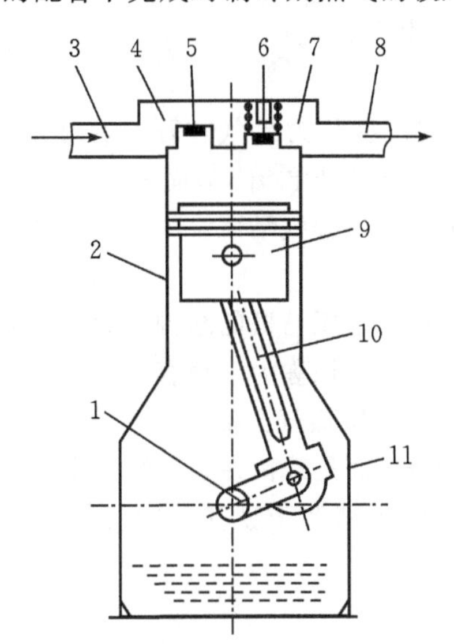

1—曲轴；2—气缸体；3—吸气管；4—吸气腔；5—吸气阀；6—排气阀；7—排气腔；
8—排气管；9—活塞；10—连杆；11—曲轴箱。

图 6.3　单缸活塞式压缩机结构示意图

2.工作过程

活塞式制冷压缩机工作时，压缩气体所消耗的功率由曲轴输入，曲轴的曲拐与连杆的一端相连，连杆的另一端通过活塞销与活塞相连接，连杆将轴的旋转运动转化为活塞的往复运动，从而完成对制冷剂的吸入、压缩和排出的工作。

活塞式制冷压缩机的工作循环分为压缩、排气、膨胀和吸气四个过程,如图 6.4 所示。

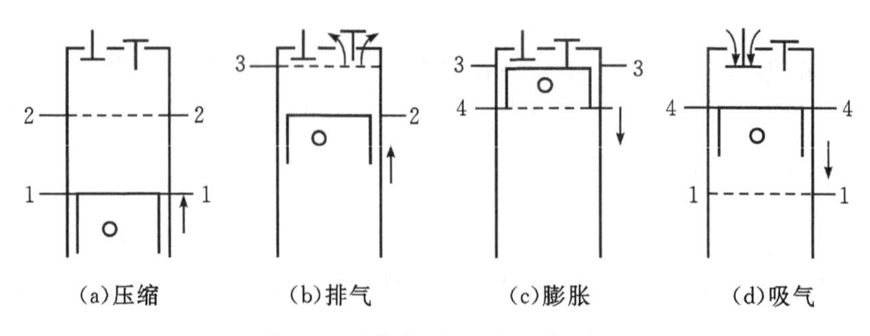

图 6.4 活塞式压缩机的工作过程

(1)压缩过程。

制冷剂蒸气在气缸内从吸气时的低压升高到排气压力的过程称为压缩过程。该过程的作用是将制冷剂蒸气的压力由蒸发压力提高到冷凝压力。当活塞处于最下端位置 1—1 下止点时,气缸内充满了从蒸发器吸入的低压蒸气,吸气过程结束;活塞在曲轴连杆机构的带动下开始向上移动,此时吸气阀关闭。气缸工作容积逐渐减小,密闭在气缸内的蒸气的温度和压力因而逐步升高。活塞移动到位置 2—2 时,气缸内的蒸气压力升高到略高于排气腔中的压力,排气阀便自动打开,开始排气。

(2)排气过程。

蒸气从气缸向排气管输出的过程称为排气过程。通过排气过程,制冷剂进入冷凝器。活塞继续向上运动,气缸内的蒸气压力不再升高,而是不断地经过排气阀向排气管排出,直到活塞运动到最高位置 3—3 上止点时排气结束。

(3)膨胀过程。

当活塞运动到上止点位置时,由于压缩机的结构及制造工艺等原因,活塞顶部与气阀座之间存在一定间隙,该间隙所形成的容积称为余隙容积。活塞运动到上止点时,排气过程结束,在余隙容积内存有一定数量的高压蒸气。活塞开始向下移动时,排气阀关闭,但吸气管道内的低压蒸气不能立即进入气缸,而是残留在余隙容积中的高压蒸气因容积增大而膨胀,压力降低,直至气缸内的压力下降到稍低于吸气腔中的压力时为止。活塞由 3—3 移动到 4—4 的过程称为膨胀过程。

(4)吸气过程。

活塞从位置 4—4 开始向下运动时,吸气阀自动打开。活塞继续向下运动,低压蒸气便不断由蒸发器经吸气管和吸气阀进入气缸。直到活塞到达下止点 1—1 为止。这一过程称为吸气过程。完成吸气过程后,活塞又从下止点向上止点运动,重新开始压缩过程。

压缩机进行如此周而复始的压缩、排气、膨胀和吸气过程,将蒸发器的低压蒸气吸入,使其压力升高后排入冷凝器,完成吸入、压缩和输送制冷剂的作用。在压缩机的四个工作过程中,吸气阀和排气阀分别在吸气过程和排气过程打开,吸气阀和排气阀的启闭是依靠阀片两侧的压力差来克服阀片弹簧力和重力进行自动地开启和关闭的。

6.2.2　活塞式压缩机的分类

活塞式制冷压缩机的型式和种类较多，而且有多种不同的分类方法。常见的有下列几种。

(1)按压缩机的级数分为单级压缩和多级(一般为两级)压缩。

单级压缩即制冷剂蒸气由蒸发压力至冷凝压力只经过一次压缩，因此适用于进、排气压力比不太大的场合。

两级压缩即制冷剂蒸气由蒸发压力至冷凝压力，需经过两次压缩来完成。一般两级制冷压缩可由两台压缩机来实现，也可由一台压缩机来完成。后一种压缩机被称为单机双级制冷压缩机。

(2)按气缸的布置型式分为卧式、直立式和角度式三种类型。

卧式压缩机的气缸轴线呈水平布置。这种型式在大型制冷压缩机中较为多见，在全封闭制冷压缩机中也有采用。

直立式压缩机的气缸轴线直立布置。考虑到压缩机结构的紧凑性、运转平稳性及振动的大小，以双缸直立式为常见型式。

角度式压缩机的气缸轴线呈一定的夹角布置，有 V 形、W 形和 S 形(扇形)等。角度式布置能够使压缩机结构紧凑，体积和占地面积小、振动小、运转平稳，因此被现代中、小型高速多缸压缩机广泛采用，图 6.5 为活塞式压缩机气缸的不同布置方式。

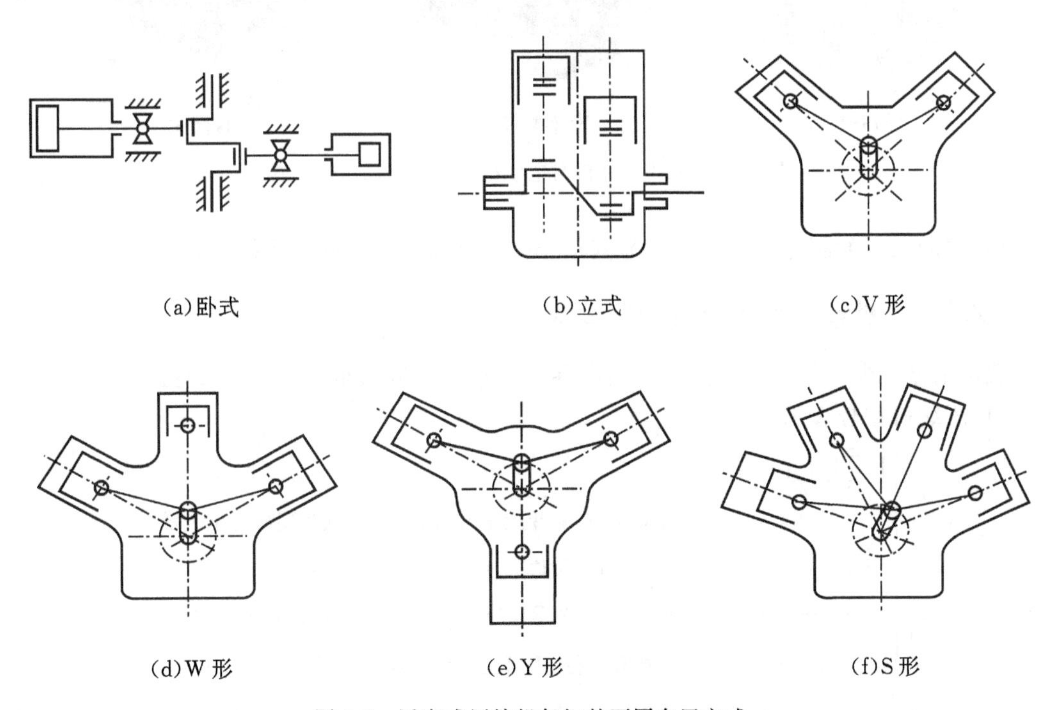

图 6.5　活塞式压缩机气缸的不同布置方式

(3)按电动机与压缩机的组合型式分为开启式、半封闭式和全封闭式三种类型。

开启式活塞式制冷压缩机分为压缩机和驱动电机两个部分，压缩机的曲轴穿出曲轴箱之外，靠原动机驱动伸出机壳外的轴或其它运转零件。这种压缩机在固定件和运动件之间必须设置轴封，以防止制冷剂的泄漏和外界空气的渗入。

半封闭式活塞式制冷压缩机是可在现场拆开维修内部机件的无轴封的活塞式制冷压缩机。为检修活塞和气阀方便起见，一般把气缸盖制成可以拆卸的。这种型式的压缩机封闭性好。

全封闭式活塞式压缩机是将压缩机和驱动电机装在一个由熔焊或钎焊焊死的统一外壳内。从外表上看只有压缩机进、排气管和电动机引线。这类压缩机没有外伸轴或轴封，减轻了压缩机的重量。但由于不易拆卸，修理不便，因此对机器零部件的加工和装配质量要求较高。由于驱动电机在气态制冷剂中运转，电机绕组必须采用耐制冷剂侵蚀的特种漆包线制作。此外，这种压缩机不适宜用于有爆炸危险的制冷剂。

图 6.6 为活塞式压缩机与电动机的三种不同组合形式。

(a)开启式　　(b)半封闭式　　(c)封闭式

图 6.6　活塞式压缩机与电动机的三种不同组合形式

(4)按所采用的制冷剂不同可分为氨制冷压缩机和氟利昂制冷压缩机。

6.2.3　活塞式制冷压缩机的型号表示

我国活塞式制冷压缩机的型号及基本参数可参照新近颁布的国家有关标准。

(1)压缩机型号表示方法。

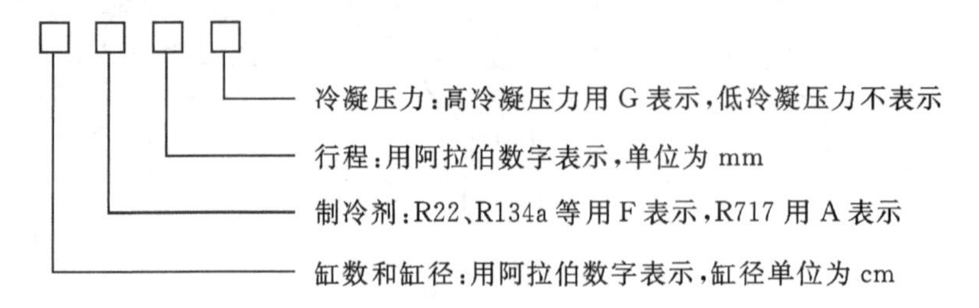

例如，8 12.5A110G 表示 8 缸扇形角度式布置，气缸直径 125 mm，制冷剂为 R717，行程为 110 mm 的高冷凝压力活塞式压缩机。

(2)压缩机组型号表示方法。

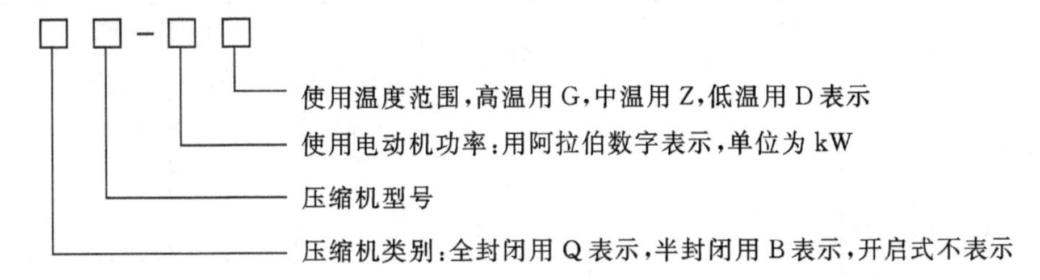

例如:Q24.8F50－2.2D 表示 2 缸 V 形角度式布置,缸径 48 mm,制冷剂为氟利昂,行程 50 mm,配用电动机功率为 2.2 kW,低温用全封闭式压缩机。

B47F55－13Z 表示 4 缸扇形(或 V 形)角度式布置,缸径 70 mm,以氟利昂为制冷剂,行程 55 mm,配用电动机功率为 13 kW 的中温用低冷凝压力半封闭式压缩机组。

610F80G－75G 表示 6 缸 W 形角度式布置,缸径 100 mm,以氟利昂为制冷剂,行程 80 mm,配用电动机功率为 75 kW 的高温用高冷凝压力开启式压缩机组。

表 6.3 为活塞式压缩机气缸布置形式,表 6.4 为压缩机基本参数。

表 6.3　活塞式压缩机气缸布置形式

<table>
<tr><th colspan="2" rowspan="2">压缩机类型</th><th colspan="5">缸数</th></tr>
<tr><th>2</th><th>3</th><th>4</th><th>6</th><th>8</th></tr>
<tr><td colspan="2">全封闭</td><td>V 形角度式或 B 并列式</td><td>Y 形角度式</td><td>X 形或 V 形角度式</td><td></td><td></td></tr>
<tr><td colspan="2">气缸直径小于70 mm 的单级半封闭压缩机</td><td>Z 形直立式</td><td>Z 形直立式或 W 形角度式</td><td>V 形角度式</td><td></td><td></td></tr>
<tr><td colspan="2">70 mm 气缸直径的单级半封闭压缩机</td><td>V 形角度式或直立式</td><td>W 形角度式</td><td>扇形或 V 形角度式</td><td>W 形角度式</td><td>S 扇形角度式</td></tr>
<tr><td rowspan="4">开启式</td><td>100 mm 气缸直径</td><td rowspan="3">V 形角度式或直立式</td><td rowspan="4"></td><td>扇形或 V 形角度式</td><td rowspan="3">W 形角度式</td><td rowspan="4">S 扇形角度式</td></tr>
<tr><td>125 mm 气缸直径</td><td rowspan="2">V 形角度式</td></tr>
<tr><td>170 mm 气缸直径</td></tr>
<tr><td>250 mm 气缸直径</td><td></td><td></td><td></td></tr>
</table>

表 6.4　压缩机基本参数

类别	缸径	径程	转速范围/(r·min^{-1})	缸数/个	容积排量(8 缸)			
	/mm				最高转速/(r·min^{-1})	排量/(m^3·h^{-1})	最低转速/(r·min^{-1})	排量/(m^3·h^{-1})
半封闭式	48、55、62		1440	2				
	30、40、50、60			2、3、4				
	70	70	1000～1800	2、3、4、6、8	1800	232.6	1000	129.2
		55				182.6		101.5
开启式	100	100	750～1500	2、4、6、8	1500	565.2	750	282.6
		70				395.6		197.8
	125	110	600～1200	4、6、8	1200	777.2	600	388.6
		100				706.5		353.3
	170	140	500～1000		1000	1524.5	500	762.3
	250	200	500～600	8	600	2826	500	2355

6.3　活塞式制冷压缩机的结构

6.2.2 节根据活塞式制冷压缩机本身与驱动机械的连接方式不同分为开启式、半封闭式和全封闭式三种类型，但内部结构大同小异，构造多有相似之处，可以分为机体部件、驱动组件、活塞组件、气阀组件和润滑系统等。本节以开启式压缩机为主线，分别对三种类型制冷压缩机的总体及主要零部件结构进行介绍。了解了压缩机的基本结构和各个部件的功能后，对分析压缩机的工作状态和性能特征，以及优化设计和可靠地运行制冷机组是非常重要的。

本节以型号为 812.5A100G 的开启式制冷压缩机为例进行介绍，该压缩机属于 125 系列产品，共有 8 个气缸，分 4 列排成扇形，气缸直径为 125 mm，活塞行程为 100 mm，转速为 960 r/min。这是一种典型的开启式中型制冷压缩机，可根据负荷大小进行制冷量调节。构造如图 6.7 所示。

812.5A100G 型压缩机构造比较复杂，组合件较多，可以概括为机体、气缸套及吸排气阀组合件、活塞及曲轴连杆机构、润滑系统、能量调节装置和轴封等六部分。

6.3.1　机体

机体是压缩机最大的主要部件，是压缩机整机的承重体。机体采用强度较高的优质灰铸铁铸成，它由曲轴箱、气缸体、气缸盖及进气管、排气管等部分组成。其主要作用是支撑压缩机的零件，并保持各部件之间准确的相对位置；形成高、低压腔，气路、油路通道和作为润滑油容器；承受气体力、各运动部件不平衡惯性力和力矩，并将不平衡的外力和外力矩传给基础。

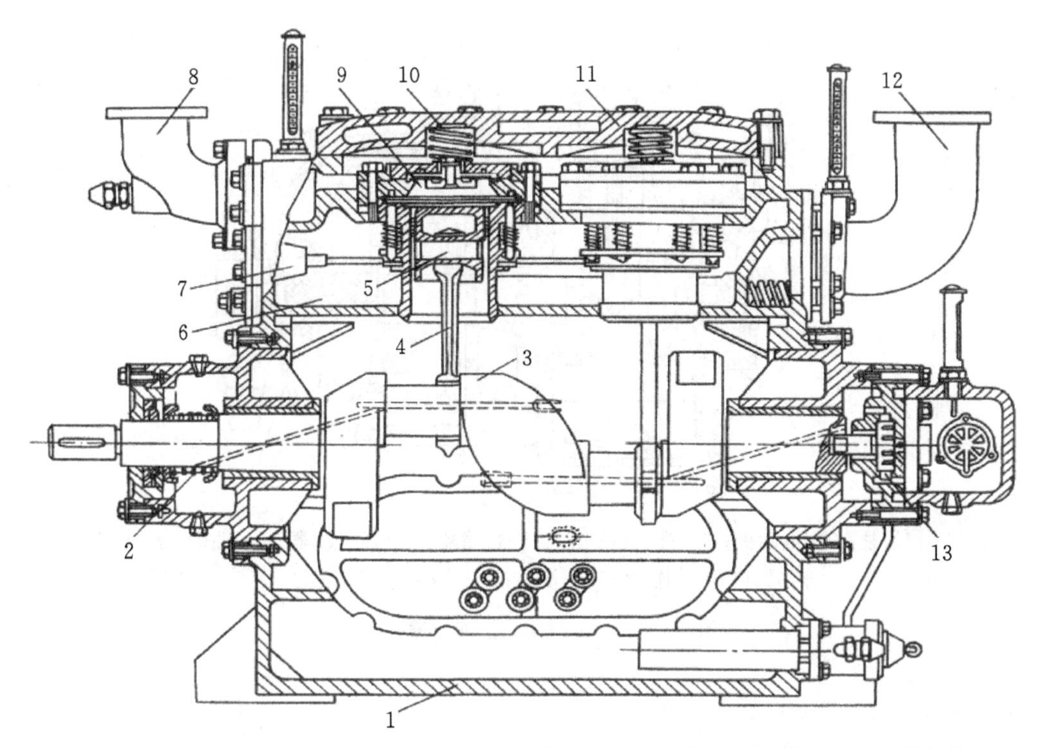

1—曲轴箱；2—轴封；3—曲轴；4—连杆；5—活塞；6—吸气腔；7—卸载装置；8—排气管；
9—气缸套及吸、排气阀组合件；10—缓冲弹簧；11—气缸盖；12—吸气管；13—油泵。

图 6.7　812.5A100G 型制冷压缩机

机体上部为气缸体，下部为曲轴箱。气缸体上镗有八个气缸孔，各自的气缸套组件就安装在其中。各气缸套外圈的气缸体空间为公用吸气腔，吸气腔内装有容易拆卸的滤网。吸气腔 6 的最低处设有回油孔。在气缸体中除装有气缸套外，还有吸、排气阀组合件 9 和活塞 5 等部件。排气阀上装有缓冲弹簧 10，它们构成假盖，当压缩机发生液击时，可保护气缸不致被破坏。气缸体上部装有气缸盖 11，与机体用螺栓连接。气缸盖与机体顶部的结合面必须加耐油石棉橡胶垫片，以保证螺栓连接的密封。气缸盖 11 上装有冷却水套，可以通入冷却水来降低排气温度，以减少能量消耗和机件的磨损。

气缸体下部的曲轴箱 1 是固定压缩机各机件的机座，它起着机架的作用。曲轴箱是一个密闭箱体，两端设有两个轴承，用以支承曲轴 3；下部留有一定的容积，用于储存润滑油。箱中还装有冷却润滑油的冷却水管和油过滤网。曲轴箱的两侧设有侧盖，便于装卸和修理内部的机件。在侧盖上装有油面指示玻璃，正常油面应在油面玻璃的二分之一处。

半封闭活塞式压缩机的机体几乎都采用气缸体-曲轴箱整体结构形式。只有在较大的机型中，为了铸造和加工方便才制成可分的，其密封面采用法兰连接，用垫片或垫圈密封，很多较大机型中采用嵌入气缸套结构。图 6.8 所示为半封闭式活塞压缩机结构。

全封闭式活塞式压缩机（见图 6.9）是压缩机与电动机一起装置在一个密闭的机壳 2 内，外观上只有吸气管、排气管和电源引线。气缸盖 14 的肋板把缸盖和阀板 13 之间的空间分

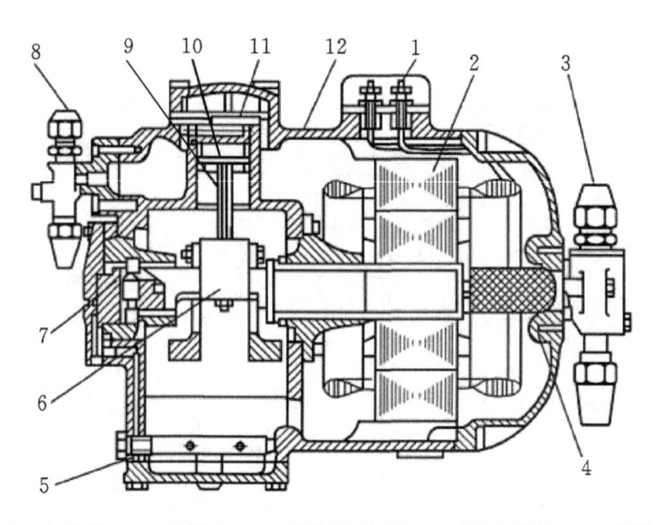

1—接线柱；2—电动机；3—进气口；4—进气过滤器；5—油过滤器；6—曲轴；7—油泵；
8—排气口；9—连杆；10—活塞；11—阀板；12—机体。

图 6.8　35F 半封闭式活塞压缩机结构

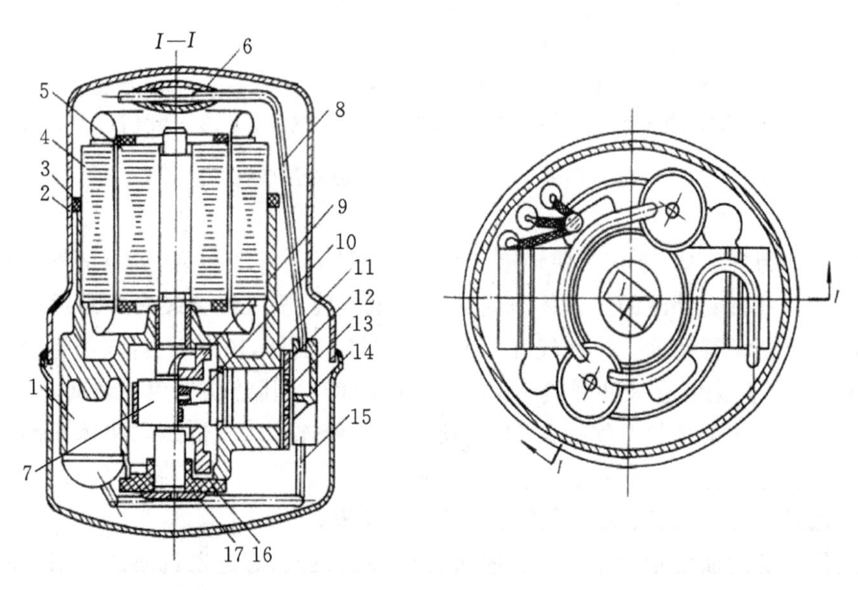

1—稳压室；2—机壳；3—垫圈；4—电动机定子；5—电动机转子；6—吸气包；7—曲轴；8—吸气管；
9—平衡块；10—连杆；11—气缸体；12—活塞；13—阀板；14—气缸盖；15—排气管；16—下轴承；17—端盖。

图 6.9　2FM4 型全封闭式活塞压缩机结构

成两部分，上部分为吸气腔，下部分为排气腔。当电动机带动压缩机工作时，低压制冷剂蒸气被吸入机壳 2 内。在机壳内经过吸气包 6、吸气管 8 至吸气腔，然后进入气缸。压缩后的高压气体从排气腔进入稳压室 1，再经排气管 15 排出。稳压室一方面可以保证排气压力均匀平衡，另一方面也起消声作用。

全封闭式压缩机在运转过程中，低压制冷剂蒸气进入电动机部分，使电动机得到冷却。因此电动机的效率高、机体较小。但电动机的线圈必须采用耐制冷剂浸蚀的高强度漆包线，比如以丙烯腈树脂作为绝缘材料，以防与制冷剂、润滑油接触发生化学作用。

全封闭式制冷压缩机的气密性好、结构紧凑、重量轻、体积小，但是机器发生故障后检修困难。目前窗式空调器、小型立柜式空调器、电冰箱和模块式冷水机组等制冷装置，常采用全封闭式制冷压缩机。

6.3.2　气缸套及吸、排气阀组合件

气阀组件是活塞式压缩机的重要部件之一，它主要由阀座、阀片、气阀弹簧及升程限制器四部分构成，如图 6.10(a)所示。为使阀片与阀座很好地密封，阀座通道周围设有凸出的密封边缘(也称为阀线)，阀片落座时与阀线端面紧密贴合实现其封闭作用。

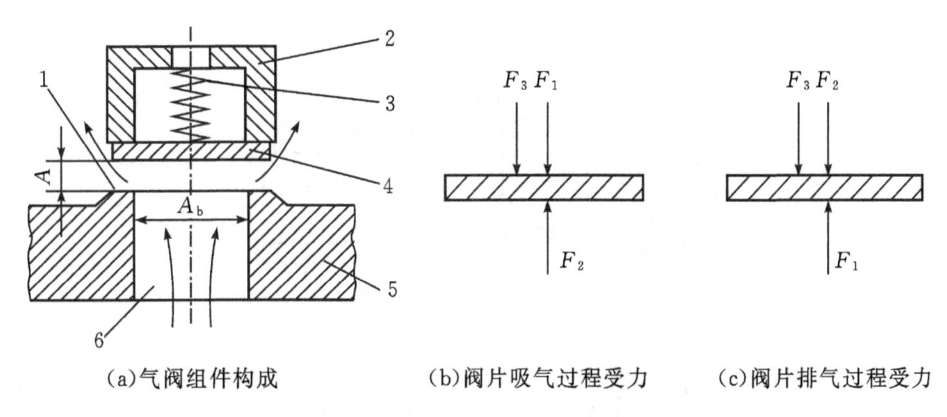

(a)气阀组件构成　(b)阀片吸气过程受力　(c)阀片排气过程受力

1—阀线；2—升程限制器；3—气阀弹簧；4—阀片；5—阀座；6—阀座通道。

图 6.10　活塞式压缩机气阀组件构成

气阀组件的作用是控制压缩机的吸气、压缩、排气和膨胀四个过程。其工作原理是，阀片受两侧压力差而自行开启或关闭，也称自动阀。如图 6.10 所示，阀片受气体压力 F_1、气阀弹簧预紧力 F_2 和阀片本身重力 F_3 的共同作用。在吸气过程中，活塞向内止点运动，气缸中的压力因气体膨胀而降低，直到低于吸气管道中的压力。当阀片前、后的压力差超过了作用在阀片上的弹簧的预紧力时，即 $F_3+F_1<F_2$(见图 6.10(b))，阀片打开，气体被吸入气缸。此后，阀片继续开启并贴附在升程限制器上，气体不断进入气缸。当活塞接近下止点时，活塞速度较低，阀片前后的压力差降低，阀片在弹簧力作用下逐渐关闭，完成了吸气过程。在压缩过程中，吸气阀是关闭的，缸内气体虽被压缩，但压力还不足以顶开排气阀片，排气阀亦处于关闭状态。当排气阀片前后的气体压力差超过排气阀弹簧预紧力时，即 $F_3+F_2<F_1$(见图 6.10(c))，排气过程开始。此后，排气阀片的启闭过程类似于吸气阀片的启闭过程。当余隙容积中的气体膨胀时，吸、排气阀一同处于关闭状态。

吸气阀片和排气阀片是易损件，它们在压缩机的工作过程中交替开启或关闭。阀片在阀座和升程限制器之间正常开启和运动关系达到压缩机运行的可靠性和经济性。因此，对气阀的要求有：气体流过气阀的阻力损失尽可能小；形成的余隙容积小；气阀关闭时有良好

的气密性;使用寿命长;结构简单,制造方便,易于维修。

活塞式压缩机气阀组件的结构形式有很多种,如刚性环片阀、簧片阀、条状阀和网状阀等,下面介绍刚性环片阀和簧片阀。

1.刚性环片阀

图 6.11 所示是一种刚性环片阀,该阀是活塞式压缩机中广泛采用的一种气阀。气缸套 10 上装有外阀座 13,外阀座与气缸套之间装有吸气阀片 11(吸气阀片采用环形阀片)和阀片弹簧 12。内阀座 2 在外阀座的中间,被固定在阀盖 5 上。排气阀片 4 及阀片弹簧 3 安装在内、外阀座和阀盖之间。阀盖 5 与内阀座 2 和外阀座 13 靠缓冲弹簧 1 压在气缸体上。阀盖外圈的导向环 6 可使阀盖上下移动而无横向移动,保证排气阀片 4 与阀座的密封线不致错位。

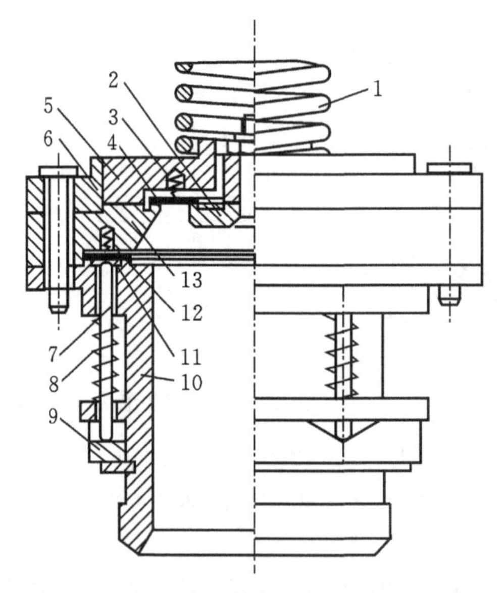

1—缓冲弹簧;2—内阀座;3—排气阀片弹簧;4—排气阀片;5—阀盖;6—导向环;7—顶杆;8—顶杆弹簧;9—转动环;10—气缸套;11—吸气阀片;12—吸气阀片弹簧;13—外阀座。

图 6.11 气缸套及吸、排气阀组合件

气缸套的顶部外缘的四周有一圈进气孔,吸气阀片 11 盖在这些小孔上。活塞在气缸内向下运动时,缸内压力降低,当吸气腔与气缸内的压力差大于吸气阀片弹簧 12 的压力时,吸气阀片自动开启,低压蒸气就由吸气腔进入气缸。当活塞向上运动,缸内气体被压缩时,吸气阀片在弹簧力和内外压差作用下,落在进气孔上,并将进气孔紧紧盖严。活塞继续向上移动,气缸内的压力大于排气腔的压力时,缸内的高压气体克服排气阀片弹簧 3 的弹力,冲开排气阀片 4 而排出气缸。

这种气阀的吸、排气阀片各有一片,吸气阀阀隙处的气流速度较高,压力损失大。该处的余隙空间也较大,降低了压缩机的输气系数及压缩机的能效比。该阀片形状简单,易于制造,工作可靠,因此得到了广泛应用。但其质量较大,阀片与导向面摩擦,不易及时迅速地启闭,尤其是转速提高时,此缺点更加突出。

2.簧片阀

簧片阀又称为舌形阀或翼形阀，一般由阀板、阀片和升程限制器组成，如图 6.12 所示。阀片用弹性薄钢板制成。阀片的一端固定在阀座上，另一端是自由的，在气流的推动作用下，自由端不断地像簧片一样伸直或弯曲，故称为簧片阀。簧片阀工作时，阀片在气流作用下，被推离阀座，气体从气阀通道和张开的簧片间隙面积中通过。当气流减小为零时，阀片在自身弹力作用下，回到关闭位置。阀片的开启度在没有升程限制器的情况下，由阀片所受的气流推力和阀片的刚度决定。在有升程限制器时，阀片的开度受其限制。

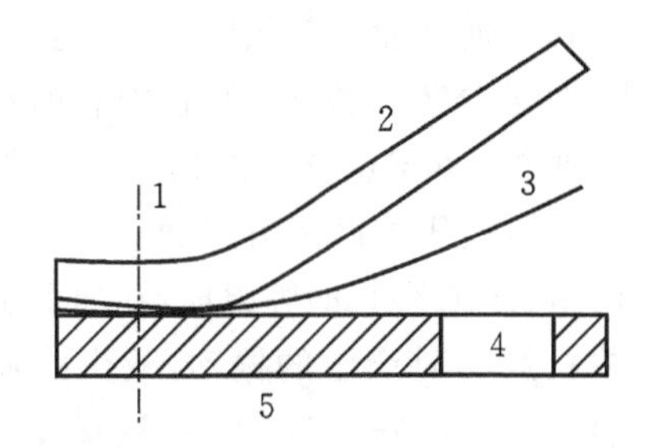

1—固定螺栓；2—升程限制器；3—阀片；4—气阀通道；5—阀板。

图 6.12　活塞式压缩机簧片阀结构示意图

图 6.13 所示的是半封闭式制冷压缩机采用的一种吸、排气簧片阀。排气阀呈马蹄形，两端用螺栓 5 将缓冲弹簧片 6、限位器 3 和排气阀片 2 一起固紧在阀板 1 上。排气通道由沿着马蹄形圆弧分布的四个小孔组成，排气时气体推开马蹄形簧片沿着四个小孔和簧片间隙面积流出气缸，关闭时马蹄形簧片覆盖在四个小孔上。吸气阀为一端固定，另一端自由的簧片。阀片用两个定位销钉与阀座定位，并夹紧在阀板和气缸之间。自由端的凸出部分伸在气缸和阀板之间的槽中，以限制吸气阀片的开度。吸气孔为四个按菱形布置的小孔，阀片覆

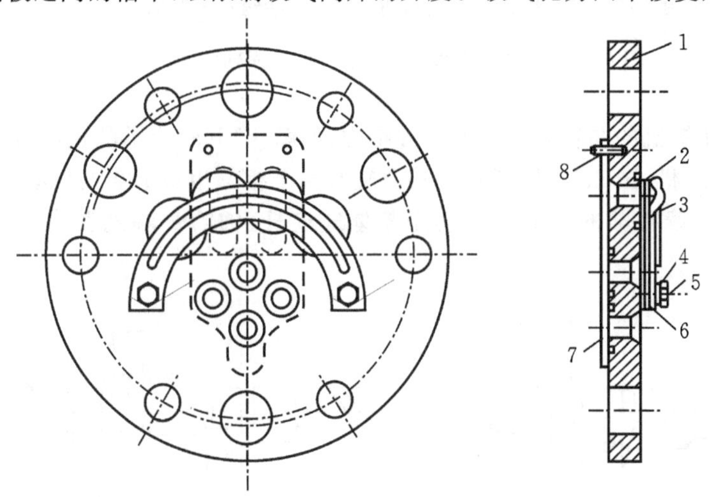

1—阀板；2—排气阀片；3—排气阀片限位器；4—弹簧垫圈；5—螺栓；6—弹簧片；7—吸气阀片；8—定位销。

图 6.13　簧片式气阀

盖于四个小孔之上，吸气时气体推开阀片沿着四个小孔进入气缸中。阀片在固定端一侧有两个长孔，作为排气通道并减小刚度之用。

6.3.3 活塞及曲轴连杆机构

1.曲轴

曲轴的作用是输入原动机的有效功率，并把电动机的旋转运动通过连杆改变为活塞的往复直线运动，以达到压缩气体的目的。曲轴传递电动机的驱动力矩，并承受所有气缸的阻力负荷。曲轴又是润滑系统的动力，轴身油道兼供输油。根据活塞式压缩机分为开启式、半封闭式和全封闭式的结构形式，曲轴分为曲拐轴、偏心轴和曲柄轴三种。图 6.14 所示的为开启式压缩机的曲拐轴，它是双曲拐、两支点支承结构。一个曲拐上连接四个连杆，曲轴的主轴承和连杆轴承均采用滑动轴承，以压力润滑方式润滑。

曲拐轴主要由主轴颈、曲柄销、椭圆形曲柄等组成，在曲柄上还放置平衡块，以平衡曲轴上的惯性力和惯性矩，减少压缩机运转时产生的振动，减少曲轴、主轴承的负荷和磨损。曲轴上的油孔和油道，将油泵供油输送到连杆大头、小头、活塞及轴承处，润滑各摩擦表面。

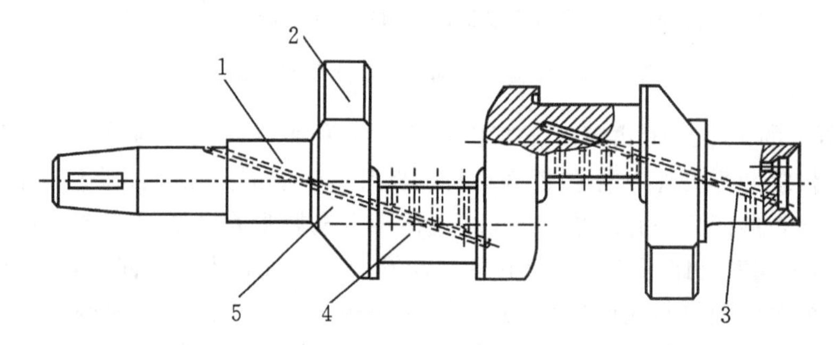

1—主轴颈；2—平衡块；3—油孔和油道；4—曲柄销；5—曲柄。

图 6.14 开启式活塞制冷压缩机的曲拐轴

半封闭式活塞式压缩机的曲轴多采用偏心轴结构，如图 6.15(a)所示的偏心轴只有一个轴颈，用于驱动单缸压缩机；图 6.15(b)所示的偏心轴有两个相位相差 180°的偏心轴颈，用于有两个气缸的压缩机。偏心轴的轴颈直接套用整体式连杆，轴的一端悬臂支撑着电动机转子。

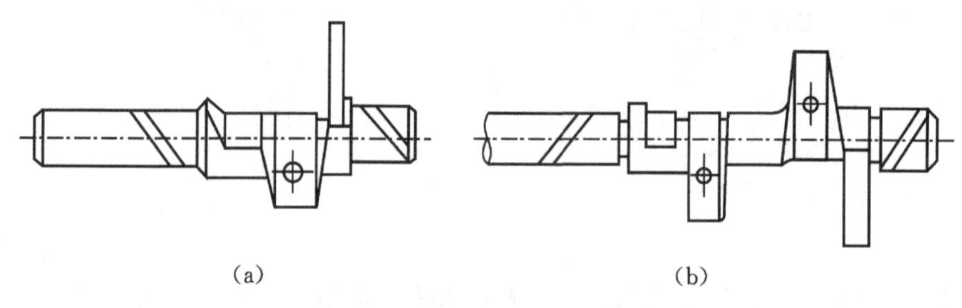

图 6.15 活塞式压缩机的偏心轴

全封闭式活塞式压缩机中，通常小于 1.5 kW 的单缸压缩机采用单拐偏心轴(见图 6.15(a))，功率在 0.75～5.5 kW 的两缸或四缸压缩机采用双曲拐偏心轴(见图 6.15(b))。功率小于 400 W 的滑管式压缩机采用如图 6.16 所示的曲柄轴，这种轴的曲柄销仅一端与曲柄相连，由一个主轴承支撑，即悬臂支撑，另一端与电动机的转子相连。

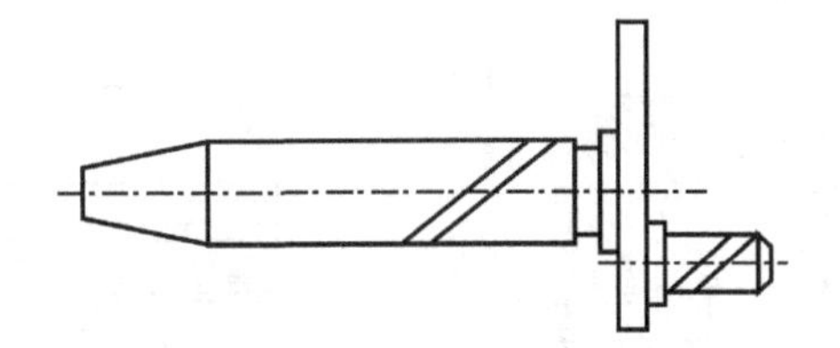

图 6.16　活塞式压缩机的曲柄轴

2.连杆

连杆(见图 6.17)是连接曲轴和活塞的部件，其作用是将曲轴的旋转运动转换为活塞的往复运动，并将曲轴输出的能量传递给活塞。连杆与活塞(通过活塞销)相连的一头称为小头，与曲轴(通过曲柄销)相连的一头称为大头。大小头之间的部分称为杆身。小头一般做成整体式，其轴承称为小头衬套或小头瓦。大头多做成剖分式，其轴瓦称为大头瓦。小头衬套的内表面开有油槽，外表面则在杆身进油孔的相对部位开一圈油槽。连杆应有足够的强度、刚度和韧性，而且要求质量轻、惯性小。一般用优质碳素钢锻造，也有用球墨铸铁或锻铝等材料制造的。

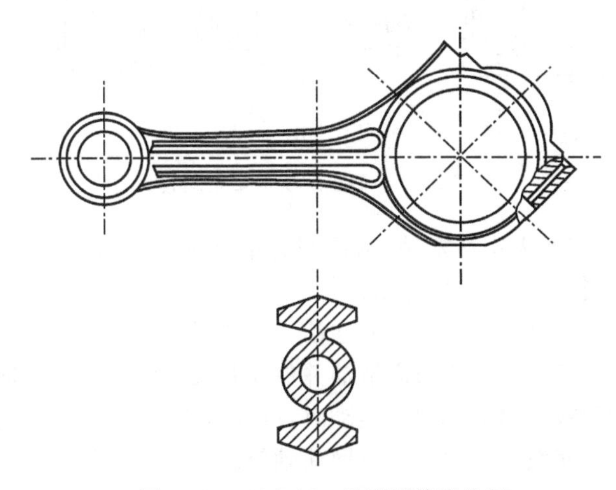

图 6.17　812.5A100G 型压缩机连杆

3.活塞组件

活塞组件包括活塞体、活塞环和活塞销，活塞通过活塞销与连杆相连。它与气缸共同组成一个可变的封闭工作容积，使制冷剂气体在此封闭容积中受到压缩。大、中型活塞式压缩机常见的活塞组件是筒形结构，小型的通常为柱状结构。

筒形活塞如图 6.18 所示，它由顶部、环部、裙部及活塞销座四部分组成。工作面为活塞顶部,设有活塞环的部分称为环部,环部下面为裙部,裙部上设有活塞销座。小型高转速制冷压缩机的活塞如图 6.19 所示,该类活塞结构简单,有的不设计活塞环,顶部为平面状(见图 6.19(a)),又称为柱状活塞;有的仅设有一个气环(见图 6.19(b)、(c)),为减小余隙容积,在活塞的顶部开有凹坑或铣槽,用以配合阀板上的突出物。

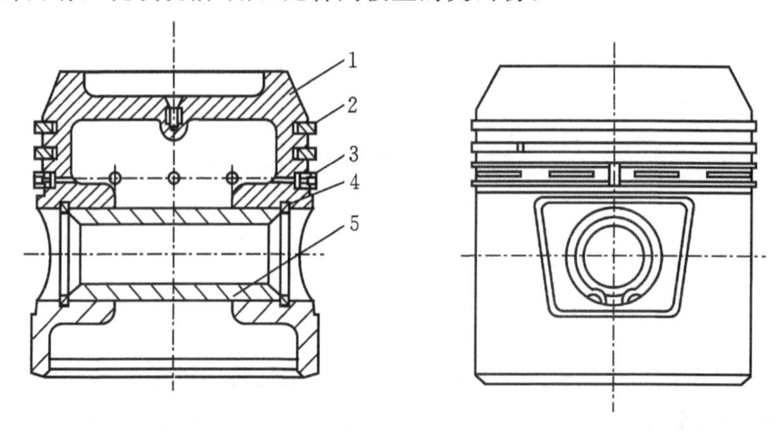

1—活塞体;2—气环;3—刮油环;4—弹簧挡圈;5—活塞销。

图 6.18　筒形活塞组件

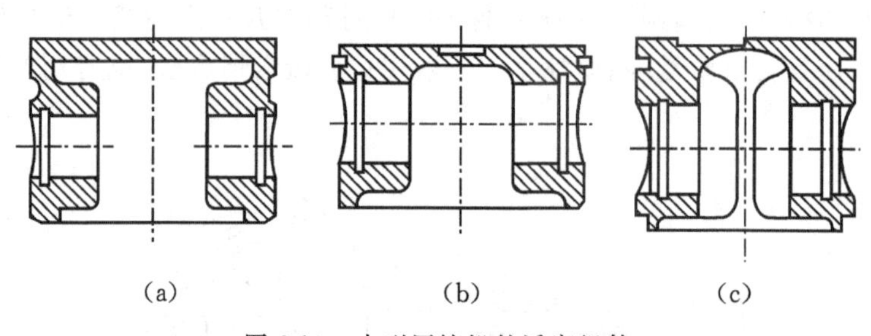

图 6.19　小型压缩机的活塞组件

活塞与连杆小头的连接需用活塞销,活塞销为中空圆柱体,它承受交变载荷,因此应有足够的强度,并要求耐磨、抗疲劳和抗冲击。

活塞环是一种弹性开口的金属环,它嵌在活塞体的活塞环槽内,由合金铸铁制成。上两道环槽内装有布油环和气环,起到均布润滑油并保证其气缸壁与活塞之间的密封性的作用;下面一道环槽内装有刮油环,当活塞向下运动时,可刮下气缸壁上的润滑油。刮油环的环槽中开有回油孔,被刮下的润滑油由回油孔流回曲轴箱。

活塞环的泵油、布油与刮油工作原理如图 6.20 所示。压缩机运转时,活塞环在活塞环槽间相对运动,气环将润滑油不断泵入气缸内。压缩机工作时,通过飞溅润滑将油覆盖于气缸内表面。当活塞向下运动时,气环上端面与环槽平面贴合,润滑油进入气环下端面和环槽的间隙中(见图 6.20(a));当活塞向上移动时,其环的下端面与环槽平面贴合,油被挤入上侧间隙(见图 6.20(b));活塞再向下运动时,油进入位置更高一层的环槽间隙(见图 6.20(c))。如此反复,润滑油被逐层提升而泵入气缸中。

为使油环更好地将多余的油刮入曲轴箱内,油环上开有油槽,活塞上开有泄油孔,并将油环的外圆柱面做成圆锥形(见图 6.21(a)),当活塞向下运动时,刮油环的下端面与气缸壁

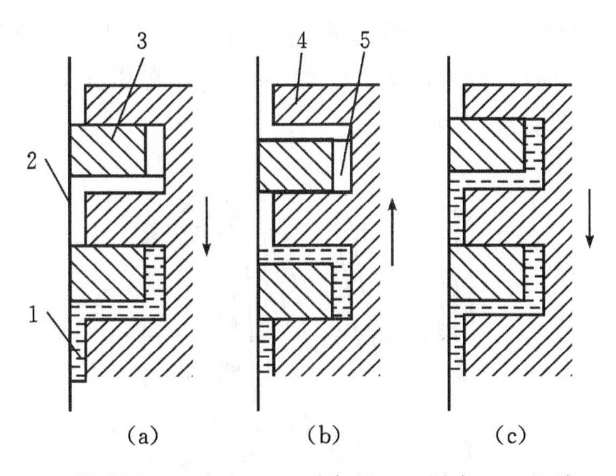

1—润滑油；2—气缸；3—活塞环；4—活塞；5—间隙。

图 6.20　活塞气环的泵油原理

面依靠环的预紧力而紧贴，将厚的油层刮掉；当活塞上移时，圆锥形与气缸壁间形成的楔形间的润滑油减少了环面与气缸壁之间的预紧力，从而在气缸壁面形成均匀的油层，达到布油的目的，提高润滑效果。刮油时油的流向如图 6.21(b)所示。

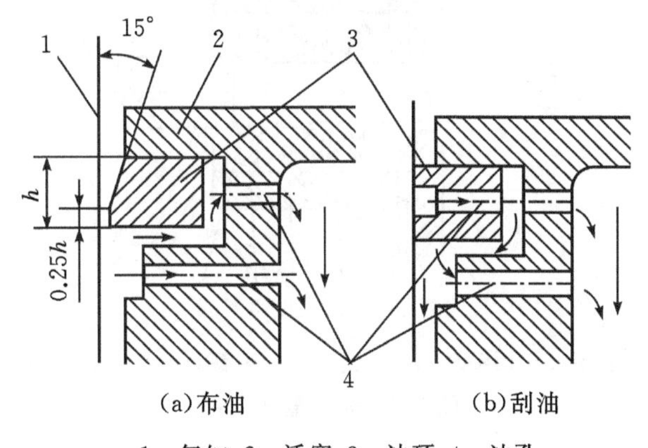

1—气缸；2—活塞；3—油环；4—油孔。

图 6.21　油环的布油与刮油

6.3.4　轴封

开启式压缩机曲轴的一端装有油泵，另一端则伸出曲轴箱外，与联轴器或带轮相连接。为了防止制冷剂蒸气由曲轴箱沿曲轴逸出，或者是当曲轴箱内的压力低于大气压时不致使空气漏入，必须装有轴封。常用的轴封有摩擦环式和波纹管式两种类型。

如图 6.22 所示，摩擦环式轴封由固定环、活动环、弹簧和两个橡胶圈组成。弹簧 3 和活动环 2 随曲轴一起旋转，借弹簧力将活动环 2、固定环 1 和轴封盖压紧，靠活动环和固定环的密封面及两个橡胶圈 5，保证曲轴箱的密封。曲轴的转速较高，轴封处不断供有润滑油进行润滑和冷却，防止密封面产生严重磨损甚至烧坏。

在小型氟利昂压缩机中，多采用波纹管式轴封，如图6.23所示，这种轴封的波纹管6由黄铜轧制而成，具有较大的轴向伸缩能力。波纹管一端焊在压盖8上，另一端焊在固定环4上，其密封原理与摩擦环式轴封相同。

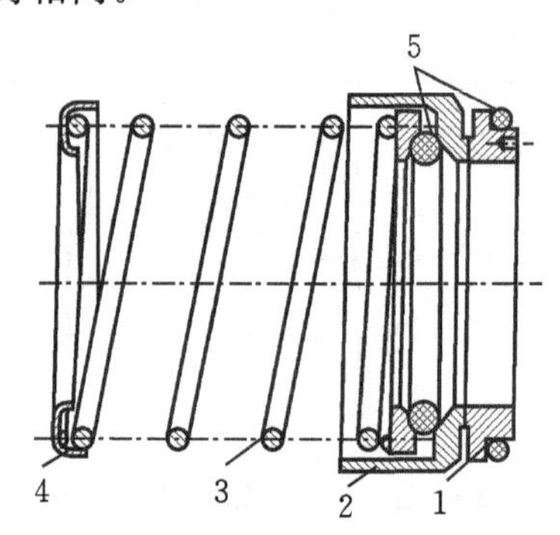

1—固定环；2—活动环；3—弹簧；4—弹簧座；5—橡胶圈。

图6.22　摩擦环式轴封

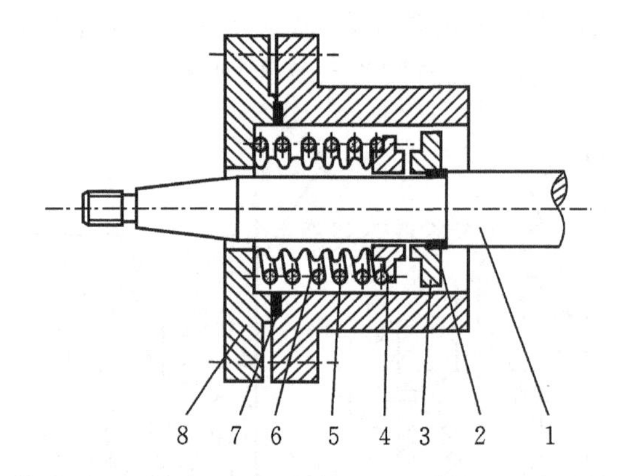

1—曲轴；2—橡胶圈；3—活动环；4—固定环；5—弹簧；6—波纹管；7—垫片；8—压盖。

图6.23　波纹管式轴封

6.3.5　能量调节装置

通常在选择压缩机时，其制冷量应能满足最大负荷的需要。然而在实际使用过程中，压缩机的负荷是随外界条件与冷量的需要情况而变化的。当所需负荷减少时，可以使压缩机间断地运行；当室温或库温下降到一定数值时，压缩机就停止运行；当室温或库温回升到某一定数值时，再恢复压缩机的运行。使用这种方法室温或库温波动较大，而且有时压缩机启动和停车很频繁，特别是对功率较大的压缩机，这种频繁的启动和停车是不允许的。为了解决这个问题，中型制冷压缩机都带有能量调节装置。

实现活塞式制冷压缩机能量调节的方法较多，常见的有一种能量卸载装置。能量卸载装置由顶杆启阀机构、液压缸推杆机构和油分配阀等三部分组成。

1.顶杆启阀机构

其作用原理如图6.24所示。气缸套外部装有转动环9、顶杆6等零件，顶杆装在吸气阀片 4 的下面，顶杆上套有弹簧 7，顶杆下端分别装在转动环 9 的斜槽内。当顶杆位于斜槽的最低点时，顶杆 6 与吸气阀片 4 不接触，阀片可以自由地上下跳动，该气缸正常工作。转动环 9 旋转，当顶杆沿斜面上升至最高点的时候，顶杆 6 就把吸气阀片 4 顶开。这时，吸气阀片 4 处于总是开启的状态，虽然活塞仍然在气缸内进行往复运动，但它并不压缩气体，使这个气缸处于不工作状态。这样就实现了压缩机的能量调节。

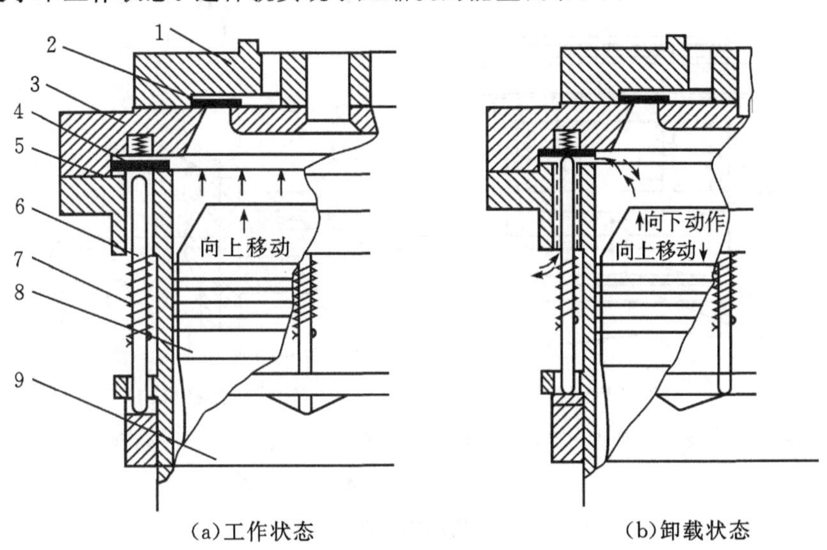

1—阀盖；2—排气阀片；3—排气阀座；4—吸气阀片；5—气缸套；6—顶杆；7—弹簧；8—活塞；9—转动环。

图 6.24　顶杆启阀机构作用原理图

2.液压缸推杆机构

其作用原理如图 6.25 所示。它是使气缸套外的转动环旋转的装置，主要包括液压缸、活塞、拉杆、弹簧和油管等部分。若不向油管 4 中供油，由于受弹簧 3 的作用，活塞 2 及拉杆

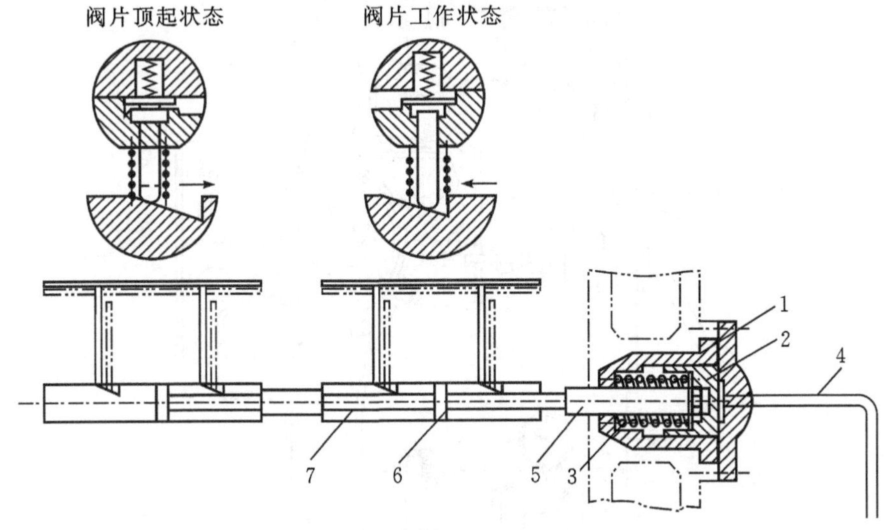

1—液压缸；2—活塞；3—弹簧；4—油管；5—拉杆；6—凸缘；7—转动环。

图 6.25　液压缸推杆机构作用原理图

5处于右端位置,气缸套外部的顶杆都是处在转动环7斜槽的最高位置,将吸气阀顶开,于是这两个气缸卸载。当向液压缸中供油时,因油压的作用,将活塞和拉杆推向左方,并通过拉杆5的凸缘6使转动环7转动,相应地使顶杆落下而处于斜槽的最低处,吸气阀片可以自由启闭而处于工作状态,这两个气缸即投入正常工作。

由顶杆启阀机构和液压缸推杆机构两部分组成的液压启阀式卸载装置如图6.26所示。

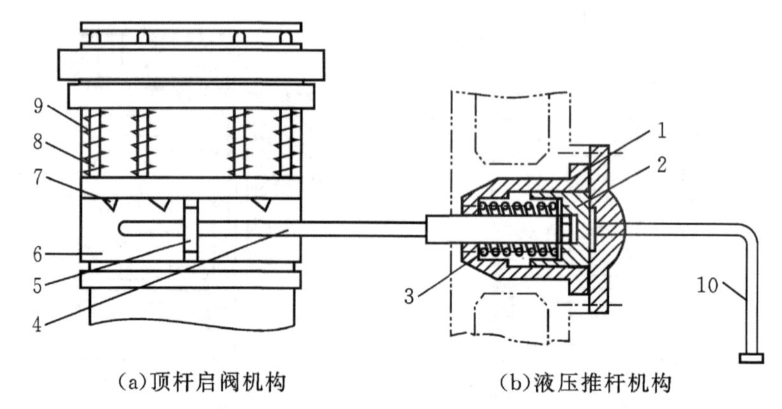

(a)顶杆启阀机构　　(b)液压推杆机构

1—液压缸;2—活塞;3—弹簧;4—推杆;5—凸缘;6—转动环;7—斜面切口;
8—顶杆;9—顶杆弹簧;10—油管。

图6.26　液压启阀式卸载装置

3.油分配阀

液压缸推杆油是通过油分配阀供给机构的。油分配阀体上有四个出油管接头、一个进油管接头、一个回油管接头和一个压力表接头,如图6.27能量调节装置管路示意图所示。

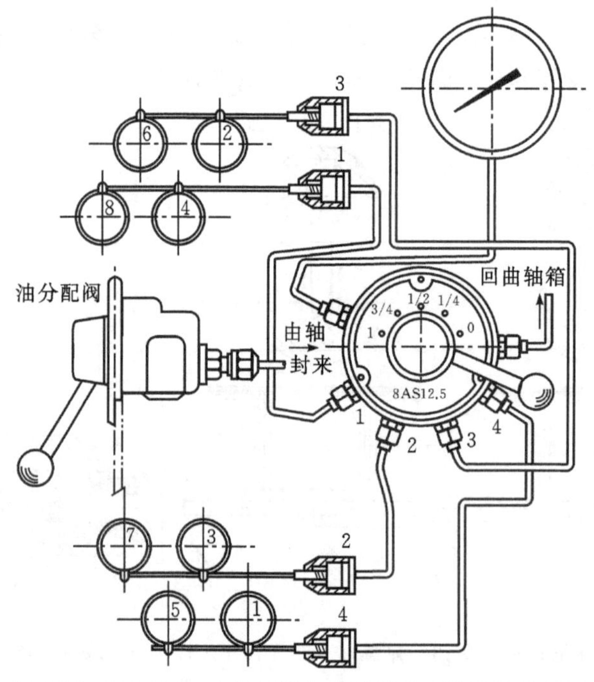

图6.27　812.5A100G型压缩机能量调节装置管路示意图

去液压缸的每根油管控制一组液压缸推杆机构的工作。每一个活塞和拉杆控制两个气缸，可以根据用户的需要，使制冷量按 100%、75%、50%、25%和 0%档进行冷量调节。

6.3.6　润滑油系统

压缩机的润滑是一个很重要的问题。润滑的目的主要是减少轴与轴承、活塞环与气缸壁等运动部件接触面的机械磨损，减少摩擦耗功，提高零部件的使用寿命。此外，润滑油可以带走摩擦产生的热量，降低各运动部件的温度，提高压缩机的耐久性。同时，压缩机的润滑系统还向能量调节装置供油。812.5A100G 型压缩机的润滑油系统示意图如图 6.28 所示。

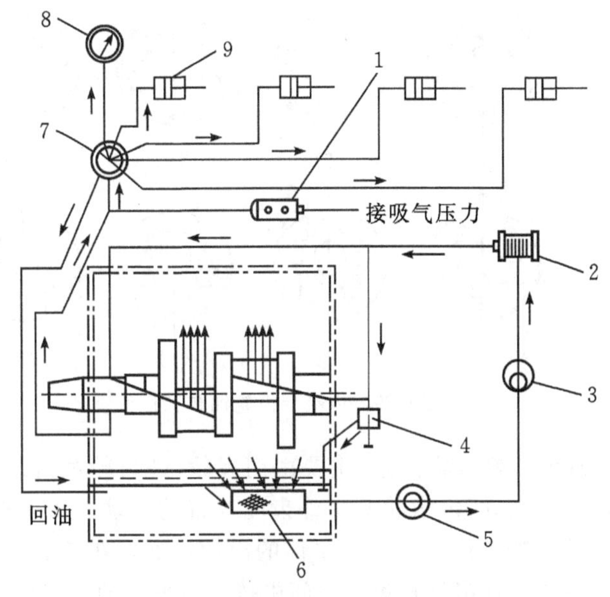

1—油压继电器；2—油细滤器；3—内齿轮油泵；4—油压调节阀；5—三通阀；
6—油粗滤器；7—油分配阀；8—油压表；9—液压缸推杆机构。

图 6.28　812.5A100G 型压缩机的润滑油系统示意图

曲轴箱下部盛有一定数量的润滑油，通过油粗滤器 6 被装在曲轴端部的油泵 3 吸入，经油泵加压后，一路被送到油泵端的曲轴油孔，润滑后主轴承、连杆大头轴承；另一路送到轴封处，润滑轴封、前主轴承和连杆大头轴承。此外，润滑油还从轴封外被送至能量调节装置的油分配阀 7。活塞与气缸则是通过连杆大小头的喷溅、活塞上的油环上下运动进行布油来润滑。在曲轴箱内还设有油冷却器，内通冷却水，用以降低润滑油的温度。

油泵是压力润滑系统中的主要组成部分。常采用的有内啮合转子油泵和月牙形内齿轮泵。

图 6.29 为内啮合齿轮油泵工作原理图。该油泵内转子装在偏心的泵体内，由曲轴带动旋转。外转子靠与内转子的啮合而旋转。油泵工作时，随着两个转子齿间存油容积的变化和位置的移动，不断地将润滑油吸入和排出。

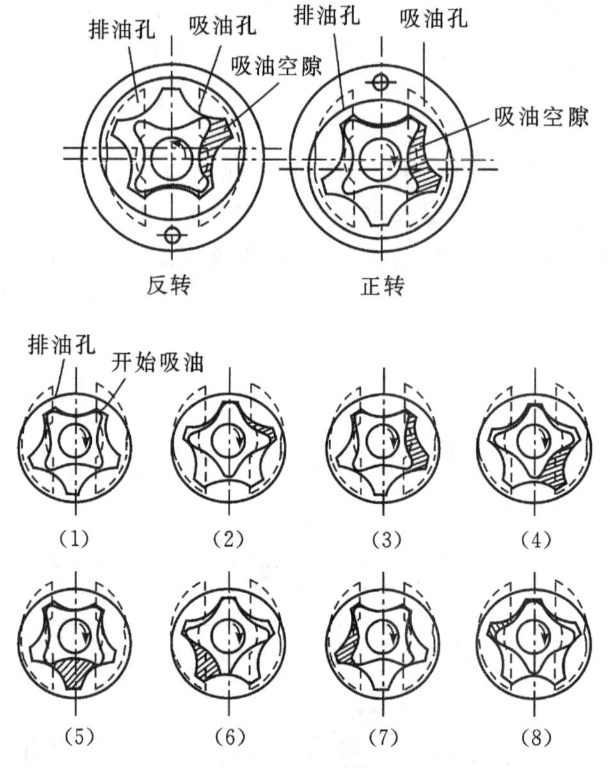

图 6.29 内啮合齿轮油泵工作原理图

如图 6.30 为月牙形内齿轮油泵，主要由内齿轮、外齿轮和月牙体等部分组成。曲轴转动时，内齿轮 6 将一起转动，内齿轮 6 由外齿轮 3 带动转动。由于偏心安装的内、外齿轮不断旋转，把润滑油从泵的进油口带到了泵体的出油口处。在接近出油口处，内、外齿轮开始啮合，把从进油口带来的润滑油从齿隙空间中挤了出来。随着齿轮油泵的旋转，润滑油不断供向各需要润滑油的部分。

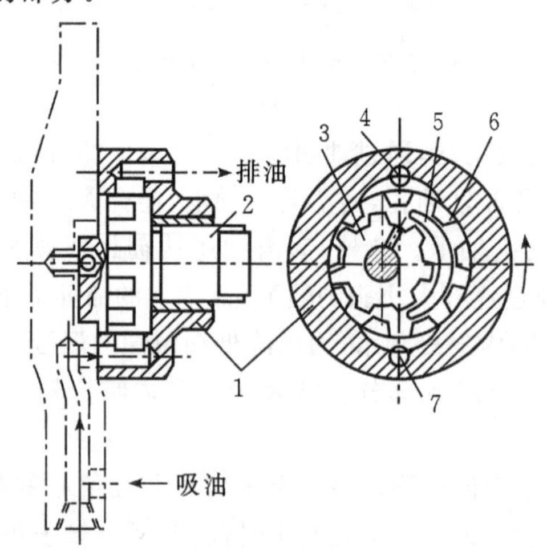

1—泵体；2—泵轴；3—外齿轮；4—出油口；5—月牙体；6—内齿轮；7—进油口。

图 6.30 月牙形内齿轮泵

6.4　活塞式制冷压缩机的性能及计算

6.4.1　活塞式制冷压缩机的理想工作过程与理论输气量

1.示功图(即压容图)

活塞式制冷压缩机的理想工作过程有以下假设:①压缩机没有余隙容积;②吸、排气过程没有阻力损失;③压缩过程中气缸壁与气体之间没有热量交换;④没有泄漏。

理想工作过程在 $p-V$ 图上的表示如图 6.31 所示。图中纵坐标表示气缸中的压力 p,横坐标表示活塞移动时在气缸中形成的容积 V。理想工作过程包括吸气、压缩、排气三个过程。4—1 为吸气过程;1—2 为压缩过程;2—3 为排气过程,排气过程结束后,压缩机再重复吸气、压缩和排气三个过程。当压缩机完成一个工作循环时,压缩机对制冷剂所做的功可用面积 41234 表示。所以 $p-V$ 图称为理想工作过程的示功图。

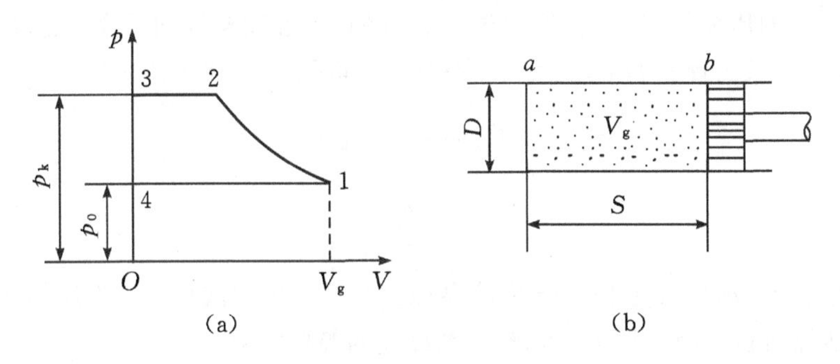

图 6.31　活塞式制冷压缩机理想工作过程

讨论活塞式压缩机的理论循环,找到循环基本热力参数之间的关系,并分析提高性能指标的途径,为提高压缩机实际循环性能提供方法。衡量压缩机性能主要有输气量和功率消耗两个指标,目的是以最小的功率输入获取更多的输气量,在一定工况下,输气量越大,制冷量越大。

2.理论输气量

压缩机的输气量是指在单位时间内,由吸气腔往排气腔输送的气体质量。这部分气体如换算为吸气状态的容积,便是压缩机的容积输气量,单位是 m^3/s 或 m^3/h。

如图 6.31 所示,在理想情况下,压缩机吸气流过吸气阀门时没有压力损失,则吸入缸内的气体状态与吸气腔内的相同,并且无泄漏地全部排入排气腔。这时,曲轴每旋转一周,压缩机一个气缸所吸入的低压气体体积(或称气缸工作容积)为 V_g,即

$$V_g = S \cdot (\pi D^2/4) \tag{6.1}$$

式中,V_g为气缸工作容积,m^3;D 为气缸直径,m;S 为活塞行程,m。

若压缩机有 Z 个气缸,转速为 n,则压缩机吸入的气体量为

$$q_{v,\mathrm{th}}=\pi/240\cdot D^2SnZ \tag{6.2}$$

式中，$q_{v,\mathrm{th}}$为压缩机的理论输气量，$\mathrm{m^3/s}$；n 为压缩机的转数，r/min。

活塞式制冷压缩机的理论输气量也称为压缩机的活塞排量。它仅与压缩机的转速、气缸直径、活塞行程、气缸数目等有关，而与制冷剂的种类和压缩机的运行工况无关。

3.压缩机的质量流量

压缩机的质量流量与容积输气量之间的关系为

$$q_m=q_{v,\mathrm{th}}/v_1 \tag{6.3}$$

式中，q_m 为压缩机的质量流量，kg/s；v_1 为压缩机吸气状态制冷剂蒸气的比体积，$\mathrm{m^3/kg}$。

4.压缩机消耗的理论功

压缩机的一个气缸在完成一个理论循环后所消耗的理论功 W 等于 $p-V$ 指示图的面积 41234（见图 6.31）。令活塞对气体所做的功为正值，单位为 J，则

$$W_\mathrm{h}=\int_1^2 V\mathrm{d}p \tag{6.4}$$

此值与 1—2 的压缩过程有关，热力过程有等熵、等温或多变过程等，通常取 1—2 的等熵压缩过程为压缩机的理论循环功。从工程热力学可知，对于理想气体

$$W_\mathrm{h}=p_0V_\mathrm{w}\frac{k}{k-1}\cdot(\varepsilon^{\frac{k-1}{k}}-1) \tag{6.5}$$

$$\varepsilon=\frac{p_\mathrm{k}}{p_0}$$

式中，W_h 为制冷压缩机的理论功，J；ε 为冷凝压力与蒸发压力之比；p_k 为压缩机出口排气压力，Pa；p_0 为压缩机进口吸气压力，Pa；k 为制冷剂的等熵指数。

6.4.2 活塞式制冷压缩机的实际工作过程与输气系数

活塞式制冷压缩机的实际工作过程比理想工作过程要复杂得多。实际示功图与理论示功图差别很大，而且压缩机的实际输气量也小于理论输气量。实际工作过程与理想工作过程有以下差别：①有余隙容积；②吸、排气阀门有阻力；③压缩过程气缸壁与气体之间有热量交换；④气阀部分及活塞环与气缸壁之间有气体的内部泄漏。

1.实际工作过程

实际工作过程的 $p-V$ 图如图 6.32 所示，存在着余隙容积，ΔV_1 是由余隙容积中工质膨胀造成的。其中 1′—2′为多变压缩过程，2′—3′为有阻力的排气过程，3′—3—4—4′为有余隙容积的膨胀过程，4′—1′为有阻力的吸气过程。Δp_1 表示吸气阀压力损失；Δp_2 表示排气阀压力损失。

2.输气系数

由于活塞式制冷压缩机实际工作过程存在不可避免的热力和能量损失，造成其实际输气量永远小于活塞排量（即理论输气量），两者的比值称为压缩机的输气系数 λ，即

$$\lambda=q_{v,\mathrm{s}}/q_{v,\mathrm{th}} \tag{6.6}$$

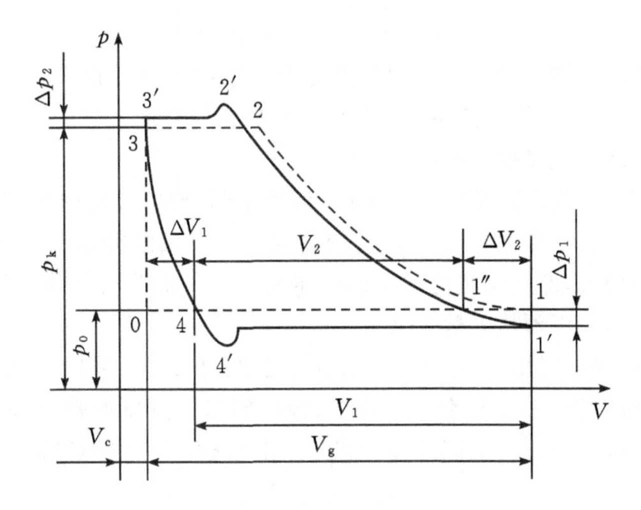

图 6.32　活塞式制冷压缩机实际工作过程的 $p-V$ 图

式中，$q_{v,s}$为压缩机的实际输气量，m^3/s；$q_{v,th}$为压缩机的理论输气量，m^3/s。

3.影响压缩机输气系数的各项因素

下面分析影响压缩机输气系数的各项因素。

(1)余隙容积的影响。

活塞在气缸中进行往复运动时，活塞行程的上止点并不与气缸顶部完全重合，而是留有一定的间隙，这个间隙所占的容积称为余隙容积，用 V_c 表示，余隙容积与气缸工作容积的比值称为相对余隙容积，用 c 表示。现代中小型活塞式制冷压缩机的相对余隙容积 c 取 0.02～0.06。

由于余隙容积存在，排气过程结束时，气缸内仍留有 V_c 体积的高压气体，活塞开始向下止点移动时，吸气阀尚不能打开，残留在气缸内的高压蒸气要膨胀降压，直至气缸内的压力下降到低于吸气压力后，吸气阀才能打开，压缩机开始吸气，这样便减少了压缩机的实际吸气量。

余隙容积中高压气体的膨胀过程如图 6.32 所示，ΔV_1 就是因气缸存在余隙容积所减少的吸气体积量。实际输气量 V_1 与气缸工作容积 V_g 的比值称为压缩机的余隙系数 λ_v，λ_v 值的大小反映了余隙容积对压缩机吸气量的影响程度。

$$\lambda_v = V_1/V_g \tag{6.7}$$

气缸减少的吸气量 ΔV_1 不仅与余隙容积 V_c 的大小有关，而且与压缩机的吸、排压力比 p_2/p_1 有关。V_c 及 p_2/p_1 越大，则 ΔV_1 也越大，余隙系数 λ_v 越低。

(2)吸、排气阀阻力的影响。

为克服吸气阀的阻力，气缸中蒸气压力须低于吸气压力，即$(p_1-\Delta p_1)$，从而增大了气体的比体积，减少了吸气量；为克服排气阀的阻力，气缸中蒸气压力须高于排气压力，即$(p_2+\Delta p_2)$，从而增大压缩机的做功率，减少了吸气量。

由于吸、排气阀门的阻力使吸气容积由 V_1 减少到 V_2，V_2 与 V_1 的比值称为节流系数 λ_p，即

$$\lambda_p = V_2/V_1 = (V_1 - \Delta V_2)/V_1 \tag{6.8}$$

λ_p值的大小反映了压缩机吸、排气阀门阻力所造成的吸气量损失。p_1和Δp_1是影响节流系数的主要因素。当吸气压力降低时，节流系数λ_p相应降低。

(3)气缸壁与制冷剂热交换的影响。

在实际工作过程中，制冷剂蒸气被压缩时，温度不断升高，并将热量传给气缸壁，使气缸壁的温度升高。吸气时，制冷剂蒸气与温度较高的气缸壁接触并从气缸壁吸收热量。蒸气受热而膨胀，比体积增大，使压缩机的质量输气量减少。气缸壁与制冷剂热交换所引起的压缩机质量输气量减少，可用预热系数λ_t表示。

影响预热系数的因素很多，如压力比p_2/p_1、压缩机的结构、制冷剂的性质等，所以λ_t很难确切计算。但是可以肯定p_2越大，p_1越小，制冷剂与气缸壁的热交换量越大，则预热系数越小。一般情况下，对于开启式制冷压缩机，可用经验公式(6.9)计算：

$$\lambda_t = T_0 / T_k \tag{6.9}$$

式中：T_0为蒸发温度，K；T_k为冷凝温度，K。

(4)压缩机内部泄漏的影响。

压缩机工作时，由于活塞与气缸壁之间密封不严、吸排气阀门关闭不严或关闭滞后等，都会造成部分蒸气从高压部分向低压部分泄漏，从而造成压缩机实际输气量的减少。内部泄漏对输气量的影响，用气密系数λ_m表示。λ_m不仅与压缩机的结构、加工质量、零部件磨损程度等因素有关，而且与压缩机的运行工况有关。

λ_m的值不能直接测量，通常都是简单估算，一般推荐λ_m取0.95～0.98。

通过以上分析可知，制冷压缩机运行时的输气系数λ与余隙系数λ_v、节流系数λ_p、预热系数λ_t、气密系数λ_m四个系数有关。因此输气系数又可用这四个系数的乘积表示，即

$$\lambda = \lambda_v \lambda_p \lambda_m \lambda_t \tag{6.10}$$

活塞式制冷压缩机的输气系数，不仅与压缩机本身的结构及所用制冷剂的性质有关，而且与运行工况有关。对于一台压缩机，如果所使用的制冷剂已经确定，其输气系数λ主要随着蒸发温度t_0和冷凝温度t_k的变化而变化。

当冷凝温度t_k升高时，冷凝压力p_k上升，则排气终了残留在气缸余隙中的气体压力将提高，气缸壁的温度也上升，压缩机内部泄漏的可能性将增加，这些情况都会使输气系数下降。

对于蒸发温度t_0，情况正好相反。当蒸发温度t_0降低时，蒸发压力p_0降低，则要求残留在余隙容积中的高压气体膨胀到更低的压力时，气缸才能开始吸气，这样膨胀气体所占的气缸工作容积将增加，实际吸气容积减小。另外，由于蒸发温度降低，使压缩机的压缩比增大，压缩终了气缸壁的温度升高，被吸入制冷剂气体与气缸壁的温差将增大，使换热加剧；而且高低压的压力差也增加了压缩机内部泄漏的可能性，因此输气系数λ随之下降。

所以说输气系数λ实际上是冷凝温度t_k和蒸发温度t_0的函数。

不同类型的压缩机，使用不同的制冷剂，以及在不同工作条件下，其输气系数λ的数值亦不相同。表6.5给出的是立式和V形氨压缩机的输气系数λ的取值。图6.33为氨和R22的输气系数查询图。

表 6.5　立式和 V 形氨压缩机的输气系数 λ 表

蒸发温度 t_e/℃	冷凝温度 t_c/℃															
	25	26	27	28	29	30	31	32	33	34	35	36	37	38	39	40
−15	0.728	0.722	0.716	0.710	0.704	0.698	0.692	0.686	0.680	0.674	0.668	0.661	0.654	0.647	0.640	0.633
−14	0.736	0.730	0.724	0.718	0.712	0.706	0.700	0.694	0.688	0.682	0.676	0.669	0.662	0.655	0.648	0.641
−13	0.744	0.738	0.732	0.726	0.720	0.714	0.708	0.702	0.696	0.690	0.684	0.677	0.670	0.663	0.656	0.649
−12	0.750	0.746	0.740	0.734	0.728	0.722	0.716	0.710	0.704	0.698	0.692	0.685	0.678	0.671	0.664	0.657
−11	0.760	0.754	0.748	0.742	0.736	0.730	0.724	0.718	0.712	0.706	0.700	0.693	0.686	0.679	0.672	0.665
−10	0.768	0.762	0.756	0.750	0.744	0.738	0.732	0.726	0.720	0.714	0.708	0.701	0.694	0.687	0.680	0.673
−9	0.776	0.770	0.764	0.758	0.752	0.746	0.740	0.734	0.728	0.722	0.716	0.709	0.702	0.695	0.688	0.681
−8	0.784	0.778	0.772	0.766	0.760	0.754	0.748	0.742	0.736	0.730	0.724	0.717	0.710	0.703	0.696	0.689
−7	0.792	0.786	0.780	0.774	0.768	0.762	0.756	0.750	0.744	0.738	0.732	0.725	0.718	0.711	0.704	0.697
−6	0.800	0.794	0.788	0.782	0.776	0.770	0.764	0.758	0.752	0.746	0.740	0.733	0.726	0.719	0.712	0.705
−5	0.808	0.802	0.796	0.790	0.784	0.778	0.772	0.766	0.760	0.754	0.748	0.741	0.734	0.727	0.720	0.713
−4	0.816	0.810	0.804	0.798	0.792	0.788	0.780	0.774	0.768	0.762	0.756	0.749	0.742	0.735	0.728	0.721
−3	0.824	0.818	0.812	0.806	0.800	0.794	0.788	0.782	0.776	0.770	0.764	0.757	0.750	0.743	0.736	0.729
−2	0.832	0.826	0.820	0.814	0.808	0.802	0.796	0.790	0.784	0.778	0.772	0.765	0.758	0.751	0.744	0.737
−1	0.840	0.834	0.828	0.822	0.816	0.810	0.804	0.789	0.792	0.786	0.780	0.773	0.766	0.759	0.752	0.745
0	0.848	0.842	0.836	0.830	0.824	0.818	0.812	0.806	0.800	0.794	0.786	0.781	0.774	0.767	0.760	0.753
1	0.856	0.850	0.844	0.838	0.832	0.826	0.820	0.814	0.808	0.802	0.796	0.789	0.782	0.775	0.768	0.761
2	0.864	0.858	0.852	0.846	0.840	0.834	0.828	0.822	0.816	0.810	0.804	0.797	0.790	0.783	0.776	0.769
3	0.872	0.866	0.860	0.854	0.848	0.842	0.836	0.830	0.824	0.818	0.812	0.805	0.798	0.791	0.784	0.777
4	0.880	0.874	0.868	0.862	0.856	0.850	0.844	0.838	0.832	0.826	0.820	0.813	0.806	0.799	0.792	0.785
5	0.888	0.882	0.876	0.870	0.864	0.858	0.852	0.846	0.840	0.834	0.828	0.821	0.814	0.807	0.800	0.793
6	0.896	0.890	0.884	0.878	0.872	0.866	0.860	0.854	0.848	0.842	0.836	0.829	0.822	0.815	0.808	0.801
7	0.904	0.898	0.892	0.886	0.880	0.874	0.868	0.862	0.856	0.850	0.844	0.837	0.830	0.823	0.816	0.809
8	0.912	0.906	0.900	0.894	0.888	0.882	0.876	0.870	0.864	0.858	0.852	0.845	0.838	0.831	0.824	0.817
9	0.920	0.914	0.908	0.902	0.896	0.890	0.884	0.878	0.872	0.866	0.860	0.853	0.846	0.839	0.832	0.825
10	0.928	0.922	0.916	0.910	0.904	0.898	0.892	0.886	0.880	0.874	0.868	0.861	0.854	0.847	0.840	0.833

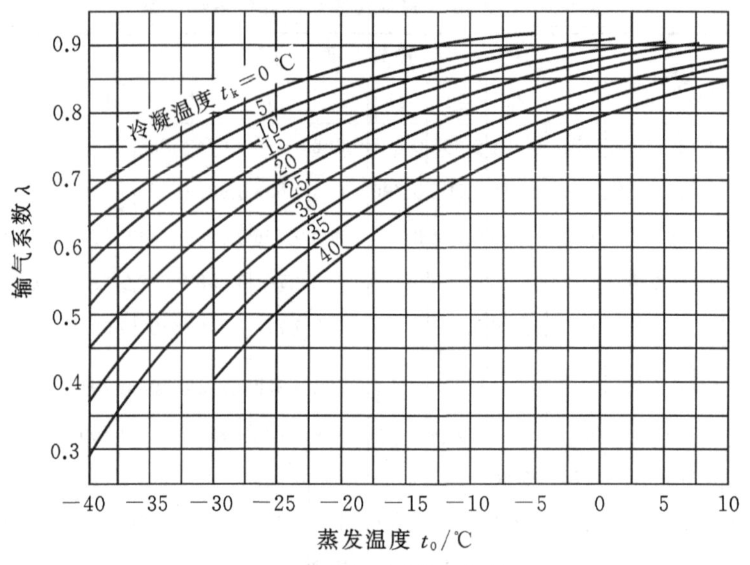

(a)氨的输气系数查询图

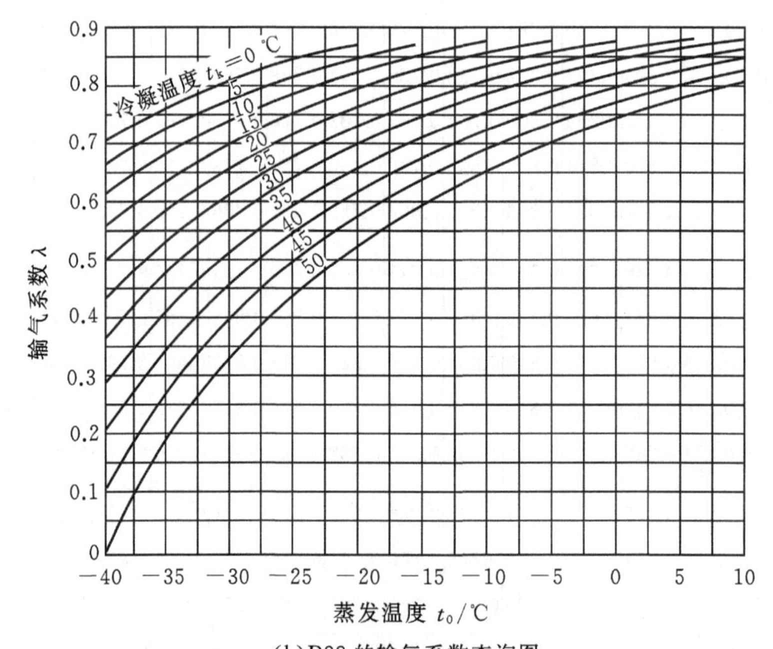

(b)R22 的输气系数查询图

图 6.33 输气系数查询图

6.4.3 活塞式制冷压缩机的制冷量及耗功率

1.活塞式制冷压缩机的制冷量

实际输气量 $q_{v,s}$(m^3/s)为

$$q_{v,s}=\lambda \cdot q_{v,th} \tag{6.11}$$

式中，$q_{v,\mathrm{th}}$为压缩机的理论输气量，m^3/s；λ 为压缩机的输气系数。

实际质量流量 q_m(kg/s)为

$$q_m = \frac{\lambda \cdot q_{v,\mathrm{th}}}{v_1} \tag{6.12}$$

式中，v_1 为压缩机吸气状态比体积，m^3/kg。

制冷量可用下式计算：

$$Q_0 = q_m q_0 = \lambda q_{v,\mathrm{th}} q_v = \frac{\lambda \cdot q_{v,\mathrm{th}}}{v_1} q_0 \tag{6.13}$$

式中，Q_0 为压缩机在计算工况下的制冷量，kW；q_0 为制冷剂在计算工况下的单位质量制冷量，kJ/kg；q_v为制冷剂在计算工况下的单位容积制冷量，kJ/m^3。

可见，只要知道压缩机的理论输气量 $q_{v,\mathrm{th}}$及输气系数 λ，就可以计算出压缩机的制冷量。

2.活塞式制冷压缩机的耗功率

在蒸气压缩式制冷理论循环的热力计算中，已经介绍过压缩机理论耗功率的计算，即 $p_t=q_m(h_2-h_1)$，但在实际压缩过程中，所消耗的功总是比理论压缩功大。这是因为气体流经吸、排气阀门有压力损失，实际压缩过程并非等熵压缩过程。

(1)指示效率。

单位理论压缩功 P_t与实际条件下压缩单位质量制冷剂所消耗的功 P_i 之比，称为指示效率，用 η_i 表示。它表示实际压缩过程与理想压缩过程接近的程度。

考虑到指示效率的影响，压缩机实际消耗的压缩功率称为指示功率，表示如下

$$P_i = P_t/\eta_i = q_m(h_2 - h_1)/\eta_i \tag{6.14}$$

式中，P_i 为压缩机的指示功率，kW；P_t为压缩机的理论功率，kW；η_i 为压缩机的指示效率；q_m 为压缩机的质量流量，kg/s；h_1、h_2 分别为压缩机吸气和排气状态的比焓，kJ/kg。

从图 6.34 中可以看出，压缩比越大，指示效率越低，而且中低速活塞式压缩机的指示效率高于高速活塞式压缩机的指示效率。

立式和 V 形氨压缩机和氟利昂压缩机的指示效率可分别从表 6.6 和表 6.7 查出。

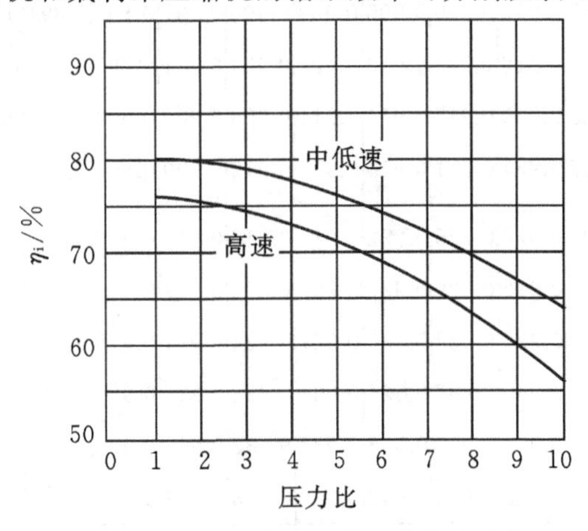

图 6.34　活塞式制冷压缩机的指示效率

对于立式压缩机，也可按以下经验公式计算：

$$\eta_i = (T_0/T_k) + bt_0 \tag{6.15}$$

式中：T_0 为蒸发温度，K；T_k 为冷凝温度，K；t_0 为蒸发温度，℃；b 为系数，一般氟利昂压缩机取 $b=0.0025$，氨压缩机取 $b=0.001$。

表 6.6　立式与 V 形氨压缩机的指示效率 η_i

蒸发温度/℃	冷凝温度/℃															
	25	26	27	28	29	30	31	32	33	34	35	36	37	38	39	40
−15	0.857	0.854	0.851	0.848	0.845	0.842	0.839	0.836	0.833	0.830	0.827	0.823	0.819	0.815	0.814	0.810
−14	0.861	0.858	0.855	0.852	0.849	0.846	0.843	0.840	0.837	0.834	0.831	0.827	0.823	0.819	0.815	0.814
−13	0.865	0.862	0.859	0.856	0.853	0.850	0.847	0.844	0.841	0.838	0.835	0.831	0.827	0.823	0.819	0.815
−12	0.869	0.866	0.863	0.860	0.857	0.854	0.851	0.848	0.845	0.842	0.839	0.835	0.831	0.827	0.823	0.819
−11	0.873	0.870	0.867	0.864	0.861	0.858	0.855	0.852	0.849	0.846	0.843	0.839	0.835	0.831	0.827	0.823
−10	0.877	0.874	0.871	0.868	0.865	0.862	0.859	0.856	0.853	0.850	0.847	0.843	0.839	0.835	0.831	0.827
−9	0.881	0.878	0.875	0.872	0.869	0.866	0.863	0.860	0.857	0.854	0.851	0.847	0.843	0.839	0.835	0.831
−8	0.885	0.882	0.879	0.876	0.873	0.870	0.867	0.864	0.861	0.858	0.855	0.851	0.847	0.843	0.839	0.835
−7	0.889	0.886	0.883	0.880	0.877	0.874	0.871	0.868	0.865	0.862	0.859	0.855	0.851	0.847	0.843	0.839
−6	0.893	0.890	0.887	0.884	0.881	0.878	0.875	0.872	0.869	0.866	0.863	0.859	0.855	0.851	0.847	0.843
−5	0.897	0.894	0.891	0.888	0.885	0.882	0.879	0.876	0.873	0.870	0.867	0.863	0.859	0.855	0.851	0.847
−4	0.901	0.898	0.895	0.892	0.889	0.886	0.883	0.880	0.877	0.874	0.871	0.867	0.863	0.859	0.855	0.851
−3	0.905	0.902	0.899	0.896	0.893	0.890	0.887	0.884	0.881	0.878	0.875	0.871	0.867	0.863	0.859	0.855
−2	0.909	0.906	0.903	0.900	0.897	0.894	0.891	0.888	0.885	0.882	0.879	0.875	0.871	0.867	0.863	0.859
−1	0.913	0.910	0.907	0.904	0.901	0.888	0.895	0.892	0.889	0.886	0.883	0.879	0.875	0.871	0.865	0.863
0	0.917	0.914	0.911	0.908	0.905	0.902	0.899	0.896	0.893	0.890	0.887	0.883	0.879	0.875	0.871	0.867
1	0.921	0.918	0.915	0.912	0.909	0.906	0.903	0.900	0.897	0.894	0.891	0.887	0.883	0.879	0.875	0.871
2	0.925	0.922	0.919	0.916	0.913	0.910	0.907	0.904	0.901	0.898	0.895	0.891	0.887	0.883	0.879	0.875
3	0.929	0.926	0.923	0.920	0.917	0.914	0.911	0.908	0.905	0.902	0.899	0.895	0.891	0.887	0.883	0.879
4	0.933	0.930	0.927	0.924	0.921	0.918	0.915	0.912	0.909	0.906	0.903	0.899	0.895	0.891	0.887	0.883
5	0.937	0.934	0.931	0.928	0.925	0.922	0.919	0.916	0.913	0.910	0.907	0.903	0.899	0.895	0.891	0.887
6	0.941	0.938	0.935	0.932	0.929	0.926	0.923	0.920	0.917	0.914	0.911	0.907	0.903	0.899	0.895	0.891
7	0.945	0.942	0.939	0.936	0.933	0.930	0.927	0.924	0.921	0.918	0.915	0.911	0.907	0.903	0.899	0.895
8	0.949	0.946	0.943	0.940	0.937	0.934	0.931	0.928	0.925	0.922	0.919	0.915	0.911	0.907	0.903	0.899
9	0.953	0.950	0.947	0.944	0.941	0.938	0.935	0.932	0.929	0.926	0.923	0.919	0.915	0.911	0.907	0.903
10	0.957	0.954	0.951	0.948	0.945	0.942	0.939	0.936	0.933	0.930	0.927	0.923	0.979	0.915	0.911	0.907

表 6.7　立式与 V 形氟利昂压缩机的指示效率 η_i

蒸发温度/℃	冷凝温度/℃															
	25	26	27	28	29	30	31	32	33	34	35	36	37	38	39	40
−15	0.827	0.824	0.821	0.818	0.815	0.812	0.809	0.806	0.803	0.800	0.797	0.793	0.789	0.785	0.781	0.777
−14	0.833	0.830	0.827	0.824	0.821	0.818	0.815	0.812	0.809	0.806	0.803	0.799	0.795	0.791	0.787	0.783
−13	0.839	0.836	0.833	0.830	0.827	0.824	0.821	0.818	0.815	0.812	0.809	0.805	0.801	0.797	0.793	0.789
−12	0.845	0.842	0.839	0.836	0.833	0.830	0.827	0.824	0.821	0.818	0.815	0.811	0.807	0.803	0.799	0.795
−11	0.851	0.848	0.845	0.842	0.839	0.836	0.833	0.830	0.827	0.824	0.821	0.817	0.813	0.809	0.805	0.801
−10	0.857	0.854	0.851	0.848	0.845	0.842	0.839	0.836	0.833	0.830	0.827	0.823	0.819	0.815	0.811	0.807
−9	0.863	0.860	0.857	0.854	0.851	0.848	0.845	0.842	0.839	0.836	0.833	0.829	0.825	0.821	0.817	0.813
−8	0.869	0.866	0.863	0.860	0.857	0.854	0.851	0.848	0.845	0.842	0.839	0.835	0.831	0.827	0.823	0.819
−7	0.875	0.872	0.869	0.866	0.863	0.860	0.857	0.854	0.851	0.848	0.845	0.841	0.837	0.833	0.829	0.825
−6	0.881	0.878	0.875	0.872	0.869	0.866	0.863	0.860	0.857	0.854	0.851	0.847	0.843	0.839	0.835	0.831
−5	0.887	0.884	0.881	0.878	0.875	0.872	0.869	0.866	0.863	0.860	0.857	0.853	0.849	0.845	0.841	0.837
−4	0.893	0.890	0.887	0.884	0.881	0.878	0.875	0.872	0.869	0.866	0.863	0.859	0.855	0.851	0.847	0.843
−3	0.899	0.896	0.893	0.890	0.887	0.884	0.881	0.878	0.875	0.872	0.869	0.865	0.861	0.857	0.853	0.849
−2	0.905	0.802	0.899	0.896	0.893	0.890	0.887	0.884	0.881	0.878	0.875	0.871	0.867	0.863	0.859	0.855
−1	0.911	0.808	0.905	0.902	0.899	0.896	0.893	0.890	0.887	0.884	0.881	0.877	0.873	0.869	0.865	0.861
0	0.917	0.914	0.911	0.908	0.905	0.902	0.899	0.896	0.893	0.890	0.887	0.883	0.879	0.875	0.871	0.867
1	0.922	0.919	0.916	0.913	0.910	0.907	0.904	0.901	0.898	0.895	0.892	0.888	0.884	0.880	0.876	0.872
2	0.927	0.924	0.921	0.918	0.915	0.912	0.909	0.906	0.903	0.900	0.897	0.893	0.889	0.885	0.881	0.877
3	0.932	0.929	0.926	0.923	0.920	0.917	0.914	0.911	0.908	0.905	0.902	0.898	0.894	0.890	0.886	0.882
4	0.937	0.934	0.931	0.928	0.925	0.922	0.919	0.916	0.913	0.910	0.907	0.903	0.899	0.895	0.891	0.887
5	0.942	0.939	0.936	0.933	0.930	0.927	0.924	0.921	0.918	0.915	0.912	0.908	0.904	0.900	0.896	0.892
6	0.947	0.944	0.941	0.938	0.935	0.932	0.929	0.926	0.923	0.920	0.917	0.913	0.909	0.905	0.901	0.897
7	0.952	0.949	0.946	0.943	0.940	0.937	0.934	0.931	0.928	0.925	0.922	0.918	0.914	0.910	0.906	0.902
8	0.957	0.954	0.951	0.948	0.945	0.942	0.939	0.936	0.933	0.930	0.927	0.923	0.919	0.915	0.911	0.907
9	0.962	0.959	0.956	0.953	0.950	0.947	0.944	0.941	0.938	0.935	0.932	0.928	0.924	0.920	0.916	0.912
10	0.967	0.964	0.961	0.958	0.955	0.952	0.949	0.946	0.943	0.940	0.937	0.933	0.929	0.925	0.921	0.917

(2)机械效率。

压缩机运转时需要克服机械摩擦，如各轴承和轴颈之间的摩擦，活塞、活塞环和气缸壁之间的摩擦等。消耗在克服压缩机各运动部件之间摩擦阻力的功率，称为压缩机的摩擦功率，润滑油泵消耗的功率也包括在摩擦功率之内。所以压缩机运转中，消耗在其轴上的功率应该是指示功率和摩擦功率之和，称为压缩机的轴功率。

指示功率与轴功率的比值称为机械(摩擦)效率，用 η_m 表示。即

$$P_e = P_i/\eta_m = P_t/\eta_i\eta_m = q_m(h_2 - h_1)/\eta_i\eta_m \tag{6.16}$$

式中，P_e为压缩机的轴功率，kW；P_i 为压缩机的指示功率，kW；η_m 为压缩机的机械效率；η_i 为压缩机的指示效率；q_m 为压缩机的质量流量，kg/s；v_1 为压缩机吸气状态制冷剂蒸气的比体积，m^3/kg；h_1、h_2 分别为压缩机吸气和排气状态的比焓，kJ/kg。

指示效率 η_i和机械效率 η_m 的乘积，通常称为压缩机的绝热效率，以 η_k 表示。它反映了压缩机在某一工况下运转时的各种损失。在正常情况下，活塞式制冷压缩机的绝热效率 η_k 取 0.65～0.75。

图 6.35 为活塞式制冷压缩机的机械效率与压缩比之间的变化关系。可见，机械效率的变化和指示效率的变化情况相似，中低速活塞式制冷压缩机的机械效率较高，而且随着压缩比的增加，机械效率将减小。

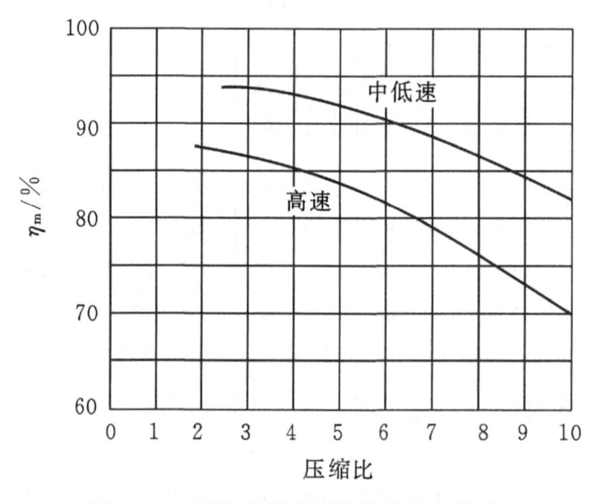

图 6.35 活塞式制冷压缩机的机械效率

(3)配用电动机功率。

压缩机在实际使用中，配用的电动机的功率，除应考虑该制冷压缩机的运行工况外，还应考虑到压缩机与电动机之间的连接方式，并应有一定的裕量，以防意外超载。因此，制冷压缩机配用电动机的功率 P 应为

$$P = (1.10 \sim 1.15)P_e/\eta_d \tag{6.17}$$

式中，η_d 为传动效率，压缩机与电动机直接连接时，$\eta_d=1$；采用 V 带连接时，η_d 取 0.9～0.95。

压缩机运转时，电动机的输入功率可用电功率表测得。在正常情况下，电动机的输入功率应小于配用电动机的额定功率。若电动机超载运行，不但会降低电动机效率，而且可能烧毁电动机。配用电动机的输入功率可用公式 $P_{in}= P\eta_0$计算，其中 P_{in}为配用电动机的输入功率(kW)，η_0为电动机效率。

电动机效率与电动机的类型、额定功率大小以及负载功率大小有关。图 6.36 所示为电动机效率与电动机额定功率之间的关系，单相电动机的效率低于三相电动机的效率，额定功率大的电动机的效率高于额定功率小的电动机的效率。

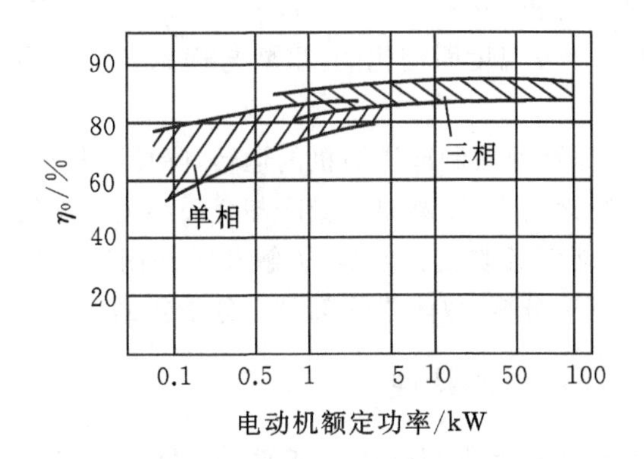

图 6.36　电动机效率与电动机额定功率之间的关系

6.5　影响活塞式制冷压缩机性能的因素

6.5.1　影响活塞式制冷压缩机性能的主要因素

活塞式制冷压缩机的性能，除了它的输气量、输气系数、制冷量和功率外，还包括其能耗指标。通常采用性能系数 COP 来评价压缩机运转时的经济性，它是在一定工况下制冷压缩机的制冷量与所消耗功率的比值。对于开启式压缩机，性能系数 COP_e 是单位轴功率的制冷量。

$$COP_e = Q_0/P_e = (Q_0/P_t)\eta_i\eta_m = \varepsilon_0\eta_i\eta_m$$

式中，ε_0 为活塞式制冷压缩机的理论制冷系数。

对于封闭式压缩机，性能系数 COP_e 是压缩机单位输入功率制冷量，其另一表达形式为能效比 EER，此指标考虑到驱动电动机效率对能耗的影响，即用单位电动机输入功率的制冷量进行评价。因为封闭式制冷压缩机和电动机已组合成整体，电动机的优劣将直接影响到压缩机的运转特性参数，所以其性能系数 COP_e 表示如下

$$COP_e = Q_0/P_{in} = (Q_0/P_t)\eta_i\eta_m\eta_0 = \varepsilon_0\eta_i\eta_m\eta_0$$

活塞式制冷压缩机的性能指标(制冷量、功率、能耗指标)，都可利用上述有关公式进行计算。可以看出，对于一台活塞式制冷压缩机，转速一定，压缩机的理论输气量为定值，所以输气系数、压缩机的指示效率和机械效率、电动机的效率、单位容积制冷量和单位理论功等，都影响着压缩机的性能。其中输气系数、压缩机的指示效率和机械效率，主要与压缩机运转时的压缩比有关，蒸发温度越低，冷凝温度越高，压缩比就越大，压缩机的输气系数、指示效率和机械效率就越低。

此外，对于某种制冷剂来说，单位容积制冷量和单位理论功，也与蒸发温度和冷凝温度有关。所以，如果所用的制冷剂已经确定，影响活塞式制冷压缩机性能的两个主要因素为冷凝温度 t_k 和蒸发温度 t_0。

由 3.3 节分析可知，当冷凝温度不变而蒸发温度降低时，压缩机的制冷量总是减少的，能耗指标 COP_e 均下降。相反，当蒸发温度上升时，制冷量增大，能耗指标 COP_e 值增大。

以上是对于理论循环的分析，分析时设$\lambda=1,\eta_i=1,\eta_m=1$。但是对于实际循环，则$\lambda$、$\eta_i$、$\eta_m$等都是随冷凝温度和蒸发温度而变化的，虽然与理论循环不同，但压缩机性能的变化趋势则是一致的。

通过以上分析可知，对于活塞式制冷压缩机的运转，降低冷凝温度或提高蒸发温度总是有利的。当然压缩机在实际运转中，冷凝温度受冷却介质温度的限制，蒸发温度必须满足被冷却介质所要求的温度，不能任意改变。但是，了解和掌握制冷压缩机性能及其变化规律，对正确选用压缩机及运行工况分析、故障排除都是十分重要的。

6.5.2 活塞式制冷压缩机的特性

活塞式制冷压缩机的特性是指压缩机在允许使用条件范围内运行时，制冷量和轴功率随各种工作温度的变化关系曲线，也称为压缩机的性能曲线。为了确定压缩机的特性，制造厂对每一种活塞式制冷压缩机，都要针对某一种制冷剂和一定的工作转速进行试验（或计算），求出不同冷凝温度t_c和不同蒸发温度t_e时的制冷量和轴功率，并据此绘出性能曲线。为了减少影响因素，在每一冷凝温度和蒸发温度下，都使制冷剂节流前的液体过冷度和压缩机吸气过热度保持某一固定数值。因此，在性能曲线图上，制冷量和轴功率只与冷凝温度和蒸发温度有关。

图6.37所示为810A80G单级制冷压缩机的性能曲线。图中纵坐标是制冷量和轴功率，横坐标是蒸发温度，不同的冷凝温度分别由不同的曲线表示。从图中可以看出，当冷凝温度一定时，压缩机的制冷量随着蒸发温度的上升而增大；当蒸发温度一定时，制冷量随着冷凝

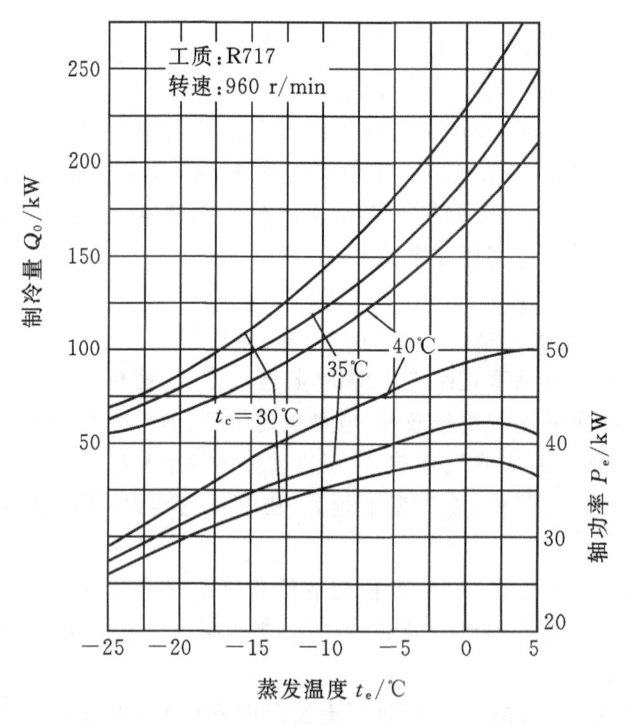

图6.37 810A80G单级制冷压缩机的运行特性曲线

温度的上升而减小，轴功率随冷凝温度上升而增大。

不同型号压缩机的性能曲线互不相同，但其变化规律相同。利用制冷压缩机的性能曲线，可以方便地查出压缩机在不同冷凝温度和蒸发温度下的制冷量和轴功率，作为选用压缩机和配用电动机的依据。

6.5.3　单级活塞式制冷压缩机的工况

活塞式制冷压缩机的工况是表示压缩机工作温度条件的技术指标。压缩机的工况用稳定工作时的吸入压力饱和温度(或蒸发温度)、吸入温度、排出压力饱和温度(或冷凝温度)和制冷剂液体温度(或过冷温度)等温度数值来表示。

一台压缩机在不同的工况下运转时，它的制冷量、轴功率及能耗指标等是不同的。因此，说明一台压缩机的制冷量、轴功率和能耗指标的大小，必须指出是对什么工况而言。同样，只有在相同的工况下，才可以比较两台压缩机的制冷量、轴功率和能耗指标的大小。

此外，压缩机的零部件需要根据使用的工况来设计和制造，电动机的功率和润滑油的牌号等也都要根据工况来选择。国标规定有机制冷剂压缩机和无机制冷剂压缩机的名义工况作为性能比较的基准性能工况，其值如表 6.8 和表 6.9 所示。

表 6.8　有机制冷剂压缩机名义工况

类型	吸入压力饱和温度/℃	排出压力饱和温度/℃	吸入温度/℃	环境温度/℃
高温	7.2	54.4①	18.3	35
	7.2	48.9②	18.3	35
中温	−6.7	48.9	18.3	35
低温	−31.7	40.6	18.3	35

注：表中工况制冷剂液体的过冷度为 0 ℃；

①为高冷凝压力；

②为低冷凝压力。

表 6.9　无机制冷剂压缩机名义工况

类型	吸入压力饱和温度/℃	排出压力饱和温度/℃	吸入温度/℃	制冷剂液体温度/℃	环境温度/℃
中低温	−15	30	−10	25	32

也有许多生产厂家按原定的标准工况和空调工况来标示压缩机的各项性能指标，在压缩机的铭牌上标出其标准(工况)制冷量或空调(工况)制冷量。表 6.10 列出了标准工况和空调工况的温度条件。

表 6.10　标准工况和空调工况

工况	制冷剂	蒸发温度/℃	吸气温度/℃	冷凝温度/℃	过冷温度/℃
标准工况	R12	−15	15	30	25
	R22				
	R717		−10		
空调工况	R12	5	15	40	35
	R22				
	R717		10		

应该指出，规定的工况是为了统一标示或考核压缩机的各项性能指标，并不是说压缩机只能在这几种工况下运转。活塞式制冷压缩机的工况，可以根据实际需要加以调整和改变，但是在使用压缩机时，应注意运转工况不能超出限定的工作条件，否则经济性和安全性都得不到保证。国标规定了有机制冷剂压缩机和无机制冷剂压缩机的使用范围，如表 6.1 和表 6.2所示。

6.5.4　活塞式制冷压缩机的特点及优、缺点

1.活塞式制冷压缩机的特点

(1)因为是往复运动，转速不宜太高。

(2)气缸工作腔有余隙容积。

(3)气缸工作腔设置吸、排气阀，使吸、排气过程产生阻力损失。

(4)结构复杂，零部件多。

(5)往复式压缩机不允许吸气带液。

2.活塞式制冷压缩机的优、缺点

(1)优点：

①能适应较广阔的压力范围和制冷量要求；

②热效率较高，单位耗电较少；

③对材料要求低，多用普通钢铁材料，加工较易，造价较低廉；

④技术上较为成熟，生产使用方面已积累了丰富的经验；

⑤装置系统比较简单。

(2)缺点：

①因受活塞往复惯性力的影响，转速受限制，不能过高，因此单机输气量大时，机器显得很笨重；

②结构复杂，易损件多，维修工作量大；

③由于受到各种力、力矩的作用，运转时振动较大；

④输气不连续，气体压力有波动。

复习思考题

6.1　活塞式制冷压缩机的总体结构可分成哪几个部分?

6.2　开启式的活塞式压缩机中为什么要装设轴封?

6.3　何谓压缩机的气缸工作容积、理论输气量(活塞排量)?

6.4　何谓压缩机的输气系数(容积效率)? 为什么说输气系数是压力比的函数?

6.5　何谓压缩机的指示效率、机械效率? 它们随哪些因素而变化?

6.6　试用制冷剂的 $p-h$ 图分析,当冷凝温度和蒸发温度变化时,压缩机的制冷量、循环制冷系数将如何变化?

6.7　有人说"在蒸气压缩式制冷装置中,蒸发温度越高,压缩机的输入功率则越大",请问这句话严谨吗? 为什么?

6.8　冷冻用制冷压缩机与空调用制冷压缩机能否互换? 为什么?

6.9　制冷压缩机的主要性能参数有哪些? 试分析其影响因素。

6.10　什么是压缩机的工况? 名义工况有何意义?

第 7 章

其它形式的制冷压缩机

7.1 离心式制冷压缩机

离心式制冷压缩机是速度型压缩机中最多且最典型的一种型式，自 1922 年被 Carrier 用于空调以来，历经多年发展，在大容量制冷量领域占有独特的地位。在高大公共建筑和一些工业生产的大面积厂房空调系统中，广泛采用离心式制冷压缩机。

随着制造技术、电子控制技术及计算机的发展，离心式压缩机从制冷热力性能、环境特点、机组体积和材料等方面都得到显著的提高和改善。将各种高新技术综合利用，还产生了微型化离心式压缩机。

离心式压缩机按照结构形式分为封闭式、半封闭式和开启式；按照压力比不同分为单级压缩式制冷机和多级压缩式制冷机。

7.1.1 离心式制冷压缩机的构造及工作原理

离心式制冷压缩机的工作原理与活塞式制冷压缩机有着根本的区别。它不是利用气缸容积减小的方式来提高气体的压力，而是依靠气体动能的改变来提高压力。离心式压缩机中带叶片的工作轮称为叶轮，当叶轮转动时，叶片就带动气体运动，使气体得到动能，然后使部分动能转化为压力能，从而提高气体的压力。这种压缩机工作时，不断地将制冷剂蒸气吸入，又不断地沿半径方向甩出去，所以称为离心式压缩机。

离心式压缩机的零部件很多，一般把转动的部件称为转子，它主要由主轴、叶轮和平衡盘组成。转子以外不能转动的零部件称为固定元件，固定元件主要是进气室、扩压器和蜗壳等，起着引导气流、减速增压的作用。单级离心式制冷压缩机的构造如图 7.1 所示。在空调用制冷技术中，由于压力比较小，通常是 2～3，所以多采用单级。

离心式压缩机的工作过程为，被压缩气体由轴向吸入，通过高速旋转的叶轮对气体做功，使气体速度和温度提高，然后进入扩压器，速度降低，压力提高。图 7.2 所示为单级离心式压缩机，它主要由吸气室、工作叶轮、扩压器和蜗壳等组成。图 7.3 所示为多级离心式压缩机剖面图，多级压缩机与单级压缩机不同之处在于多个叶轮安装在同一个工作轴上，同时转动，对所处各级的被压缩气体做功。级与级之间由弯道和回流器连接（见图 7.4），保证各级气体流动的连续性和压力比。级与级之间装有级间密封装置。多级离心式压缩机的最后一级才是蜗壳。

（1）吸气室。吸气室用来把气体由蒸发器均匀地引入到叶轮，减少进气口的气体流动损

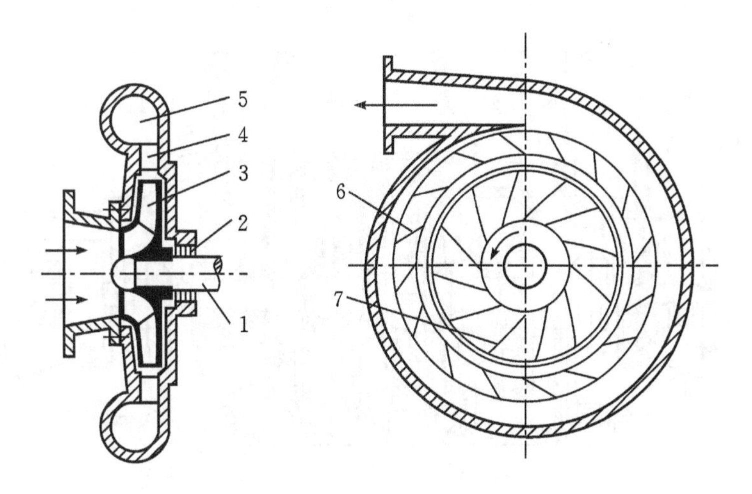

1—轴；2—轴封；3—叶轮；4—扩压器；5—蜗壳；6—扩压器叶片；7—叶片。

图 7.1　单级离心式制冷压缩机构造简图

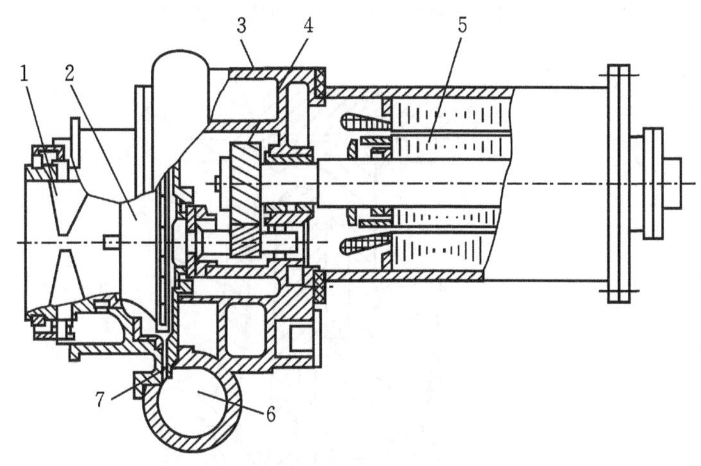

1—进口导流叶片；2—叶轮；3—机壳；4—增速齿轮；5—电动机；6—蜗室；7—扩压器。

图 7.2　单级离心式制冷压缩机的剖面图

失。在吸气室的入口处通常装有可旋转调节的进口导叶以调节进气量和流入叶轮的气流速度方向。

(2)叶轮。它由轮盖、叶片和轮盘组成，是压缩机中把机械能转变为气体能量的唯一部件。在工作时，转子(包括轴和叶轮等)高速旋转，叶片对气体做功，由于受离心力的作用以及在叶轮内的扩压流动，使得气体通过叶轮后压力和速度得到提高。

(3)主轴。主轴上安装所有旋转部件(主要是叶轮)，它的作用就是用来支承旋转部件及传递转矩。

(4)扩压器。气体从叶轮流出时，具有较高的流动速度，为了充分利用这部分速度能，常在叶轮后面设置流通面积逐渐扩大的扩压器，用以把速度能转变为压力能，以提高气体的压力。

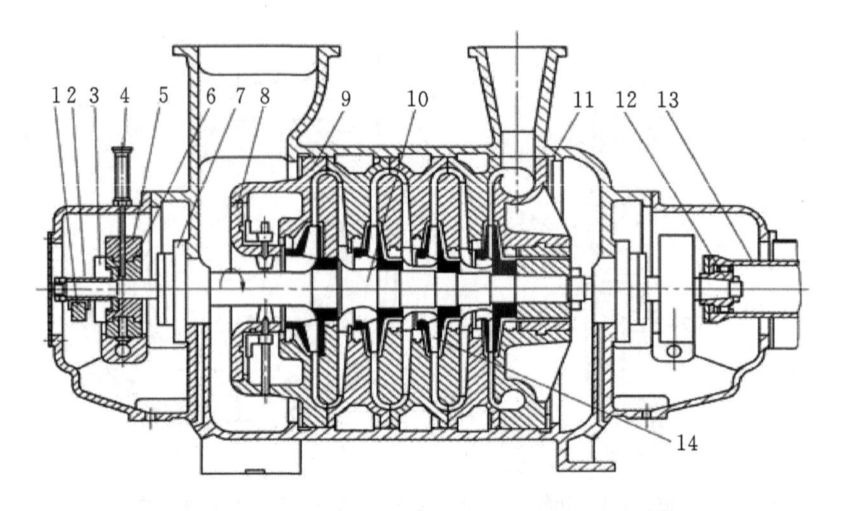

1—顶轴器；2—套筒；3—止推轴承组件；4—止推轴承；5—滚动轴承；6—调整块；7—机械密封组件；8—进口导叶；9—隔板；10—转子轴；11—机壳；12—齿轮连轴器；13—电动机连接轴；14—工作叶轮。

图 7.3 多级离心式压缩机结构剖面图

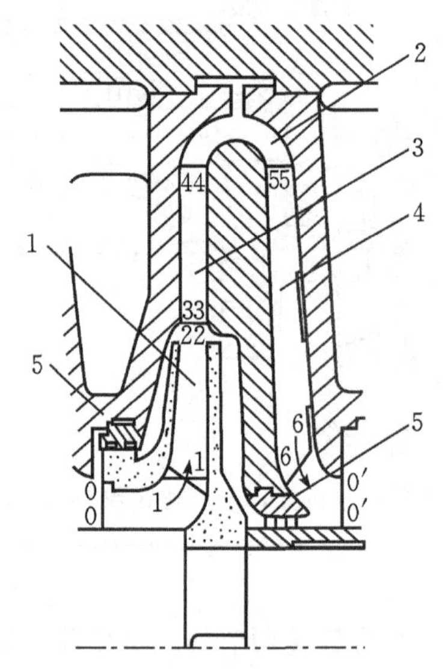

1—工作叶轮；2—弯道；3—扩压器；4—回流器；5—迷宫密封。

图 7.4 离心式压缩机的中间级

(5)弯道和回流器。在多级压缩机中，弯道和回流器用来把从扩压器出来的气体引入到下一级工作叶轮的进口，它与扩压器一起组成一个隔板。弯道是由机壳和隔板构成的环形空间。回流器一般由隔板和导流叶片组成，为了均匀地沿轴向引导气体，在回流器中装有导流叶片。

(6)蜗室。蜗室是把扩压器后面或叶轮后面的气体收集起来，传输到压缩机外部去，使气体流向输送管道或流到冷却器中进行冷却。此外，在汇集气体的过程中，由于蜗室通流截面逐渐增大，因此对气流起到一定的降速扩压作用。

(7)机壳。机壳也称气缸，压缩机的转子和固定元件都安装在其中。

(8)平衡盘。由于工作叶轮上两侧的压力不相等，在转子上受到一个指向叶轮进口的轴向推力。为了平衡这个推力，在末端级之后设置一个平衡盘(图 7.3 为第 4 级叶轮后)，因平衡盘的左侧为高压，右侧与进气压力相通，形成相反的力平衡掉大部分轴向推力。目前许多压缩机用推力轴承代替平衡盘。

(9)密封。密封的作用是防止气体在压缩机内部级间的串流及向压缩机外部泄漏。

多级离心式制冷压缩机由“级”组成，而压缩机中的中间气体冷却器将压缩机分为“段”，压缩机的段可以由一个级或多个级组成。“级”是由一个叶轮和与之相配合的固定元件构成的压缩机基本单元。图 7.4 所示是离心式压缩机中间的级和特征截面，包括叶轮、扩压器、弯道和回流器等几个主要元件。压缩机每段进口处的级称为首级，而在压缩机每段排气口处的级称为末级。末级没有弯道和回流器，有的压缩机末级叶轮出口也没有连接扩压器，气体从叶轮出来直接进入蜗室。

7.1.2　离心式制冷压缩机的特性

1.离心式制冷压缩机的性能曲线

对于一般离心式压缩机，为了较清晰地反映其特性，通常在某一转速时，将排气压力和气体流量的关系用曲线表示。而离心式制冷压缩机的冷凝压力对应于一定的冷凝温度，气体流量对应于一定的制冷量。因此，制冷压缩机的特性可用制冷量与冷凝温度的关系曲线表示。图 7.5 所示为当蒸发温度和转速一定时，离心式制冷压缩机的冷凝温度 t_k、轴功率 P_e 及绝热效率 η_s 随相对制冷量的变化而变化的关系。

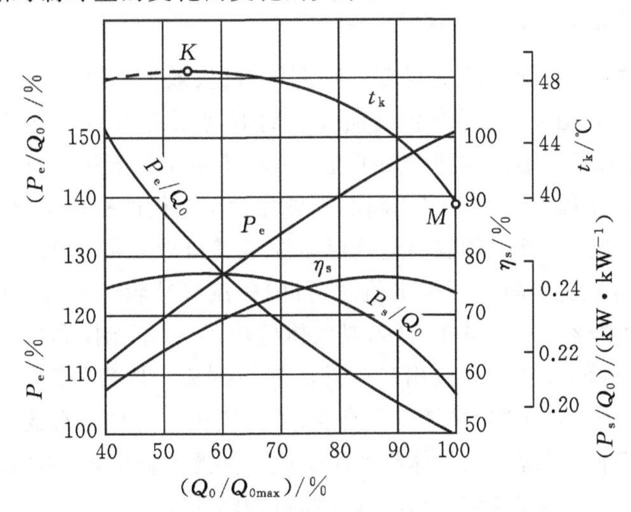

图 7.5　某离心式制冷压缩机特性曲线

(n=常数，t_0=常数)

因为离心式制冷压缩机的排气量正比于制冷量 Q_0，由图 7.5 可见，当 t_0 和 n 一定时，离心式制冷压缩机的制冷量随冷凝温度的升高而减少，在某一制冷量时(通常为设计工况)具有最大绝热效率，偏离该工况时，运行效率将下降。

当离心式制冷压缩机的转速和冷凝温度一定时，其制冷量随蒸发温度变化的百分比如图 7.6 所示。从图中可以看出，离心式制冷压缩机制冷量受蒸发温度变化的影响，比活塞式制冷压缩机要大。蒸发温度越低，制冷量下降得越剧烈。

当离心式制冷压缩机的转速和蒸发温度一定时，它的制冷量随冷凝温度变化的情况如图 7.7 所示。从图中可以看出，冷凝温度对制冷量的影响比蒸发温度的影响更大。当冷凝温度低于设计值时，冷凝温度对制冷量的影响不大。但是当冷凝温度高于设计值时，随着冷凝温度的升高，制冷量急剧下降。

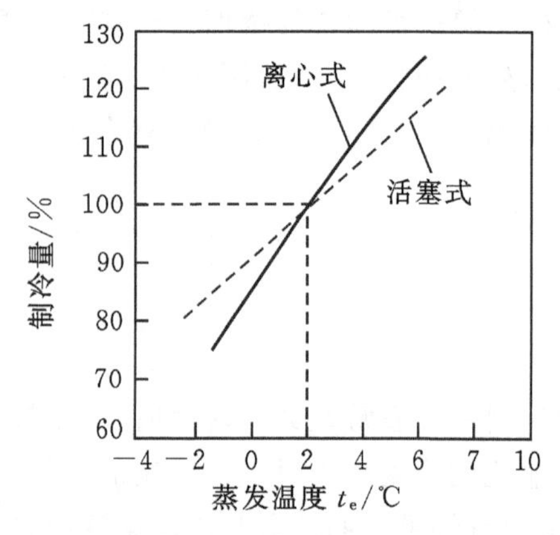

图 7.6 蒸发温度变化对制冷量的影响

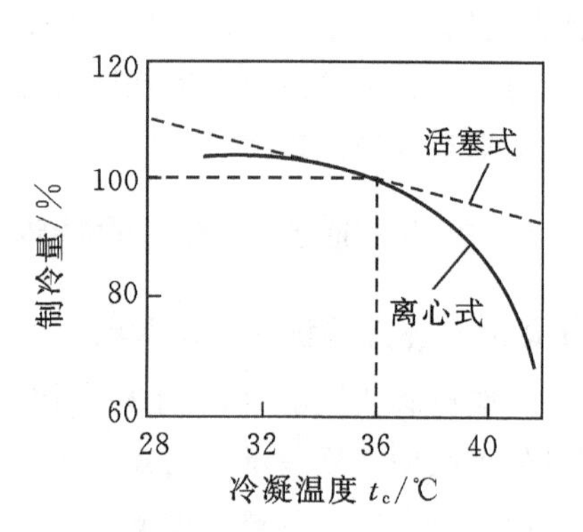

图 7.7 冷凝温度变化对制冷量的影响

2.离心式制冷压缩机的喘振和堵塞工况

一台压缩机性能好坏，除了满足制冷机所需压力比、效率和制冷量的关系外，还需了解压缩机的运行范围。在图 7.5 中冷凝温度曲线上的 K 点位于压缩机运行的最小流量处，称为“喘振”点，表示离心式压缩机达到喘振工况，而点 M 位于压缩机运行的最大流量处，称为“堵塞”工况点。喘振工况与堵塞工况之间的区域称为压缩机的稳定工况区。

正常工况下，离心式压缩机的制冷量或流量通过进口导叶可实现 10%～100%的调节。但是，在转速恒定，容积流量减小到一定值时，机内气流和叶轮叶片间会出现严重的旋转脱离，流动情况会大大恶化。叶轮虽在旋转，对气体做功，但却不能提高气体的压力，于是压缩机出口的压力明显下降，导致压缩机出口以外的气体倒流。倒流回来的气体使叶轮中的流量增加，压缩机又开始正常压缩，排气压力升高，排出气体。一旦正常输气，由于压缩机流量小又引起出口压力下降，系统中的气体将产生倒流。如此周而复始，不断地产生周期性轴向低频大振幅气体脉动，这种现象称为离心式压缩机的喘振。

喘振时压缩机周期性地增大噪声的同时，机体和出口管道会发生强烈振动；它会使压缩机转子和定子经受交变应力而断裂；导致密封及推力轴承损坏；使运动元件和静止元件相碰，造成事故，损坏压缩机。因此，离心式制冷压缩机运转过程中应避免发生喘振。

由以上分析可知,发生喘振现象的主要原因是,变工况时排气量(制冷量)减小,叶片中的气动参数和几何参数不协调,形成旋转脱离,造成严重的失速结果。

为了防止压缩机在运行时发生喘振,在设计时要尽可能使压缩机有较宽的稳定工作区。为了保证运行时不发生喘振,还需要进行保护性的反喘振调节,如防喘放空、旁通调节等措施,以保证压缩机在稳定工作区运行。如采用旁通调节法时,当要求离心式制冷压缩机的排气量小于 K 点所对应的排气量时,从压缩机出口引出一部分制冷剂气体,直接进入压缩机吸气管,这样既可减少进入蒸发器的制冷剂流量,减少压缩机的制冷量,又不致使压缩机排气量小于 K 点所对应的排气量,从而可以防止喘振发生。又如在压缩机出口管上安装放空阀,当压缩机流量减小到接近喘振流量时,通过自动或手动控制,打开放空阀,这时压缩机出口压力下降,压缩机进气量增大,从而避免了喘振。还可采用如转动进口导叶、转动扩压器叶片及改变转速等方法防止喘振的发生。

堵塞主要是指压缩机内某一通道堵塞气体流量。随着气体的入口流量增大,直至流道最小截面处的气体达到声速,流量不能再增加,这时的流量达到最大流量;或者气体这时虽未达到声速,但叶轮对气体所做的功,全部用来克服流动损失,压力并不升高,压力比为 1,这时也达到堵塞工况。

7.1.3　离心式制冷压缩机的能量调节

为了适应空调负荷的变化和实现安全经济运行,需要对离心式制冷压缩机的制冷量进行调节。其调节方法有变速调节、进口节流调节、进口导流叶片调节、冷凝器冷却水量调节及旁通调节等几种。

(1)变速调节。这是以改变压缩机的转速来调节排气量,改变制冷量。这种调节方法最经济,但只有在原动机的转速可变时才能采用,而且转速变化允许的范围比较小,因为转速变化又会引起能量头的变化。采用变速调节,制冷量可以在 50%～100%范围内改变。

(2)进口节流调节。在蒸发器和压缩机的连接管路上安装一节流阀,用改变进口节流阀的开度来调节压缩机的排气量,同时气流通过节流阀时产生压力损失,也改变了压缩机的特性曲线。这种调节方法简单,使用较多。进口节流调节可以使制冷量在 60%～100%范围内变化。

(3)进口导流叶片调节。用改变设置在压缩机叶轮前进口导流叶片的开度,使进口气流产生旋转,从而使叶轮加给气体的动能发生变化,从而改变压缩机的压力和流量,达到调节的目的。由定速电动机驱动的空调用单级离心式制冷压缩机,几乎全部采用这种调节方法。

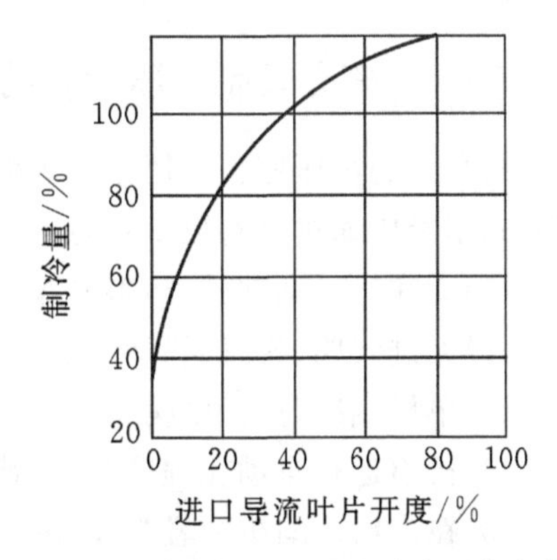

图 7.8　制冷量与进口导流叶片开度变化的关系

如图 7.8 所示为制冷量与进口导流叶片开度变化的关系。这种调节方法可以手动,也可以根据冷水的温度(或蒸发温度)进行自动调节。

该方法的经济性比变速调节差,但比进口节流调节好。采用这种调节方法，制冷量可以在25%～100%范围内变化。但对多级离心式制冷压缩机，如果仅调节第一级叶轮进口，对整机调节效果甚微。若每级均用进口导叶，导致结构复杂，且需要注意级间的协调问题。

图7.9为进口导叶调节的性能曲线。不同的进口导叶开度(即导叶的转角λ)，可得不同的性能曲线。

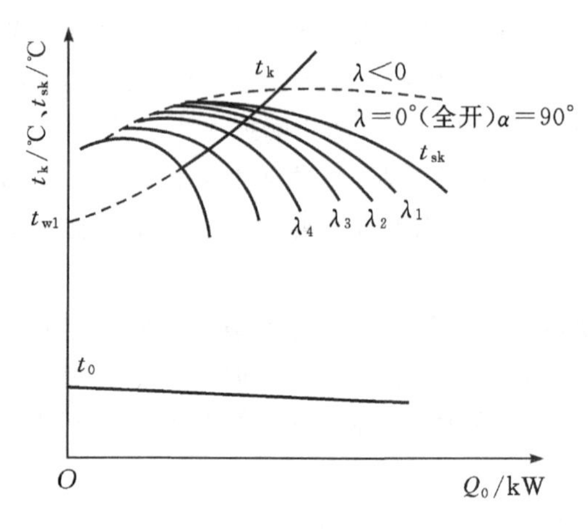

图7.9 进口导叶调节的性能曲线

(4)冷凝器冷却水量调节。通过调节冷却水量来改变制冷剂的冷凝温度，以实现制冷量的调节。这种方法也不经济，而且只能用于排气量大于发生喘振的排气量时，所以调节幅度不是很大。

(5)旁通调节。旁通调节也称反喘振调节，即通过进、排气管之间设置的旁通管路和旁通阀，使一部分高压气体旁通返回压缩机进气管。如果旁通的气体过多，排气温度将升得过高，这是不允许的。所以在调节时，必须在旁通阀后喷入制冷剂液体，使旁通气体降温，或者将排气通入蒸发器，消耗一部分制冷量。这种方法同样不经济，只有在需要很小制冷量时才采用。

7.1.4 离心式制冷压缩机的特点

离心式制冷压缩机适用于较大制冷量的空调用制冷系统，同活塞式制冷压缩机相比较，离心式制冷压缩机具有以下特点。

(1)无往复运动部件、运转平稳、振动小、噪声小、基础要求简单。

(2)无进气阀、排气阀、活塞、气缸等磨损部件，故障少、工作可靠、寿命长、维护费用低。

(3)单机制冷量大、结构紧凑、外形尺寸小、占地面积小、重量轻。

(4)机组运行自动化程度高，制冷量调节范围广且可连续无级调节，经济方便。

(5)在多级压缩机中容易实现一机多种蒸发温度。

(6)润滑油与制冷剂基本上不接触，冷凝器与蒸发器的传热性能高。

(7)对大型离心式制冷压缩机，可由蒸汽透平机械或燃气透平机械直接带动，能源使用经济、合理。

(8)单机制冷量不能太小,否则会使气流流道太窄,影响制冷效率。

(9)因依靠速度能转化为压力能,速度受到材料强度等因素的限制,故压缩机的单级压力比不大,在压力比较高时,需采用多级压缩。

(10)通常工作转速较高,所以对于材料强度、加工精度和制造质量均要求严格。

(11)当冷凝压力太高或制冷负荷太低时,机器会发生喘振而不能正常工作。

7.2　螺杆式制冷压缩机

螺杆式制冷压缩机是一种回转式的容积型压缩机。无油螺杆压缩机在 20 世纪 30 年代问世,主要用于压缩空气,50 年代才用于制冷装置中。60 年代以后,气缸内喷油的螺杆压缩机出现,并且结构和性能不断改进,逐渐显示出许多优点。目前,在大、中制冷量的应用场合,已有取代活塞式压缩机的趋势。喷油螺杆式压缩机已是制冷压缩机中的主要机种之一。

7.2.1　螺杆式制冷压缩机的构造及工作原理

螺杆式压缩机和活塞式压缩机均属容积型压缩机,因此压缩气体的原理都是靠容积的变化,但两者实现工作容积变化的方式是不同的。活塞式压缩机是借助曲柄连杆机构的运动,把曲轴的旋转运动变成活塞的往复直线运动,从而使气缸的工作容积发生变化。螺杆式压缩机则是转子旋转运动,直接使工作容积发生变化。因此,这两种压缩机在构造、性能和应用等方面有许多不同之处。

螺杆式压缩机根据结构不同可分为开启式、半封闭式和全封闭式压缩机。根据转子个数分为单螺杆压缩机和双螺杆压缩机。单螺杆压缩机由一个转子和两个星轮组成,双螺杆压缩机由两个转子组成。本书仅介绍双螺杆压缩机。

1.螺杆式压缩机的基本结构

如图 7.10 所示,双螺杆压缩机由转子、机体、吸排气端座、滑阀、主轴承、轴封、平衡活塞等主要零件组成。气缸呈“∞”字型,其中水平配置两个按一定传动比反向旋转的螺旋形转子,一个有凸齿,称阳转子(见图 7.10 中 5);另一个有齿槽,称阴转子(见图 7.10 中 3)。

通常,阳转子与原动机连接,由阳转子带动阴转子转动。转子的两端安放在主轴承 6(滑动轴承)中,径向载荷由滑动轴承所承受,轴向载荷大部分由设在阳转子一端的平衡活塞 1 所承受,剩余的载荷由转子另一端的推力轴承 8(滚动轴承)承受。机体气缸的前后端盖上设置有吸、排气管和吸、排气口,在阳转子 5 伸出端的端盖处,设置有轴封 9。机体下部设置有排气量调节机构滑阀 10,还设有向气缸喷油用的喷油孔,该孔一般开在滑阀上。图 7.11 所示为喷油式螺杆压缩机结构剖视图。

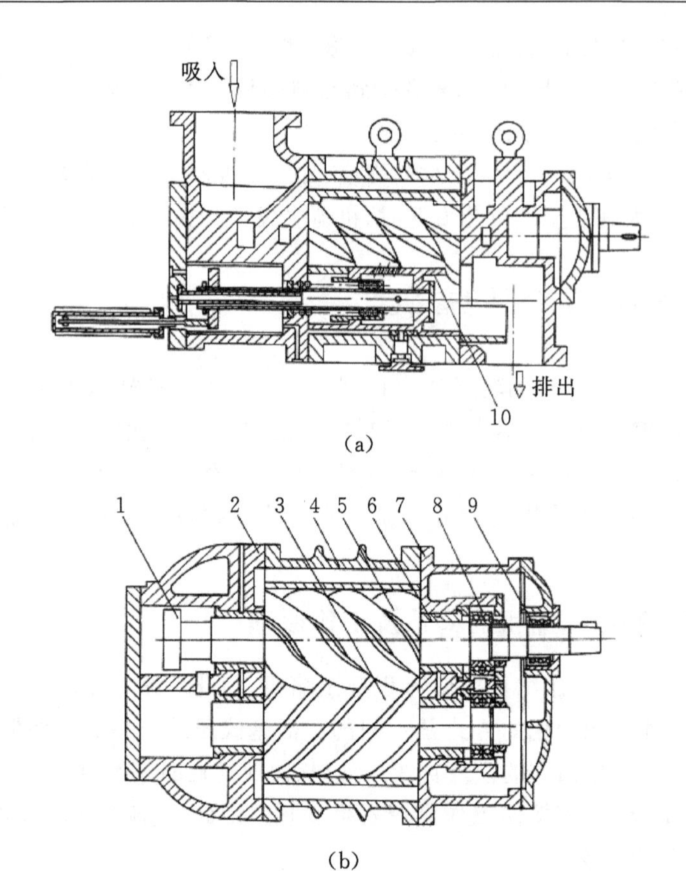

1—平衡活塞;2—吸气端座;3—阴转子;4—机体;5—阳转子;6—主轴承;
7—排气端盖;8—推力轴承;9—轴封;10—滑阀。

图 7.10　螺杆式制冷压缩机的结构

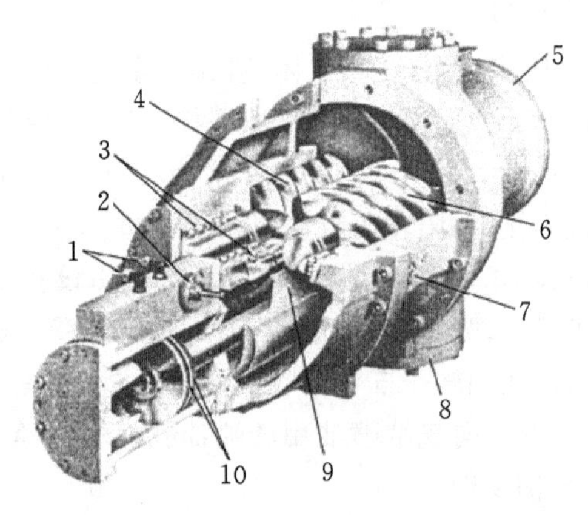

1—润滑油控制线;2—能量调节电磁阀;3—轴承组件;4—阴转子;5—电动机;6—阳转子;
7—喷油孔;8—吸气孔口;9—能量调节滑阀;10—滑动活塞密封。

图 7.11　喷油式螺杆压缩机结构剖视图

2.工作原理

如图7.12所示为螺杆式压缩机的吸排气工作原理。螺杆式压缩机阴、阳转子与气缸壁及端盖形成的一对齿槽容积，称为基元容积。基元容积的大小和位置，随转子的旋转而变化。

当基元容积与吸气口相通时，压缩机开始吸气，基元容积由最小向最大变化，当基元容积达最大并与吸气口隔开时，吸气终了，如图(a)所示。随着转子旋转，基元容积与吸气口隔开，又因齿与槽的相互挤入，基元容积由最大逐渐变小，基元容积内的气体被压缩，压力升高，如图(b)所示。转子继续旋转，在某一特定位置，基元容积与轴向和径向排气口相通时，压缩终了，如图(c)所示。此刻也即排气开始，排出过程如图(d)所示，直至基元容积逐渐变为零，气体排尽。随着转子的不断旋转，上述过程将连续、重复地进行，各基元容积依次陆续工作，制冷剂就不断地从螺杆式压缩机的一端吸入，从另一端排出，构成了螺杆式制冷压缩机的工作循环。

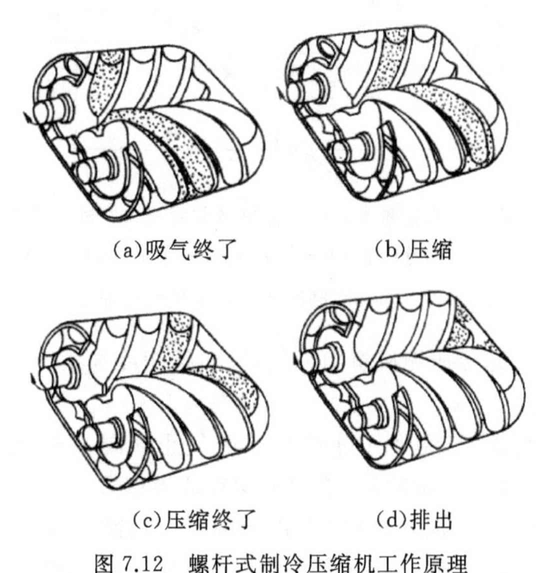

(a)吸气终了　(b)压缩

(c)压缩终了　(d)排出

图7.12　螺杆式制冷压缩机工作原理

从以上分析过程可以看出，两转子转向互相迎合的一侧，即凸齿与凹齿迎合嵌入的一侧，气体受压缩并形成较高压力，称为高压区；相反，螺杆转向彼此相背离的一侧，即凸齿与凹齿彼此脱开的一侧，齿间容积扩大形成较低压力，称为低压力区。两区域借助于机壳、转子相互啮合的接触线而隔开。另外，由于基元容积内的气体随转子旋转，由吸气端向排气端做螺旋运动，因此吸、排气孔口呈对角线布置，吸气孔口位于低压力区的端部，排气孔口位于高压力区的端部。

螺杆式制冷压缩机的热力过程和活塞式制冷压缩机大体相同，所不同的是目前绝大多数螺杆式制冷压缩机需要向气缸内喷入润滑油。其目的如下。

(1)带走压缩过程中所产生的压缩热，使压缩过程接近等温压缩，降低排气温度，从而防止零件受热变形。

(2)提高设备的密封效果。实际运行中，阴、阳转子的齿面并不直接接触，存在着一定的间隙。向气缸内喷入的润滑油，可使转子之间及转子与气缸之间得以密封，减少内部的泄漏。喷油亦提高轴封装置的密封效果，从而减少了外部泄漏。

(3)对螺杆式压缩机的运动部件起润滑作用，提高零部件的寿命，降低摩擦功率损失，达到长期经济运行。

(4)降低运转噪声，因润滑油对声波及声能有吸收和阻尼作用。

7.2.2 螺杆式制冷压缩机装置系统

螺杆式制冷压缩机在压缩气体时要喷入大量润滑油，因此，其机组中辅机要比其它类型的压缩机多。图 7.13 所示为杆式制冷压缩机组的制冷系统。

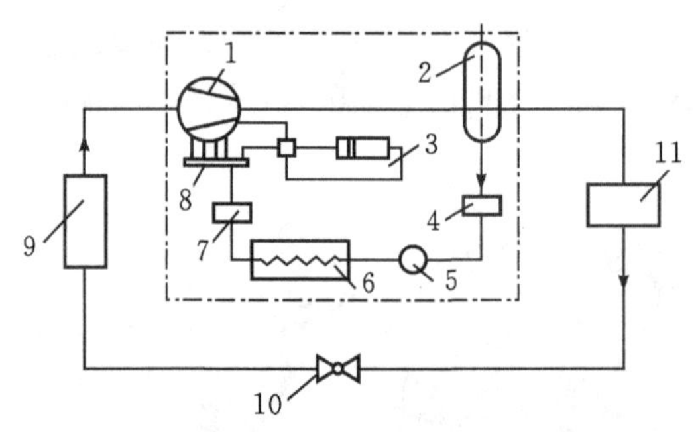

1—螺杆式压缩机；2—油分离器；3—能量调节装置；4、7—油过滤器；5—油泵；
6—油冷却器；8—油分配管；9—蒸发器；10—节流阀；11—冷凝器。

图 7.13 螺杆式制冷压缩机组的制冷系统

图 7.14 所示为螺杆式制冷压缩机机组系统，它包括制冷剂系统及润滑系统两部分。

(1)制冷剂系统。

来自蒸发器的制冷剂蒸气，经吸气过滤器 1、吸气止回阀 2，进入螺杆式制冷压缩机 3。压缩机内的一对转子由电动机带动旋转，油由滑阀在适当位置喷入，油、气在气缸中混合，被压缩后经排气口排出，进入一次油分离器 8。由于油、气混合物在较大的油分离器中流速突降，以及油、气的密度差等作用，使一部分润滑油沉积在油分离器底部，尚未分离出的油和气的混合物，通过排气止回阀 6 进入二次油分离器 5 中，油再次被分离，制冷剂蒸气被送入冷凝器。

制冷剂系统中设置了吸气止回阀 2，其目的是防止停车时转子倒转而使转子齿磨损。排气止回阀 6 可防止压缩机停转后，高压气体倒流而引起机组内呈高压状态。旁通管 4 的作用是当停车后，电磁阀开启，使存在机腔内压力较高的蒸气泄至蒸发系统，让机组处于低压状态而便于下次启动。

压差控制器 G 控制系统高低压力，温度控制器 H 控制排气温度，超过各自规定值时即自动切断电源。

(2)润滑油系统。

储存在一次油分离器 8 下部的温度较高的润滑油，经油粗过滤器 9 滤去杂质后，被油泵 10 加压排至油冷却器 12，被水冷却后经油精过滤器 13 进入供油分配管 14，再分别被送至轴封装置、滑阀喷油孔、前后主轴承、平衡活塞、四通电磁换向阀等。

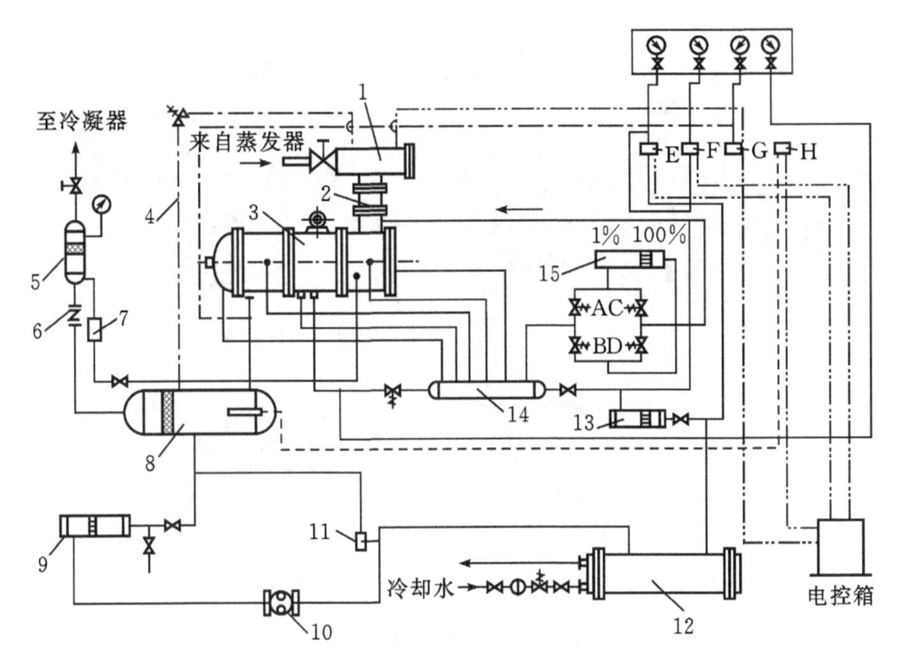

1—吸气过滤器；2— 吸气止回阀；3—螺杆式制冷压缩机；4—旁通管；5—二次油分离器；6—排气止回阀；7—回油过滤器；8—一次油分离器；9—油粗过滤器；10—油泵；11—油压调节阀；12—油冷却器；13—油精过滤器；14—供油分配管；15—液压缸；A、B、C、D—四通电磁换向阀；E、G—压差控制器；F—压力控制器；H—温度控制器。

——— 油路 —·— 气路 —··— 电路 ----- 温度控制线路

图 7.14　开启式螺杆式制冷压缩机系统

送入轴封装置、前后主轴承、四通电磁换向阀的油，经机体内油孔返回到低压侧。进入气缸内的油与蒸气混合，被压缩后排至一次油分离器 8 中，分离后的油再循环使用。从一次油分离器 8 出来的油、气混合物，再经过二次油分离器 5 后，油经过回油过滤器 7 过滤，节流后返回压缩机的低压侧。

在油冷却器与油分离器之间，设有油压调节阀 11，其作用是调节油泵供油压力。

7.2.3　螺杆式制冷压缩机的能量调节

螺杆式制冷压缩机的能量调节，是通过调节排气量来调节制冷量实现的。现代螺杆式制冷机组均带有能量调节机构，能量调节一般依靠滑阀和柱塞阀来调节实现。

(1)滑阀调节。

滑阀的结构如图 7.15 所示。滑阀安装在排气一侧的气缸两内圆交点处，并且能沿气缸轴线平行方向来回移动。液压缸中的压力油来自压缩机的润滑油系统，液缸中的活塞 4 带动滑阀 3 左右移动。当活塞 4 右边进油、左边回油时，它带动滑阀 3 向左移动，打开回气口，从而使排气量减少。当进、出油路均被关闭时，活塞 4 被润滑油锁住，滑阀 3 停在某一位置，压缩机即在某一排气量下工作。

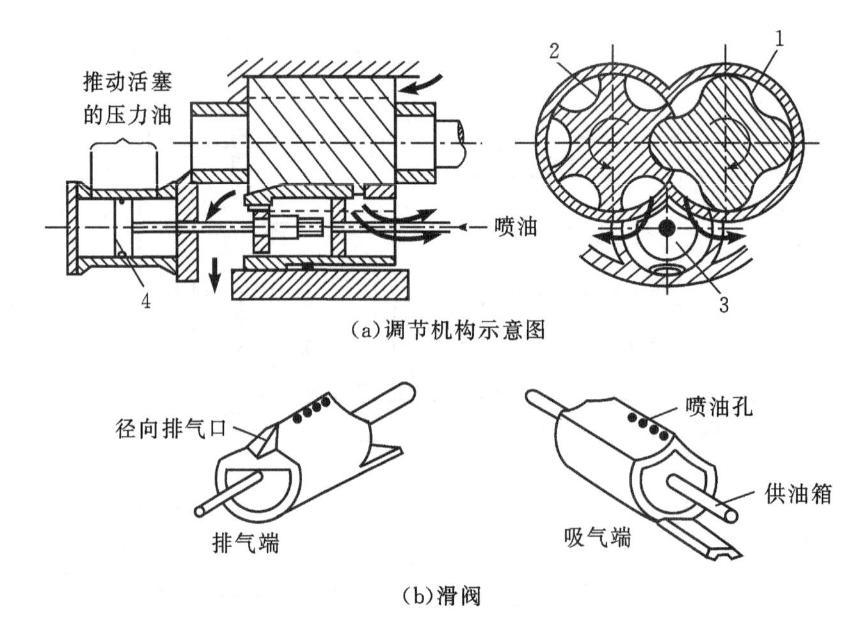

1—阳转子；2—阴转子；3—滑阀；4—活塞。

图 7.15　螺杆式制冷压缩机的能量调节机构

螺杆式制冷压缩机的能量调节，主要与转子有效的工作长度有关。图 7.16 所示为滑阀的移动与能量调节的原理图。

图 7.16(a)为全负荷时滑阀位置。此时，基元容积吸气量为 V_c，压缩机内过程如图(b)中的实线所示。当滑阀向排出端移动时，滑阀与其固定部位将产生与吸气端相通的间隙，使基元容积的实际吸气量减至 V_g，此时相当于转子有效的工作长度减小了，图(c)为部分负荷时的滑阀位置。由图(c)可知，滑阀向排出端移动的距离越大，转子的有效工作长度越小，压缩机实际吸气量越少，导致制冷量也越小。由于滑阀可以无级连续移动，所以螺杆式制冷压缩机可在 10%～100%范围内实现无级能量调节。

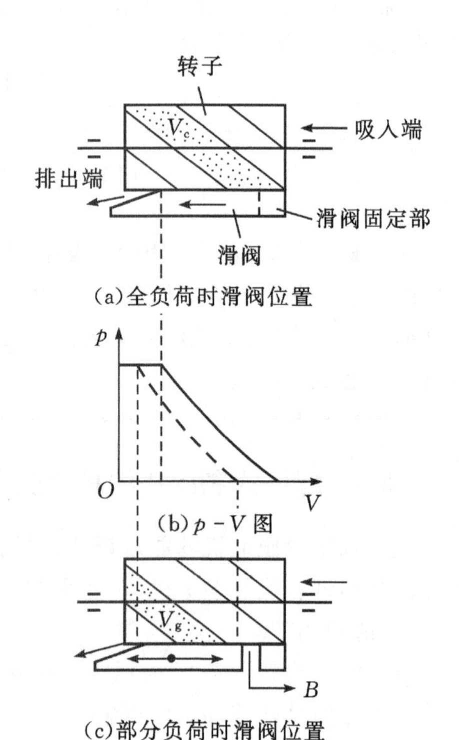

图 7.16　滑阀位置及能量调节原理

(2)柱塞阀调节。

螺杆式压缩机除了用滑阀调节输气量外，还可用柱塞阀调节输气量(制冷量)，即在气缸上开有孔洞，用柱塞阀密闭。如图 7.17 所示，图中有柱塞阀 1 和 2，当制冷量减少时，柱塞阀 1 下落，基元容积内一部分制冷剂气体就旁通到吸气口。输气量继续减少,柱塞阀 2 再下落。这种柱塞阀的升降是通过电磁阀控制液压泵中油的进出来实现的。柱塞阀调节输气量只能实现有级调节,图中调节负荷仅有 75%和 50%两档,这种调节方法经常应用在中小型螺杆式压缩机中。

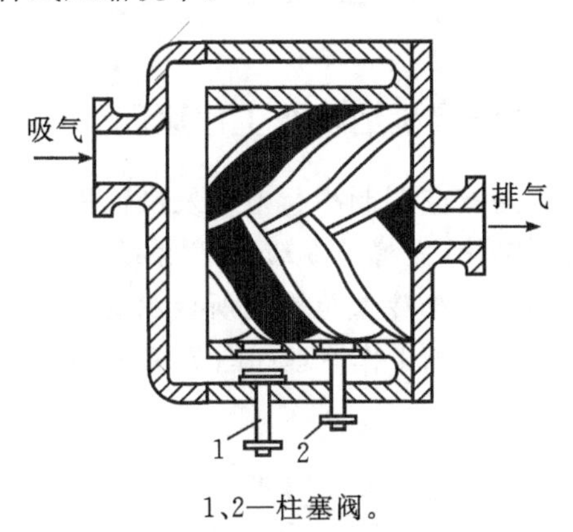

1、2—柱塞阀。

图 7.17　柱塞阀能量调节原理

7.2.4　螺杆式制冷压缩机的特点

螺杆式压缩机同活塞式压缩机相同,都属于容积式压缩机。从运动的部件看,又与离心式压缩机相似。所以,螺杆式压缩机同时兼有两类压缩机的特点。

1.螺杆式制冷压缩机的优点

(1)可靠性高。螺杆式压缩机没有吸、排气阀和活塞环等易损件,故结构简单、运行可靠、寿命长。

(2)动力平衡性好。螺杆式压缩机没有往复运动部件,故不存在不平衡质量惯性力和力矩,再加上气体没有脉动,因此机器可平稳高速运行,不需要专门的基础。

(3)压缩机排气温度低。螺杆式压缩机的排气温度几乎与吸气温度无关,而主要与喷入的油温有关。其排气温度可控制在 100 ℃以下。

(4)对湿行程不敏感。螺杆式压缩机的转子齿面间留有间隙,能耐液体冲击,少量液体湿压缩没有液击的危险。可压送含液气体、含粉尘气体等。

(5)没有余隙容积,也不存在吸气阀片及弹簧等阻力,因此容积效率较高,可在低蒸发温度和高压力比下工作。单级压缩时,蒸发温度可达－40 ℃。因此,除了在空调制冷中采用,也适用于低温制冷系统。另外,还可增设经济器来改善压缩机在高压力比时的性能。

(6)制冷量在 10%～100%范围内可实现无级调节,但在 40%以上负荷时的调节比较经济。

2.螺杆式制冷压缩机的缺点

(1)造价高。螺杆式压缩机的转子齿面是一空间曲面,需利用特制的刀具,在专用设备上进行加工。同时对加工精度要求也高。

(2)油处理设备复杂。系统需设置分离效果很好的油分离器及油冷却器等设备。

(3)适于多种用途,性能比活塞式压缩机差。螺杆式压缩机依靠间隙密封气体,目前一般在容积流量大于 0.2 m^3/min 时，才具有优越性能。

7.3 滚动转子式制冷压缩机

7.3.1 滚动转子式制冷压缩机结构及工作原理

滚动转子式制冷压缩机是随着空调制冷行业的发展而率先发展的一种回转式压缩机。由于滚动转子式压缩机简化了结构，完善了冷却、润滑系统，在小型空调器和食品冷藏箱中，已经得到广泛应用。该类压缩机在小冷量范围内所显示的优点，足以取代活塞式制冷压缩机。滚动转子式制冷压缩机的结构和工作原理如图 7.18 所示。

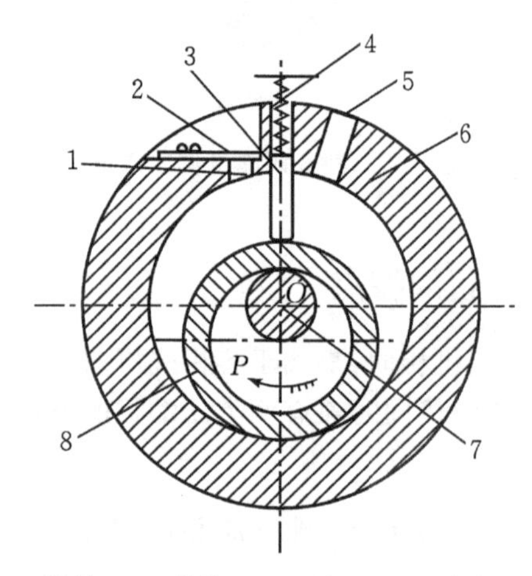

1—排气口；2—排气阀；3—滑片；4—弹簧；5—吸气口；6—气缸；7—偏心轴；8—滚动转子。

图 7.18 滚动转子式压缩机结构示意图

气缸 6 的中心和偏心轴 7 同心，气缸内的滚动转子 8 套在主轴偏心轴段上。电动机带动主轴绕气缸中心线旋转时，滑片 3 在其背端弹簧力和高压气体作用下，始终垂直压在滚动转子 8 的外表面上，形成一条密封线。滚动转子紧贴在气缸内表面上滚动。滚动转子外表面、滑片侧面、气缸内表面和气缸两端面便形成了两个基元容积。

与吸气口 5 相通的一侧称为吸气腔。通过排气阀 2 与排气管相通的一侧称为排气腔。

当转子与气缸的接触点转到超过吸气口 5 时，滑片右侧至接触点之间的吸气腔与吸气口 5 相通，而且容积随转子的转动而逐渐增大，并从吸气口 5 吸入气体。当转子接触点转到最上面位置时，吸气腔容积达到最大值，充满了低压制冷剂蒸气。转子继续旋转，接触点再次通过吸气口位置时，吸入的低压气体因容积逐渐缩小而受到压缩，达到排气压力时，排气阀 2 开启，开始排气，直至转子接触点通过排气口 1 结束。

由于气缸内有滑片分隔，吸气腔吸气的同时，排气腔也在压缩(或排气)，所以，以一个基元容积为研究对象，滚动转子式压缩机中，吸气、压缩、排气等过程，是在主轴转两转中完成的。

图 7.19 所示为滚动转子式压缩机的工作过程。图(a)中滑片左侧气体压缩过程开始，滑片右侧开始吸气；图(b)中滑片左侧气体压缩过程结束、排气开始，滑片右侧吸气；图(c)中滑片左侧排气结束，滑片右侧吸气结束、准备压缩；如此周而复始完成循环。图(d)中给出了制冷剂蒸气理论最大吸入容积。

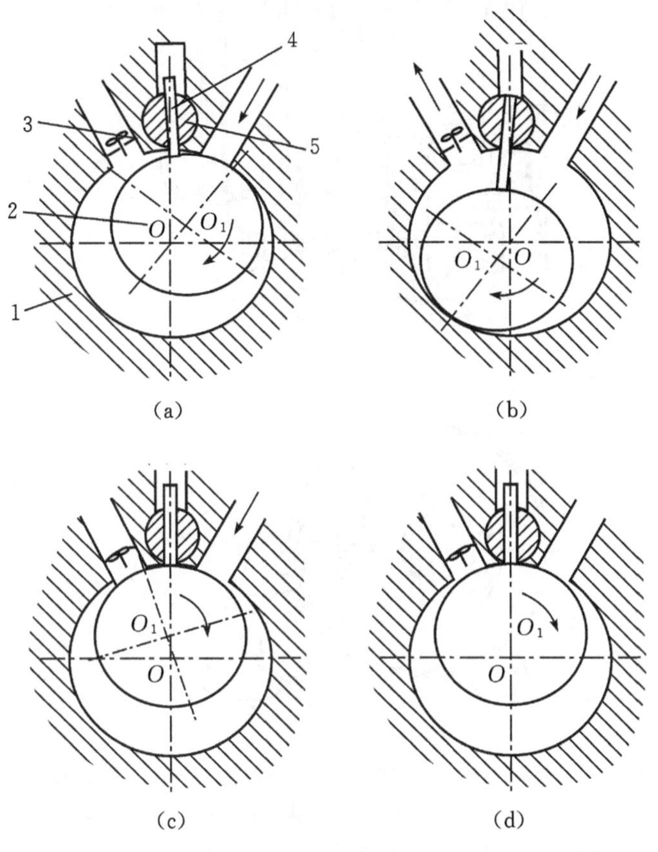

1—气缸；2—旋转活塞；3—排气阀；4—滑片；5— 导向座。

图 7.19　滚动转子式压缩机的工作原理

滚动转子式制冷压缩机分为开启式和封闭式。较大容量的压缩机做成开启式，小型的滚动转子式压缩机，一般和电动机一起封闭在钢制的壳体中，制成全封闭式，多用于冰箱和家用空调器中。

图 7.20 为一种空调器用的立式封闭式滚动转子式压缩机。压缩机及电动机垂直安装在钢制壳体内，下部为压缩机，上部为电动机。制冷剂蒸气由机壳下部进入气缸，压缩后经排气阀排入机壳内，通过电动机的环隙通道，对电动机冷却后由顶部排气管排出。

7.3.2　滚动转子式制冷压缩机的特点

从滚动转子式压缩机的结构及工作过程来看，它具有以下一系列的优点。

(1)零部件少，结构简单，便于加工及流水线生产。

(2)易损零件少，运行可靠。

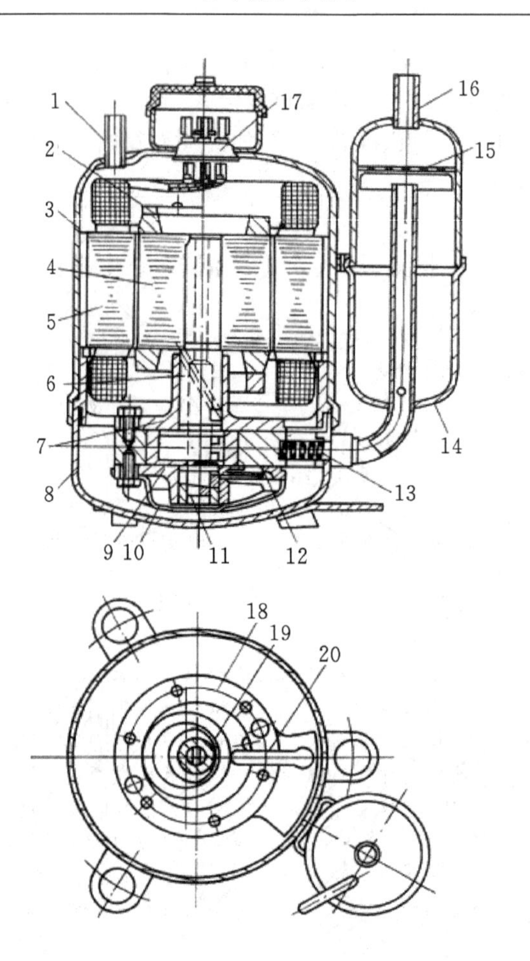

1—排气管；2—平衡块；3—上机壳；4—电动机转子；5—电动机定子；6—偏心轴；7—主轴承；8—下机壳；9—副轴承；10—壳罩；11—上油片；12—排气阀；13—弹簧；14—气液分离器；15—隔板；16—吸气管；17—接线柱；18—气缸；19—转子；20—滑片。

图 7.20　封闭式立式滚动转子式压缩机结构

(3)效率高，因为没有吸气阀，流动阻力小，余隙容积小，输气系数较高。

(4)在相同制冷量情况下，压缩机体积小，质量轻，运转平稳。

滚动转子式压缩机的缺点如下。

(1)因为只利用了气缸的月牙形空间，所以气缸容积利用率低。

(2)零部件加工精度要求较高。

(3)转子与气缸密封线较长，密封性能较差，泄漏损失较大。

7.4　涡旋式制冷压缩机

涡旋式制冷压缩机最早由法国人发明，1905 年在美国取得专利，但由于机械加工及设计水平有限，当时没有实用化。直至 20 世纪 70 年代美国研制出一台氦气涡旋式压缩机，随后日本购买了此专利,1982 年日本三电公司生产出汽车空调用涡旋式制冷压缩机,至此,涡旋式压缩机进入产业化阶段。目前,涡旋式压缩机以其效率高、体积小、重量轻、噪声低、结构简单且运转平稳等特点,广泛应用于中小制冷量的空调和制冷机组中。

7.4.1　涡旋式制冷压缩机的结构及工作原理

涡旋式制冷压缩机属容积型(回转式)压缩机,主要由固定涡旋盘(静涡盘)和旋转涡旋盘(动涡盘)、压缩机壳体、防自转环等零部件组成,它的结构如图 7.21 所示。

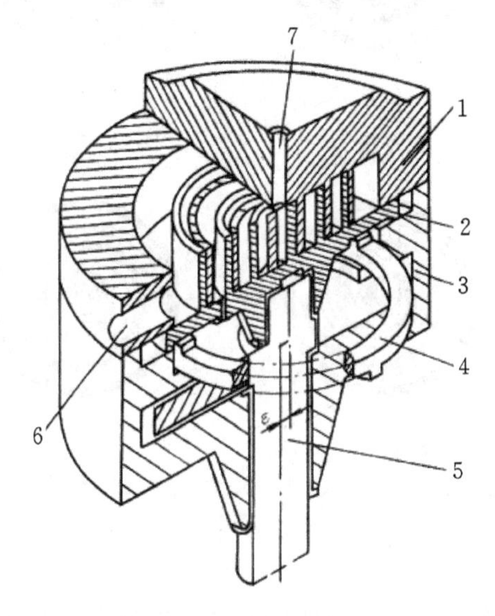

1—固定涡旋盘;2—旋转涡旋盘;3—壳体;4—防自转环;5—偏心轴;6—进气口;7—排气口。

图 7.21　涡旋式制冷压缩机构造简图

静涡盘和动涡盘的型线均是螺旋形,动涡盘相对静涡盘偏心并相差 180°对置安装,在动静涡盘间形成了一系列月牙形空间,即基元容积。动涡盘以静涡盘的中心为其旋转中心,并以一定的旋转半径作无自转的回转平动时,外圈月牙形空间便会不断向中心移动,使基元容积不断缩小。静涡盘的最外侧开有进气口 6,并在顶部端面中心部位开有排气孔 7。压缩机工作时,气体制冷剂从进气口进入动、静涡盘间最外圈的月牙形空间,随着动涡盘的运动,气体被逐渐推向中心空间,其容积不断缩小而压力不断升高,直至与中心排气孔相通,高压气体被排出压缩机。

图 7.22 所示为涡旋式制冷压缩机工作过程。动涡盘中心位于静涡盘中心的右侧,涡旋密封啮合线在左右两侧,涡旋外圈部分刚好封闭,此时最外圈两个月牙形空间充满气体,吸气结束。随着曲轴的旋转,动涡盘作回转平动,动、静涡盘仍保持啮合,外圈两个月牙形空间中的气体不断向中心推移,容积不断缩小,压力逐渐升高,进行压缩过程,如图 7.22(b)、(c)所示。当第一个基元容积内的气体进行压缩时,动涡盘最边缘的渐开线与静涡盘离开,与吸气腔连通,即相邻的基元容积吸气过程开始,经过图 7.22(b)、(c)、(d)过程,直至恢复到图 7.22(a)的状态,完成相邻基元容积的吸气过程。这时,第一个基元容积内气体被不断压缩

并向中心移动，当两个月牙形空间汇合成一个中心腔室并与排气孔相通时，压缩过程结束，进入排气过程，直至中心腔室的空间消失，则排气过程结束。

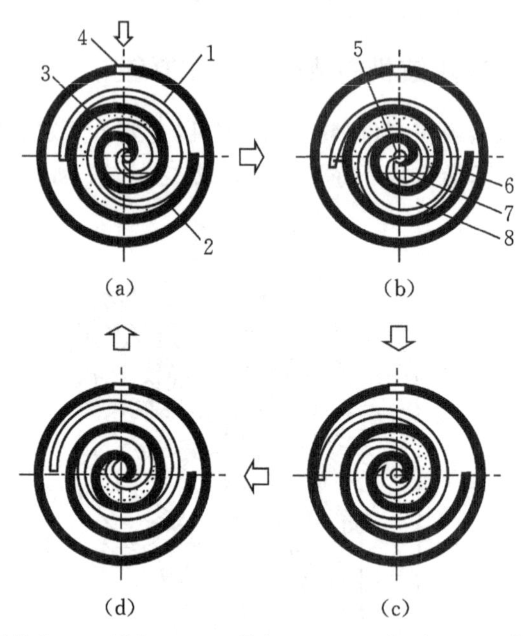

1—动涡盘；2—静涡盘；3—压缩室；4—进气口；5—排气口；6—吸气过程；7—排气过程；8—压缩过程。

图 7.22　涡旋式制冷压缩机工作原理

如图 7.22 所示，当最外圈形成两个封闭的月牙形空间并开始向中心推移成为内工作腔时，另一个新的吸气过程同时开始形成。图 7.22(a)表示吸气过程结束，压缩过程开始；图(b)表示气态制冷剂被压缩，同时，涡旋盘外侧进行吸气过程，内侧进行排气过程。图(c)表示涡旋盘的外、中、内三个部位分别继续进行吸气、压缩和排气过程。图(d)表示内侧部位的排气过程结束，中间部位的两个封闭空间的气体压缩过程结束，即将进行排气过程；而外侧部位的吸气过程仍在继续。因此，在涡旋式压缩机中，吸气、压缩、排气等过程是同时和相继在不同的月牙形空间中进行的，外侧空间与吸气口相通，始终进行吸气过程，中心部位空间与排气口相通，始终进行排气过程，中间的月牙形空间则一直在进行压缩过程。故涡旋式制冷压缩机基本上是连续地吸气和排气，并且从吸气开始至排气结束需要动涡盘的多次回转平动才能完成。

图 7.23(a)所示为一空调用涡旋式制冷压缩机总体结构图。压缩机布置在上方，电动机置于下方。来自蒸发器的制冷剂蒸气由机壳 11 上部的吸气管 9 吸入至涡线的外周，压缩后由静涡盘 13 上方的排气口 10 排至排气腔 12，然后导入下部去冷却电动机，随后由排气管 7 排出。图 7.23(b)为实物图。

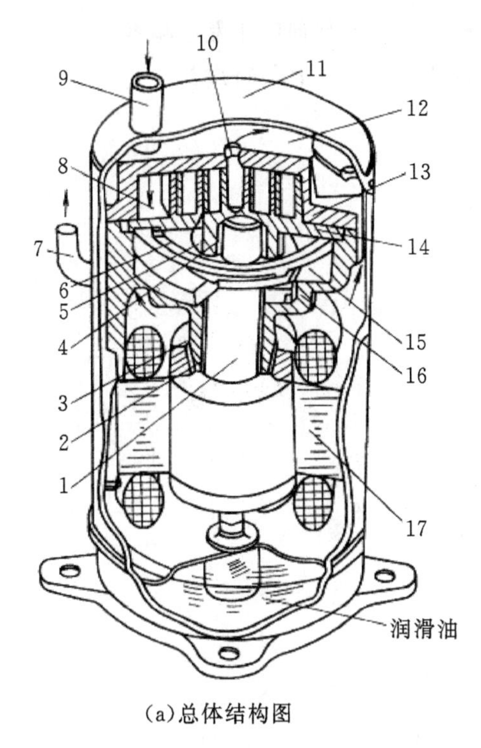

(a)总体结构图

(b)实物图

1—曲轴；2、4—轴承；3—密封垫；5、15—背压腔；6—防自转环；7—排气管；8—吸气腔；9—吸气管；10—排气口；11—机壳；12—排气腔；13—静涡盘；14—动涡盘；16—机架；17—电动机。

图 7.23　全封闭涡旋式压缩机

7.4.2　涡旋式制冷压缩机的特点

与往复式压缩机相比，涡旋式制冷压缩机有如下优点。

(1)相邻两工作容积的封闭啮合线两侧压差较小，气体泄漏量小。

(2)由于吸气、压缩、排气过程同时进行，压力上升速度较慢，因此转矩均衡、振动小，并有利于电动机在高效率点工作。

(3)没有余隙容积，无膨胀过程，输气系数高。

(4)无吸、排气阀，效率高，可靠性高，噪声低。

(5)允许吸入少量湿蒸气，故特别适合于热泵型空调器。

(6)机壳内腔为排气腔，减少了吸气预热，提高了压缩机的输气系数。

当然涡旋式制冷压缩机也存在如下缺点。

(1)涡旋型线加工精度非常高，必须采用专用的精密加工设备。

(2)密封要求高，密封机构复杂。

复习思考题

7.1　试述离心式压缩机的特点。

7.2 何谓离心式制冷压缩机的喘振现象？它有什么危害？如何防止发生喘振？

7.3 试述螺杆式压缩机的工作原理。其与活塞式压缩机相比有何特点？

7.4 螺杆式制冷压缩机用什么方法调节其制冷量？

7.5 简述涡旋式压缩机的结构和工作原理。

7.6 简述滚动转子式压缩机的结构和工作原理。

第 8 章 冷凝器和蒸发器

冷凝器和蒸发器是制冷系统中主要的换热设备，制冷系统的性能和经济性在很大程度上取决于冷凝器与蒸发器的传热能力。冷凝器和蒸发器的型式与制冷装置的用途、制冷剂、载冷剂、冷却介质、流动方式及换热特性等有关系。本章主要介绍几种常见的冷凝器和蒸发器。

8.1 冷凝器

在制冷系统中，冷凝器的作用是将来自压缩机经油分离器来的高温高压制冷剂蒸气冷凝为高压饱和液体或是过冷液体。制冷剂在冷凝器中放出的热量包括通过蒸发器从被冷却物体吸收的热量和制冷剂在压缩机中被压缩时外界机械功转化的热量两部分。

8.1.1 冷凝器的种类、基本构造及工作原理

冷凝器按其冷却介质和冷却方式可以分为水冷式、空冷式（或称风冷式）和蒸发式三种。

1.水冷式冷凝器

水冷式冷凝器是用水作为冷却介质，使高温、高压的气态制冷剂冷凝的设备。常用的冷却水有江水、河水、自来水等。由于自然界中水温一般比较低，因此水冷式冷凝器的冷凝温度较低，这对压缩机的制冷能力和运行都比较有利。目前，制冷装置中多采用水冷式冷凝器，冷却水可以一次通过，也可以循环使用，当使用循环水时，需要建立冷却水塔或冷却水池，使冷却水冷却，以便重复使用。水冷式冷凝器有卧室壳管式、立式壳管式和套管式几种主要形式。

(1)卧式壳管式冷凝器。

卧式壳管式冷凝器是使用最广泛的冷凝器，多用于大、中、小型制冷机组，冷媒为氨或氟利昂。水侧多管程，冷却水温升一般为 4～6 ℃。其结构形式如图 8.1 所示，它的壳体是由钢板卷制焊接而成的圆柱形筒体，筒体内装有多根钢管，用焊接或是胀接法固定在筒体两端的管板上，两端管板的外面用带有隔板的封盖封闭，使冷却水在桶内分成几个流程。封盖与管板之间用螺栓紧固，两者之间需有防漏用的垫圈，端盖上部有放空气旋塞，在开始充水时排出管内空气，下部的泄水旋塞是在冷凝器停止使用时，用来排出其中的水，以防管子被冻裂或腐蚀。运行时，冷却水在管内流动，从一端封盖的下部进入，按顺序通过每个管组，最后从同一端封盖上部流出，高温高压的制冷剂蒸气从上部进入冷凝器管间，与管内冷却水充分

换热后冷凝为液态制冷剂从下部排至储液器。

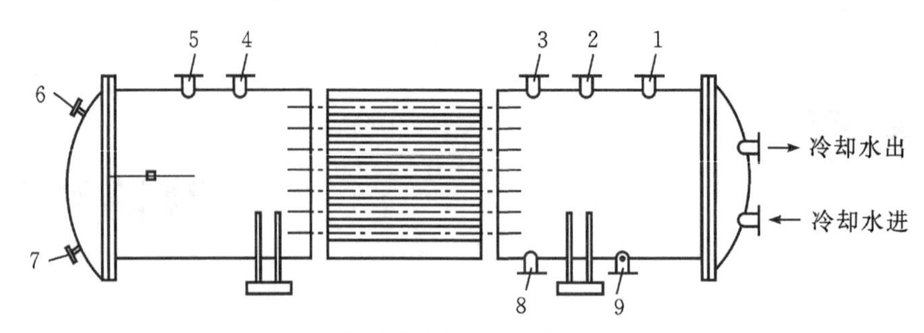

(a) 氨卧式壳管式冷凝器

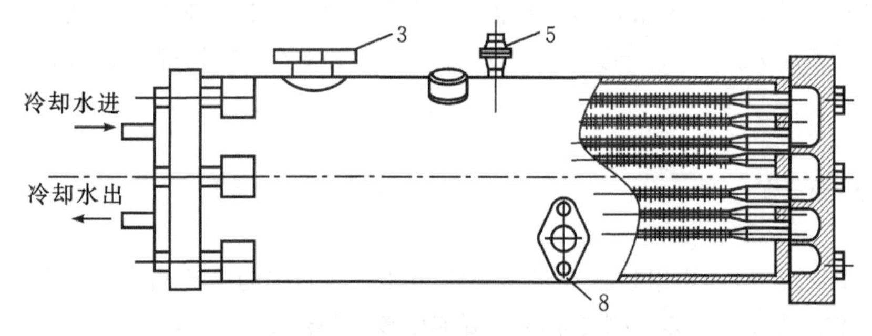

(b) 氟利昂卧式壳管式冷凝器

1—放空管接头;2—压力表;3—安全阀接头;4—均压管接头;5—进气管接头;6—放气旋塞接头;
7—泄水旋塞接头;8—出液管接头;9—放油管接头。

图 8.1 卧式壳管式冷凝器

卧式壳管式氨冷凝器通常采用 $\phi 25 \sim \phi 38$ mm 的无缝钢管,氟利昂冷凝器可用无缝钢管也可用铜管,由于氟利昂侧冷凝换热系数较小,故用铜管的冷凝器多用滚压肋管。

卧式壳管式冷凝器,结构紧凑、换热系数大、冷却水耗量少,但冷却水水质要求高,流动阻力高,清洗不方便。小型氟利昂压缩机与卧式壳管式冷凝器一般做成压缩冷凝机组,安装方便,占地面积小。

(2)立式壳管式冷凝器。

这种冷凝器直立安装,只用于大中型氨制冷装置,其结构如图 8.2 所示。与卧式壳管式冷凝器相比,立式冷凝器不仅直立安装,而且两端没有端盖,水及氨的流动方式也有所不同,氨蒸气从冷凝器的外壳中部偏上处进入圆筒内的管外空间,冷凝后液体沿管外壁从上流下,积聚在冷凝器底部,经出液管流入储液器。冷却水从上部进入冷凝器管内,但水并不充满钢管的整个断面,而是呈膜状沿管内壁流下,排入冷凝器下面的水池中,一般再用水泵压送到冷却塔中循环使用。

为了使冷却水均匀地分配到每根钢管中,冷凝器顶部装有配水箱,每根钢管的管口上装有一只具有分水作用的导流管嘴,使冷却水以螺旋线状沿管内壁流下,这样在管内壁能够很好的形成一层水膜,充分吸收制冷剂的热量,既提高了冷凝器的冷却效果,又节约了用水。

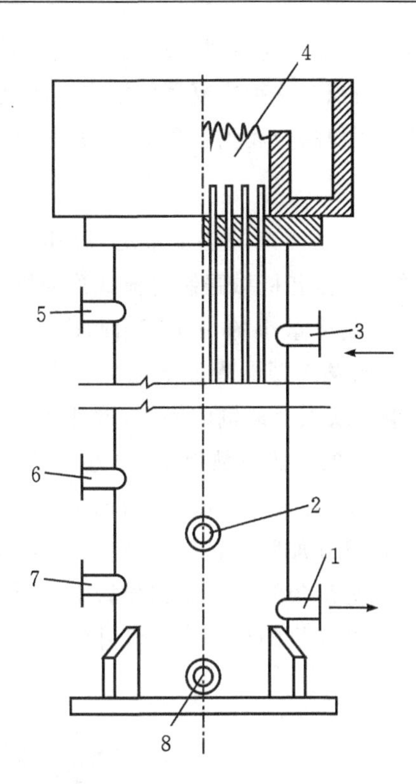

1—出液管接头；2—压力表接头；3—进气管接头；4—配水箱；5—安全阀接头；
6—均压管接头；7—放空管接头；8—放油管接头。

图 8.2　立式壳管式冷凝器

与卧式冷凝器类似，在立式冷凝器外壳上设有进气、出液、放空气、均压、放油和安全阀等管接头，与相应的管路和设备连接。

立式冷凝器管一般采用 ϕ50 mm 的无缝钢管。这种冷凝器露天安装，节省机房面积，可装在冷却水塔的下面，简化冷却水系统。它对冷却水水质要求不高，可以在运行中清洗水管。从冷凝放热的特性看，立管要比水平管差一些，因而它的换热系数比卧式冷凝器的小。此外立式壳管式冷凝器具有冷却水用量大，体积大，比较笨重，冷凝管内水流速度低，易结水垢；露天安装时，灰沙易落入，需要经常清洗等特点。

(3)套管式冷凝器。

套管式冷凝器主要用于小型氟利昂空调机组，且单机制冷量一般小于 25 kW。套管式冷凝器由两种不同管径的管子套在一起组成，外管多为 ϕ50 mm的无缝钢管，管内有一根或是几根铜管或是低肋铜管。套成后在弯管机上绕成螺旋形状，如图8.3所示。制冷剂蒸气从上部进入外管的空间，在内管外表面冷凝，凝结液从下部流出。冷却水从下部进入内管，从上部流出。这样就与制冷剂呈逆

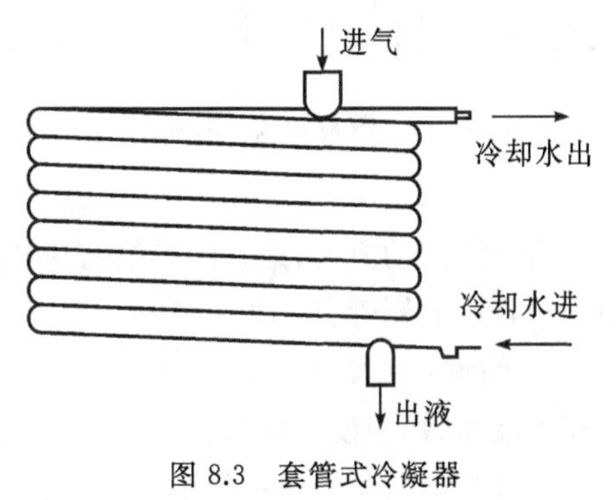

图 8.3　套管式冷凝器

向流动，实现了理想的逆流换热，因此换热系数较高。套管式冷凝器可以放在压缩机的周围，节省了压缩冷凝机组的占地面积。这种冷凝器的缺点是凝结液积存在管内下部，使换热表面得不到充分的利用，且单位面积的金属消耗量大，冷却水流动阻力大，水垢不易清洗。

2.空冷式冷凝器

空冷式冷凝器是靠空气将气态制冷剂的热量带走，使其冷凝成为液态制冷剂。根据空气流动方式可分为自然对流式冷凝器和机械强制对流式冷凝器。

自然对流式冷凝器只适用于制冷量小的一些家用制冷设备(如电冰箱等)中，冷凝器置于空气流通的地方，靠自然通风散发冷凝器表面的温度。图 8.4 所示冰箱用自然对流空气冷却式冷凝器，其冷凝管多为铜管或表面镀铜的钢管，管外通常做有各种形式的肋片。管子外径一般为 5～8 mm，这种冷凝器的换热系数很小，约为 5～10 W/(m^2·K)。

空调制冷系统主要采用机械强制通风对流空气冷却式冷凝器。其结构图如图 8.5 所示，它由几组蛇形盘管组成，在盘管外加肋片，以增大空气侧换热面积，同时采用风机加速空气的流动。氟利昂蒸气从上部的分配集管进入每根蛇管中，凝结成液体沿蛇管流下，汇于液体集管中，然后流出冷凝器，空气在风机的作用下从管外流过。

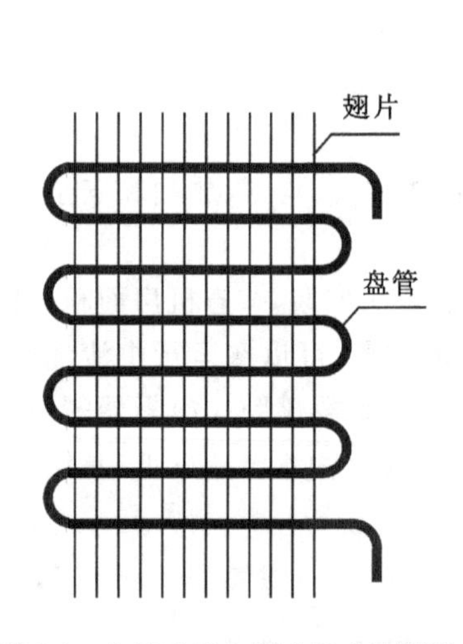

图 8.4　自然对流空气冷却式冷凝器

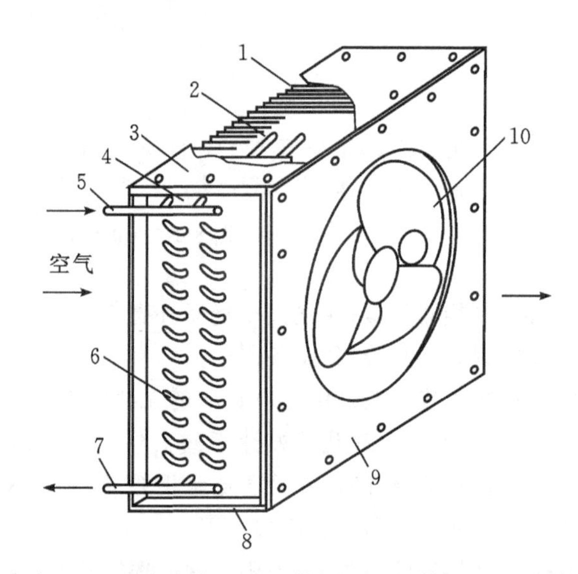

1—肋片；2—压力表接头；3—上封板；4—左端板；5—进气管；6—弯头；7—出液集管；8—下封板；9—前封板；10—通风机。

图 8.5　强制对流空气冷却式冷凝器

沿空气流动方向，蛇管的排数与风机形式有关，小型冷凝器一般为 3～6 排。蛇管一般用直径较小的铜管((ϕ10～ϕ16)×1 mm)制成，管外肋片多为套片式，肋片多用厚 0.2～0.3 mm的铜片或铝片制成，肋片间距 2～4 mm。每根蛇管的长度不宜过长，否则蛇管的后部充满液体，影响换热效果。

这种冷凝器的换热系数不高，当迎面风速为 2～3 m/s 时，按全部外表面计算的换热系数约为 24～29 W/(m^2·K)。由于夏季室外温度较高(可达 40 ℃),采用空气冷却式冷凝器时,其冷凝温度也较高(40～50 ℃),所以它只适用于冷凝压力较低的制冷剂。空气冷却式冷凝器的最大优点是不需要冷却水,特别适用于缺水地区或者供水困难的地方。空气冷却式冷凝器一般多用于小型氟利昂制冷装置中,如电冰箱、冷藏柜、家用空调器以及汽车、铁路车辆用空调装置及冷藏车等移动式制冷装置。

3.蒸发式冷凝器

在蒸发式冷凝器中,制冷剂蒸气在管内冷凝,冷凝时放出的热量同时被水和空气带走。图 8.6 所示为蒸发式冷凝器的结构示意图。它的换热部分是一个由光管或肋片管组成的蛇形管组,管组装在一个由型钢或钢板焊制的立式箱体中。箱体的底部作为储水的水盘,制冷剂蒸气由蒸气分配管进入每根蛇形管,冷凝后由下部积液管进入储液器中。水盘内保持一定的水位(用浮球阀控制),冷却水被循环水泵 2 加压送到冷凝器 3 的上方,经喷头 4 喷淋到蛇形管的外表面,一部分冷却水因吸收制冷剂的热量而蒸发,未蒸发的喷淋水仍流进水盘内。蒸发式冷凝器装有风机,使箱体内的空气自下而上流经蛇形管组,并由上部排出。空气的作用主要是将箱体内的水蒸气带走,加速喷淋水的蒸发。当空气温度低于制冷剂温度时,也有冷却制冷剂的作用。为防止未蒸发的水蒸气被空气带走,在箱体上部装有挡水板 5,以减少水量的吹散损失。

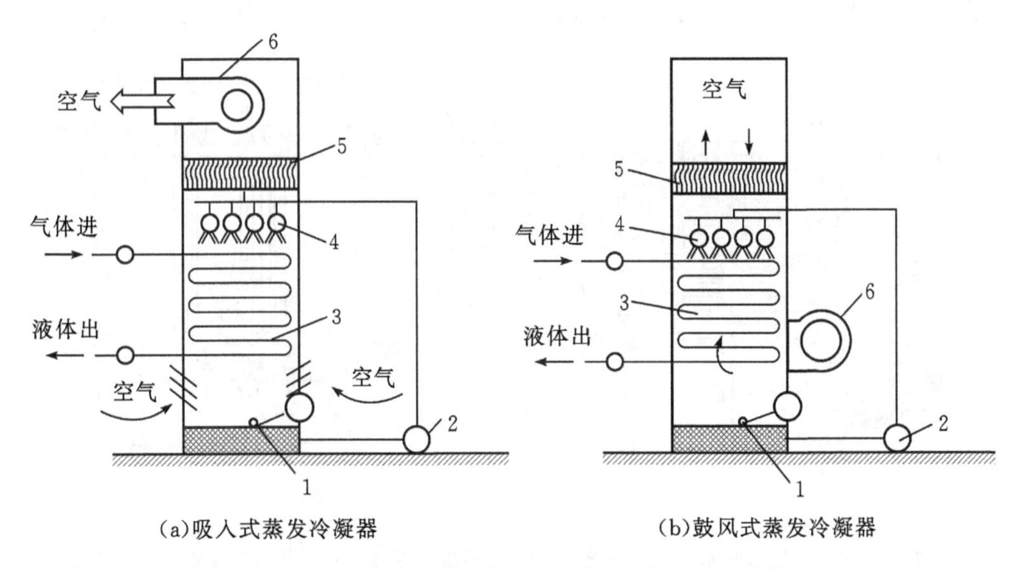

(a)吸入式蒸发冷凝器　　(b)鼓风式蒸发冷凝器

1—浮球;2—水泵;3—蛇形冷凝管;4—喷头;5—挡水板;6—风机。

图 8.6　蒸发式冷凝器结构示意图

蒸发式冷凝器的风机可以设在蛇形管组的上部,吸入来自管组下部的空气,称为吸入式蒸发冷凝器,结构如图 8.6(a)所示;风机也可以设在盘管下部的侧面,空气在风机的压送下从盘管外部流过,称为鼓风式蒸发冷凝器,结构如图 8.6(b)所示。两种结构各有优缺点,吸入式由于空气均匀地流过冷凝器盘管,箱体内保持负压,因而水的蒸发温度较低,换热效果好,但是风机在高温和潮湿条件下运转,容易发生故障。鼓风式的情况正好相反,风机电动机工作条件好，但空气流过冷凝器盘管时分布不均匀，我国目前主要生产鼓风式蒸发冷凝器。

蒸发式冷凝器基本上是利用水的汽化潜热，带走气体制冷剂冷凝过程放出的热量，所以冷却水的用量要比水冷式冷凝器少得多。因为水的汽化潜热约为 2500 kJ/kg，在水冷式冷凝器中，冷却水的温升只有 4～8 ℃，即每千克冷却水只能带走 25～35 kJ 的热量，而蒸发式冷凝器的进出水温差通常控制在 8～14 ℃，所以，理论上蒸发式冷凝器消耗的冷却水量是水冷式冷凝器的 1/70～1/100。由于挡水板的效率不是 100%，加之空气中的粉尘对水的污染，经常需要补充部分循环水，因此实际上补充的水量约为水冷式的 1/25～1/50。

蒸发式冷凝器特别适用于缺水地区，尤其适用于气候较干燥时，应用效果更好。这种冷凝器一般可以安装在厂房的屋顶上，因而可以节省建筑面积。需要说明的是，水在冷凝器管外汽化时，将其中的矿物质完全留在管子的外表面上，水垢层增长较快，因此蒸发式冷凝器应使用软水或经过软化处理的水。在结构上，挡水板上方设有预冷管组，可以使进入蛇形管组的蒸汽温度有所降低，这样有利于减少外表层结垢。总之，蒸发式冷凝器的主要缺点是管外易结水垢，易腐蚀，且维修困难。

淋激式冷凝器的工作原理与蒸发式冷凝器相同，只是没有风机，进出水温差为 2～3 ℃，冷却水在管外汽化，产生的水蒸气被自由运动的空气带走，换热效果较差，金属耗量大，占地面积大，所以淋激式冷凝器目前已很少使用和生产，其结构如图 8.7 所示。

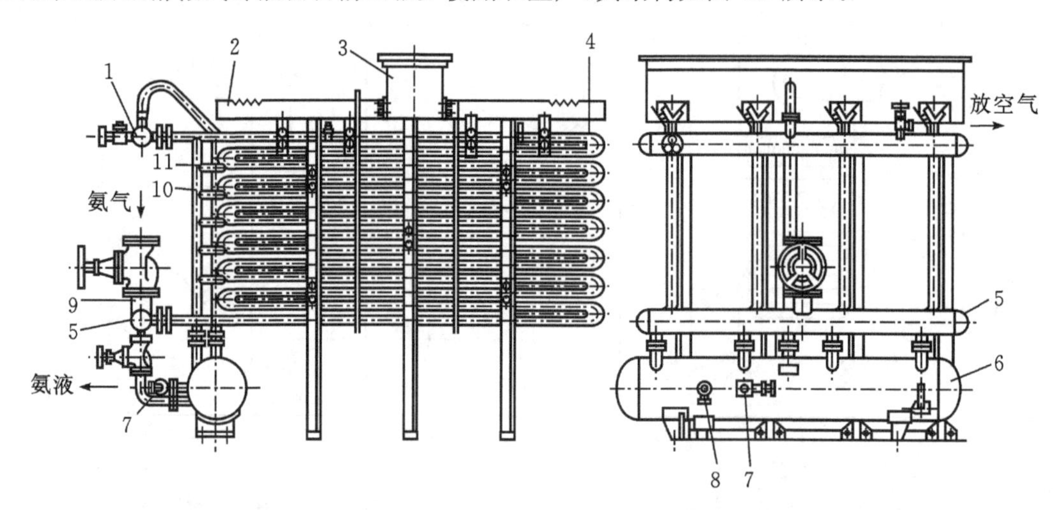

1—放空气管；2—V 形配水槽；3—配水箱；4—蛇形换热管；5—制冷剂蒸气集管；6—储液器；7—制冷剂出液管；8—放油管；9—制冷剂进气管；10—制冷剂液体立管；11—鸭嘴弯管。

图 8.7　淋激式冷凝器

为便于了解各类冷凝器，将各种冷凝器的类型、特点及适用范围列于表 8.1 中。

表 8.1　各种冷凝器的类型、特点及适用范围

类型	形式	制冷剂	优点	缺点	适用范围
水冷式	立式	氨	可装设于室外，占地面积小，传热管易于清洗	冷却水量大，体积较卧式大	大、中型
	卧式	氨、氟利昂	传热效果优于立式，易小型化和与其它设备组装	冷却水质要求高	大、中、小型
	套管式	氨、氟利昂	传热系数较高，结构简单，易制造	冷却水侧阻力大，清洗困难	小型
	板式	氨、氟利昂	传热系数高，结构紧凑，组合灵活	水质要求高	中、小型
	螺旋板式	氨、氟利昂	传热系数高，体积小	冷却水侧阻力大，维修困难	中、小型
空气冷却式	强制对流式	氟利昂	无冷却水和相应配管，在室外设置	体积大，传热面积大，制冷机功率消耗大	中、小型
	自然对流式	氟利昂	无冷却水和相应配管，在室外设置，低噪声	体积大，传热面积大，制冷机功率消耗大	中型
水和空气联合冷却式	淋水式	氨	制造简单，水质要求低，易于清洗、维修	占地面积大，材料消耗大，制冷机功率消耗大	大、中型
	蒸发式	氟利昂、氨	冷却水耗量小，冷凝温度较低	体积大，占地面积大，清洗维修困难	大、中型

8.1.2　冷凝器中的传热过程分析

冷凝器中的传热过程包括制冷剂的冷凝放热、通过金属壁和污垢层的导热及冷却介质(水或空气)的吸热过程。传热过程中不仅制冷剂蒸气侧管面和冷却介质侧管面有对流传热热阻，还有管壁导热热阻。此外，冷凝器管面上不免会有油膜、水垢等污垢，这些都形成导热热阻。一般来说，管壁厚度很小，且管壁热导率很大，所以管壁的导热热阻很小。这里主要分析影响制冷剂侧蒸气凝结放热及冷却介质侧传热的因素。

1.影响制冷剂侧蒸气凝结传热的因素

(1)制冷剂蒸气的流速和流向的影响。制冷剂在冷凝器中的凝结一般都是膜状凝结，当制冷剂蒸气与低于饱和温度的壁面接触时，便凝结成一层液体薄膜，并在重力作用下向下流动。液膜构成制冷剂侧的热阻，且膜越厚，热阻越大，传热系数越低。因此，当制冷剂蒸气与冷凝液膜同向运动时，冷凝液体与传热表面的分离较快，传热系数增大。而当制冷剂蒸气作反液膜流向运动时，则传热系数可能降低；若流速相当大时，则液膜层会被制冷剂蒸气流带着向上移动，以至吹散而与传热壁面脱离，在这种情况下，传热系数便增大。

考虑制冷剂蒸气的流速和流向对传热的影响，一般立式壳管式冷凝器的蒸气进口，总是设在冷凝器高度三分之二处的筒体的侧面，以避免冷凝液膜太厚而影响传热。

(2)传热壁面粗糙度的影响。冷凝液膜在传热壁面上的厚度,不仅与制冷剂液体的黏度有关,而且与传热壁面的粗糙度也有很大关系。当壁面很粗糙或有氧化皮时,液膜流动阻力增加并且液膜增厚,从而使传热系数降低。根据试验,传热壁面严重粗糙时可使制冷剂凝结,传热系数下降20%~30%。所以,冷凝管表面应保持光滑和清洁,以保证较大的凝结传热系数。

(3)制冷剂蒸气中含空气或其它不冷凝性气体的影响。在制冷系统中,总会有一些空气以及制冷剂和润滑油在高温下分解出部分不凝性气体,这些气体随制冷剂蒸气进入冷凝器,使凝结传热系数显著降低。实验证明,如在单位热负荷 $q=1163\ \text{W/m}^2$ 下,当氨蒸气中含有2.5%的空气时,凝结传热系数将由8140 $\text{W/(m}^2\cdot\text{K)}$降到4070 $\text{W/(m}^2\cdot\text{K)}$。可见不凝性气体对凝结传热系数影响很大。在制冷装置中,既要防止空气渗入制冷系统,又要及时地将系统中的不凝性气体用专门设备排出。

(4)制冷剂蒸气中含油对凝结传热的影响。此影响与油在制冷剂中的溶解度有关。由于氨、油基本不溶解,如果氨蒸气中混有润滑油时,油将形成油膜沉积在冷凝器的传热表面上,造成附加热阻。对于采用氟利昂的系统,由于氟、油相互溶解,润滑油不会形成油膜沉积在传热表面造成附加热阻,所以当含油质量分数在一定范围内(6%~7%)时可以不考虑其传热的影响,但超过此限时,润滑油会对氟利昂的传热性能产生影响,也会使传热系数降低。因此,在冷凝器的设计与运行中,应设置高效的油分离器,以减少制冷剂中的含油量,从而降低其对凝结传热的不良影响。

(5)冷凝器构造形式的影响。制冷剂蒸气在横放单管外表面冷凝时的传热系数一般大于直立管的传热系数,这是因为具有一定高度的直立管的下部,冷凝液膜层厚度较大。但是,对于蒸气在水平管束外表面上的凝结传热,由于下落的冷凝液可使下部管束外侧的液膜增厚,使其平均传热系数也有所降低,水平管束在上下重叠的排数越多,这种影响就越大,所以,水平管束的传热系数也有可能低于直立管束的传热系数。

一般立式壳管式冷凝器的传热系数较小,其中立管下部集有较厚的液膜层是原因之一,所以从这方面考虑,卧式冷凝器的筒体也不宜过大。

总之,不管是何种结构形式的冷凝器,要想提高传热系数,就必须保证能迅速地将传热表面的冷凝液体排出,并保证传热表面的清洁。

2.影响冷却介质侧传热的因素

在冷却介质侧,影响传热系数的因素如下。

(1)冷却介质的性质,比如水的传热系数高于空气的传热系数。

(2)冷却水和空气的流速。传热系数随着冷却介质流速的增大而增大,但是,流速太大,会使换热设备中冷却介质流动阻力增加,从而增加水泵或风机的功率消耗,以及增加管壁的腐蚀,因此应综合考虑技术经济效果。一般冷凝器内比较合适的水流速度取0.8~1.2 m/s,空气流速取2~4 m/s。另外,冷却介质的纯净程度及其组成成分,对冷却介质侧的传热系数也有一定的影响。

在水冷式冷凝器中,由于实际使用的冷却水含有某些矿物质和泥沙之类的物质,因此,经过长时间使用后,在冷凝器的传热面上会附着一层水垢,形成附加热阻,致使传热系数降低。水垢层的厚度,一般取决于冷却水质的好坏、冷凝器使用时间的长短及设备的操作管理情况等因素。

空气冷却式冷凝器的传热表面在长期使用后，会被灰尘覆盖，传热表面可能被锈蚀或黏有油污，所有这些因素都会降低传热效果，因此在制冷设备运转期间，应经常清除冷凝器的各种污垢。

8.1.3　冷凝器的选型计算

冷凝器的选型计算需要考虑下列因素：首先，根据工程基本情况选择合适的冷凝器型式及基本参数，满足传热、安全可靠性及能效要求；其次考虑经济性，合理选材；最后满足冷凝器安装、操作、维修等要求。一般在冷却水水质较差、水温较高、水量比较充裕的地区，宜采用立式冷凝器；水质较好且水温较低的地区，宜采用卧室壳管式或组合式冷凝器，在缺乏水源或夏季室外空气湿球温度较低的地区，可采用蒸发式冷凝器。如果冷却水采用循环冷却水方式，可根据制冷设备的布置要求进行合理选择。其基本计算流程如图 8.8 所示。

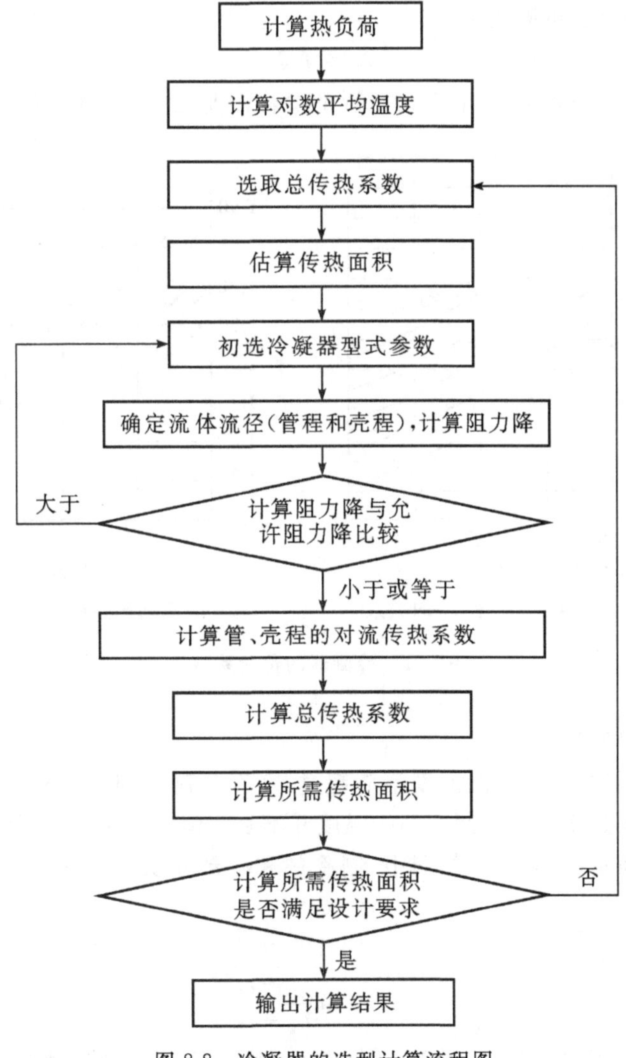

图 8.8　冷凝器的选型计算流程图

1.水冷式冷凝器的选型计算

(1)冷凝器热负荷的确定。

冷凝器热负荷是进行冷凝器选择计算的依据,它是指蒸气在冷凝器中放出的总热量。一般情况下,冷凝器热负荷包括制冷剂在蒸发器中吸收的热量及在压缩过程中所获得的机械功,即

$$Q_c = Q_0 + P_0 \tag{8.1}$$

式中,Q_c 为冷凝器热负荷,kW;Q_0 为压缩机在计算工况下的制冷量,kW;P_0 为压缩机在计算工况下的指示功率,kW。

也可以表达为

$$Q_c = q_m(h_2 - h_3) \tag{8.2}$$

式中,q_m 为制冷剂的质量流量, kg/s;h_2 为制冷剂进入冷凝器的比焓,kJ/kg;h_3 为制冷剂出冷凝器的比焓,kJ/kg。

冷凝器热负荷 Q_c 也可简化为

$$Q_c = \Psi Q_0 \tag{8.3}$$

式中,Ψ 为冷凝器的负荷系数,随着制冷工况的变化而变化,可由图 8.9 查得。

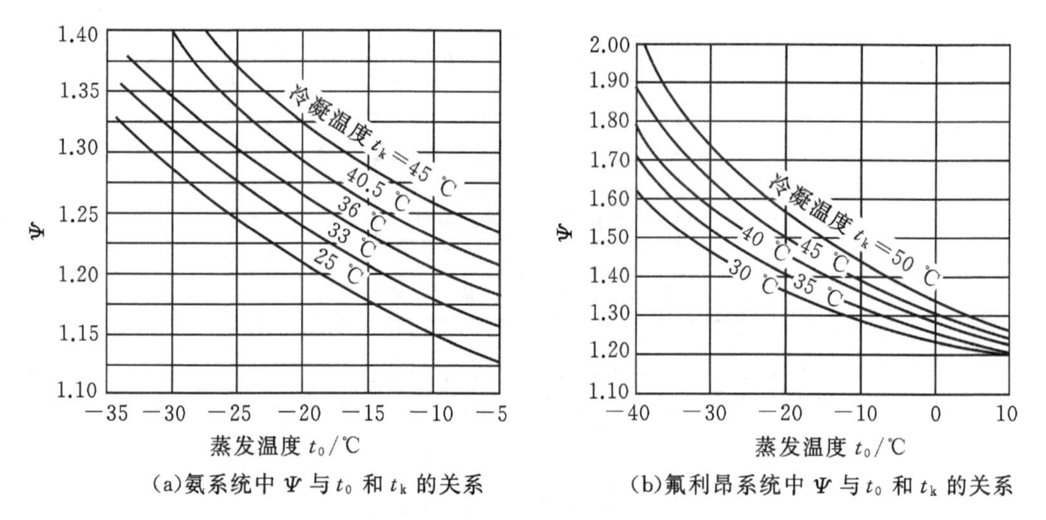

(a)氨系统中 Ψ 与 t_0 和 t_k 的关系　　(b)氟利昂系统中 Ψ 与 t_0 和 t_k 的关系

图 8.9　冷凝器的负荷系数

(2)传热温差的确定。

采用水冷式冷凝器时,其冷凝温度不应超过 39 ℃。制冷剂在冷凝器中,由过热状态的蒸气冷凝成液体甚至过冷,因此,制冷剂的温度并不是定值。但是,为了计算的简便,一般情况下可用冷凝温度表示,这样在冷凝器中,制冷剂和冷却介质之间的平均温差可按式(8.4)计算:

$$\Delta t_m = \frac{t_2 - t_1}{\ln \dfrac{t_c - t_1}{t_c - t_2}} \tag{8.4}$$

式中,Δt_m 为对数平均温差, ℃;t_1 为冷却水进水温度, ℃;t_2 为冷却水出水温度, ℃。

由上式可以看出，冷凝器传热温差是根据冷凝温度 t_c 及冷却水的进出口温度来确定的，通常冷却水的进口温度是已知的，根据当地的气象条件及水源条件确定，计算时需要确定的是 t_c 及冷却水出口温度。理论上这些温度的数值，应当用技术经济分析的方法，按总的设备投资及运行费用最小的原则去确定其最佳值，但实际上应用这种方法，所得的结果往往是传热温差偏小，传热面积过大，从长期使用的观点来看，虽然是经济的，但使设备庞大，初投资增加。因此，有关温度一般都是按经验数值确定。对于卧式冷凝器，冷却水在冷凝器中的温升 (t_2-t_1) 取 4～8℃；立式壳管式冷凝器，冷却水在其中的温升 (t_2-t_1) 可取 2～4 ℃，而冷却水出水温度与冷凝温度之差为 2～3 ℃，这样对数平均温差便可求出。

还应该说明，卧式壳管式冷凝器的冷却水温升可达 4～8 ℃，而冷却塔的降温能力一般仅为 2～3 ℃。当采用循环用水时，两者是不相适应的，在确定冷凝器的类型及冷凝温度等参数时，必须注意使冷却水温升与冷却塔降温能力相适应。因此，当采用卧式壳管式冷凝器及循环供水系统时，冷却水在卧式壳管式冷凝器中的温升，只能考虑 2～3 ℃。

当计算要求不严格时，平均温差也可用算术平均温差代替，即

$$\overline{\Delta t}=t_c-\frac{1}{2}(t_1+t_2) \tag{8.5}$$

(3)冷凝器传热面积计算。

冷凝器的传热面积可用下式计算：

$$A=\frac{Q_c}{K\Delta t_m}=\frac{Q_c}{q_A} \tag{8.6}$$

式中，A 为冷凝器传热面积，m^2；q_A 为冷凝器单位面积热负荷，W/m^2；常用冷凝器的 K 与 q_A 值列于表 8.2 中。

计算出传热面积 A 后，再按照 A 去选择定型的冷凝器。

因为冷凝器在使用一段时间后，由于污垢的影响，其传热性能会降低，所以选择冷凝器面积时，应有 10%～15%的裕量。此外，如果要求液体制冷剂在冷凝器内有一定的过冷，选择卧式壳管式冷凝器时，应比计算出的传热面积加大 5%～10%。

(4)冷凝器冷却水量的计算。

水冷式冷凝器的冷却水量可由下式求出：

$$q_v=\frac{Q_c}{\rho c_p(t_2-t_1)} \tag{8.7}$$

式中，q_v 为冷凝器冷却水流量，m^3/h；ρ 为冷却水平均密度，kg/m^3，标准状况下水的密度 $\rho=1000\ kg/m^3$；c_p 为冷却水的比热容，kJ/(kg·K)，淡水 $c_p=4.186$ kJ/(kg·K)，海水 $c_p=4.312$ kJ/(kg·K)。

(5)冷凝器冷却水的阻力计算。

对于卧式壳管式冷凝器，按照选定的型号，根据产品样本查出冷凝器的冷却管道数目、管道直径、每根管长度及水流程数，则冷却水流速为

$$w=\frac{4q_vz}{\pi d_i^2 n} \tag{8.8}$$

式中，w 为冷却水在冷凝器中的平均流速，m/s；z 为冷却水流程数；d_i 为冷凝器管内径，m；n 为冷凝器管总根数。

表 8.2　各种冷凝器的 K(W/(m²·K)与 q_A(W/(m²))值

制冷剂	冷凝器形式	传热系数 K /W·(m²·K)$^{-1}$	单位面积热负荷 q_A /(W·m^{-2})	备注
氨	立式壳管式	700～900	3500～4000	①冷却水温升 Δt=1.5～3 ℃； ②传热温差 Δt_m=4～6 ℃； ③单位面积冷却水量 1～1.7 m³/(m²·h)； ④传热管为钢光管
	卧式壳管式	800～1100	4000～5000	①冷却水温升 Δt=4～6 ℃； ②传热温差 Δt_m=4～6 ℃； ③单位面积冷却水量 0.5～0.9 m³/(m²·h)； ④水速为 0.8～1.5 m/s； ⑤传热管为钢光管
	板式	2000～2300		①用焊接板式或经特殊处理的钎焊板式； ②板片为不锈钢
	螺旋板式	1400～1600	7000～9000	①冷却水温升 Δt=3～5 ℃； ②传热温差 Δt_m=4～6 ℃； ③水速为 0.8～1.5 m/s
	淋水式	600～750 (管外表面积)	3000～3500	①单位面积冷却水量 0.8～1.0 m³/(m²·h)； ②补水量为循环水量的 10%～12%； ③传热管为钢光管； ④进口湿球温度为 24 ℃
	蒸发式	700～1000	4500～5500	①单位面积冷却水量 0.12～0.16 m³/(m²·h)； ②补水量为循环水量的 5%～10%； ③传热温差 Δt_m=2～3 ℃(指制冷剂和钢管外侧水膜间)； ④传热管为钢光管； ⑤单位面积通风量为 300～340 m³/(m²·h)
R22 R134a R404A	卧式 (肋片管)	800～1200	5000～8000	①冷却水温升 Δt=4～6 ℃； ②传热温差 Δt_m=7～9 ℃； ③水速为 1.5～2.5 m/s； ④低肋钢管，肋化系数≥3.5
	套管式		7500～10000	①冷却水速为 1～2 m/s； ②传热温差 Δt_m=8～11 ℃； ③低肋钢管，肋化系数≥3.5
	板式冷凝器	2300～2500		①钎焊板式； ②板片为不锈钢

续表8.2

制冷剂	冷凝器形式		传热系数 K /W·(m²·K)⁻¹	单位面积热负荷 q_A /(W·m⁻²)	备注
R22 R134a R404A	空气冷却式	自然对流	6～10	45～85	
		强制对流	30～40 （翅片管外表面积计）	250～300	①迎风面风速为 2.5～3.5 m/s； ②传热温差 $\Delta t_m=7\sim9$ ℃； ③铝平翅片套铜管； ④冷凝温度与进风温差≥15 ℃

冷却水的总流动阻力可用经验公式求得，即

$$\Delta p=\frac{1}{2}\rho\omega^2\left[fz\frac{L}{d_i}+1.5(z+1)\right] \tag{8.9}$$

式中，Δp 为冷凝器中冷却水流动阻力，Pa；ρ 为冷却水平均密度，kg/m²；L 为冷凝器管长度，m；f 为冷凝器管的摩擦阻力系数，与管壁污垢和粗糙度有关，如式(8.10)所示。

$$f=0.178bd_i^{-0.25} \tag{8.10}$$

式中，b 为系数，对于冷却水钢管取 $b=0.098$，铜管(用于氟利昂)取 $b=0.075$。

立式壳管式冷凝器冷却水由顶部靠重力流下，沿管壁直流流过，故不进行阻力计算。

［例 8.1］ 某氨制冷系统，有一台 812.5AGG(8AS12.5)型压缩机，要求在 $t_e=-5$ ℃，$t_c=36$ ℃工况下运行，其制冷量为 430 kW，冷却水进水温度为 31 ℃。试选择卧式壳管式冷凝器，并计算冷凝器的冷却水量及其阻力。

［解］ 1)确定冷凝器的负荷 Q_c

查图 8.9(a)，$\Psi=1.17$，所以

$$Q_c=\Psi Q_0=1.17\times430=503.1\ \text{kW}$$

2)计算传热温差 Δt_m

$t_c=36$ ℃，$t_1=31$ ℃，取冷却水在冷凝器中的温升 $\Delta t=4$ ℃，则冷却水出冷凝器温度为 $t_2=35$ ℃

所以

$$\Delta t_m=\frac{t_2-t_1}{\ln\dfrac{t_c-t_1}{t_c-t_2}}=\frac{35-31}{\ln\dfrac{36-31}{36-34}}=4.36\ ℃$$

3)传热面积计算

查表 8.2，取 $K=1000$ W/(m² · K)，则所需冷凝器传热面积为

$$A=\frac{Q_c}{K\Delta t_m}=\frac{503.1\times10^3}{1000\times4.36}=115.4\ \text{m}^2$$

可以选择公称直径为 700 mm，管子根数为 342，规格为 $\phi25$ mm×2 mm 的卧式壳管式冷凝器一台，其传热面积为 118 m²，管长 $L=4.5$ m，冷却水流程数为 2。

4)冷却水量 q_v

$$q_v=\frac{Q_c}{c_p(t_2-t_1)}=\frac{3.6\times 503.1}{4.186\times(35-31)}=108.2\ \mathrm{m^3/h}$$

5)冷却水的阻力

$$w=\frac{4q_vz}{\pi d_i^2 n}=\frac{4\times 108.2\times 2}{3.14\times 0.021^2\times 342\times 3600}=0.51\ \mathrm{m/s}$$

$$\Delta p=\frac{1}{2}\rho\omega^2\left[fz\frac{L}{d_i}+1.5(z+1)\right]$$

$$=\frac{1}{2}\times 1000\times 0.51^2\times\left[0.178\times 0.098\times 0.021^{-0.25}\times 2\times\frac{4.5}{0.021}+1.5(2+1)\right]$$

$$=2855.47\ \mathrm{Pa}$$

2.风冷式冷凝器的选型计算

风冷式冷凝器多用于小型氟利昂制冷系统或移动制冷装置中,它的冷凝器热负荷的确定及传热温差的计算方法,与水冷式冷凝器基本相同。对于风冷式冷凝器,当空气入口温度为 t_1 时,一般取最大温差$(t_k-t_1)\geqslant 15$ ℃,而空气进、出口温度差(t_2-t_1)应小于 8 ℃。它的传热面积、空气量及空气的阻力等,可分别按下述方法求出。

(1)传热面积计算。

风冷式冷凝器的传热面积计算,可采用式(8.11),即

$$A=\frac{Q_c}{K\Delta t_m}=\frac{Q_c}{q_A} \tag{8.11}$$

对于空气冷却式冷凝器,传热系数 K 为按翅片总外表面计算的传热系数,q_A 为按翅片管总外表面计算的单位面积热负荷。

(2)冷凝器的空气量计算。

通过冷凝器的空气量用下式计算:

$$q_m=\frac{Q_c}{c_p(t_2-t_1)} \tag{8.12}$$

式中,q_m 为通过冷凝器的空气量,kg/s;t_1、t_2 为空气进、出冷凝器的温度,℃;c_p 为空气的平均比定压热容,kJ/(kg·K)。

(3)冷凝器空气的阻力计算。

空气通过顺排平板翅片管进行干式等湿换热时的流动阻力,可按下式计算:

$$\Delta p=A\left(\frac{L}{D_d}\right)w^{1.7} \tag{8.13}$$

式中,Δp 为空气的流动阻力,Pa;A 为表面状况系数,对于不平整的表面,取 $A=0.11$,对于精工制作的表面,取 $A=0.07$;L 为冷凝器沿空气流动方向的深度,m;w 为最窄流通截面上的空气流速,m/s;D_d 为最窄流通截面的当量直径,m,D_d 的计算如下:

$$D_d=\frac{2(s_1b-d_ob-2h\delta)}{2h+b-\delta} \tag{8.14}$$

式中,s_1 为管子中心距,m;b 为翅片间距,m;δ 为翅片厚度,m;h 为翅片高度,m;d_o为管子外径,m。

对于叉排平板翅片管束冷凝器的空气流动阻力,可按式(8.13)计算的值,再增大 20%。

当翅片表面有湿交换和翅距较小时，流动阻力将显著增大。平板翅片净距为 2 mm 时，空气流动阻力修正系数 $\varphi=1.8$。对于不同迎面风速时，平板翅片的空气流动阻力可按表 8.3 进行修正。

表 8.3　湿工况时空气流动阻力修正系数 φ

迎面风速/($m \cdot s^{-1}$)	1.5	2.0	2.5	3.0
水平气流	1.65	1.52	1.50	1.48
垂直向上气流	1.28	1.30	1.32	1.34

3.蒸发式冷凝器的选型计算

采用蒸发式冷凝器时，冷凝温度可用下式计算：

$$t_c = t_{s1} + (5 \sim 10) \tag{8.15}$$

式中，t_c 为冷凝温度，℃，(不应超过 36 ℃)；t_{s1} 为蒸发式冷凝器入口空气的湿球温度，℃；设计及选择计算中，可取历年夏季室外平均每年不小于 50 h 的湿球温度计算。

蒸发式冷凝器选择计算时，除了计算传热面积外，还需计算所需的空气量和循环喷淋水量及补充水量。

(1)冷凝器传热面积的计算。

蒸发式冷凝器的传热面积计算与其它型式冷凝器一样，可按式(8.11)计算，即

$$A = \frac{Q_c}{K\Delta t_m} = \frac{Q_c}{q_A}$$

当对数平均温差 $\Delta t_m = 2 \sim 3$ ℃时，常用的蒸发式冷凝器的传热系数 K 取 580～750 W/($m^2 \cdot K$)，其单位热负荷 q_A 为 1400～1800 W/m^2。

在蒸发式冷凝器的传热过程中，同时存在着热量和质量的交换，因此计算比较复杂，方法比较多。一种实用的单位热负荷的计算方法为

$$q_A = \frac{a}{c_p} C\left(h_c - \frac{h_1 + h_2}{2}\right) \tag{8.16}$$

式中，q_A 为按管束外表面计算的单位热负荷，W/m^2；a 为空气与管束之间的表面传热系数，W/($m^2 \cdot K$)；c_p 为湿空气的定压平均比热容，一般情况取 $c_p = 1047$ J/(kg · K)；C 为与制冷剂性质有关的系数，一般对于氨取 $C=0.8$，氟利昂取 $C=0.7$；h_c 为与冷凝温度 t_c 对应的饱和空气的比焓，J/kg；h_1、h_2 分别为空气进、出冷凝器的比焓，J/kg。

当管束在 10 排以上时，空气与管束之间的表面传热系数可用下式计算：

$$a = 0.297 \frac{\lambda}{d_o}\left(\frac{wd_o}{\upsilon}\right)^{0.6} \times 1.2 \tag{8.17}$$

式中，λ 为空气的热导率，W/(m · K)；d_o为蛇形管外径，m；w 为空气通过最窄断面的流速，m/s；υ 为空气的运动黏度系数，m^2/s；1.2 为考虑管外水膜的存在，使表面传热系数增加的系数。

当管束小于 10 排时，应对 a 值进行修正，其修正系数如表 8.4 所示。

表 8.4　a 值的修正系数

管束排数	2	3	7	10
修正系数	0.8	0.88	0.98	1.00

(2)冷凝器空气量的计算。

蒸发式冷凝器的空气量一般可按经验数据选择。室外空气湿球温度为 20～28 ℃时,对于1 kW冷凝器热负荷所需要的空气流量约为 86～160 m^3/h。当室外空气湿球温度高于28 ℃时,空气流量还应加大一些。

(3)冷凝器循环喷淋水量和补充水量的计算。

蒸发式冷凝器喷淋水量应使蛇形管表面充分湿润,一般也可按经验数据选取。对于1 kW的冷凝器热负荷,循环喷水量约为 50～70 kg/h,水的补充量约为循环水量的5%～10%。

8.2　蒸发器

蒸发器是制冷装置中的一种吸热设备。低温低压的制冷剂液体在蒸发器中吸收被冷却介质的热量而沸腾,转变为蒸气,达到制冷的目的。

按制冷剂的供液方式,蒸发器可以分为满液式、非满液式、循环式及淋激式四种型式,如图 8.10 所示。

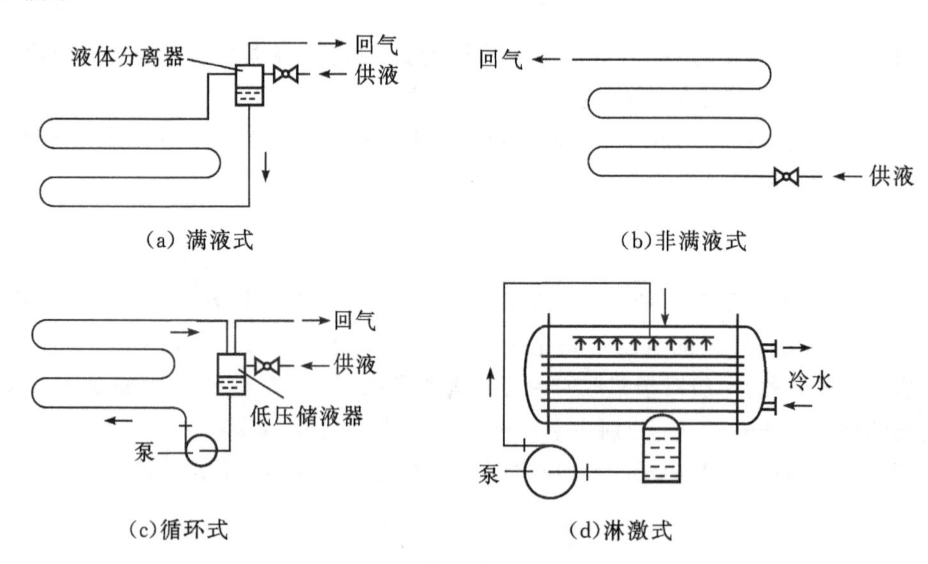

图 8.10　蒸发器型式

满液式蒸发器(见图 8.10(a)),其内部充入大量液体制冷剂,并且保持一定的液面,因此,换热面与液体制冷剂充分接触,换热效果好。其缺点是制冷剂充液量大,液柱对蒸发温度产生一定的影响。另外,当采用与润滑油互溶的制冷剂时,润滑油难以返回压缩机。这类蒸发器分为立管式、螺旋管式和卧式壳管式等类型。

非满液式蒸发器(见图8.10(b))主要用于氟利昂制冷系统。制冷剂经膨胀阀节流后直接进入蒸发器,在蒸发器内处于气、液共存状态,制冷剂边流动,边汽化,蒸发器中并无稳定制冷剂液面,由于只有部分换热面积与液态制冷剂相接触,所以换热效果比满液式的差。其优点是充液量少,润滑油容易返回压缩机。属于这类蒸发器的有干式壳管式蒸发器、直接蒸发式空气冷却器和冷却排管等。

循环式蒸发器(见图8.10(c))依靠溶液泵强迫制冷剂在蒸发器中循环,制冷剂循环量是蒸发量的几倍。因此,沸腾放热强度较高,并且润滑油不易在蒸发器内积存。其缺点是设备费及运转费用较高,目前多用于大、中型冷藏库。

淋激式蒸发器(见图8.10(d))利用溶液泵将制冷剂喷淋在换热面上,因此蒸发器中制冷剂充灌量很少,不会产生液柱高度对蒸发温度的影响。溴化锂吸收式制冷机中多采用淋激式蒸发器。

8.2.1　蒸发器的种类、基本构造及工作原理

1.冷却液体载冷剂的蒸发器

(1)卧式壳管式蒸发器。

卧式壳管式蒸发器结构型式如图8.11所示,这种蒸发器的构造与卧式壳管式冷凝器的相似。流体流动方式一般是制冷剂液体在管外蒸发,载冷剂(水或盐水)在管内流动。工作时,节流以后的制冷剂液体从蒸发器的底部或是侧部进入,蒸发以后的制冷剂蒸气从上部引出。

蒸发器的上方留有一定的空间(可以少装几排管子),或者在筒体上焊接一个气包,以便蒸气在引出前能将携带的液滴分离出来,以免液体进入压缩机。载冷剂进、出口一般均设在蒸发器同一侧端盖上,下进上出,在管中多程流过。

卧式壳管式蒸发器属于满液式。若制冷剂为氨时,充液高度约为筒径的70%～80%。过去使用的卧式壳管式氟利昂蒸发器的充液高度约为筒径的55%～65%,这是由于氟利昂沸腾时,泡沫比较多。一般情况下,在液面上会露出1～3排管子,沸腾过程中,这些管子会被带上来的液体润湿,因此也能起到换热的作用。总之,液面高度应既保证换热充分进行,又不会产生液体被带入压缩机的危险。为了能观察蒸发器的液位,在气包和筒体下部连有一根液位管,通过管子上结霜线的高度便可以显示蒸发器内液位的高低。氨蒸发器的底部焊有集污包,以便排出沉积的润滑油及其它杂质。

卧式壳管式蒸发器换热性能好,结构紧凑。以盐水作为载冷剂时,可以实现盐水系统的封闭循环,减轻盐水对系统管路及设备的腐蚀。其缺点是制冷剂充装量大,液体静压力对蒸发温度的影响很大,采用水为载冷剂时,一般只能将水冷却到4～5℃,以防由于冷却不均衡而使部分传热管里的冷水结冰。

对于氟利昂制冷系统,当采用卧式壳管式蒸发器时,充液高度应适当降低,而且需要考虑一定的回油措施。尽管如此,它的缺点仍然难以完全避免。所以在氟利昂制冷系统中已经普遍采用干式壳管式蒸发器来代替卧式壳管式蒸发器。

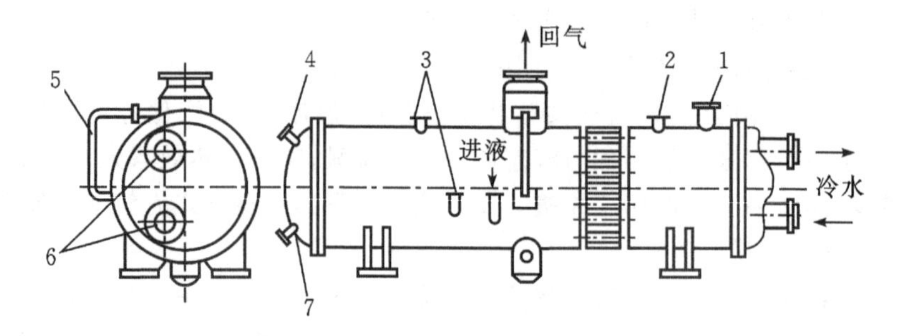

(a)卧式壳管式氨液蒸发器

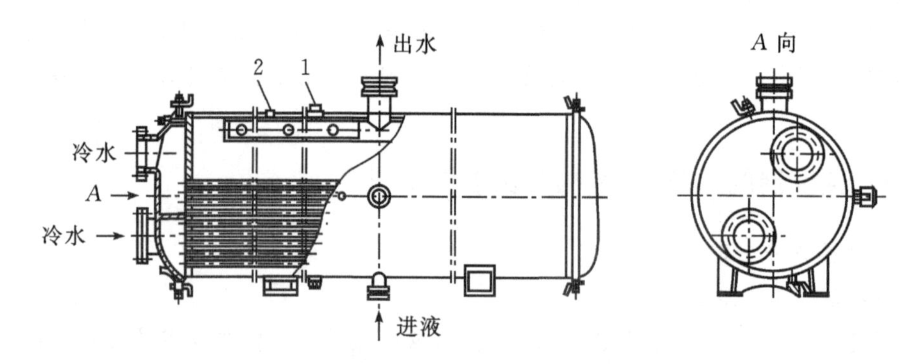

(b)卧式壳管式氟利昂蒸发器

1—安全阀接头；2—压力表接头；3—浮球阀接头；4—放空气旋塞接头；5—液位阀；6—泄水旋塞接头；7—放油管接头。

图 8.11 卧式壳管式蒸发器

(2)干式壳管式蒸发器。

干式壳管式蒸发器与卧式壳管式蒸发器的结构很相似，如图 8.12 所示。两者的主要区别是干式壳管式蒸发器内，制冷剂在换热管内汽化吸热，载冷剂在管外流动，为了提高载冷剂的流速，在壳体内横跨管族装设多块折流板。干式壳管式蒸发器实际上是管内蒸发的卧式壳管式蒸发器，在这种蒸发器中，制冷剂液体的充装量很少，大约为管组内部容积的35％～40％，而且制冷剂液体在汽化过程中不存在自由液面，所以也称为干式蒸发器。

干式壳管式蒸发器一般用铜管制造，可以是光管，也可以是具有纵向肋片的内肋片管。图 8.13 所示为几种内肋片管的截面形状。使用内肋片管时，换热系数较高，流程数较少，但是加工困难，造价高。近年来多采用小管径(例如 ϕ12 mm×1 mm)光管密排的方法，使光管换热系数接近于内肋片管的换热系数。根据国外资料介绍，当采用一般的铜质光滑管时换热系数 K 值为 523～580 W/(m^2 · K)；如果采用小管径光滑管密集排列，其换热系数可达1000～1160 W/(m^2 · K)。

干式壳管式蒸发器不仅克服了卧式壳管式蒸发器的一些缺点，而且管外空间的充水量较大，冷量损失较小，因此热稳定性好，不会发生管子因冻结而胀裂的现象。另外，只要管内氟利昂流速大于一定数值(一般 4 m/s)，就可以保证润滑油顺利返回压缩机。但是它的结

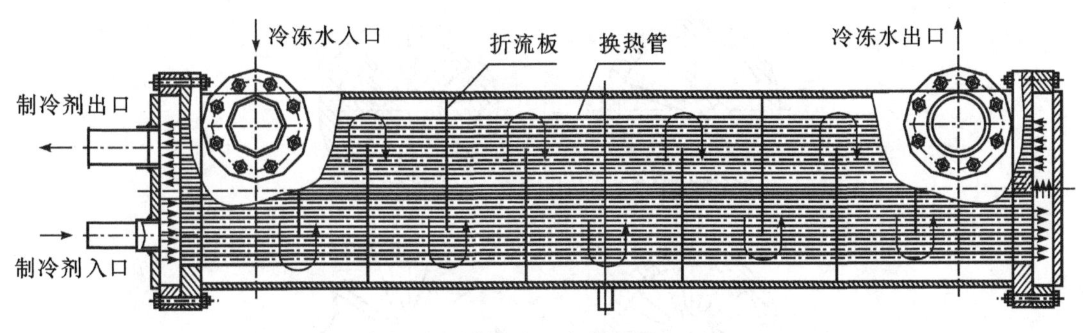

(a)直管式干式蒸发器

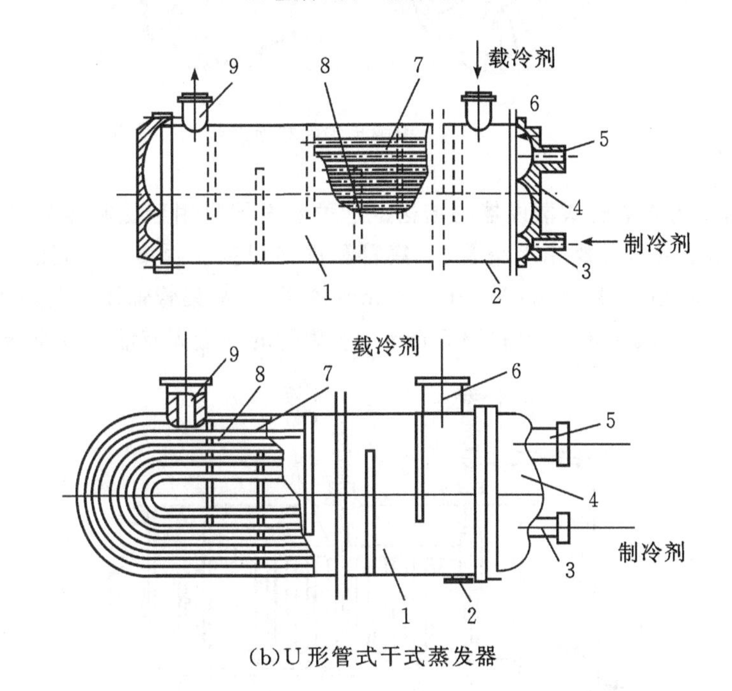

(b)U 形管式干式蒸发器

1—管壳;2—泄水;3—给液管;4—前堵头;5—回气口;6—载冷剂进液管;7—冷媒管;8—折流板;9—载冷剂出液管。

图 8.12　干式壳管式蒸发器

构比较复杂,制冷剂在管内分配不均匀,而且容易泄漏。

(3)水箱式蒸发器。

水箱式蒸发器的外形是一个矩形箱体,蒸发管组浸于水或盐水箱中。制冷剂液体在管内蒸发,水或盐水在搅拌器的作用下在箱内流动,以增强换热;因此,载冷剂只能采用开式循环。根据水箱中蒸发管组的形式不同,水箱式蒸发器又可以分为直立管式、螺旋管式及蛇管式等几种。

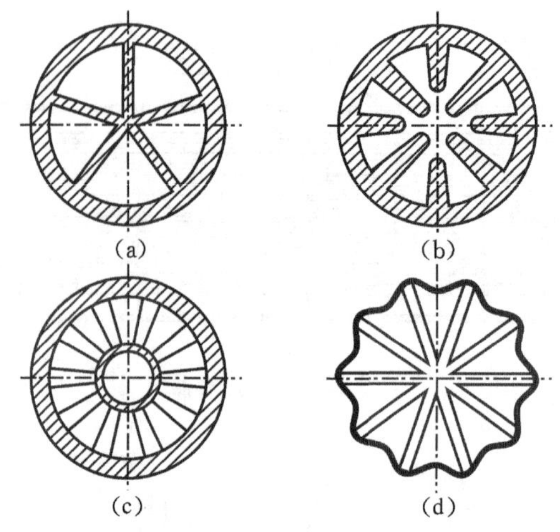

图 8.13 内翅片管的截面形状

图 8.14 所示为直立管式蒸发器的结构。这种蒸发器只用于氨制冷装置，故蒸发管组全由无缝钢管制成。蒸发管组由上集管、下集管和许多焊接在两集管之间的末端微弯的立管组成。上下集管较粗，一般为 ϕ121 mm×4 mm 的钢管，沿集管轴线方向焊接的两排或四排立管的直径较小，一般为 ϕ57 mm×3.5 mm。上集管的一端焊有液体分离器，其底部通过一

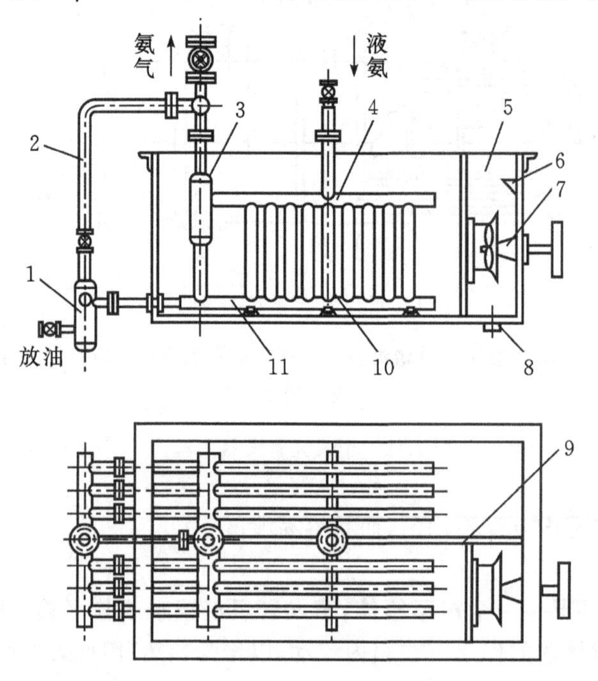

1—集油器；2—均压管；3—气-液分离器；4—上集气管；5—水箱；6—溢流管；
7—搅拌器；8—泄水口；9—隔板；10—直立管管束；11—下集液管。

图 8.14 立管式水箱蒸发器

根立管与下集管相连，使分离出来的制冷剂液体流回下集管，下集管的一端连有一个集油器，集油器的上端与吸气管相连接。

每组蒸发管组上隔一定距离还焊接有一个直径较大的立管，一般为 $\phi 76$ mm×4 mm，供液管即插到这种管下部。液体从下部进入下集管后，均匀地进入立管中，并在其中吸热蒸发，蒸气经上集管、液体分离器进入压缩机，液滴则返回下集管。

蒸发器管组可以是一组或并列几组，整体沉浸在水或盐水箱内，载冷剂从上部进入水箱，放热之后从下部流出。水箱中装有搅拌器和导流隔板，使水箱中载冷剂按一定的方向和速度流过，其流速一般为 0.5～0.7 m/s，水箱上还装有溢流管和泄水管等。水箱可以用钢板焊制，或者采用混凝土结构，其外部一般敷设有保温材料。

直立管式蒸发器的换热性能好。冷却淡水时换热系数约为 460～580 W/(m^2·K)，而且水箱充水量大，热稳定性好，冻结危险小，尤其空调采用喷水室处理空气时，使用这种蒸发器效果较好。其缺点是体积庞大，厂房高度要求高，而且水或盐水敞开于空气中，对金属腐蚀较为严重。

螺旋管式蒸发器的结构如图 8.15 所示，它是在直立管式的基础上改进制成的，与直立管式蒸发器的主要区别是以螺旋管代替两集管之间的直立管，将卧式搅拌器改为立式搅拌器，这样不仅简化了结构，减少了焊接工作量，而且便于安装和检修。螺旋管式蒸发器除了具有直立管式蒸发器的优点外，比直立管式的换热性能更好，结构紧凑，当换热面积相同时，其外形尺寸小于立管式，体积减小约 25%～40%，因此可减少材料约 15%。

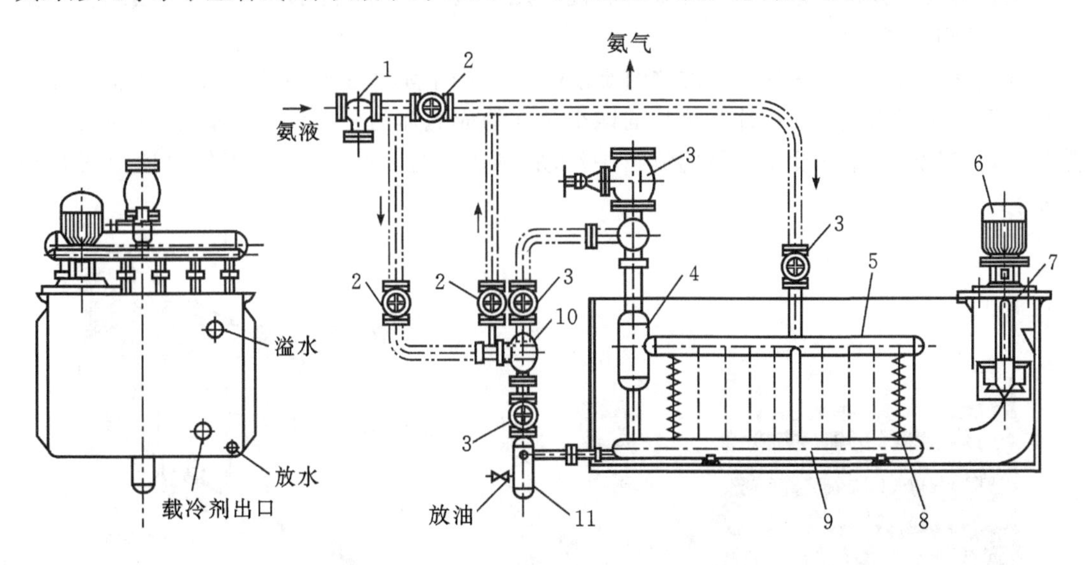

1—过滤器；2—节流阀；3—截止阀；4—气液分离器；5—上集管；6—电动机；7—搅拌器；8—换热螺旋管束；9—下集管；10—浮球阀；11—集油包。

图 8.15　螺旋管式蒸发器

图 8.16 为氟利昂制冷装置使用的蛇管式蒸发器。它由几根蛇形盘管组成，氟利昂液体经分液器，从蛇形管的上部进入，蒸气由下部导出，这样可以保证润滑油返回压缩机中。这

种蒸发器也是整体沉浸在水或盐水中，水在搅拌器的作用下，在水箱内循环流动。蛇管式蒸发器的换热系数较低，这是因为水的流速低和蛇管下部换热面没有充分利用。

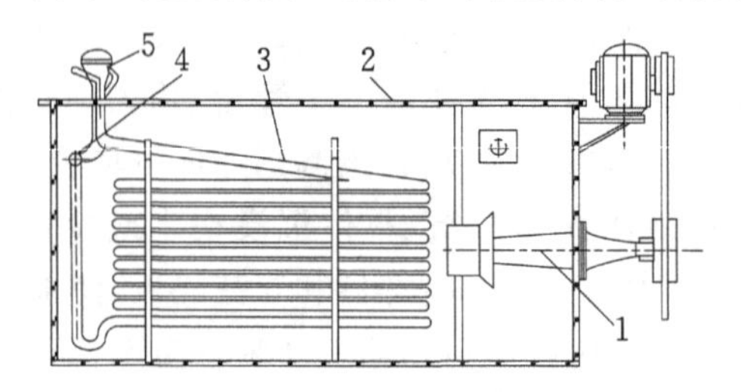

1—搅拌器；2—水箱；3—蛇形管组；4—蒸气集管；5—分液器。

图 8.16　氟利昂蛇管式蒸发器

(4)板式蒸发器。

板式蒸发器是用金属板代替圆管作为传热元件的蒸发装置。这种蒸发器价格便宜，聚集在板上的垢层容易去除，但板的刚度与强度远低于圆管。

板式蒸发器基本结构由框架和板片两部分组成。板片由各种材料制作的薄板用不同形式的模具压成形状不一的波纹，在板片的四个角上开有角孔，用于介质的流道。板片的周围及角孔处用橡胶垫片密封。框架由固定压紧板、活动压紧板、上下导杆和夹紧螺栓等构成。板式蒸发器是把板片通过叠加的方式装在固定压紧板与活动压紧板中间，用夹紧螺栓夹紧而成，其结构如图 8.17 所示。

板式蒸发器是由一些冲压有波纹的薄板根据一定间隔，周围经过垫片密封，用框架和压紧螺栓重叠压紧而成的。板片和垫片的四个角孔构成流体的分配管和汇集管，同时分开冷热流体，让其各在每块板片两侧的流道中流动，利用板片做热交换，其工作原理如图 8.18 所示。

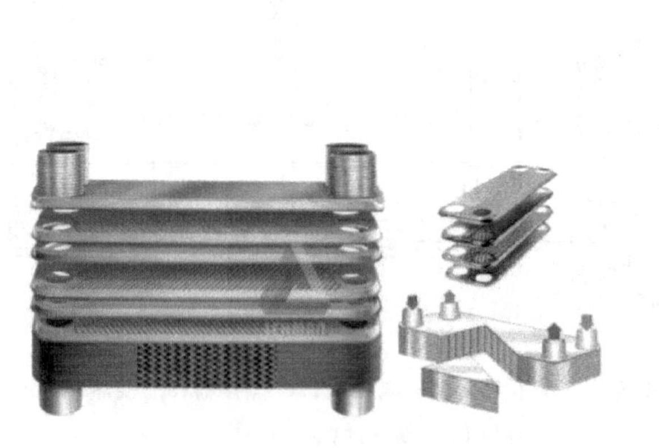

图 8.17　板式蒸发器结构示意图

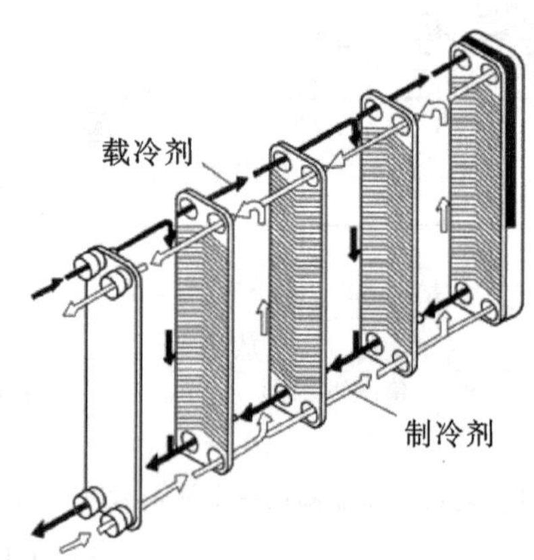

图 8.18　板式蒸发器工作原理图

板式蒸发器是一种新型高效换热器，各板片间构成波浪式矩形通道，利用板片做热量交换。相对于常规的管壳式换热器，在同等的流动阻力和泵功率消耗情况下，其传热系数更高。

板式蒸发器在设计上比较巧妙，传热效率比一般的蒸发器更高，通常情况下，板式蒸发器只需要管式蒸发器的二分之一左右，就可以达到一样的蒸发效果。外形比较小巧，整体结构比较紧凑，占地面积比较少，后期使用过程当中也不需要投入过多的人力、物力资源，维修保养所需要的空间比较小，拆卸、安装都非常简单。

板式蒸发器的换热面积可以根据客户的需求进行有效的调整，现在不同蒸发器的换热面积有着不一样的范围，由于换热板可以进行拆卸，所以可以通过调节其换热板的数量，或是更改相关流程，让其部件拥有多元化的技能，为用户提供更多新功能。其热损失比较小，因为这类设备的结构紧凑，并且体积重量相当轻巧，和管式蒸发器进行比较，在热损失方面也降低了不少，并且这类设备通常情况下不需要再进行保温。其压力损失也非常少，在同样的传热系数状态下，这样的蒸发器设备通过选择合理的流速，就可以将压力损失控制在一定的范围内，和管式蒸发器比较，可以降低三分之二左右的压力损失。板式蒸发器的运行还非常稳定、安全，因为在板片之前的密封装置上设计了不同的密封程序，并且还配置了信号孔，一旦存在泄漏或是其它故障问题，就可以发挥安全警报的作用。

板式蒸发器的安装要求较高，安装过程中必须保证板片安装后的垂直度。设计要求安装后的垂直偏差小于 5 mm。如果垂直偏差过大，将会造成以下问题：

①加热板倾斜，甚至形成单面布液，使加热面积严重损失，最终难以达到设计能力；

②结垢速度加快，缩短了设备的运行周期；

③在严重影响传热的情况下，部分蒸气直接流向加热板底部，与冷凝水直接接触后形成水锤。

(5)螺旋板式蒸发器。

螺旋板式蒸发器是由两张平行的金属板卷制成两个螺旋形通道，冷热流体之间通过螺旋板壁进行换热的蒸发器，其结构如图 8.19 所示。

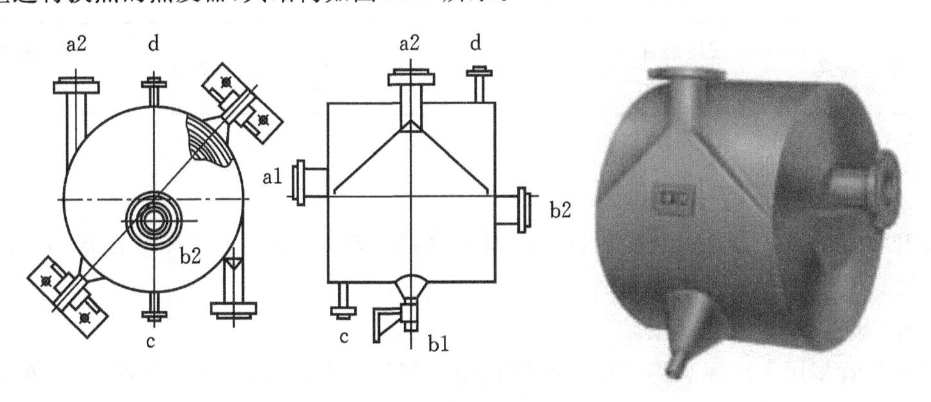

图 8.19　螺旋板式蒸发器结构示意图

冷却液体的蒸发器在实际使用过程中，由于蒸发器结构形式以及制造工艺不同，所使用的制冷剂种类不同，因而不同形式的蒸发器适用的场合也不相同。为了便于比较，将各种冷却液体的蒸发器列于表 8.5 中。

表 8.5　蒸发器的类型、特点及适用范围

类型	形式	优点	缺点	适用范围
卧式 壳管式	满液式	①结构紧凑、重量轻、占地面积小； ②可采用闭式循环，无腐蚀性	①加工复杂； ②载冷剂易发生冻结，胀裂管子； ③无蓄冷能力	氨、氟利昂制冷系统
	干式	①载冷剂不易冻结； ②回油方便； ③制冷剂充灌量小	①加工复杂； ②不易清洗	氟利昂制冷系统
水箱式 （沉浸式）	立管式	①载冷剂冻结危险小； ②有一定蓄冷能力； ③操作管理方便	①体积大、占地面积大； ②易发生腐蚀； ③金属耗量大； ④易积油	氨制冷系统
	螺旋管式	①～③ 同立管式； ④结构简单，制造方便； ⑤体积小、占地面积小（相对立管式）	维修比立管式复杂	氨制冷系统
	蛇管式 （盘管式）	①～③ 同立管式； ④结构简单，制造方便	管内制冷剂流速低，传热效果差	小型氟利昂制冷系统
板式		①传热系数高； ②结构紧凑，组合灵活	加工复杂，维修困难	氨、氟利昂制冷系统
螺旋板式		①传热系数高； ②体积小	加工复杂，维修困难	氨、氟利昂制冷系统

2.冷却空气的蒸发器

冷却空气的蒸发器是以制冷剂在管内蒸发直接冷却空气的，包括冷却排管和冷风机蒸发器两种。

(1)冷却排管。

冷却排管多用于冷库及实验用制冷装置中。其特点是制冷剂在管内蒸发，管外空气自然对流。冷却排管可以用光管，也可以用肋片管制成。氨制冷系统应用钢管，肋片管是绕片式或套片式。冷却排管按其在室内安装的方式，可分为墙排管、顶排管及搁架式排管等。

按结构型式，墙排管又分立管式及蛇管式两种。立管式只适用于氨，蛇管式对氨及氟利昂都适用。图 8.20 所示为光管制成的立管墙排管。这种墙排管在我国冷藏库中使用较多。立管一般采用 ϕ38 mm×2.5 mm 或 ϕ57 mm×3.5 mm 的无缝钢管，上、下集管采用 ϕ57 mm×3.5 mm 或 ϕ89 mm×4 mm 的无缝钢管。立管的高度为 2500～3500 mm。墙排管的充液量为排管容积的 80%左右。工作时氨液从下集管进入各立管中，在上升的过程中蒸发，蒸气经上集管由回气管被压缩机吸走。这种排管构造简单，便于制造，但是氨液充装量大，液体静压力对蒸发温度有影响。

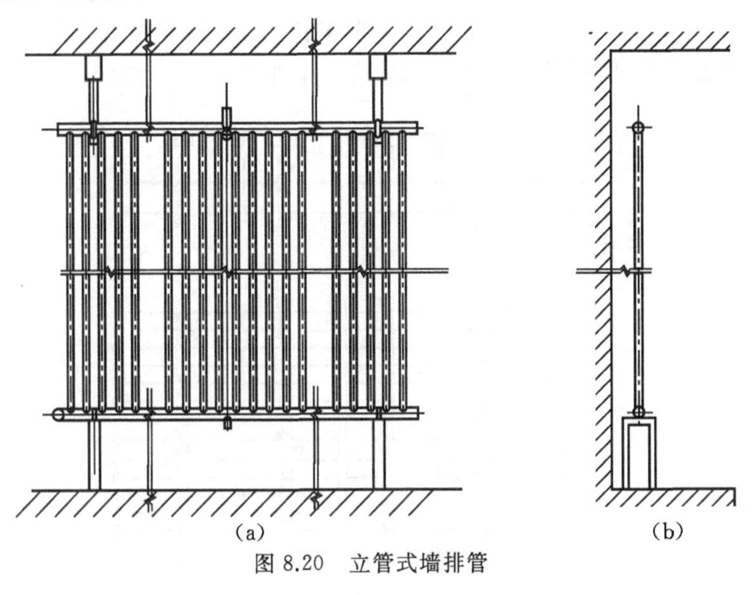

图 8.20　立管式墙排管

蛇管式墙排管可以是单根或两根蛇形管制成的单排或双排管，分为光管蛇形管和肋片蛇形管两类。图 8.21 所示为单排光滑蛇管式墙排管。氨用蛇管式墙排管通常用 ϕ38 mm×2.5 mm的无缝钢管制成，管子中心线之间的距离为 110～220 mm，管子根数为偶数，以便制冷剂在同一侧进入和引出。氨液由下部供入，蒸气从上部引出。氟利昂蛇形排管采用ϕ19～ϕ22 mm 钢管或者 ϕ22～ϕ38 mm 无缝钢管冷弯制成。通常 U 形弯头的弯曲半径约为管径的两倍。工作时一般是上供液，下回气，以便使液体中的润滑油顺利返回压缩机。其充液量约为排管容积的 25%。与立管式相比，蛇管式墙排管的充液量小，但是制冷剂蒸气不能很快地离开排管，而要经过蛇形管全部长度后才能排出去，这样降低了蛇管换热表面积的利用率。

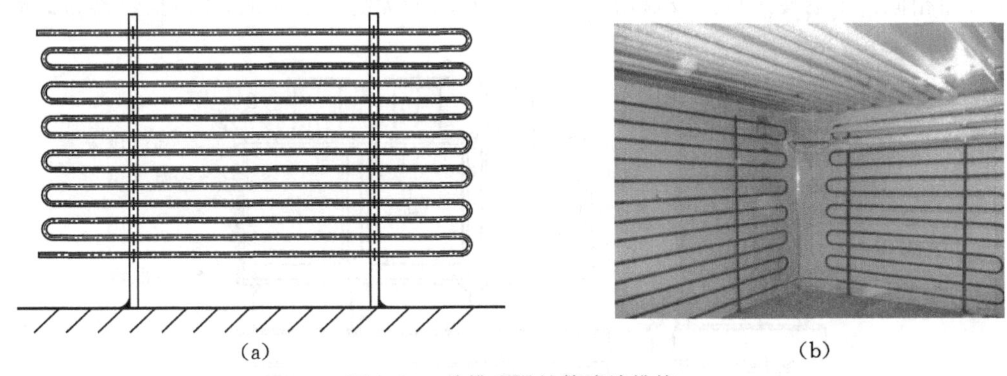

图 8.21　单排光滑蛇管式墙排管

顶排管目前广泛使用的有两种型式：一种是蛇管式，由并列的几根蛇形管或是单根蛇形管组成，多用于氟利昂为制冷剂的冷藏库或低温实验箱；另一种是以氨为制冷剂的集管式顶排管。图 8.22 所示为 2 排的集管式顶排管，还可以做成 4 排的形式。集管式顶排管多由 ϕ38 mm×2.5 mm 的无缝钢管组成。上下两排管子的一端用弯头连接，另一端分别焊接在 ϕ57 mm×3.5 mm 或 ϕ76 mm×3.5 mm 的上下集管上。供液管接在下集管的底部，出气管接在上集管的顶部，工作时排管的氨液充装量约为排管容积的 50%。

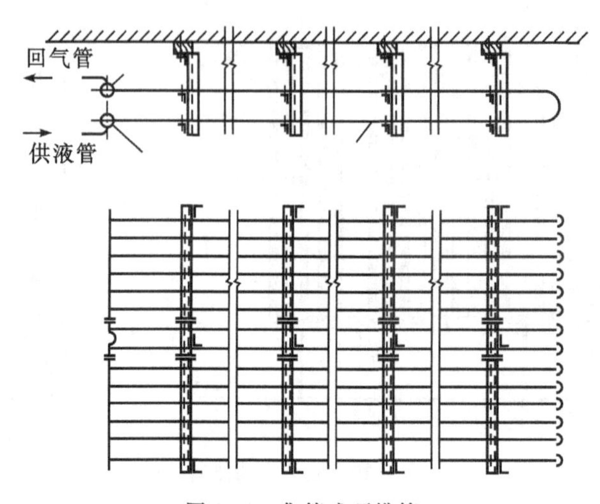

图 8.22　集管式顶排管

冷却排管的换热系数很小，通常光管管组的换热系数约为 6～12 W/(m^2·K)，肋片管组约为 3.5～6 W/(m^2·K)

此外，在冷库的生产库房中，还使用一种搁架式排管，它被布置在库房的中央，并用作放置被冻结食品的搁架。当温差为 10 ℃时，这种排管的换热系数可超过 17 W/(m^2·K)。

(2)冷风机的蒸发器。

这种蒸发器广泛用于冷藏库及低温实验箱用的各种型式的冷风机，也可用于各种空调机组。冷风机有落地式冷风机和吊顶式冷风机两种形式，在这种蒸发器中，管外空气在风机的作用下受迫流动。图 8.23 为氨落地式冷风机构造示意图，它的外形和构造都与空气冷却式冷凝器相似。氨的冷风机蒸发器用 ϕ25～ϕ38 mm 的无缝钢管制成，整体换热器为蛇形盘

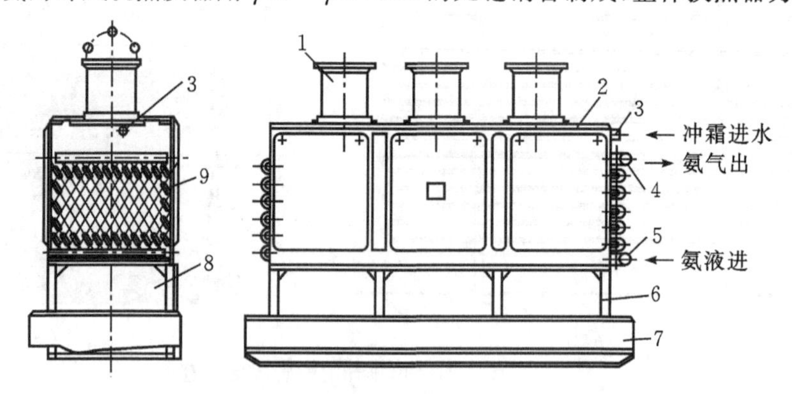

1—风机；2—箱体；3—融霜淋水管；4—制冷剂回气集管；5—制冷剂供液集管；6—支架；7—承水盘；8—进风口；9—蒸发器换热管束。

图 8.23　氨用落地式冷风机

管，管外绕以厚 1 mm 左右的钢肋片，肋距约为 10 mm，下供液，上回气。氟利昂蒸发器多用 $\phi10 \sim \phi18$ mm 的铜管制成，管外肋片多为套片式。当蒸发器用于空调器时，肋距为 2～4 mm；用于降湿或低温时，其肋片间距应放大，一般为 4～6 mm，这是因为肋距太小时，凝结水流动不畅，或者很快被积霜堵死，大大恶化了换热效果。目前一些空调蒸发器的基管也用 $\phi9.52$ mm 或 $\phi7.2$ mm 的铜管，肋片多用厚 0.12 mm 或 0.15 mm 的铝片。

吊顶式冷风机结构与落地式相近，其主体也是蒸发管组，其结构如图 8.24 所示。

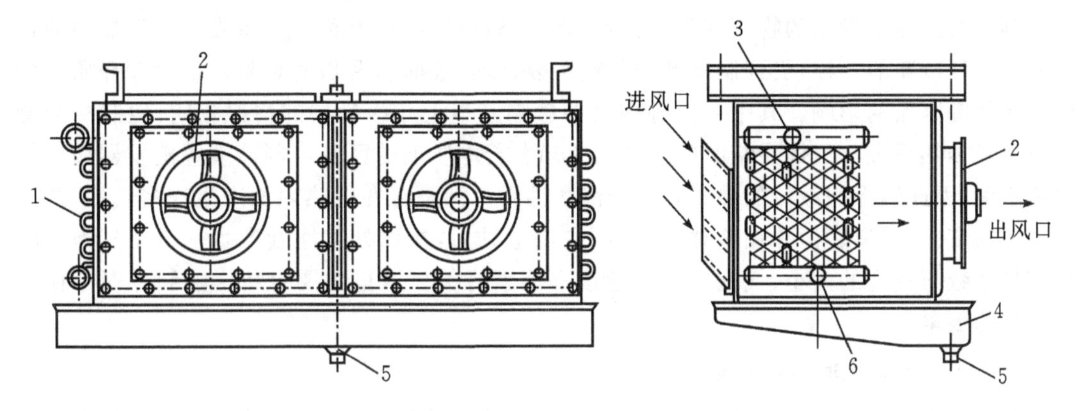

1—蒸发器换热管束；2—风机；3—制冷剂回气管；4—承水盘；5—凝结水出水口；6—制冷剂供液管。

图 8.24　单向吹风吊顶式冷风机

采用风冷时，冷量损失少，结构紧凑，易于实现自动化控制。冷风机蒸发器的换热系数不大，当迎面风速为 2～3 m/s 时，其换热系数约为 29～35 $W/(m^2 \cdot K)$。

冷风机的蒸发器一般由许多并联的蛇形管组成，在供液前，应加装分液器和毛细管，保证液态制冷剂能够均匀地分配在各路蛇形管内。分液保证了流入各路的制冷剂蒸气含量相同。毛细管内径很小，有较大的流动阻力，从而保证了制冷剂分配时流量相同。目前常用的几种分液器结构型式如图 8.25 所示。图 8.25(a)为离心式分液器，来自膨胀阀的制冷剂沿切向进入一小室，充分混合后，气、液混合物从小室顶部沿径向送至各路蛇形管。图 8.25(b)、(c)为碰撞式分液器，从膨胀阀来的制冷剂以高速进入分液器后，先与壁面碰撞，形成均匀的

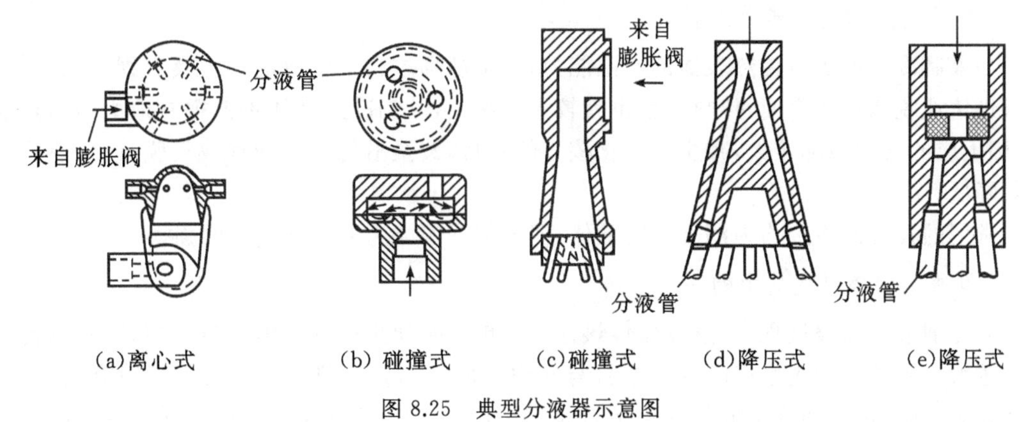

图 8.25　典型分液器示意图

气液混合物，然后再进入各路蛇形管。图 8.25(d)、(e)为降压式分液器，其中(d)是文氏管型，压力损失小。这种类型的分液器是使制冷剂首先通过缩口，增加流速，以达到气、液充分混合，克服重力影响，从而保证制冷剂均匀地分配。这些分液器多为垂直安装。

8.2.2 蒸发器中的传热过程分析

在蒸发器中，被冷却介质的热量通过换热器壁面传给制冷剂，使液体制冷剂吸热汽化。制冷剂在蒸发器中发生的物态变化，实际上是沸腾过程，习惯上称其为蒸发。蒸发器内的传热效果也像冷凝器一样，受到制冷剂侧传热系数、传热表面污垢物的热阻及被冷却介质侧的传热系数等因素的影响。其中后两种因素的影响基本上与冷凝器的情况相同，但制冷剂侧液体沸腾传热系数与气体凝结时的传热系数却有着本质上的区别。制冷装置蒸发器内传热温差不大，因此制冷剂液体的沸腾总处于泡状沸腾。沸腾时在传热表面产生许多气泡，这些气泡逐渐变大、脱离表面并在液体中上升，它们上升后，在该处又连续产生一个个气泡。沸腾传热系数与气泡的大小、气泡的上升速度等因素有关。这里主要分析影响制冷剂液体沸腾传热的因素。

1.制冷剂液体物理性质的影响

制冷剂液体的热导率、密度、黏度和表面张力等有关物理性质，对沸腾传热系数有直接的影响。热导率较大的制冷剂，在传热方向的热阻就小，其沸腾传热系数就大。

在正常工作的条件下，蒸发器内制冷剂与传热壁面的温差一般仅有 2～5 ℃，其对流传热的强烈程度，取决于制冷剂液体在汽化过程中的对流运动程度，沸腾过程中，气泡在液体内部的运动，使液体受到扰动，这就增加了液体各部分与传热壁面接触的可能性，使液体从传热壁面吸热更为容易，沸腾过程更为迅速。密度和黏度较小的制冷剂液体，受到这种扰动就较强，其换热系数就越大。

制冷剂液体的密度及表面张力越大，汽化过程中气泡的直径就较大，气泡从生成到离开传热壁面的时间就越长，单位时间内产生的气泡就越少，传热系数就越小。

一般来说，氟利昂的热导率比氨的小，密度、黏度和表面张力都比氨的大，因此沸腾传热系数比氨的小。

2.制冷剂液体润湿能力的影响

如果制冷剂液体对传热表面的润湿能力强，则沸腾过程中生成的气泡具有细小的根部，能够迅速地脱离传热表面，传热系数也就较大。相反，若制冷剂液体不能很好地润湿传热表面，则生成的气泡根部较大，减少了汽化核心的数目，甚至沿传热表面形成气膜，使传热系数显著降低。

常用的几种制冷剂均为润湿性的液体，但氨的润湿能力要比氟利昂的强得多。

3.制冷剂沸腾温度的影响

制冷剂液体沸腾过程中，蒸发器传热壁面上单位时间生成的气泡数目越多，则沸腾传热系数越大。单位时间内生成的气泡数目与气泡生成到离开传热壁面的时间长短有关，这个时间越短，则单位时间内生成的气泡数目越多。此外，如果气泡离开壁面时的直径越小，则气泡从生成到离开的时间将越短。气泡离开壁面时，其直径的大小由气泡的浮力及液体表面张力的平衡来决定。浮力促使气泡离开壁面,而液体表面张力则阻止气泡离开。气泡的浮力和液体表面张力,又受饱和温度下的密度差(液体和蒸气的密度差)的影响。气泡的浮力和密度差成正比,液体的表面张力与密度差的四次方成正比。所以随着密度差的增大,液体表面张力的增大速度,比气泡浮力的增大速度大得多,这时气泡只能依靠体积的膨胀来维持平衡,因此气泡离开壁面时直径就大。密度差的大小与沸腾温度有关,沸腾温度越高,饱和温度下的密度差越小,汽化过程就会更迅速,传热系数就更大。

上文说明了在同一个蒸发器中,使用同一种制冷剂时,其传热系数随着沸腾温度的升高而增大。

4.蒸发器构造的影响

液体沸腾过程中,气泡只能在传热表面上产生。蒸发器的有效传热面是与制冷剂液体相接触的部分,所以沸腾传热系数的大小与蒸发器的构造有关。实验结果表明,肋片管的沸腾传热系数大于光管,而且管束的大于单管的,这是因为加肋片之后,在饱和温度与单位面积热负荷相同的条件下,气泡生成与增长的条件肋片管比光管有利。由于汽化核心数的增加和气泡增大速度的降低,使得气泡很容易脱离传热壁面。实验结果还表明,肋片管束的沸腾传热系数大于光管管束。有资料介绍,在相同的饱和温度下,R22 在肋片管管束的沸腾传热系数比光管管束大 90%。

根据以上分析,蒸发器的结构应该保证制冷剂蒸气能够很快地脱离传热表面,为了有效的利用传热表面,应将液体制冷剂节流后产生的蒸气,在进入蒸发器前就从液体中分离出来,而且在操作管理中,蒸发器应该保持合理的制冷剂液体流量。

此外制冷剂中含油量对沸腾传热系数也有一定的影响。一般来说,当制冷剂中油的质量分数不大于 6%时,可不考虑这项影响,含油量更大时,会使沸腾传热系数降低。

8.2.3　蒸发器的选型计算

蒸发器型式的选择,主要是从生产工艺和供冷方式来考虑的。选用蒸发器时,应尽可能采用直接冷却方式,因为这样可以不用中间冷却介质(水或盐水),减少冷量损耗,使总的传热温差(蒸发温度与被冷却物之间的温差)减小,循环的经济性提高。当蒸发器被用来冷却空气时,一般可采用冷却排管或空气冷却器(冷风机)。以水或盐水为载冷剂时,可采用直立管式、螺旋管式、卧式壳管式及干式蒸发器。如果空气处理室采用喷淋冷水处理空气时,宜采用直立管式或螺旋管式蒸发器。以盐水为载冷剂或冷水供表面冷却器使用的制冷装置,宜采用卧式壳式蒸发器。

1.冷却液体载冷剂的蒸发器选择计算

冷却液体载冷剂的蒸发器选择计算,主要是确定蒸发器的传热面积、选择合适的蒸发器及计算载冷剂(水或盐水)流量。

(1)传热温差的确定。

在蒸发器中,制冷剂与水或盐水的平均温差,仍然按对数平均温差进行计算,即

$$\Delta t_{\mathrm{m}}=\frac{t_1'-t_2'}{\ln\dfrac{t_1'-t_0}{t_2'-t_0}} \tag{8.18}$$

式中，t_1' 为冷水或盐水进入蒸发器的温度，℃；t_2' 为冷水或盐水流出蒸发器的温度，℃；t_0 为制冷剂的蒸发温度，℃。

冷水或盐水出蒸发器的温度 t_2' 是根据空调或生产工艺要求提出的。一般情况下，蒸发温度 t_e 比 t_2' 至少低 2～4 ℃，冷水或盐水进出蒸发器的温度$(t_1'-t_2')=4\sim6$ ℃。

(2)蒸发器传热面积的计算。

传热面积用下式计算：

$$A=\frac{Q_0}{K\Delta t_{\mathrm{m}}}=\frac{Q_0}{q_A} \tag{8.19}$$

式中，Q_0为蒸发器计算冷负荷，W；K 为蒸发器的传热系数，W/(m² · K)；Δt_{m} 为对数平均温度，K；q_A为蒸发器单位面积热负荷，W/m²。

常用蒸发器的传热系数 K 和单位热负荷 q_A值列于表 8.6 中。

根据计算出的蒸发器传热面积，并考虑 10%～15%的裕量选取蒸发器。蒸发器的台数可根据确定的传热面积、压缩机的台数、系统型式及运行情况等选取。

(3)冷水或盐水循环量计算。

冷水或盐水循环可按下式计算：

$$q_m=\frac{Q_0}{c_p(t_1'-t_2')} \tag{8.20}$$

式中，q_m 为冷水或盐水的循环量，kg/s；c_p 为水或盐水的平均定压比热容；对于水，$c_p=4.186$ kJ/(kg · K)，盐水的 c_p 可由盐水的物理性质表查出。

[例 8.2] 假定例 8.1 中是为空调提供冷水的制冷装置，采用螺旋管式蒸发器，冷水的进水温度为 12 ℃，输出的温度为 8 ℃。

求：蒸发器的传热面积和冷水的循环量。

[解] 1)计算传热温差 Δt_{m}

由已知条件：$t_e=5$ ℃，$t_1'=12$ ℃，$t_2'=8$ ℃，

则 $\Delta t_{\mathrm{m}}=\dfrac{t_1'-t_2'}{\ln\dfrac{t_1'-t_0}{t_2'-t_0}}=\dfrac{12-8}{\ln\dfrac{12-5}{8-5}}=4.72$℃

2)计算传热面积

查表 8.6，取 $K=525$ W/(m² · K)，则所需蒸发器传热面积为

$$A=\frac{Q_0}{K\Delta t_{\mathrm{m}}}=\frac{Q_0}{q_A}=\frac{430\times10^3}{525\times4.72}=173.52\ \mathrm{m}^2$$

3)冷水循环量

$$q_m=\frac{Q_0}{c_p(t_1'-t_2')}=\frac{430\times10^3}{4186.8\times(12-8)}=25.68\ \mathrm{kg/s}$$

表 8.6　常用蒸发器的 K 与 q_A 值

制冷剂	型式	载冷剂	传热系数 K /(W·(m²·K)⁻¹)	单位热负荷 q_A /(W·m⁻²)	备注
氨	卧式壳管式（满液式）	水	500～750	3000～4000	①载冷剂流速 1～1.5 m/s；②传热温差 Δt_m=5～7 ℃；③传热管为光钢管
		盐水	450～600	2500～3000	
	直立管式	水	500～700	2500～3500	①载冷剂流速 0.3～0.7 m/s；②传热温差 Δt_m=4～6 ℃；③以管外表面积计算
		盐水	400～600	2200～3000	
	螺旋管式	水	500～700	2500～3500	
		盐水	400～600	2200～3000	
	板式	水	2000～2300		①使用焊接板式或钎焊板式；②板片为不锈钢
		盐水	1800～2100		
氟利昂	卧式壳管式（满液式）	水	800～1400		①水流速 1～2.4 m/s；②低肋钢管，肋化系数≥3.5
		低温载冷剂	500～750		①载冷剂流速 1～1.5 m/s；②传热温差 Δt_m=4～6 ℃；③光铜管
	干式壳管式	水	1000～1800	5000～7000	①载冷剂流速 1～1.5 m/s；②传热温差 Δt_m=4～8 ℃；③带内肋铜管
		低温载冷剂	800～1000	7000～12000	
	板式	水	2300～2500		①钎焊板式；②板片为不锈钢
		低温载冷剂	2000～2300		
	翅片式	空气	30～40	450～500	①迎风面风速 2.5～3 m/s；②传热温差 Δt_m=8～12 ℃；③蒸发管组 4～8 排

2.冷却空气的蒸发量选择计算

(1)冷却排管的计算。

冷却排管的计算目的是确定传热面积，从而选用或制作合适的排管。冷却排管的表面积可按传热基本公式计算，即

$$A=\frac{Q_0}{K\Delta t} \tag{8.21}$$

式中，Q_0 为冷却排管的热负荷，由冷间的负荷决定，W；A 为冷却排管的外表面积，m²；Δt 为冷却空气温度与制冷剂蒸发温度之差，℃，一般 Δt=7～15 ℃；K 为冷却排管的传热系数，W/(m³ · K)。

对用冷却排管的传热系数 K 值有专门的资料进行系统介绍,本书仅作一般的介绍。

以氨为制冷剂,计算冷藏库用冷却排管的传热系数时,立式光排管和翅片管制横排管传热系数可参阅表 8.7 和表 8.8。表 8.7 中列有三种温差 5 ℃、10 ℃、15 ℃。若温差不同于表中列值时,可按下式进行温差修正:

$$K = K_{10}\left(\frac{\Delta t}{10}\right) \tag{8.22}$$

式中,K 为实际温差下的传热系数,W/(m^2 · K);K_{10} 为温差为 10 ℃时的传热系数,W/(m^2 · K);Δt 为冷间空气温度与制冷剂蒸发温度之间的实际温差,℃。

表 8.7 ϕ57 mm×3.5 mm 光滑管制氨立式排管传热系数 K 单位:W/(m^2 · K)

型式	冷却温度/℃	冷间相对湿度/%	温差/℃		
			5	10	15
单排	−23	95	6.97	7.98	8.72
	−18	95	7.23	8.31	9.14
	−10	90	7.71	8.95	10.05
	0	85	7.56	8.66	9.28
双排	−23	95	6.19	7.21	7.90
	−18	95	6.31	7.36	8.14
	−10	90	6.67	7.98	8.97
	0	85	6.79	8.02	9.19

表 8.7 采用 ϕ57 mm×3.5 mm 无缝钢管制作冷却排管。目前国内冷藏库中多采用 ϕ38 mm×2.2 mm 或 ϕ32 mm×2.2 mm 无缝钢管制作排管,因此该表所列的传热系数应进行管径修正,当管径不等于 57 mm 时,可按下式进行管径修正:

$$K = K_{57}\left(\frac{0.057}{d_0}\right)^{0.22} \tag{8.23}$$

式中,d_0 为制作冷却排管的光滑管外径,m;K 为管子外径为 d_0 时冷却排管的传热系数,W/(m^2 · K);K_{57} 为管子外径为 57 mm 时冷却排管的传热系数,W/(m^2 · K)。

表 8.8 ϕ38 mm×2.5 mm 翅片管制氨横式排管传热系数 K 单位:W/(m^2 · K)

冷间温度/℃	顶排管				墙排管			
	单排翅片中距/mm		双排翅片中距/mm		4 根管时翅片中距/mm		8 根管时翅片中距/mm	
	30	20	30	20	30	20	30	20
0	5.93	5.11	5.58	4.76	4.65	4.07	4.30	3.72
−20	4.65	4.18	4.41	3.95	3.60	3.25	3.37	3.02

氟利昂冷却排管与氨冷却排管不同，还应考虑蒸气过热所需要的传热面积。因此，氟利昂冷却排管的面积为

$$A=\beta\frac{Q_0}{K\Delta t} \tag{8.24}$$

式中，β 为过热面积系数。

过热面积系数是大于1的数，它反应过热度的大小。过热面积过大，会造成材料的浪费和增大排管的压力降；过热面积过小，则会影响热力膨胀阀的正常工作，不利于制冷系统的正常运行。通常蒸发温度较低时，应适当加大过热面积；蒸发温度较高时，则可适当减少过热面积。对于排管通路，当通路较短时，其过热面积可适当减少；当排管通路较长时，则其过热面积应适当增加。根据有关资料介绍，过热面积约为饱和面积的15%～20%，所以过热面积系数 $\beta=1.15\sim1.20$。

对于自然对流氟利昂冷却排管的传热系数，可选取下述经验数值：翅片管的冷却排管 $K=4\sim6.4\ \mathrm{W/(m^2\cdot K)}$；光滑管的冷却排管 $K=8\sim16\ \mathrm{W/(m^2\cdot K)}$。

求出冷却排管的面积后，即可根据选定的管径算出所需管子总长度：

$$L=\frac{A}{\pi d_0} \tag{8.25}$$

式中，L 为管子的总长度，m；d_0 为冷却排管的管子外径，m。

(2)冷风机的选择计算。

冷风机传热面积的计算采用传热基本公式，即

$$A=\frac{Q_0}{K\Delta t}$$

式中，A 为冷风机的传热面积，$\mathrm{m^2}$；Q_0 为冷风机的制冷量，W；K 为冷风机的传热系数，$\mathrm{W/(m^2\cdot K)}$；Δt 为冷间温度与制冷剂蒸发温度之差，℃。

［**例8.3**］　某氨冷库的冷冻间，冷间温度－23 ℃，热负荷 $Q=42$ kW。求冷风机的传热面积。

［**解**］　取冷间温度与制冷剂蒸发温度之差为16 ℃，查表8.6，$K=10\ \mathrm{W/(m^2\cdot K)}$，则冷风机的传热面积为

$$A=\frac{Q_0}{K\Delta t}=\frac{42\times10^3}{10\times16}=262.5\ \mathrm{m^2}$$

可选用传热面积为300 $\mathrm{m^2}$ 的KLJ型冷风机一台。

8.3　制冷系统其它换热器

8.3.1　中间冷却器

中间冷却器全称为压缩机中间冷却器，用于两级压缩制冷系统，用来冷却低压级压缩机的排气并对进入蒸发器的制冷剂液体进行过冷，以提高低压级压缩机的制冷量和减少节流损失，同时还对低压级压缩机起着油分离器的作用。

在制冷系统中气体压缩后的绝对压力与压缩前的绝对压力之比称为压缩比，又称压力

比。在制冷机系统中常以绝对冷凝压力与绝对蒸发压力之比代替。用氨作为制冷剂的单级制冷压缩机的压缩比不超过 8,用 R12 和 R22 作为制冷剂的单级制冷压缩机的压缩比不超过 10。否则会使压缩机的输气量减少,排气温度升高,制冷剂节流损失增加,对制冷机的可靠性和经济性不利。制冷机冷凝压力一般变化不大,压缩比增大的主要原因是蒸发温度低使蒸发压力降低。当压缩比超过上限值时,应采用双级压缩。当压缩机排气温度升高,气缸壁温升高,比容增加,一方面使吸气量下降;另一方面使润滑条件恶化,压缩机运转发生困难。例如,当冷凝温度为 40 ℃,蒸发温度为 −30 ℃时,单级氨压缩机的排气温度可达160 ℃以上,显然不允许出现这样高的温度。通常压缩机的排气温度应作如下限制:采用 R717(氨)作为制冷剂的压缩机的排气温度<140 ℃;采用 R12 作为制冷剂的压缩机的排气温度<100 ℃;采用 R22 作为制冷剂的压缩机的排气温度<115 ℃。

1.氨制冷系统用中间冷却器

氨制冷系统在较低蒸发温度运行时,由于夏季冷凝水温度高,压缩机会超出最大压力差或压缩比,因此应设计成双级压缩制冷系统,也就需要使用中间冷却器,目前国内使用最多的还是一次节流两级压缩中间完全冷却的循环,其中间冷却器的构造如图 8.26 所示。

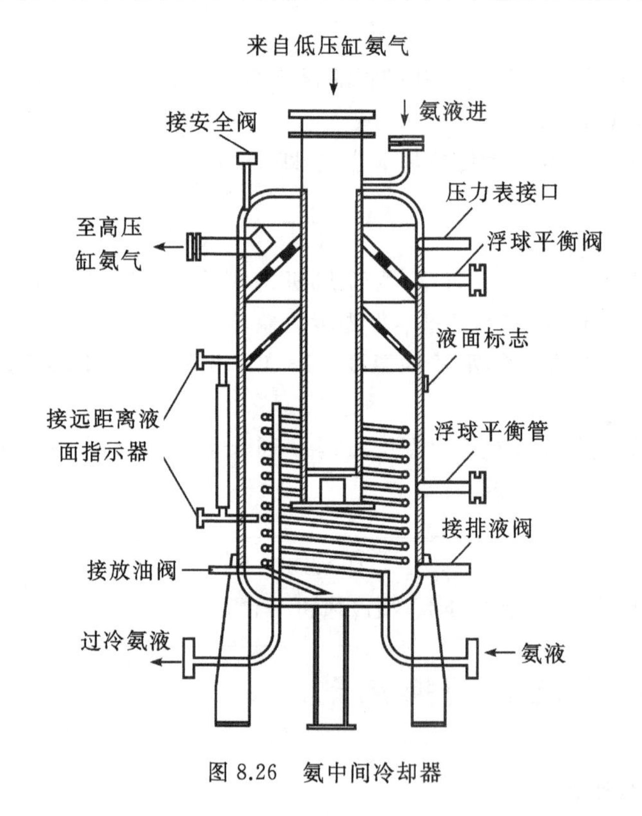

图 8.26　氨中间冷却器

低压缸排出的高温气体由上方进气管直接伸入到筒身的下半部,浸在氨液中,出气口焊有挡板,防止直接冲击筒底,以免把底部积存的油污冲起。高温气体在氨液中被冷却,与此同时由于截面的扩大,流速减小,流动方向的改变及氨液的阻力与洗涤作用使氨气与氨液和油雾分离。经过氨液洗涤后的氨气向上流动,其中仍然夹带有氨液和油滴,当通过多孔的伞形挡板时分离出来，以免带入高压缸。高压常温的氨液经过中间冷器筒内的蛇形盘管，向液氨放热而被冷却，实现过冷，一般过冷度在 5 ℃以内，然后再从供液站流向蒸发器。中间冷却器内气体流速一般为 0.5 ～0.8 m/s；蛇形盘管内氨液流速一般为 0.4～0.7 m/s，其出口氨液温度比进口低 3～5 ℃。中间冷却器的中间压力一般为 0.3 MPa(表压)，不宜超过 0.4 MPa，高压级的吸气过热度，即吸气温度比中间冷却器的中间温度高 2～4 ℃，中间冷却器内的液面一般控制在中间冷却器高度的 50%左右，可通过液面指示器来观察液面高度，液面高低受液面控制器(浮球阀)来自动控制，若液面不符合要求，说明自动控制失灵，可临时改用手动调节阀来控制液面，液面过高会使高压缸产生湿冲程或液击；若液面过低，则冷却低压级排气的作用大大降低，致使高压吸气过热度明显增加，影响制冷系统正常运行。此外氨中间冷却器要定期放油。中间冷却器的选择计算应根据直径和蛇形管冷却面积计算确定，考虑蛇形管表面的油污，传热系数一般在 600～700 W/(m^2 · K)。

2.氟利昂制冷系统用中间冷却器

氟利昂制冷系统在双级压缩时大都采用一次节流中间不完全冷却循环，低压级排出的高温气体在管道中与中间冷却器蒸发汽化的低温饱和气体混合后再被高压级吸入高压缸，因此氟利昂用中间冷却器比较简单，如图 8.27 所示。中间冷却器的供液由热力膨胀阀自动控制，压力一般在 0.2～0.3 MPa，靠热力膨胀阀调节，在保证不造成湿冲程的前提下，提供适量的湿饱和蒸气。高压液体经膨胀阀降压节流后，进入中间冷却器，因吸收了蛇形盘管及中间冷却器壁的热量而汽化，通过出气管进入低压级与高压级连接的管道内与低压级排出的高温气体混合，达到冷却低压级排气的效果，而高压常温液体通过蛇形盘管向外散热也降低了温度，实现了过冷，过冷度一般为 3～5 ℃左右。再送到蒸发器的供液膨胀阀，经节流降压进入蒸发器，因为该液体有一定的过冷度，所以提高了制冷效果。

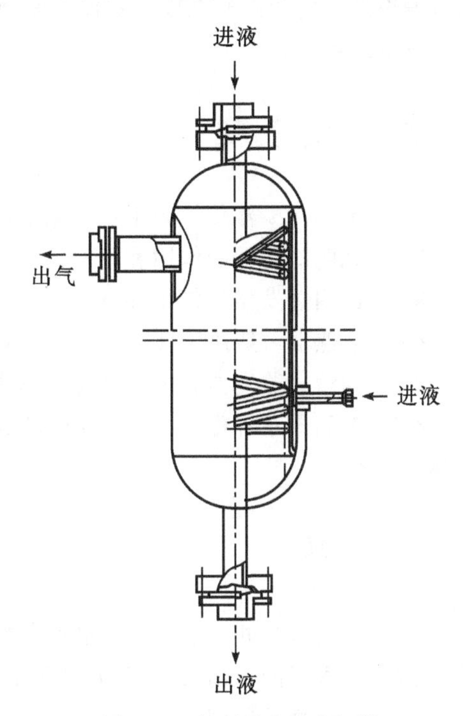

图 8.27　氟利昂中间冷却器

8.3.2　过冷器

在大型低温制冷装置中，为了降低节流损失和提高装置运行的经济性，可以通过串联于冷凝器后的过冷器，使节流前的液体制冷剂温度进一步降低。

液氨过冷器是由两种直径的无缝钢管套在一起的多根套管(见图 8.28)依次连接而成的。来自冷凝器或储液器的氨液从上方进入管间，沿套管依次下流，过冷后的氨液由下部的出口排出。温度较低的冷却水从下部进入，流经内管并由上部流出，可作为冷凝器冷却水系统的补充水。

对于氟利昂制冷系统，当制冷量不是很大时，可应用套管式过冷器。这种过冷器也可以

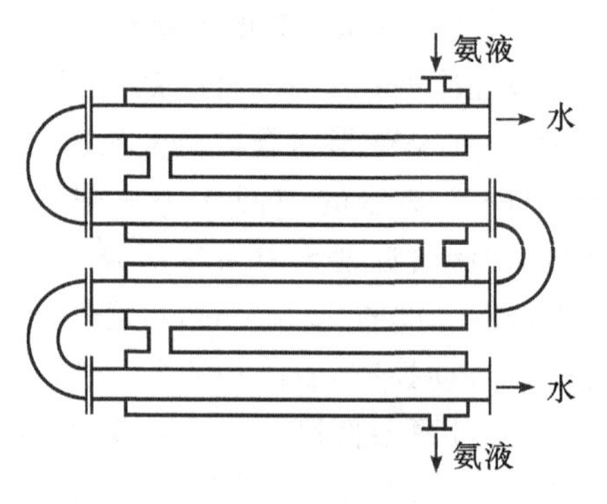

图 8.28　氨用过冷器

通过制冷剂在管腔内的直接蒸发使节流前的高压液体过冷，为了提高传热效果，管内可用滚压肋片的纯铜管。

复习思考题

8.1　影响冷凝器传热的主要因素有哪些？

8.2　说明冷凝器的作用和分类。

8.3　说明蒸发器的作用和分类。

8.4　回热器一般用于什么系统中，其主要作用是什么？

8.5　满液式蒸发器和干式壳管式蒸发器各自的优点是什么？

8.6　氟利昂系统中，有时装有过冷器，有时装有回热器，回热器和过冷器的区别是什么呢？

习　题

8.1　一台制冷机运行时，压缩机制冷量为 19.5 kW，所需轴功率为 7 kW，机械效率为 0.85，进入冷凝器的冷却水温度为 22 ℃，冷却水流量为 60 L/min，求冷却水出水温度。

8.2　一台蒸发器，将 15 ℃的水冷却至 9 ℃，制冷剂蒸发温度为 5 ℃。长期使用后，需要将蒸发温度降为 3 ℃，否则蒸发器的出水温度便不能保持 9 ℃，问蒸发器的传热系数降低了多少？

8.3　一台氨用壳管式冷凝器，冷却管为 ϕ32 mm×3 mm 的无缝钢管。已知氨侧传热系数为 9304 W/(m^2・K)，水侧传热系数为 6978 W/(m^2・K)，钢的热导率为58.2 W/(m・K)，不考虑油膜及污垢系数。计算该冷凝器的传热系数，如果考虑水侧污垢热阻，其值为 465×10^{-5} m^2・K/W，重新计算冷凝器的传热系数，并对两种计算结果进行分析比较。

8.4　简述影响蒸发器和冷凝器换热的主要因素，并通过查阅资料，列出解决方案。

第 9 章 节流机构及辅助设备

9.1 节流机构

节流机构是制冷装置中重要的四部件之一，它的作用是将冷凝器或储液器中冷凝压力下的饱和液体(或过冷液体)，节流后降至蒸发压力和蒸发温度，同时根据负荷的变化，调节进入蒸发器制冷剂的流量。节流机构向蒸发器的供液量与蒸发器的负荷相比过大，部分制冷剂液体会随着制冷剂蒸气进入压缩机，形成湿压缩或液击事故；相反供液量与蒸发器热负荷相比太少，则蒸发器部分传热面积没有发挥作用，甚至造成蒸发压力降低而使制冷量减少，制冷系数降低，压缩机的排气温度升高，影响压缩机的正常运行。下面介绍几种常见的节流机构。

9.1.1 手动膨胀阀

手动膨胀阀的结构和普通截止阀相似(见图 9.1)，只是它的阀芯为针形锥体或具有 V 形缺口的锥体。阀杆采用细牙螺纹，在旋转手轮时，可使阀门的开启度缓慢地增大或减小，保证良好的调节性能。它的显著特点是不易坏。管理人员可根据蒸发器的热负荷的变化和其

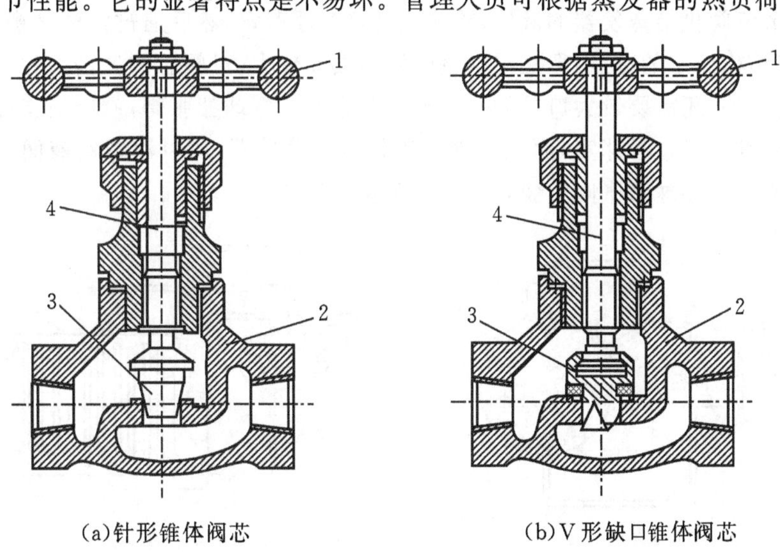

(a)针形锥体阀芯　　(b)V 形缺口锥体阀芯

1—手轮；2—阀体；3—阀芯；4—阀杆。

图 9.1　手动膨胀阀

它因素的影响，手动调整膨胀阀的开度，因此，管理麻烦，且需要一定的操作经验，只有在氨制冷系统和作为备用阀安装在旁通管道上使用。目前多采用自动膨胀阀，以便自动节流机构检修时使用。

9.1.2 浮球膨胀阀

浮球膨胀阀多用于满液式蒸发器，这种蒸发器要求液面保持一定的高度，正符合浮球膨胀阀的特点。

浮球膨胀阀广泛应用于氨制冷系统中，根据液态制冷剂流动情况不同，浮球膨胀阀可以分为直通式和非直通式两种，图 9.2 示出它们的结构图，浮球膨胀阀有一个铸铁外壳，用液体连接管 5 和气体连接管 6 分别与蒸发器的液体和蒸气两部分相连接，因而浮球膨胀阀内的液体液面与蒸发器内的液面一致。其工作原理是当蒸发器内的液面降低时，壳体内液面也随之降低，浮球 4 落下，针阀 2 将节流孔开大，提供的制冷剂流量增多，反之浮球 4 浮起，针阀 2 将节流孔关小，当液面升高到一定高度时，节流孔被关死，即停止供液。

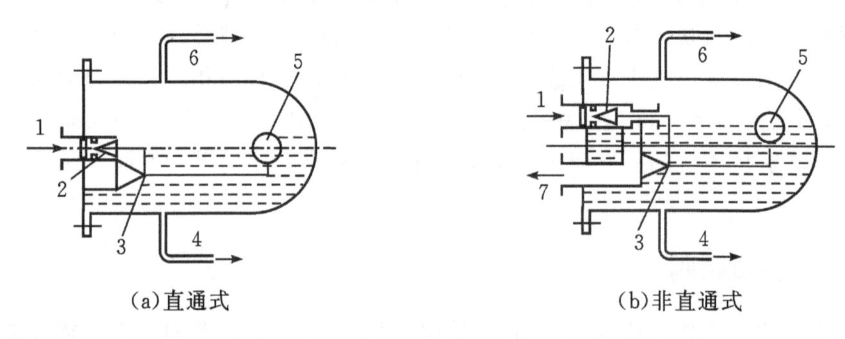

1—液体进口；2—针阀；3—支点；4—浮球；5—液体连接管；6—气体连接管；7—节流后液体出口。

图 9.2 浮球膨胀阀

直通式节流阀供给蒸发器的液体，首先全部经过浮球室，然后通过液体平衡管进入蒸发器，所以它有结构简单的特点，但是浮球室的液面波动较大，对阀芯的冲击力也较大，阀芯容易损坏，除此之外，还需要较大口径的平衡管。非直通式浮球膨胀阀，阀门机构在浮球室外，节流后的制冷剂不经过浮球室，而是沿管道直接进入蒸发器，所以浮球室液面平稳，但在构造和安装上复杂。浮球膨胀阀安装如图 9.3 所示。

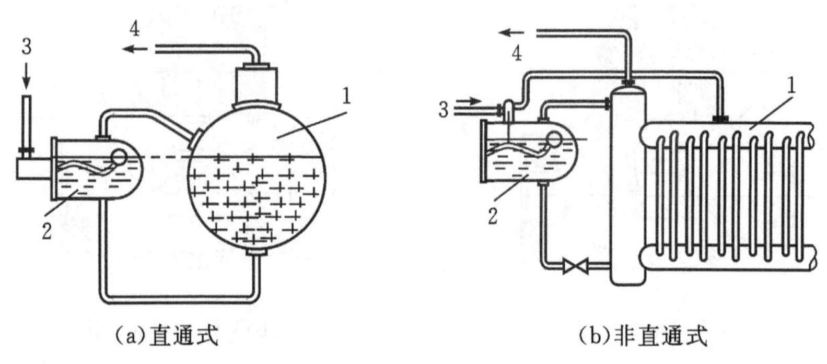

1—蒸发器；2—浮球膨胀阀；3—液体进口；4—出气口。

图 9.3 浮球膨胀阀安装示意图

9.1.3　热力膨胀阀

热力膨胀阀与浮球膨胀阀不同，它不是通过控制液位，而是通过控制蒸发器出口气态制冷剂的过热度来控制供入蒸发器的制冷剂流量。因为有一部分蒸发器的面积必须用来使气态制冷剂过热，所以它广泛的用于空调或低温系统内（尤其是氟利昂制冷系统）的所有非满液式蒸发器。热力式膨胀阀因平衡方式不同，或是说蒸发压力引向模片下内腔内的方式不同，可分为内平衡式和外平衡式两种。

内平衡式热力膨胀阀的结构和工作原理如图 9.4 所示。它由感温包、毛细管、弹性金属膜片、顶杆、阀芯、平衡弹簧及调整螺钉等组成，膨胀阀接在蒸发器的进液管上，感温包敷设在蒸发器出口管上。在感温包中注有制冷剂的液体或其它液体、气体。通常情况下感温包中充注的工质与系统制冷剂相同。热力膨胀阀的工作原理建立在力平衡的基础上，工作时，弹性金属膜片上部受感温包内工质压力 p_3 作用，下面受制冷剂压力 p_1 与弹力膜片 p_2 的作用。膜片在三个力的作用下向上或向下鼓起，从而使阀孔关小和开大，以调节蒸发器的供液量，当蒸发器的供液量小于蒸发器热负荷的需要时，则蒸发器出口处蒸气的过热度就增大，膜片上方的压力大于下方的压力，这样就迫使膜片向下鼓出，通过顶杆压缩弹簧，并把阀针顶开，使阀孔开大，则供液量增大。反之，当供液量大于蒸发器负荷的需要时，出口过热度减小，感温系统中的压力降低，膜片上方的作用力小于下方的压力时，使膜片向上鼓出，弹簧伸长，顶杆上移使阀孔关小，蒸发器的供液量也随之减小。由前面的叙述可以知道，当蒸发器出口蒸气的过热减小时，阀孔的开度也减小，而当过热度减小到某一数值时，阀门便关闭，这时的过热度称为关闭过热度，该过热度也等于阀门开启时的过热度，所以也称为开启过热度或装配过热度。关闭过热度是由于弹簧的预紧力而产生的，它的数值与弹簧的预紧程度有关。热力膨胀阀在设计时，一般规定最小关闭过热度不大于 2 ℃，最大关闭过热度不小于 8 ℃。

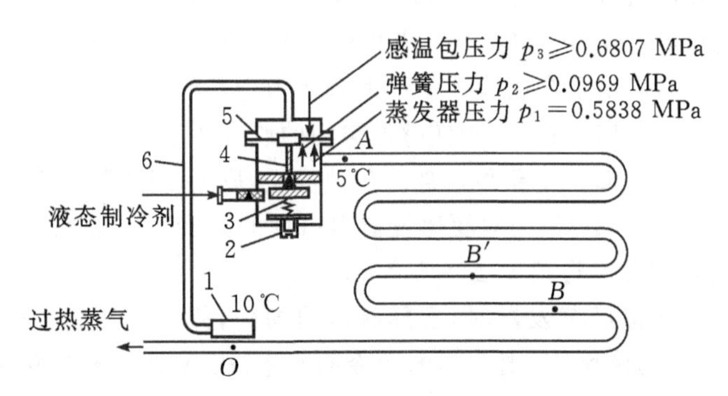

1—感温包；2—调整螺钉；3—平衡弹簧；4—阀芯；5—弹性金属膜片；6—毛细管。

图 9.4　内平衡式热力膨胀阀

阀孔开启以后，阀的开度随出口蒸气过热度的增加而增加，从阀开始开启到全开为止，蒸气过热度增加的数值称为可变过热度或有效过热度。可变过热度的大小与弹簧的弹性有关，一般在设计中取 5 ℃，关闭过热度和可变过热度之和称为工作过热度，其数值约为 2～13 ℃。它随着调节杆的位置及液体流量而变。

内平衡式热力膨胀阀适用于小型蒸发器，对于蛇形管较长或阻力较大的大型蒸发器，多采用外平衡式热力膨胀阀。图 9.5 为外平衡式热力膨胀阀的构造图和工作原理图。它的构造与内平衡式热力膨胀阀基本相似，但是其膜片下方不与供入的液体接触，而是做有一个空腔，用一根平衡管与蒸发器出口连接；另外调节的形式也有所不同。

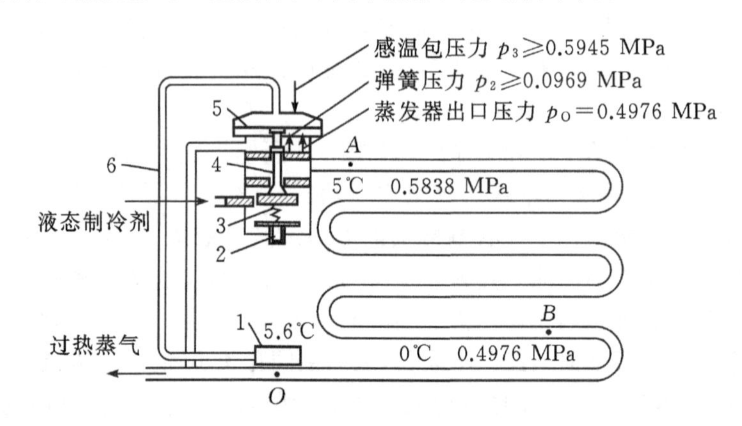

1—感温包；2—调整螺钉；3—平衡弹簧；4—阀芯；5—弹性金属膜片；6—毛细管。

图 9.5 外平衡式热力膨胀阀

为了说明内平衡式和外平衡式热力膨胀阀各自的特点及使用场合，下面阐述两个案例。

假定有一制冷装置制冷剂是 R22，感温包中充注的工质也是 R22，在蒸发温度为 5 ℃的工况下运行。

第一种情况：假设制冷剂流经蒸发器时没有压力损失。采用内平衡式热力膨胀阀，阀的弹簧预紧力调定为 $p_2 = 0.0969$ MPa（相当于关闭过热度为 5 ℃）其工作原理如图 9.4 所示。低压制冷剂进入蒸发器后，从 A 处逐渐蒸发到 B 处，完全汽化成 5 ℃的饱和蒸气。从 B 处到 O 处，制冷剂蒸气继续吸热而成为过热蒸气。A 处的温度为 5 ℃，压力即是 5 ℃下的饱和压力，$p_1 = 0.5838$ MPa。这样，作用于金属膜片下部的总压力 $(p_1 + p_2) = (0.5838 + 0.0969)$ MPa $=$ 0.6807 MPa。若要使阀门开启工作，必须使感温包内的压力 $p_3 \geqslant (p_1 + p_2) = 0.6807$ MPa，感温包内相应的温度 $t_2 = 10$ ℃。由于可以忽略传热温差，则 O 处的制冷剂温度 $t_O = 10$ ℃，它的过热度为 5 ℃$(t_O - t_B = 5$ ℃)。只要蒸发器出口处的制冷剂的过热度超过 5 ℃时，热力膨胀阀就能开启工作（即开启过热度 $\Delta t = 5$ ℃）。

第二种情况：制冷剂流经蒸发器时，实际有压力损失，假定其压力损失为 0.0862 MPa。若仍然使用内平衡式热力膨胀阀，则 5 ℃的制冷剂液体，从 A 处逐渐蒸发到 B'处，完全汽化成饱和蒸气。忽略不计 $B'O$ 过热段的阻力，AB'的压力损失就为 0.0862 MPa。B'和 O 处的压力都为 (0.5838−0.0862) MPa $=$ 0.4976 MPa，其对应的饱和温度为 0 ℃。作用于金属膜片下部的压力 $(p_1 + p_2) = (0.5838 + 0.0969)$ MPa $= 0.6807$ MPa。若要使阀门开启工作，则作用于膜片上的压力 $p_3 \geqslant (p_1 + p_2) = 0.6807$ MPa，相应的感温包温度 $t \geqslant 10$ ℃，即要求 O 处制冷剂温度高于 10 ℃时阀门才能开启，此时的开启过热度大于 10 ℃$(t_O - t'_B \geqslant 10$ ℃)。

从以上分析中可以看出，由于蒸发器存在压力损失，导致内平衡式热力膨胀阀开启过热度增大。开启过热度增大，就使蒸发器传热面积的利用率降低（B'在 B 之前），制冷能力也相应减小。在这种场合，使用内平衡式热力膨胀阀是不太适宜的。压力损失比较大时，应该选用外平衡式热力膨胀阀。

仍然以上述第二种情况为例。低压制冷剂进入蒸发器后，从 A 处蒸发到 B 处，完全汽化成饱和蒸气。AB 段的压力损失就为 0.0862 MPa，则 B 处的压力降为 0.4976 MPa，与其对应的饱和温度为 0 ℃。忽略 BO 段的过热阻力，O 处的压力 $p_O=0.4976$ MPa。这时作用在金属膜片下的压力已变为弹簧张力 p_2 和蒸发器出口压力 p_O 的和，使阀门关闭的压力为 $(p_O+p_2)=(0.4976+0.0969)$ MPa $=0.5945$ MPa，要使阀门开启，则需 $p_3 \geqslant (p_O+p_2)=0.5945$ MPa，与 p_3 对应的饱和温度约为 5.6 ℃，即当 $t=t_O=5.6$ ℃时，O 处制冷剂蒸气过热度为 5.6 ℃（$t_O-t_B=5.6$ ℃）时，阀门就开启。由此可见，蒸发器的压力损失对外平衡式热力膨胀阀的影响很小，它仍然保持较小的开启过热度，从而使蒸发器的传热面积得以充分利用。

外平衡式热力膨胀阀的调节特性基本上不受压力损失的影响，但是由于其结构复杂，一般只有在自膨胀阀出口到蒸发器出口，制冷剂的压力降所相应的蒸发温度降超过 2～3 ℃时，才应用外平衡热力膨胀阀。目前国内外一般中小型氟利昂制冷系统，除了使用分液器的蒸发器外，蒸发器的压力损失都比较小，所以采用内平衡式热力膨胀阀较多；用分液器的蒸发器压力损失较大，故采用外平衡式热力膨胀阀。

9.1.4　电子膨胀阀

电子膨胀阀是按照预设程序调节蒸发器供液量，因属于电子式调节模式，故称为电子膨胀阀。电子膨胀阀在工作时其调节器根据过热度的变化值，按照给定的控制规律计算，并输出调节量，电动执行机构驱动阀门完成流量调节。电子膨胀阀的基本结构差别不大，根据驱动方式的不同，主要有热动式、电磁式和电动式 3 种类型。

1.热动式电子膨胀阀

热动式电子膨胀阀是利用热敏电阻的作用来调节蒸发器供液量的节流装置。其基本构造及与蒸发器的连接方式如图 9.6 所示。热敏电阻具有负温度系数特性，即温度升高电阻减小。它直接与蒸发器出口的制冷剂蒸气接触。在电路中，热敏电阻与膨胀阀膜片上的加热器串联，电热器的电流随热敏电阻值的大小而变化。当蒸发器出口蒸气的过热度增加时，热敏电阻的温度升高，电阻值降低，电加热器的电流增加，膜室内充注的液体被加热而温度增加，压力升高，推动膜片和阀杆下移，使阀孔开启或开大。当蒸发器的负荷减小，蒸发器出口蒸气的过热度减小或者变成湿蒸气时，热敏电阻被冷却，阀孔关小或关闭。

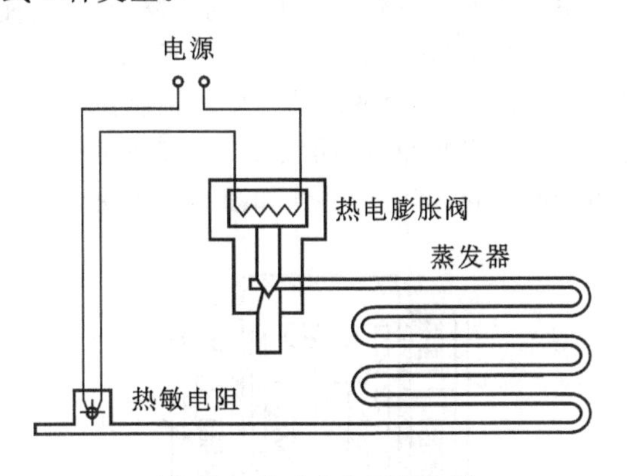

图 9.6　热动式电子膨胀阀

2.电磁式电子膨胀阀

电磁式电子膨胀阀结构如图 9.7 所示，电磁线圈通电前处于全开位置，通电后由于电磁力的作用，磁性材料所支撑的柱塞被吸引上升，带动阀针向上运动使开度变小。阀的开度取决于加在线圈上的控制电压(或电流)，故可以通过改变控制电压来调节制冷剂流量，制冷剂流量随控制电压的变化情况如图 9.8 所示。这种电磁式膨胀阀结构简单，动作响应快，但工作时需要一直为它提供控制电压。

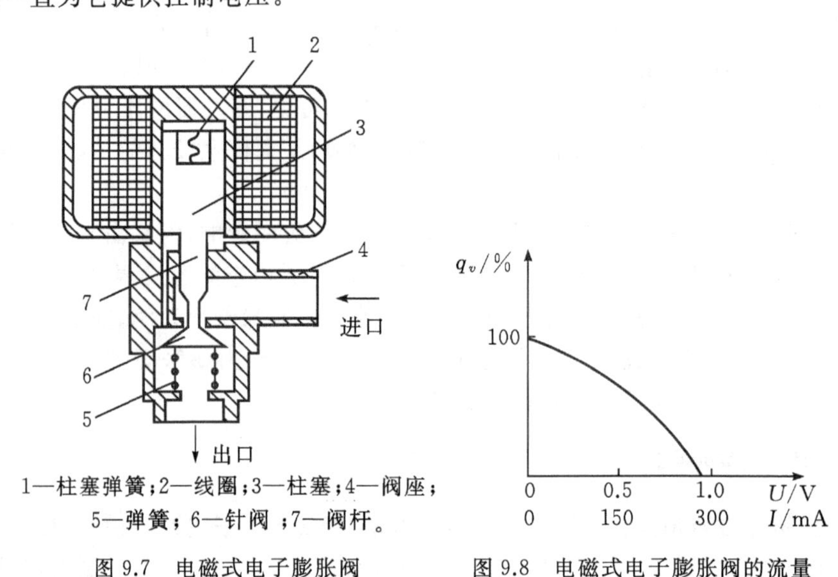

1—柱塞弹簧；2—线圈；3—柱塞；4—阀座；
5—弹簧；6—针阀；7—阀杆。

图 9.7　电磁式电子膨胀阀

图 9.8　电磁式电子膨胀阀的流量

3.电动式电子膨胀阀

电动式电子膨胀阀采用电动机驱动，目前使用最多的是四相永磁式步进电动机，有直接驱动型和减速型，如图 9.9 与 9.10 所示。流量调节是靠步进电动机正向或反向运转带动阀杆上下运动，从而改变阀的开度。控制器根据制冷系统的工况要求，按一定的控制规律向步进电动机输出脉冲驱动信号，以改变阀的开度。目前国内变频空调机大部分采用这种类型的电子膨胀阀，其流量特性如图 9.11 所示。

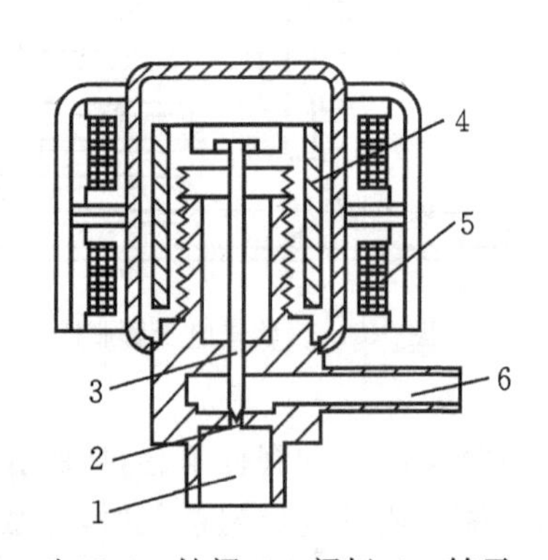

1—出口；2—针阀；3—阀杆；4—转子；
5—线圈；6—入口。

图 9.9　直动型电动式电子膨胀阀

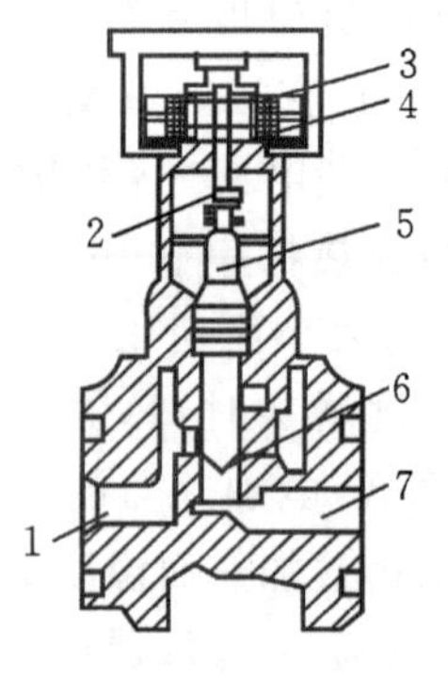

1—入口；2—减速齿轮组；3—转子；4—线圈；
5—阀杆；6—针阀；7—出口。

图 9.10　减速型电动式电子膨胀阀

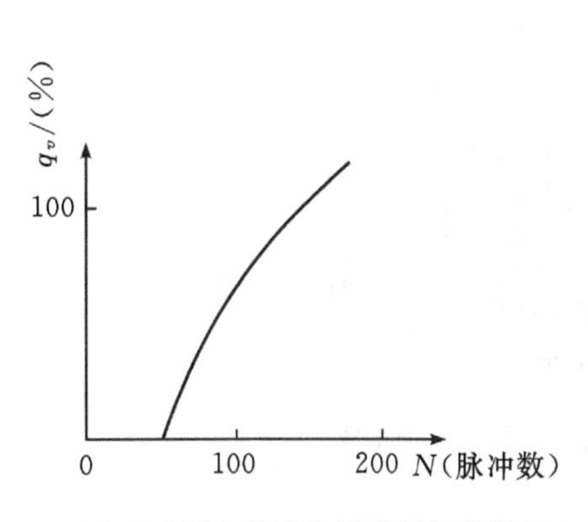

(a)直动型电动式电子膨胀阀的流量

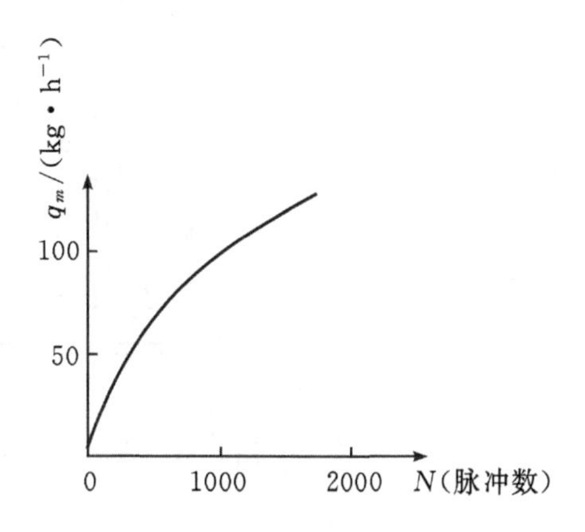

(b)减速型电动式电子膨胀阀的流量

图 9.11　电动式电子膨胀阀的流量特性

热力膨胀阀是机械作用式流量调节阀，只能应用于传统的控制模式，实现大体上的比例型流量调节。其不足之处:感温包迟延大，信号的反馈有较大的滞后，调节范围窄，控制品质不高只能实施静态匹配，在低温调节场合，振荡问题比较突出，无法实施计算机控制。电子膨胀阀的应用，克服了热力膨胀阀的上述缺点，并为制冷装置的智能化提供了条件。电子膨胀阀从全闭到全开状态其用时仅需几秒钟，反应和动作速度快，不存在静态过热度现象，且开闭特性和速度均可人为设定，尤其适合于工况波动剧烈的热泵机组使用。在家用空调领域，电子膨胀阀和变频压缩机组成的系统已取得了很好的效果，其原理就是将电子膨胀阀大范围的流量调节特性与变频压缩机的变频特性结合起来。

9.1.5　毛细管

在小型的氟利昂制冷系统中，如电冰箱、小型降湿机等由于冷凝温度和蒸发温度变化不大，制冷量小，为了简化结构，一般都利用毛细管作为制冷系统的节流降压机构。毛细管一般被用于 20 kW 以下的小型氟利昂制冷装置。毛细管由紫铜管制成，长度 1～6 m，内径为 0.5～2 mm。

进入毛细管的制冷剂是过冷液体。过冷液体在毛细管内先经过线性压力降阶段，直到产生气泡为止，在这个阶段中，制冷剂温度不变。此后，制冷剂再经过非线性压力降阶段。在此阶段中，压力与温度的关系为饱和压力与饱和温度的关系。图 9.12 为毛细管相对应的压力与温度变化曲线图，过冷液体从毛细管入口随压力逐渐降低而变为相应压力的饱和液体，称为液体长度，从毛细管中出现第一个气泡至毛细管末端，称为两相区长度。通常，使毛细管与蒸发器出口低温制冷剂管相接触，以便进一步冷却毛细管内制冷剂，原理如图 9.13 所示。

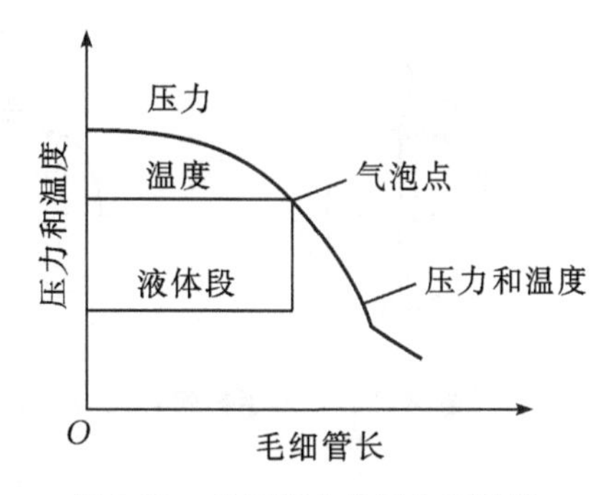

图 9.12　毛细管内的压力和温度

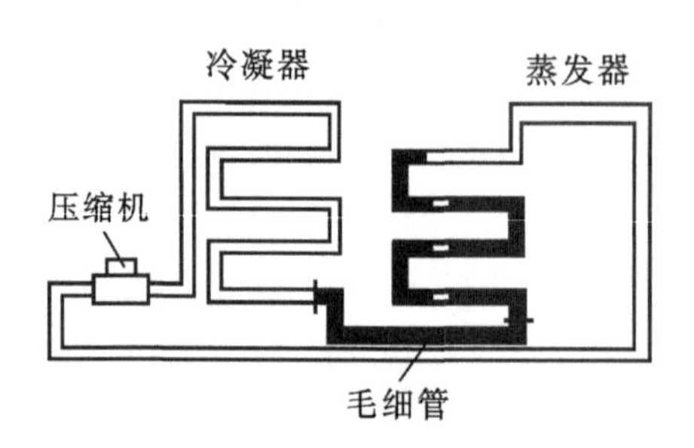

图 9.13 蒸发器出口的制冷剂冷却毛细管

通过长度和管径的多种组合可使其满足不同的工况和不同制冷量的制冷剂装置要求，但毛细管被选定和安装后，便不能随负荷变化而变化，为使制冷装置在绝大多数时间下高效率运转，选择具有代表性的设计工况是极其重要的。

9.2 辅助设备

9.2.1 储液器

储液器是用来储存液体制冷剂的容器，由钢板制成圆筒状，又称为储液桶。按功能和用途分为高压储液器和低压储液器。高压储液器通常安装在冷凝器的末端，用来储存冷凝器排出的高压液体制冷剂，当热负荷增大或减小时，供给蒸发器的制冷剂流量就相应的增多或减少，以满足设备调节变化的需要。高压储液器一般为卧式，其结构如图 9.14 所示。高压储液器上装有液位计、压力表以及安全阀，同时应有气体平衡管与冷凝器相连通，以利于液体靠重力向储液器流动。储液器还可防止在冷凝器中存有过多的制冷剂液体，以保证冷凝器的有效换热面积。制冷设备大修时，还可将制冷系统中的制冷剂收储在储液器中，以备再用，储液器中的液体不应超过储液器容器的 80%。

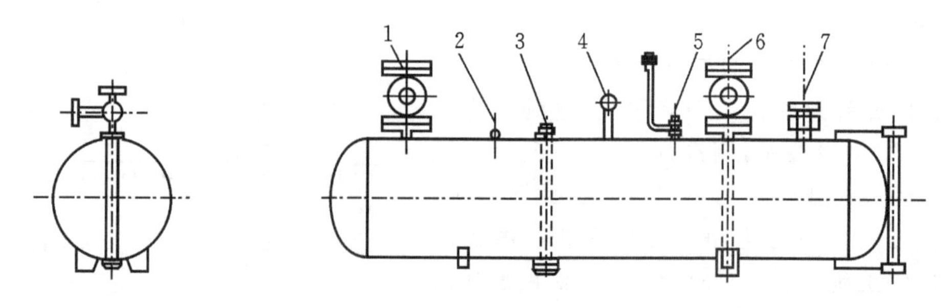

1—氨液进口；2—平衡管；3—放油阀；4—压力表；5—安全阀；6—氨液出口；7—放空管。

图 9.14 高压储液器

低压储液器仅在大型氨制冷装置中使用，结构与高压储液器相似。按其作用不同分为两种：一种是用于蒸发器融霜或制冷设备检修时，储存制冷剂液体，也称排液筒；另一种是蒸发器为氨泵供液时，用于储存循环的低压制冷剂液体，故又称循环储液筒，它们的结构与高压储液器基本相同。

9.2.2　气液分离器

气液分离器一般用于中型和大型氨制冷系统中，用于分离蒸发器出口蒸气中的液体，保证压缩机的干压缩，同时也可分离进入蒸发器液氨中的蒸气，提高蒸发器传热面积的有效利用程度。当有多台蒸发器、压缩机并联时，还起到分液汇气的作用，其结构有立式和卧式两种。图 9.15 为立式气液分离器，这种气液分离器是具有许多管接头的钢筒。来自蒸发器的蒸气由筒体中部的氨气进口进入分离器，由于截面积的突然扩大，蒸气流速降低及流向的改变使蒸气中携带的液滴被分离出来，落入下部的氨液中。而干饱和蒸气(包括节流产生的蒸气)，则从上部的氨气出口被压缩机抽回。节流后的湿蒸气，由筒体下面的氨液进口进入分离器筒体，液体落入下部，经底部的氨液出口向蒸发器供液，而气体则与来自蒸发器的蒸气一起被压缩机吸走。

设计和使用时，应保证蒸气在筒体内的流速不大于 0.5 m/s。

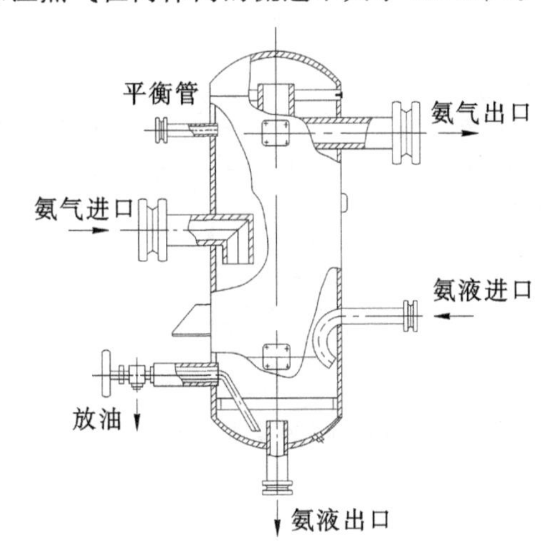

图 9.15　氨用立式气液分离器

9.2.3　过滤器和干燥器

1.过滤器

过滤器用于清除制冷剂中的机械杂质，如金属屑、焊渣、氧化皮等，它分气体过滤器和液体过滤器两种。气体过滤器安装在压缩机的吸气管路上或压缩机的吸气腔，以防止机械杂质进入压缩机气缸。液体过滤器一般装在调节阀或自动控制阀前的液体管路上，以防止污物堵塞或损坏阀件。过滤器的原理很简单，即用金属丝网阻挡污物。氨用过滤器一般由 2～3层网孔为 0.4 mm 的钢丝网制成，图 9.16 所示为氨液过滤器的结构，图 9.17 为氨气过滤器；氟利昂过滤器则由网孔为 0.1～0.2 mm 的铜丝网制成，图 9.18 为氟利昂液体过滤器，它由一段无缝钢管作为壳体，壳体内装有铜丝网，两端有端盖用螺纹或壳体连接，再用锡焊焊接，以防泄漏。端盖上焊有进液管和出液管接头，以便与管路连接。

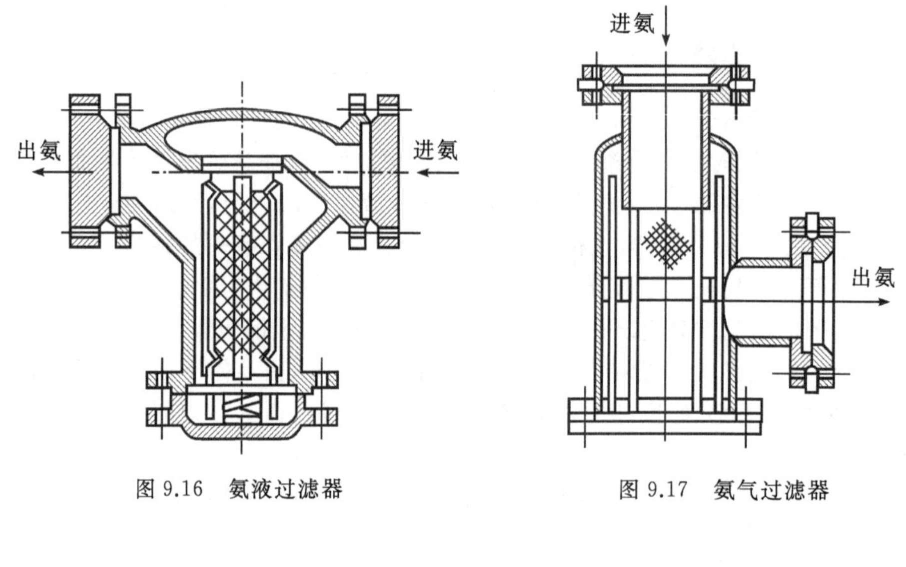

图 9.16　氨液过滤器

图 9.17　氨气过滤器

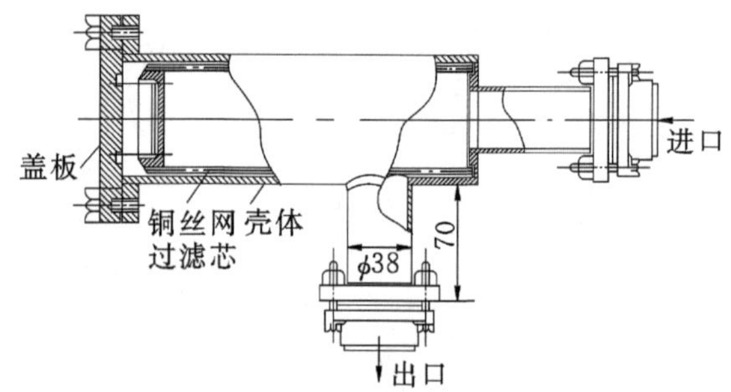

图 9.18　氟利昂液体过滤器(单位:mm)

2.干燥器

干燥器只用于氟利昂制冷系统，这是因为氟利昂不溶于水或仅有有限的溶解度，系统中制冷剂含水量过多，会引起制冷剂水解，金属腐蚀，并产生污垢和润滑油乳化等，当系统在0 ℃以下运行时，会在膨胀阀处结冰，堵塞管道，即发生“冰塞”，故在储液器出液管路上的节流阀前装设干燥器，用于吸附制冷剂液体中的水分。一般用硅胶作为干燥剂，近年来也有用分子筛作为干燥剂的。如图 9.19 所示为一立式干燥器的结构。对于小型制冷装置，可以不装设干燥器，仅在系统充氟时，使其一次通过干燥器即可。

有时将过滤器与干燥器结合在一起，称为干燥过滤器。它实际上是在过滤器中充装一些干燥剂，其结构如图 9.20 所示。

为了严格防止干燥剂漏入系统，干燥过滤器的两端装有钢丝网或铜丝网、纱布、脱脂棉等。干燥过滤器一般装在冷凝器与热力膨胀阀之间的管路上，以除去进入电磁阀、膨胀阀等阀门前液体中的固体杂质及水分，避免引起阀门的堵塞。

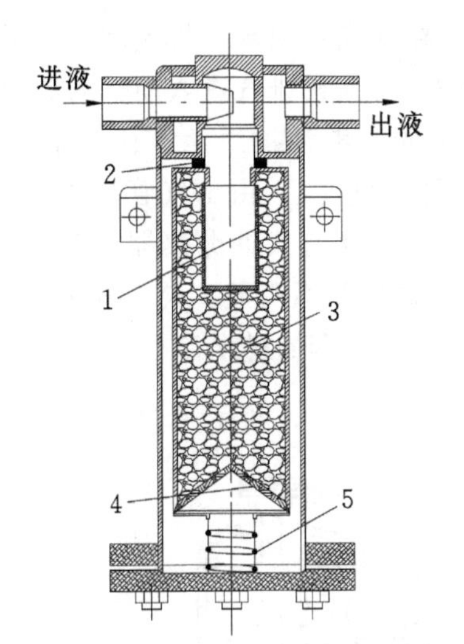

1—进口滤网；2—密封圈；3—硅胶；4—出口滤网；5—弹簧。

图9.19　立式干燥器

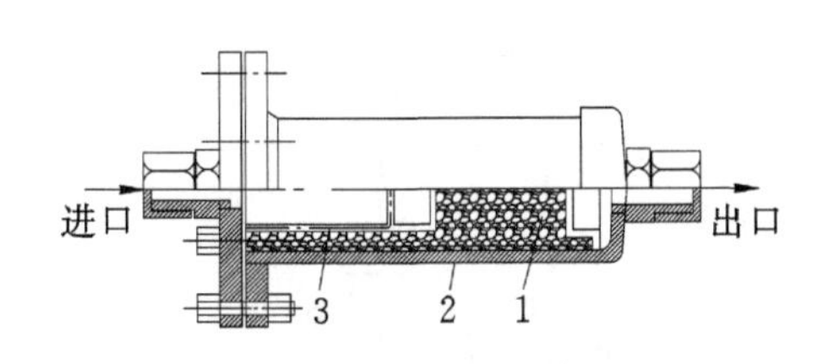

1—干燥剂；2—壳体；3—丝网。

图9.20　干燥过滤器

干燥器和干燥过滤器使用一段时间后，干燥剂含水量增加，因而吸附水分的能力降低，此时需要将干燥器或干燥过滤器取下，将干燥剂加热再生后继续使用。

9.2.4　油分离器和集油器

压缩机的排气中都带有润滑油，润滑油随高压排气一起进入排气管，并有可能进入冷凝器和蒸发器。对于氨制冷系统，润滑油会在换热器表面上形成严重的油污，增加传热热阻，并使制冷剂的蒸发温度有所提高。对于氟利昂系统，由于制冷剂中润滑油的溶解度大，所以一般不会在传热表面形成油污，但是对其蒸发温度影响比较大，使蒸发温度升高。因此，在氨和氟利昂制冷系统中，一般都要用油分离器，将压缩机排气中的润滑油分离出来。氟利昂制冷系统利用自动回油装置，将其送回压缩机曲轴箱，氨制冷系统则一般定期地通过集油器排出。

1.油分离器

制冷系统常用的油分离器有洗涤式、离心式、填料式及过滤式等几种结构型式，这些油分离器的工作原理相同，都是借油滴与制冷剂蒸气的密度不同，使混合气体流经直径较大的油分离器时，利用突然扩大通道面积而使其流速降低，同时改变其流动方向，使润滑油沉降分离。对于蒸气状态的润滑油，则可采用洗涤或冷却的方式降低温度，使之凝结为油滴后分离。有的油分离器采用设置过滤层等方法来增强分离润滑油的效果。

(1)洗涤式油分离器。它用于氨制冷系统，所以也称为洗涤式氨油分离器，其结构如图9.21所示，工作时，油分离器筒内保持一定高度的氨液，从压缩机来的氨油混合气体，由进气管进入筒体液面以下，洗涤冷却，使部分油蒸气凝结成油滴分离出来，并由于密度大而沉积于筒底。部分氨液吸热汽化，与被洗涤的蒸气一起上升，经伞形多孔分离罩，分离夹带的氨液及油滴后，从筒体一侧的出气管排出。洗涤式油分离器的分离效率为80%～85%。

(2)离心式油分离器。此类油分离器多用于大中型制冷压缩机，目前在125系列压缩机中,多配置这种油分离器。其结构如图 9.22 所示,在分离器内焊有螺旋状导向叶片 4,并在油分离器内中间引出管的底部装设有多孔挡液板 3。压缩机排气进入油分离器后,沿导向叶片 4 呈螺旋状运动。由于离心力的作用,其中携带的润滑油被甩至筒体内壁,并沿内壁下流,汇聚在分离器底部,而蒸气则由多孔挡液板 3 再次分油后,由出气管排出。分离器底部的油可定期排放,或通过浮球阀 2 控制自动回油。有的离心式油分离器外部还设有冷却水套,其目的是提高油分离效果,不过实验结果显示其效果并不明显。离心式油分离器一般装设在压缩机近旁,其冷却水套的水来自压缩机气缸冷却水套的排水。

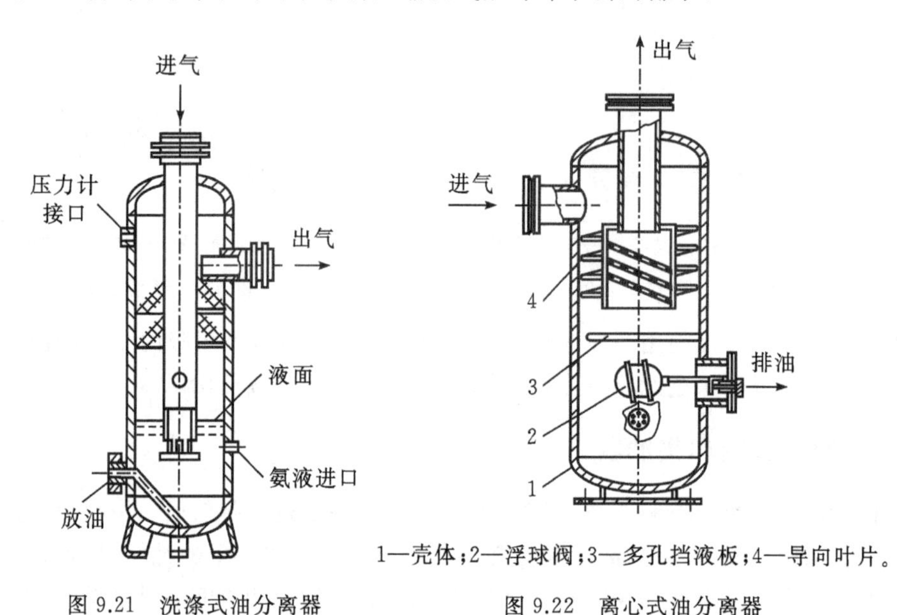

1—壳体;2—浮球阀;3—多孔挡液板;4—导向叶片。

图 9.21　洗涤式油分离器　　图 9.22　离心式油分离器

(3)填料式油分离器。此类油分离器对大型和小型压缩机均适用。其结构如图 9.23 所示,在油分离器中装有一层填料。填料为不锈钢钢丝、陶瓷环或金属切削等,其效果以不锈钢丝为最佳。氨气通过油分离器中的伞形挡板及填料 3 后,把润滑油分离出来。分离器要求的蒸气流速在0.5 m/s以下,填料式油分离器也可以是卧式结构。填料式油分离器的分油率较高,当用不锈钢丝或金属丝网作填料时,分油率可达 96%～98%,但是阻力也比较大。

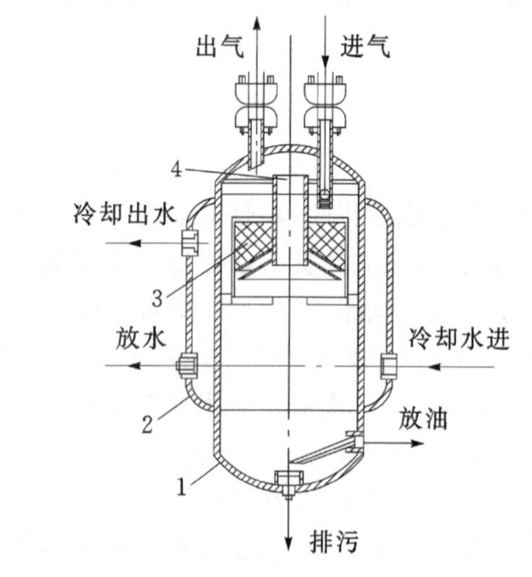

1—壳体;2—冷却水夹层;3—填料;4—气体上升管。

图 9.23　填料式油分离器

(4)过滤式油分离器。目前在氟利昂制冷系统中,常使用这种油分离器。其结构如图 9.24 所示,工作时高压蒸气由上部进入,经金属丝滤网 2 减速、过滤后,从侧面出气管排出。蒸气中携带的部分润滑油被分离出来,落入筒体下部。这种油分离器的回油管和压缩机的曲轴箱相连。当油分离器内聚集的润滑油足以使浮球阀开启时，润滑油就被压入压缩机的曲轴箱中，当油面逐渐下降到使浮球阀下落到一定位置时，则浮球阀 3 关闭。正常运行时，由于浮球阀 3 的断续工作，使得回油管时冷时热。如果回油管一直冷或一直热，说明浮球阀已失灵，必须进行检修。检修前，可使用手动回油阀 4 进行回油操作。

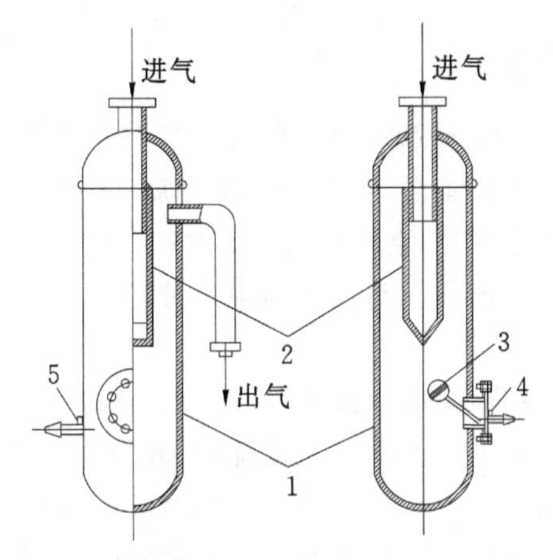

1—壳体；2—金属丝网；3—浮球阀；4—回油阀；5—旁通回油阀。

图 9.24　过滤式油分离器

2.集油器

集油器也称放油器，其结构型式如图 9.25 所示。

集油器只适用于氨制冷系统中，用于收集和存放从油分离器、冷凝器、储液器和蒸发器等设备中分离出来的润滑油，再按一定的操作程序，由集油器排出制冷系统。集油器顶部装

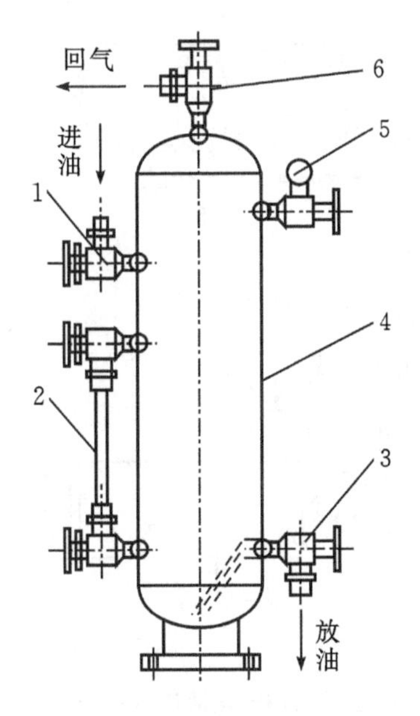

1—进油阀；2—液面指示器；3—放油阀；4—壳体；5—压力表；6—回气阀。

图 9.25　集油器

设有回气阀 6 和回气管接头，用来回收氨气和降低筒内的压力。筒体上侧设有进油阀 1 和进油管接头，它与油分离器、冷凝器、储液器及蒸发器等设备的放油管相连，收集设备中的润滑油。它的下侧设有放油阀 3，以便在氨气回收后，将油从筒内放出。此外，为了便于操作管理，壳体上还装有压力表和玻璃液面指示器。

9.2.5　不凝性气体分离器

制冷装置在运行过程中，安全装置系统内会混有一些不凝性气体(主要是空气)。这些气体的来源是：①安装或检修制冷设备后，系统抽空不彻底，内部留有空气；②补充润滑油、制冷剂或者更换干燥剂、清洗过滤器时，空气混入系统中；③当蒸发压力低于大气压力时，空气从不严密处渗入系统内；④制冷剂与润滑油在高温下分解，产生一些不凝性气体；⑤金属材料被腐蚀产生不凝性气体。

不凝性气体往往聚集在冷凝器、高压储液器等设备内，造成冷凝压力升高，既降低压缩机的制冷量，又增加压缩机的耗功量。尤其对氨系统，氨和空气混合后，高温下有爆炸的危险，因此必须经常排出制冷系统中的不凝性气体。在小型制冷装置中，可以直接从冷凝器、储液器或排气管的放气阀排放不凝性气体，当然不可避免地会同时放出一些制冷剂。为了在排放不凝性气体过程中尽量减少制冷剂损失，在大型制冷系统中都采用不凝性气体分离器排放。

不凝性气体分离器的型式很多，但其工作原理基本相同。目前在氨制冷系统中，常用的不凝性气体分离器有四层套管式和盘管式两种，结构如图 9.26 和图 9.27 所示。

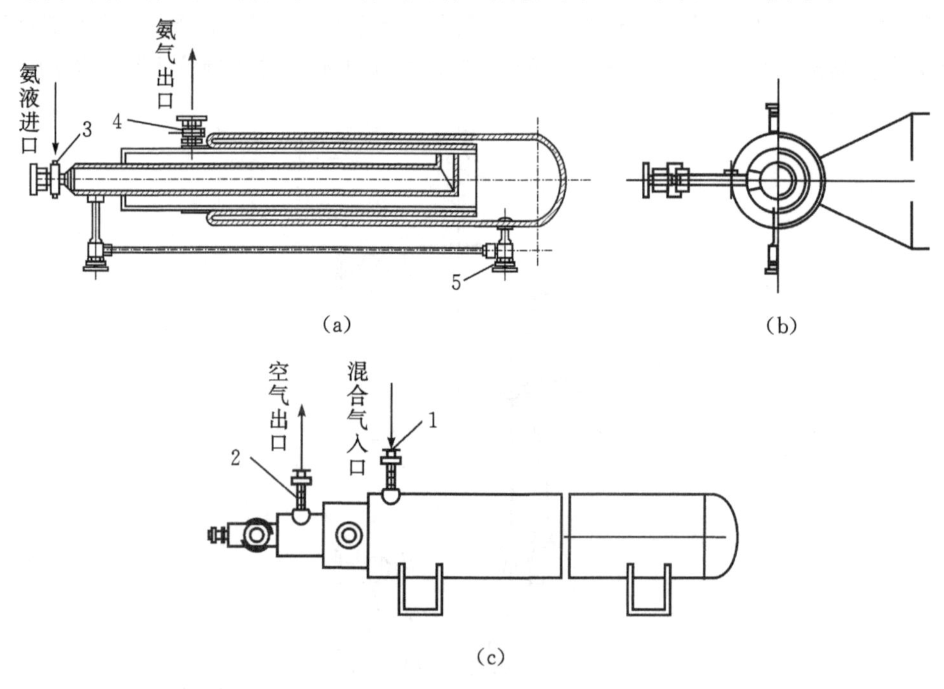

1—进气阀；2—放空气阀；3—氨液进口；4—氨气出口；5—氨液回收阀。

图 9.26　四层套管式不凝性气体分离器

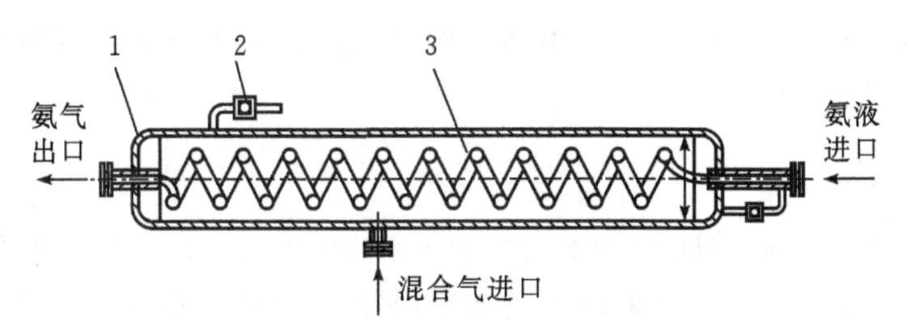

1—壳体；2—放空气阀；3—冷却盘管。

图 9.27　盘管式不凝性气体分离器

9.3　安全设备

为了保证制冷机安全运行，避免事故的发生和扩大，制冷系统中常设有一些安全设备。

9.3.1　安全阀

安全阀是保证制冷设备在安全压力下工作的安全设备。安全阀可安装在制冷压缩机的进、排气连通管上，当压缩机排气压力超过允许值时，安全阀开启，使高低压两侧连通，保证压缩机的安全工作。安全阀也常装在冷凝器、储液器等设备上，以避免容器内压力过高而发生事故，图 9.28 为微启式弹簧安全阀结构。当设备中的压力超过规定工作压力时，即顶开阀门，使制冷剂迅速排出系统。装在高压容器上的安全阀，其排出管应直接通至室外或高空排放，因为氨是有毒的，即使是氟利昂，排入机房内过多也会使人窒息。

安全阀的开启压力，对 R12 制冷装置约为 15.7×10^5 Pa，对 R22 和氨制冷装置约为

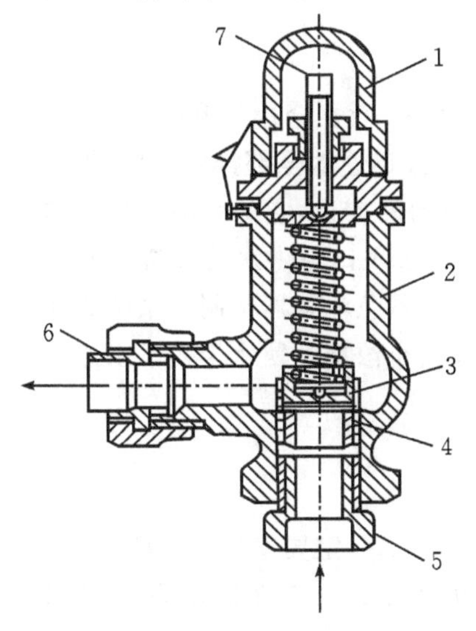

1—阀帽；2—阀体；3—阀芯；4—阀座；5—接头；6—排出管接头；7—调节杆。

图 9.28　微启式弹簧安全阀

17.7×10^5 Pa，安全阀一经开启，由于杂物卡住阀口或其它原因，往往不容易保持密闭，需要进行检查或做必要的修理。

9.3.2 易熔塞

易熔塞主要应用于氟利昂制冷设备或容积较小的压力容器上。它是用以代替安全阀的结构最简单的一种安全设备。图 9.29 为易熔塞，易熔塞中铸有易熔合金，其熔化温度一般在 75 ℃以下。一旦压力容器发生意外事故时，容器内压力骤然升高，温度也随之升高。而当温度高到一定值时，易熔塞中浇注的易熔合金即熔化，容器中的制冷剂就排入大气，从而达到保护人身及设备安全的目的。易熔塞的合金熔化后，应重新浇注或更新，并进行试漏检验。

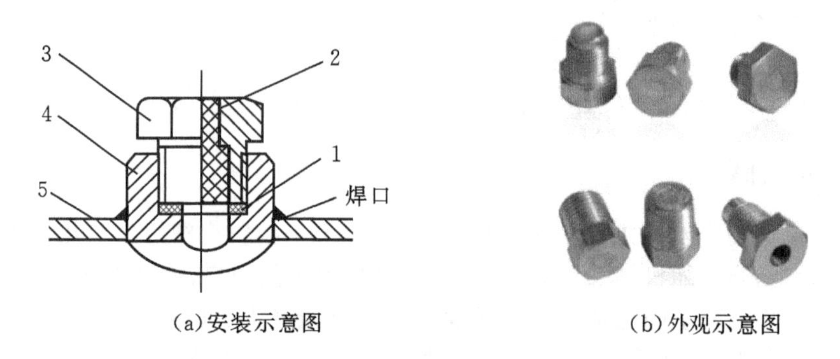

(a)安装示意图　　(b)外观示意图

1—密封垫；2—易熔合金；3—旋塞；4—接头；5—壳体。

图 9.29 易熔塞

9.3.3 紧急泄氨器

大型的氨制冷系统中，充氨量较多，而氨会燃烧和爆炸，因此在遇到火灾事故时，必须将系统中的氨液迅速地全部排出，以保护设备及人身安全。图 9.30 示出紧急泄氨器的构造，它的氨液入口与储液器及蒸发器等设备的泄氨接口相连，水入口与供水管连接。发生事故时，应先打开供水管阀，然后再打开紧急泄氨器与制冷系统的连接阀门，使大量的水与氨液混合，形成较小浓度的氨水排入下水道。

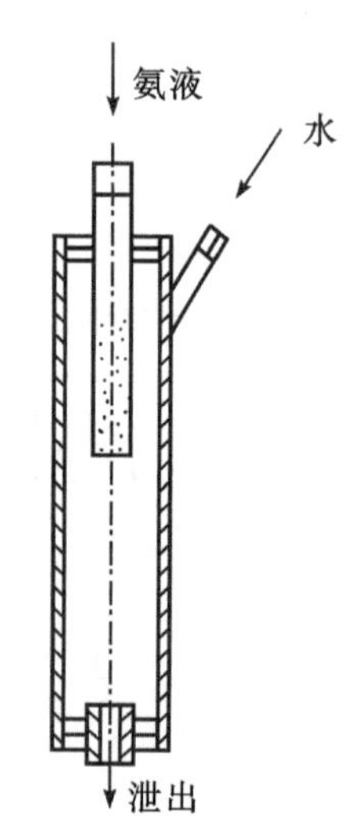

图 9.30 紧急泄氨器构造

复习思考题

9.1 蒸气压缩式制冷系统中为什么一定要安装油分离器？

9.2 热力膨胀阀的工作原理是什么？它在制冷系统中如何安装？

9.3 内、外平衡式热力膨胀阀有什么差别？在什么情况下使用外平衡式热力膨胀阀？

9.4　氨制冷系统中的氨液分离器起什么作用?

9.5　常见的油分离器有哪几种,它们的分离原理是什么?

9.6　氟利昂制冷系统中为什么要安装干燥器,常用的干燥剂有哪几种?

9.7　氟利昂系统中回热器的作用是什么?

9.8　应用于制冷系统的安全设备有哪些? 简述各设备工作原理。

第 10 章

区域供热与供冷

世界上最早的区域供热(District Heating,DH)于1870年出现在德国,1890年德国汉堡首次使用了热电联供系统,到1930年几乎所有的欧洲主要城市都有了区域供热系统。20世纪50年代战后欧洲重建,住宅建筑迅速发展,城市中DH的普及率高达70%～80%。美国于1877年首次在纽约建成了DH系统,这个系统最初仅是由小型集中锅炉房对几栋住宅集中供热。1880年之后,随着火力发电工业的发展,在美国出现了一批热电联供系统。

区域供冷系统(District Cooling System,DCS)的概念最早是由美国学者于20世纪40年代正式提出的。20世纪60年代,世界上第一个冷热联供(District Heating and Cooling,DHC)系统在哈特福德市建成并投入运行。之后美国纽约蒸汽公司首次使用吸收式制冷机来增加汽轮机的夏季负荷,以求既能多发电又能制冷。随着双效吸收式制冷机的研制成功,70年代纽约世贸中心建成了当时世界上最大的一项DHC工程。日本的DHC系统出现较晚,但发展迅速。最早的DHC系统出现在大阪市以及新东京国际机场建筑中,当时日本政府提出"日本列岛改造论",试图解决都市人口密集和环境污染严重问题,从法规上鼓励DHC投资,并形成了公益性的都市DHC产业。

我国城市建筑密集,人员办公和居住高度集中,新建住宅与商业、办公建筑交织,人口稠密,随着人们生活水平的提高,空调负荷迅速增加,生活热水需求快速上升,因此在我国主要城市的中心区域,已经具备了发展DHC系统的前提条件。

我国正在经历城市化进程和加强环境保护,每年新增加的建筑面积约16亿～20亿m^2,所以,在掌握国外相关应用和研究的基础上探索适合我国国情的DHC技术,逐步在城市规划中将其纳入城市基础设施范畴,统一规划,对于我国实施建筑节能、净化城市环境、缓解能源压力和实现可持续发展意义重大。

10.1 区域供热、供冷概述

10.1.1 DHC系统组成

区域供冷供热系统是指对一定区域内的建筑物群,由一个或多个能源站集中制取冷水、热水或蒸汽等冷媒或热媒,通过区域管网提供给终端用户,实现用户对制冷或制热要求的系统。DHC系统通常包括四个基本组成部分:能源站、输配管网、用户端接口和末端设备,其系统组成如图10.1所示。

能源站安装有集中生产冷、热媒介质的制冷和制热设备、相关仪表和控制设备，并通过管网与用户连接。这些制冷和制热设备可以是锅炉、电动制冷设备、热力制冷设备、热泵以及蓄冷、蓄热设备等。其输入能源可以来自热电厂、区域供热站、工业余热以及各种天然热源。这些输入能源驱动制冷、制热设备，生产出满足用户要求的冷、热媒介质，通过输配管网输送至终端用户。

输配管网是由能源站向终端用户输送和分配冷、热介质的管道系统。

用户端接口是指管网在进入终端用户建筑物时的转换设备，包括热交换器、蒸汽疏水装置和水泵等。

末端设备是指安装在用户建筑物内的冷热交换装置，包括风机盘管、散热器、空调机组等。

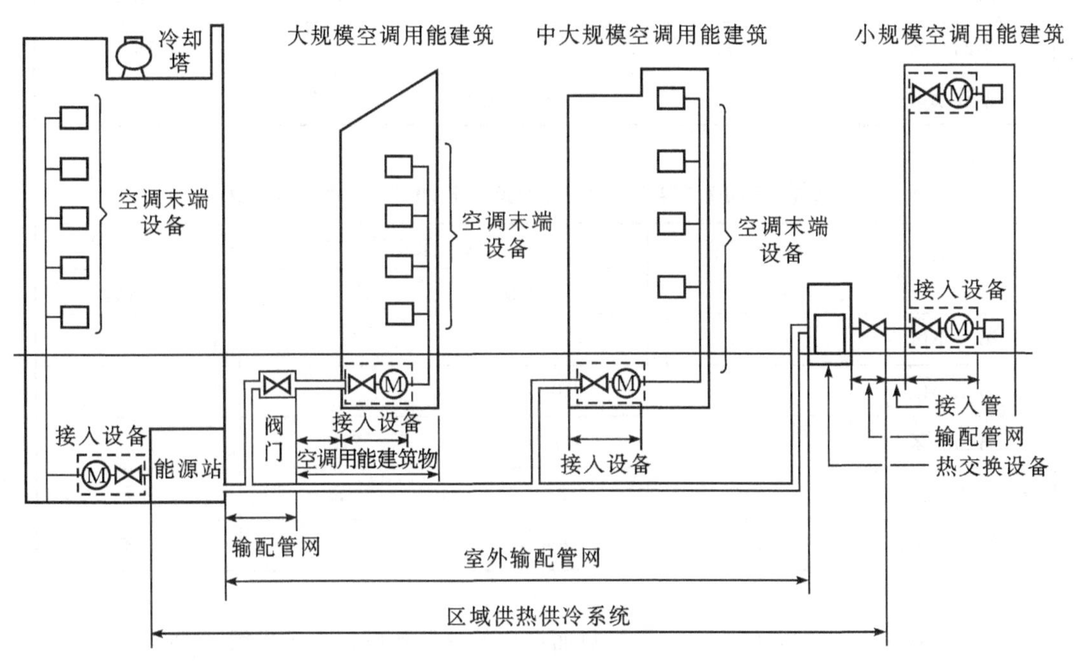

图 10.1　DHC 系统的组成

10.1.2　DHC 系统的优点

1.DHC 系统的环保效益

(1)集中设置在区域供冷供热站内的大型制冷、制热机组，通过提高排放控制标准和使用环保制冷剂等技术手段减少对环境的破坏。近年来由于对环境问题的日益重视，除了对燃煤锅炉的集中改造，在制冷方面人们越来越多地把眼光投向了天然制冷剂。氨作为天然制冷剂 ODP 为 0，GWP 接近于 0，但由于氨的强烈刺激气味和爆炸危险，很少用氨作为民用空调制冷剂。而 DHC 机房的单独设置，为使用氨作为制冷剂建立了安全的可行性基础。

(2)可以在 DHC 系统中规模化地利用可再生能源，如利用江河湖海中水的温差能的大型水源热泵、利用工业废热和工业余热驱动的吸收式制冷机、利用城市垃圾焚烧热能驱动的冷热电联供等。它们不但减少了石化燃料和电力的使用，增加了能源结构的多样化，缓解了能源压力，而且极大地减少了污染物排放。我国香港某区域供冷规划和环保效益预测如表10.1、10.2所示。

表10.1 我国香港某区域供冷系统的规划负荷 单位：MW

DCS	第一阶段（2010年～2014年）	第二阶段（2015年～2019年）	第三阶段（2020年～2024年）	第四阶段（2025年～2039年）
第一小区	28.7	41.6	65.7	65.7
第二小区	27.5	32.0	52.0	52.0
第三小区	37.6	41.8	73.4	78.0
第四小区	10.0	14.4	18.4	18.5
第五小区	在100%的用户占有率下为148			

表10.2 我国香港某区域供冷系统运行至2020年时的环保效益

DCS	预测节能/$(GW \cdot a^{-1})$	有关污染物排放的减少/$(t \cdot a^{-1})$		
		二氧化碳	二氧化氮	二氧化硫
第一小区	16.1	13800	22.1	38.3
第二小区	12.4	10600	17.0	29.5
第三小区	20.4	17500	27.9	48.6
第四小区	2.8	2400	3.8	6.7
第五小区	7.6	6500	10.4	18.5

（3）可以减轻城市中心区由于空调排热而产生的热岛效应。由于采用了DCS，取消了各个建筑物内部的分散冷源，不但降低了城市噪音，改善了城市景观，简化了建筑物的结构处理和抗震处理，而且当采用地表水源热泵时，可以通过地表水带走空调系统的排热，缓解建筑群在夏季向室外大规模排热造成的空气温升。

2.DHC系统的社会效益

（1）采用DHC，在同等舒适度下可以节省空调系统的初投资和运行费用。由于DCS的空调同时使用系数一般在40%～60%左右，所以，DHC系统制冷设备的装机容量一般低于各个建筑物最大冷负荷的总和，所以初投资有所降低。此外，DHC便于实现专业化管理，故可以进一步节省运行费用。

（2）DHC通常与蓄能技术相结合，节省运行成本。蓄能技术的最大社会效益是可以充分利用电网低谷时段的廉价电力储能，从而减轻电网峰值负荷，削峰填谷。DHC与蓄能技术相结合，不但将白天的高峰空调负荷转移到了夜间，均衡了电网负荷，保证了电网安全，提高了发电机组的效率，还可利用峰谷电价差降低运行成本。

(3)DHC系统便于采用计算机控制技术实现系统的优化管理和控制。计算机控制可实现设备的优化节能运行、故障诊断、能耗计算和数据管理，最大限度地降低系统能耗，同时减少运行管理人数，从而提高管理的专业化水平和可靠性。

(4)商业化运营的DHC系统，可以在专业化管理下更加高效合理地使用能源，避免能源浪费和不合理用能，真正地达到使能源管理成为一种服务的目的。

3.DHC系统的节能效益

(1)有利于提高大型制冷机组的COP值。由于制冷机组耗电量在空调系统总耗电中约占60%，大型制冷机组相对于中小型制冷机组，其COP可以提高0.5～1.0。

(2)有利于在部分负荷下调节系统制冷量，提高制冷机组效率。由于空调系统绝大多数时间都在部分负荷下运行，区域供冷系统制冷机组呈大型化而且布置集中，可以利用台数控制技术，调节部分负荷下投入运行的制冷机台数，使其始终保持高效率运行状态。

(3)有利于结合一次能源构成复合能源系统，规模化回收或利用各种低品位能源。区域供冷系统可以直接利用太阳能等低品位一次能源来驱动吸收式制冷机。当地如果有高温废汽可供使用，则可以利用高温废汽发电，然后驱动离心式制冷机组，再把发电机组的排汽送入废热锅炉，把废热锅炉产生的蒸汽提供给吸收式制冷机组，由于燃料能量得到充分利用，系统总的一次能利用系数可达0.95～1.25。

(4)有利于地表水的利用。集中建立的区域供冷系统，可以方便利用地表水作为水源热泵夏季排热、冬季取热的冷、热源，从而提高机组的运行效率，而且不会对水体造成明显的热污染。

(5)DHC与蓄冰技术相结合，有利于实现低温送风。采用低温送风的空调系统，在供冷负荷相同的情况下，由于送风量和冷水量的减少，使送风机和冷水泵的耗电量有较大幅度降低，而且随着室内冷水供、回水管道和空气输配管道尺寸的减小，降低了管道投资，节省了建筑空间。

根据日本的运行经验，DHC系统与分散在各单体建筑物内的冷热源相比，可以节约12%的一次能源，如果采用梯级用能的DHC系统，可以节约15%～22%的一次能源。

10.1.3 DHC系统的缺点

(1)系统灵活性低。DHC系统机组高度集中，运行灵活度低，而分散供冷方式中各个建筑呈独立系统，灵活性高，所以建筑物规模较小或单位面积空调负荷较低时，分散供冷的方式比DHC系统更节能。

(2)系统经济性差。DHC系统室外管网规模大，管线长，冷、热损失大，随着输配距离的增加，泵的耗功率以及运行费用都比较高，使得整个系统经济性变差，这也是早期制约DCS发展的主要因素。

(3)初投资高，回收期长。由于DHC系统一次性投入管网和设备费用比较高，而楼宇的使用率和收益则是逐渐增加的，因此，DHC系统在初期用户使用率较低时，一般是亏损的，只有使用率超过盈亏平衡点后，年度费用才可以持平，继续运行数年后方可盈利。

(4)存在一定的风险。主要包括大规模建筑的工期拖延和负荷密度或使用率低于预测值，这将使得项目在初投资已经完成的情况下净收益减少，造成回收期延长甚至亏损。

(5)需要前期进行区域室外管网系统的规划和预留。室外输配管网是 DHC 系统实施的前提,如果区域规划时没有将供热和供冷列入统一规划,则后期可能因没有管网敷设位置而无法采用 DHC 系统,这也是近期 DHC 系统发展受到限制的一个重要因素。

10.2 DHC 的负荷特点

DHC 的负荷计算是确定系统规模、管道直径、设备容量的主要依据。准确的负荷计算能够合理地控制系统规模和投资,保持系统低廉的运行费用,因此 DHC 系统的负荷计算至关重要。

DHC 的服务对象是建筑群,由于各栋建筑的功能、规模及使用时间不同,受到多方面影响,这就决定了 DHC 负荷计算的复杂性。

10.2.1 区域空调负荷的特点

建筑空调负荷既受室内外环境的影响,又受到建筑物围护结构蓄热特性的影响。通常将室内环境的影响称为内扰,将室外环境的影响称为外扰。内扰是指照明装置、仪器设备和人体散热散湿等扰动;外扰是指室外空气的温、湿度,太阳辐射强度,风速和风向等扰动。而围护结构的蓄热特性使得室外空气参数的变化以及太阳辐射至墙壁的热量对室内空气参数的影响都存在着滞后性。这三个因素对空调负荷的影响情况是不同的:外扰对于某个区域的建筑群来说是按照同一规律变化的,反映了区域空调负荷的总体变化趋势;内扰和围护结构的蓄热特性,各个建筑物各不相同,其累计值反映了区域空调负荷的逐时变化特点。将这两种变化叠加在一起,才能反映完整的区域空调负荷变化情况。

由于各种因素的影响,使不同建筑物的空调负荷变化曲线呈现较大的差异。将各个建筑物的空调负荷变化曲线叠加在一起,就会发现,区域空调负荷峰值小于各栋建筑空调峰值之和。这就是区域供能的最大优势和区域负荷的最大特点。这个特点一般用空调系统的同时使用系数来表达。

同时使用系数 K 是一个无量纲的常数,表示任意时刻区域空调负荷总量的最大值与各栋空调负荷峰值之和的比值。

$$K=\frac{Q'}{Q} \tag{10.1}$$

式中,Q'为高峰时刻区域空调所需冷(热)量的最大值,W;Q 为各栋建筑物所需冷(热)量峰值之和,W。

实际上同时使用系数 K 为一变动的逐时值,但工程设计中为了方便,将同时使用系数简化为一定值使用。图 10.2 所示为日本某全年供冷的 DCS 项目空调同时使用系数变化情况,可见,该 DCS 空调同时使用系数高的时间比较少,负荷率在 40% 以上的时间不足 1000 h。

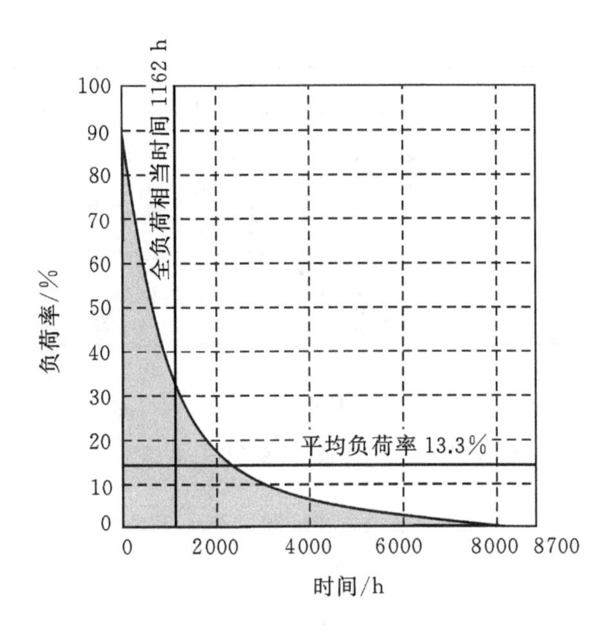

图10.2　日本某区域供冷系统的负荷率统计

10.2.2　同时使用系数的计算方法

根据使用功能不同，通常将建筑物分为住宅建筑和公共建筑两大类型。公共建筑又可细分为医疗建筑、学校、影剧院、商业建筑、体育建筑、图书馆建筑和餐饮建筑等。按照使用率不同又可分为：低使用率建筑和高使用率建筑，其中低使用率建筑只在特殊情况下使用，如歌剧院、体育馆等，平日大部分时间处于闲置状况。不同类型的建筑空调负荷存在着较大的差别，使得不同建筑类型组合成的区域空调系统的同时使用系数存在较大的区别，这就需要根据具体的建筑条件进行具体分析。要计算同时使用系数，就必须知道典型设计日的逐时空调负荷，对区域空调负荷进行逐时能耗分析。

1.同时使用系数的影响因素

同时使用系数的影响因素如下。

(1)单体建筑的空调使用时间和习惯。

(2)单体建筑的类别及其比例。

(3)单体建筑的空调负荷情况。

(4)区域建筑群的总空调面积。

图10.3、图10.4分别为日本不同功能的建筑物夏季冷负荷的月分布和小时分布情况，由图可见功能不同的建筑物，其负荷高峰出现的时间也是有差别的。

2.同时使用系数的理论计算

空调同时使用系数具有很大的随机性，很难用数学公式来量化。下面介绍一种根据空调器的使用情况来计算同时使用系数的方法，可供参考。

在某一时段，对某一台空调器的使用情况进行实际观测，如果不考虑空调器开启度大小

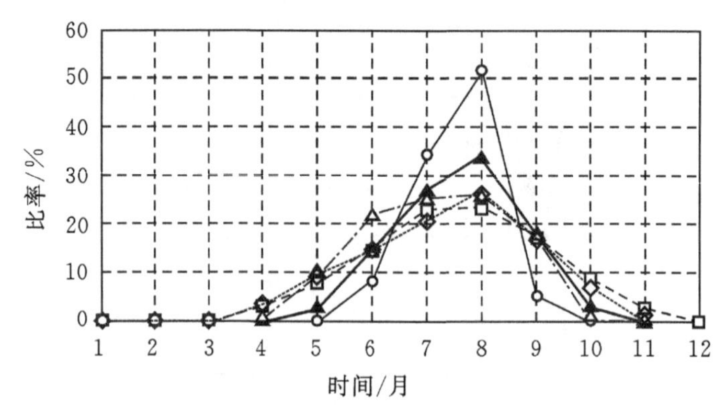

图 10.3 日本不同功能建筑物夏季冷负荷的月分布

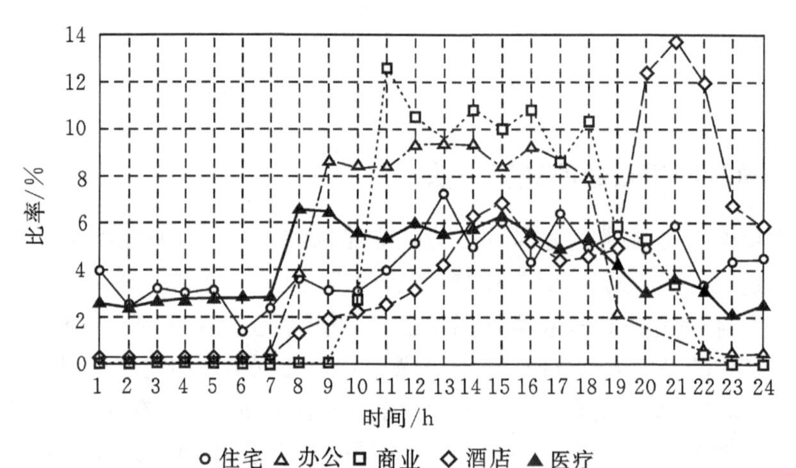

图 10.4 日本不同功能建筑物夏季冷负荷的小时分布

的差异，那么其结果只有“运行”或“停止”两种情况；对 n 台空调器进行实际观测的结果，如果有 m 台空调器在运行，则同时使用系数为

$$K=\frac{Q_m}{Q_n}$$

式中，Q_m 为 m 台空调器的总制冷量；Q_n 为 n 台空调器的总制冷量。如果空调器规格相同，可以简单地用 m 与 n 的比值作为同时使用系数，即

$$K=\frac{m}{n} \tag{10.2}$$

每台空调器的开启带有随机性且只有“运行”或“停止”两种情况，因此可以应用伯努利模型来求解。根据伯努利定理，从 n 次观测中某事件 A 重复发生 m 次的概率如下

$$P_n^m=\mathrm{C}_n^m(1-P)^{n-m}=\frac{n!}{m!\ (n-m)!}P^m(1-P)^{n-m} \tag{10.3}$$

式中，P 为独立试验序列中事件 A 的概率；C_n^m 为事件 A 在 n 次试验中发生 m 次的组合数。

在这里，事件 A 可理解为所考察的时间段（高峰时段）内，住宅空调器正在运行的情况，事件 A 的对立事件就是该空调器不在运行的情况。

对所有的空调器，假定在该时间段开启的概率是相同的。在所观测的 n 台空调器中，有 0，1，2，3，…，m 台空调器开启的概率之和，可用概率加法定律求得

$$\begin{aligned} & P_n^0 + P_n^1 + P_n^2 + \cdots + P_n^m \\ & = C_n^0 P^0 (1-P)^n + C_n^1 P^1 (1-P)^{n-1} + C_n^2 P^2 (1-P)^{n-2} + \cdots + C_n^m P^m (1-P)^{n-m} \\ & = P_\pi \end{aligned} \tag{10.4}$$

式中，P 为该时间段内使用空调器的概率；P_π 为所采用的置信概率，表示该测试的可信程度；n 为所研究的空调器台数；m 为高峰时段开启的空调器台数。

式(10.4)表明，在空调使用高峰时段，取在所观测的 n 台空调器中有 0，1，2，3，…，m 台空调器使用的概率总和，等于所采用的置信概率值。也就是说，该时间段内在 n 台空调器中正在运行的台数超过 m 台的概率是很小的，可以忽略不计。一般当 n 一定时为了提高测试的可靠程度，应取较大的置信概率。

概率知识告诉人们，当 n 取无穷大时，观察到事件 A 在 n 次试验中重复发生 m 次的概率 P 为 m/n，即

$$P = \lim_{n \to \infty} K = \lim_{n \to \infty} \frac{m}{n} \tag{10.5}$$

对住宅空调系统来说，同时使用系数可参考以下的统计：

当用户数目小于 100 户时，同时使用系数为 0.7 左右；

当用户数目在 100～150 户时，同时使用系数约为 0.6～0.7；

当用户数目接近 200 户时，同时使用系数为 0.6 左右；

对于集中供冷供热的居住小区，同时使用系数接近于 0.5。

可见，用户越多，同时使用系数越小，对于区域性的建筑群，其空调同时使用系数远低于常规的集中式空调系统，有利于节省系统的装机容量。

10.3　DHC 系统的冷热源

10.3.1　冷水机组

1.活塞式冷水机组

以活塞式压缩机为主机的冷水机组称为活塞式冷水机组。它由活塞式制冷压缩机、冷凝器、蒸发器、热力膨胀阀等组成，并配有自动能量调节和自动安全保护装置。按冷凝器冷却介质来分，可分为水冷型冷水机组和风冷型冷水机组。

风冷型冷水机组一般由半封闭式压缩机、风冷型冷凝器、干式蒸发器、热力膨胀阀以及自动控制装置等组成，其外形结构如图 10.5 所示。机组可安装于室外地面或屋顶上，为空调用户提供所需要的冷水。风冷型冷水机组特别适合于干旱地区以及淡水资源匮乏的场合

使用。

图 10.5　活塞式风冷型冷水机组外形结构图

水冷型冷水机组大多由开启式压缩机或半封闭式压缩机、卧式壳管式冷凝器、热力膨胀阀、干式蒸发器等组成，并配有自动能量调节和自动安全保护装置，其外形结构如图 10.6 所示。

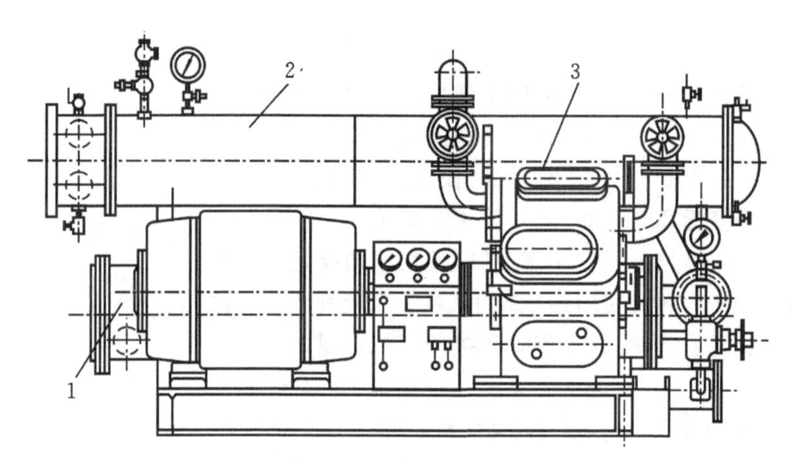

1—蒸发器；2—冷凝器；3—压缩机。

图 10.6　活塞式水冷型冷水机组结构图

水冷型冷水机大多采用 70、100、125 系列制冷压缩机组装，为了扩大冷量选择范围，一台冷水机组可以选用一台压缩机，也可以选用多台压缩机组装在一起，分别称为单机头或多机头冷水机组，如图 10.7 所示。活塞式冷水机组的压缩机一般都有卸载装置，当空调负荷变化时，可以通过改变工作气缸数目或改变压缩机台数来实现分级调节。

为了提高制冷剂与冷却水或制冷剂与冷水的换热效率，降低传热温差，提高运行的经济性，卧式壳管式冷凝器的冷却管一般采用肋化系数为 3.56 的低肋滚压螺纹管，冷却水在管内流动，制冷剂蒸气在管外壁凝结。干式壳管式蒸发器一般采用肋化系数为 2.25 的纯铜铝

图 10.7　多机头活塞式冷水机组外形结构图

心复合内翅片管，制冷剂在管内汽化，水在管外被冷却。

2.螺杆式冷水机组

以各种形式的螺杆压缩机为主机的冷水机组，称为螺杆式冷水机组。它是由螺杆式制冷压缩机、冷凝器、蒸发器、热力膨胀阀、油分离器以及自控元件和仪表等组成的组装式制冷系统，如图 10.8 所示。

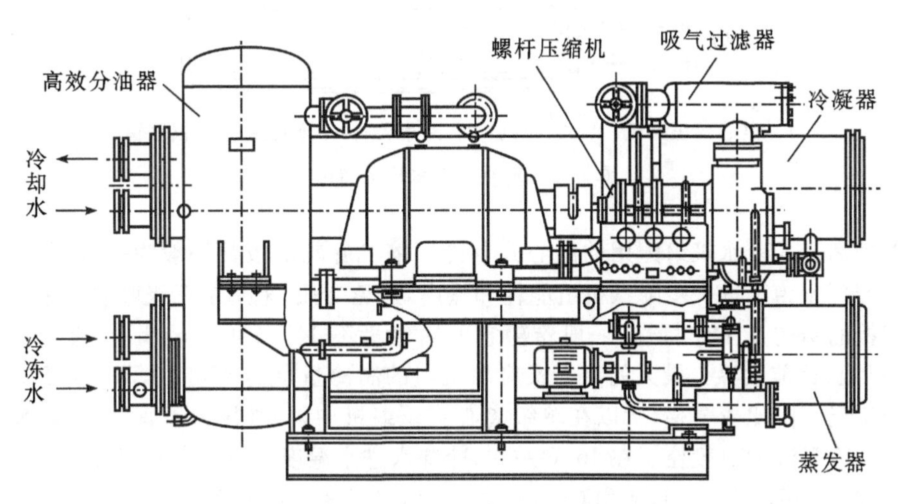

图 10.8　螺杆式冷水机组结构图

螺杆式冷水机组的制冷压缩机为喷油螺杆，转子采用单边非对称摆线——圆弧形线，具有较高的容积效率，没有能量调节装置，可使压缩机减荷启动和实现制冷量无级调节，能量调节范围为 15％～100％。压缩机内设有内压比可调装置，使机组在比较理想的工况下运行，其功率消耗小，运行经济。

螺杆式冷水机组的蒸发器为卧式壳管式，蒸发管组采用纯铜管，制冷剂液体在管外蒸发，冷水在管内被冷却。冷水由蒸发器一端盖的下部进入，再由同一端盖的上部流出，冷水出水温度在5～10 ℃之间，水量约为80～120 t/h。蒸发器筒体一端的侧面设有视油镜。

冷凝器设置在蒸发器的下部，为卧式壳管式，冷却管一般采用纯铜管，并经机械加工而成螺纹型翅片管。冷凝器筒体上装有出液阀、安全阀和视油镜。节流阀和电磁阀安装在冷凝器和蒸发器之间的管路上。

螺杆式冷水机组的能效比略高于活塞式冷水机组，常用的制冷剂为R22。单机制冷量较大，适合应用于制冷量在580～1163 kW的高层建筑、宾馆、饭店、医院、科研院所内的大中型空调制冷系统。

螺杆式冷水机组结构紧凑，运转平稳，冷量能无级调节，节能性好，易损件少。机组的最大缺点是噪声比较大。

3.离心式冷水机组

以离心式制冷压缩机为主机的冷水机组，称为离心式冷水机组。它是由离心式制冷压缩机、冷凝器、蒸发器、节流机构、能量调节机构以及各种控制元件组成的整体机组，如图10.9所示。

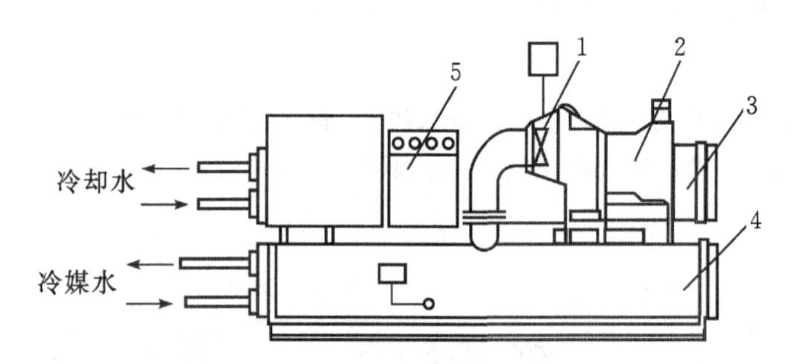

1—离心式压缩机；2—电动机；3—冷凝器；4—蒸发器；5—仪表箱。

图10.9　离心式冷水机组结构图

空调用离心式冷水机组配用的离心式制冷压缩机叶轮的级数一般为一级、两级。近年来一些生产厂家为了进一步降低机组能耗和噪声，避免喘振，采用了三级叶轮压缩。由于离心式压缩机的结构及工作特性，一般希望它的输气量不小于2500 m^3/h，单机容量通常在580 kW以上，目前世界上最大的离心式冷水机组的制冷量可达35000 kW。由于离心式冷水机组的工况范围比较窄狭，所以在单级离心式压缩机中，冷凝压力不宜过高，蒸发压力不宜过低。其冷凝温度一般控制在40 ℃左右，冷却水进水温度一般要求不超过32 ℃；蒸发温度一般控制在0～10 ℃之间，多用0～5 ℃，冷水出口温度一般为5～7 ℃。

离心式冷水机组常用工质为R123和R22以及R134a。机组具有叶轮转速高，压缩机输气量大，结构紧凑，重量轻，运转平稳，振动小，噪声较低，能实现无级调节，单机制冷量较大，能效比高等优点，适合应用于制冷量大于1163 kW的大中型建筑物如宾馆、剧院、博物馆、商场、高层建筑、写字楼等大中型空调制冷系统。

我国一些生产厂家不断引进国外一些离心式制冷机制造新技术，采用高效传热管、叶轮无键传动、无泵抽气回收和微机控制等技术措施，在机组的噪声、重量、自动控制、性能的可靠性以及节能等方面都有了明显的改善。

4.模块式冷水机组

模块式冷水机组是一种新型的制冷装置，以 R22 为制冷剂，由多台模块式冷水机单元并联组成，如图 10.10 所示。每个模块单元装有一套或两套独立的制冷系统，每套制冷系统均有一台全封闭式制冷压缩机及其配套的冷凝器、蒸发器、节流装置及控制器。制冷压缩机多为单速或双速活塞式压缩机，并配有高、低压力控制器和压缩机过载保护开关。与之匹配的冷凝器和蒸发器均采用板式热交换器，与一般壳管式热交换器相比，具有传热温差小、传热效率高等优点。

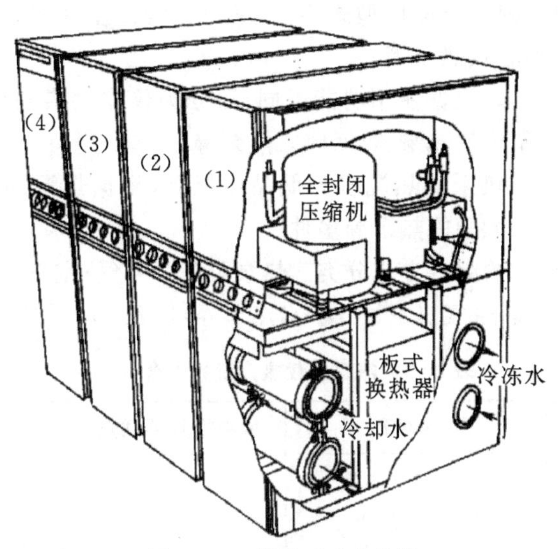

图 10.10　模块式冷水机组

模块式冷水机组内设置有一套电脑控制系统，该系统兼有对机组保护和监视的双重功能，它可以不断地监视蒸发器和冷凝器的进、出口水温、流量，并可根据温度对时间的变化率去控制投入运行机组的单元数目，使机组的制冷量与实际需求制冷量相匹配。所以，模块式冷水机组特别适合在空调负荷变化比较大的建筑物内应用。

与其它形式的冷水机组相比较，模块式冷水机组具有许多突出的优点。它不但可以根据冷负荷变化随时调整运行的模块数，使机组输出冷量与空调负荷达到最佳配合，最大限度地减少能耗，而且当模块式冷水机组中某一个单元内的制冷机组出现非正常运行状态时，电脑控制系统将会立即停止该机组运行，并命令另一套制冷机组启动补上，以保证系统制冷量不变。这种机电一体化的控制方式，能在冷水机组输出冷量不变的状态下，对模块内各单元的制冷系统逐一进行检修养护。

模块式冷水机组的最大缺点是对水质要求比较高。因为冷凝器和蒸发器均为板式热交换器，如果水质不好，一旦结垢阻塞，就会影响换热器的传热性能，甚至使电动机因过载而烧毁。

10.3.2　热泵机组

热泵就是以冷凝器放出的热量来供热的制冷机。热泵循环也是以消耗机械能或热能作为补偿，完成自低温热源吸收热量并排向高温热源的逆卡诺循环过程的，所以，热泵循环从某种意义上来说就是制冷循环。只是当机组供冷时，称为制冷机组或冷水机组；当机组供热时，称为热泵机组或热水机组。

热泵的形式和种类比较多，而且有多种不同的分类方法。常见的热泵装置分类方法有下列几种。

(1)按热泵工作原理分类。根据完成逆卡诺循环的补偿形式不同，热泵可以分为以消耗机械能(或电能)作为补偿的蒸气压缩式、以消耗热能作为补偿的蒸汽喷射式和吸收式等多种形式。蒸气压缩式热泵因其压缩机型式不同，又可分为活塞式热泵、滚动转子式热泵、涡旋式热泵、螺杆式热泵、离心式热泵等。

(2)按热泵的功能分类。根据使用功能不同，可分为仅作供热的热泵、既可制冷又可制热的热泵、可同时制冷与制热的热泵、热回收式热泵等。

(3)按热源种类分类。热泵的热源多为低品位能源，根据热源的种类可分为空气源热泵、水源热泵、土壤源热泵、太阳能热泵等多种。

(4)按热源和供热介质的组合方式分类。热泵可分为空气-空气热泵、空气-水热泵、水-水热泵、水-空气热泵、土壤-空气热泵、土壤-水热泵等，如表10.3所示。

表10.3　热源与载热介质的组合方式

热源种类	热泵名称	低温换热器载热介质	高温换热器载热介质
空气	空气-空气热泵 空气-水热泵	空气 空气	空气 水
水	水-水热泵 水-空气热泵	水 水	水 空气
土壤	土壤-空气热泵 土壤-水热泵	土壤 土壤	空气 水

下面将详细介绍根据热源种类分类的几种热泵。

1.空气源热泵

以空气作为低位热源来吸收热量的热泵称为空气源热泵(Air Source Heat Pump)。空气源热泵的主要系统形式是空气-空气热泵和空气-水热泵，其中空气-空气热泵在住宅、商店、学校、写字间等小型建筑物中应用十分广泛。

空气-空气热泵除了像制冷机组一样有制冷压缩机、冷凝器、膨胀阀、蒸发器以及电器控制部分之外，还增加了一个电磁换向阀和冷热控制开关，其工作原理如图10.11所示。制冷时，来自压缩机的高温高压制冷剂蒸气进入冷凝器，被室外空气冷凝成高压过冷液体，同时向周围环境空气释放出冷凝热量，然后经毛细管节流降压后，进入室内侧的蒸发器内，吸收室内循环空气的热量，达到降低室内温度的目的。制热时，按下冷热两用开关，接通电磁换向阀上的电磁线圈工作线路，使电磁换向阀换向，热泵机组的室内侧蒸发器变为冷凝器，室外侧冷凝器变为蒸发器，来自压缩机的高温高压制冷剂蒸气进入室内侧冷凝器，在冷凝器内被室内循环空气冷凝成高压液体，相变中释放出的冷凝热加热了循环空气，使室内温度上升。高压液体经毛细管节流降压后，进入室外侧的蒸发器，吸收室外冷空气中的热量而蒸发为低温低压制冷剂蒸气，再被压缩机吸入而开始下一个循环。

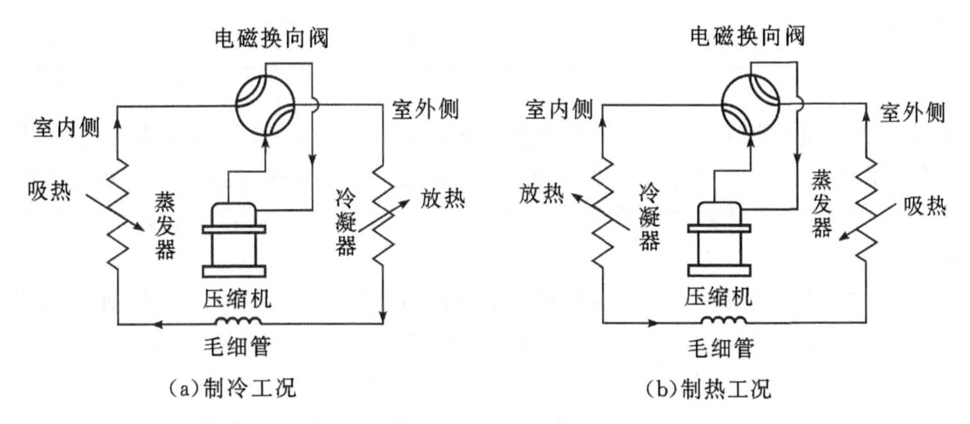

图 10.11　空气-空气热泵工作原理图

空气-水热泵的系统组成与空气-空气热泵一样，都属于空气源热泵，只是室内侧换热器的载热介质不是空气而是水。因为该机组夏天可以为空调系统提供冷水，冬天可以提供热水，所以也称为风冷式冷热水机组。空气-水热泵的工作原理如图 10.12 所示。

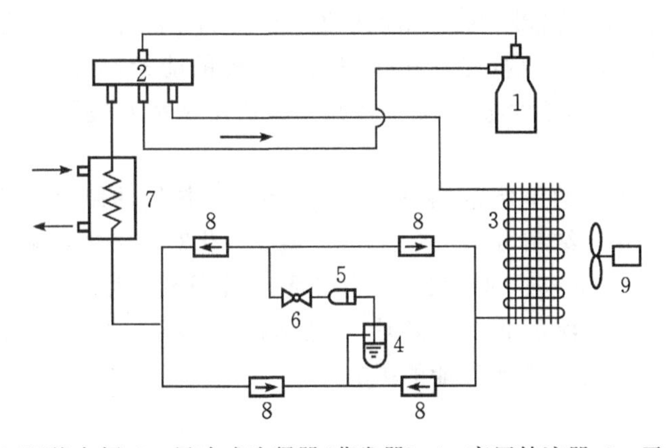

1—压缩机；2—四通换向阀；3—风冷式冷凝器(蒸发器)；4—高压储液器；5—干燥器；6—膨胀阀；7—蒸发器(水冷式冷凝器)；8—单向阀；9—轴流式风机。

图 10.12　空气-水热泵工作原理图

空气是取之不尽，用之不竭的热源，空气源热泵具有结构简单，安装、使用都比较方便，空气对换热设备无腐蚀作用等许多优点，但也有如下几点主要缺点。

(1)室外空气的状态参数随季节和地区的不同而变化，这对热泵的容量和制热性能影响很大。随着室外温度的降低，蒸发温度下降，热泵的供热量减少，供热系数降低。室外温度越低，建筑物热负荷越大，势必造成热泵的供热量与建筑物耗热量之间的供需矛盾，所以，往往需要采用辅助热源补充加热。室外空气温度对空气源热泵供热性能系数的影响如表 10.4 所示。

表 10.4　室外空气温度对空气源热泵供热性能系数的影响

室外温度/℃	室内温度/℃	蒸发温度/℃	冷凝温度/℃	供热性能系数
5	20	−5	45	3.7
0	20	−15	45	3.0

(2)由于空气的比热容小,为了自室外热源获得足够的热量,需要较大的空气量,因而使热泵的体积增大,风机的容量增大,机组的噪声也随之增大。一般说来,从室外空气中每获取 1 kW 热能,当室外换热器中制冷剂的蒸发温度与室外空气进风温度差为 10 ℃时,所需的空气流量约为 1 m^3/s。

(3)冬季室外温度很低时,室外换热器中制冷剂的蒸发温度也很低。当室外换热器表面温度低于 0 ℃,并且低于空气露点温度时,空气中的水分在换热器表面就会凝结成霜。随着结霜量的增加,换热器传热热阻增大,空气通过换热器的阻力也随之增加,使得通过换热器的风量减少,从而导致换热器吸热量减少,热泵的供热量和供热系数下降。因此,空气源热泵必须定期除霜,否则过厚的霜层将导致热泵不能正常工作。常用的除霜方法有:暂时中断压缩机运行的空气除霜法、在室外换热器上装置电加热器的电热除霜法、利用压缩机的高温排气通过旁通管路或电磁换向阀直接送入室外蒸发器的热气除霜法以及用水直接冲淋蒸发器霜层的水力除霜法等。无论采用哪一种除霜方法,热泵都不能正常供热,而且还要消耗一定的能量。一般情况下,除霜能耗约占总能耗的 2%,若加上除霜之前由于霜层的形成而造成换热器性能下降所造成的影响,结霜和除霜总共消耗的能量,大约占热泵系统总能耗的 5%~10%。所以,从节能的角度考虑,空气源热泵只适用于室外最低平均气温高于−10 ℃的地区。

值得注意的是,在不同的室外温、湿度条件下,室外换热器的结霜情况也不一样。研究表明,空气相对湿度变化对结霜情况的影响,大于温度变化对结霜的影响。通常当室外相对湿度为 70%左右,温度为 3~5 ℃时,结霜最为严重;当室外相对湿度低于 65%时,单位时间的结霜量明显减少;当相对湿度低于 50%时,不会结霜。所以,一般说来,当室外相对湿度低于 60%时,就可以忽略结霜对热泵性能的影响。

2.水源热泵

以水作为低位热源来吸收热量的热泵称为水源热泵(Water Source Heat Pump),其工作原理与空气源热泵相同。水源热泵的主要系统形式是水-空气热泵和水-水热泵。

水-空气热泵的工作过程如图 10.13 所示。制冷模式运行时,水冷式冷凝器将空调房间的余热释放给冷却水,达到房间降温的目的;制热模式运行时,水冷式冷凝器作为水箱式蒸发器,蒸发器作为风冷式冷凝器,水箱式蒸发器吸取水中的热量并通过冷凝器释放给供热房间,完成自低温热源向高温热源排放热量的过程。

水-水热泵的系统组成与水-空气热泵基本相同,只是冷凝器和蒸发器均为壳管式或水箱式换热器。水-空气热泵的工作过程如图 10.14 所示。夏季空调模式运行时,壳管式蒸发器向空调房间的风机盘管系统提供冷水;冬季热供暖模式运行时,冷凝器作为蒸发器,蒸发器作为冷凝器,由壳管式冷凝器向供暖房间的风机盘管系统提供热水。

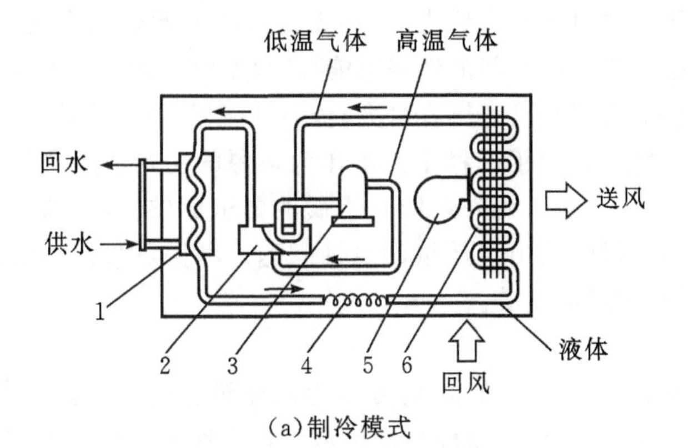

(a)制冷模式

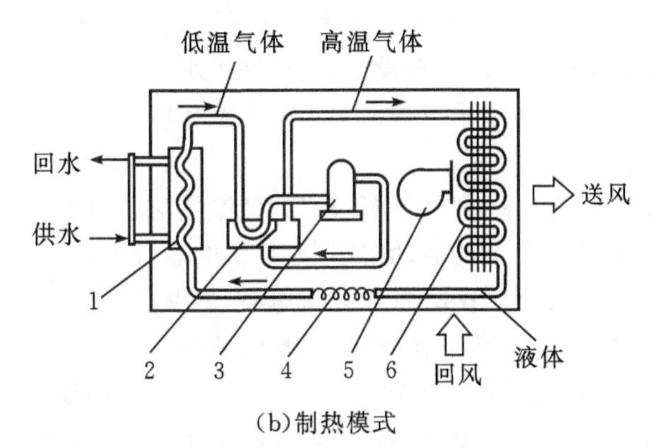

(b)制热模式

1—水冷式冷凝器(水箱式蒸发器);2—换向阀;3—压缩机;4—毛细管;5—送风机;
6—蒸发器(风冷式冷凝器)。

图 10.13　水-空气热泵工作原理图

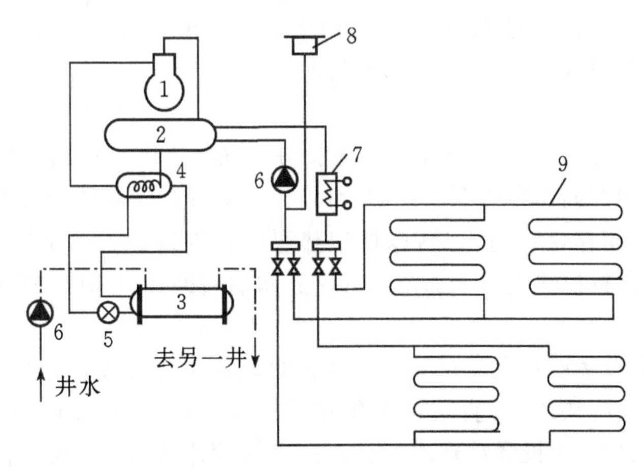

1—压缩机；2—壳管式蒸发器(冷凝器)；3—水冷式冷凝器(蒸发器)；4—回热器；
5—膨胀阀；6—水泵；7—备用电加热器；8—膨胀水箱；9—风机盘管换热器。

图 10.14　水-水热泵工作原理图

水-水热泵系统平均供热系数大约为3.2～3.5，系统的蓄热能力比较大，而且由于供暖系统夜间负荷比较大，可以利用夜间的低谷电能，所以系统的运行费用比空气源热泵低。

水是很理想的热源，由于水具有热容量大、传热性能好、温度变化范围比较小等优点，因而水源热泵换热设备紧凑，运行工况稳定。水作为热源的主要缺点是热泵机组必须靠近水源或设置一定容量的蓄水装置。此外系统对水质的要求比较高，必须根据水质的情况选用合适的管路和换热设备，以防止出现严重的腐蚀问题。可供热泵作为低温热源的水有地表水、地下水、生活废水和工业废水等。

(1)地表水。

一般说来，只要地表水冬季不结冰，均可作为低温热源使用。我国有丰富的江、河、湖、海、库等地表水资源可供利用，以获得较好的经济效益。地表水相对于室外空气是温度较高的热源，且不存在结霜问题，冬季温度也比较稳定。利用地表水作为热泵的低温热源，必须设置取水和水处理设施以及回灌水处理设施，以提高供水和回水水质，避免影响换热设备的换热效率以及管路腐蚀，避免回灌水影响地表水的生态环境。

(2)地下水。

无论是地下热水或是深井水，都是热泵很好的低温热源。地下水位于较深的地层中，由于地层的隔热作用，其温度随季节的波动很小，对热泵的运行十分有利。深井水的水温一般约比当地年平均气温高1～2 ℃，我国东北北部地区深井水水温约为4 ℃，中部地区约为12 ℃，南部地区约为12～14 ℃，华北地区深井水水温约为15～19 ℃，华东地区水温约为18～20 ℃，中南地区浅井水水温约为20～21 ℃。如果大量取用地下水，会造成地面下沉和水源枯竭。因此，以地下水作为热源时，应采用“夏灌冬用”和“冬灌夏用”等技术措施。但应注意回灌对地下水污染问题以及地下水水质是否良好，若深井水的pH值小于7，氧化铁含量大于0.15 mg/L，含锰量大于0.1 mg/L，则不宜开采使用。

地下热水是很宝贵的能源。有地下热水资源的地区，可以充分利用地下热水的能量。但是地下热水一般矿化度较高，常因含有害成分而腐蚀换热设备和输水管道。为了避免热污染和地面污染，一般应采用回灌井，把用过的地下热水再灌回到地层里，这样既提高了地下热水的利用率，又可以延长地热井的利用时间。

(3)生活废水。

生活废水是量大面广的低温热源，例如洗衣房、浴池、旅馆等排出的废水。这些废水的温度一般都比较高，用它们作为热泵的热源，可以使热泵具有较高的制热系数。利用生活废水的最大问题是如何储存足够的水量，以便使热泵能够连续运行并适应供热负荷的波动。此外，还需注意为了保持换热设备表面清洁和防止水的腐蚀必须采取一定的技术措施。

(4)工业废水。

工业废水的种类较多而且数量可观。对于温度较高的工业废水，可直接作为高温热源使用，如冶金企业中的废热水，可直接作为供热的热媒，也可用作吸收式热泵的驱动能源。温度较低的工业废水如工业设备冷却水、火力发电厂凝汽器排水等，均可作为热泵的低温热源使用。

水源热泵效率比较高，能效比EER值可达4～5，近年来发展很快，技术越来越趋成熟。

3.土壤源热泵

以土壤作为低温热源来吸收热量的热泵称为土壤源热泵(Soil Source Heat Pump),其工作原理与水源热泵相同。土壤源热泵的主要系统形式是土壤-水热泵和土壤-空气热泵。

土壤-空气热泵的系统组成与水-空气热泵一样,只是室外侧换热器的载热介质不是从水源中吸取热量,而是从土壤中吸取热量。土壤-空气热泵的工作原理如图 10.15 所示。以制冷模式运行时,冷凝器通过换热介质将空调房间的余热释放给土壤,达到房间降温的目的;以制热模式运行时,冷凝器作为蒸发器,蒸发器作为风冷式冷凝器,蒸发器通过换热介质吸取土壤中的热量,再由风冷式冷凝器释放给供热房间,完成自低温热源向高温热源排放热量的过程。

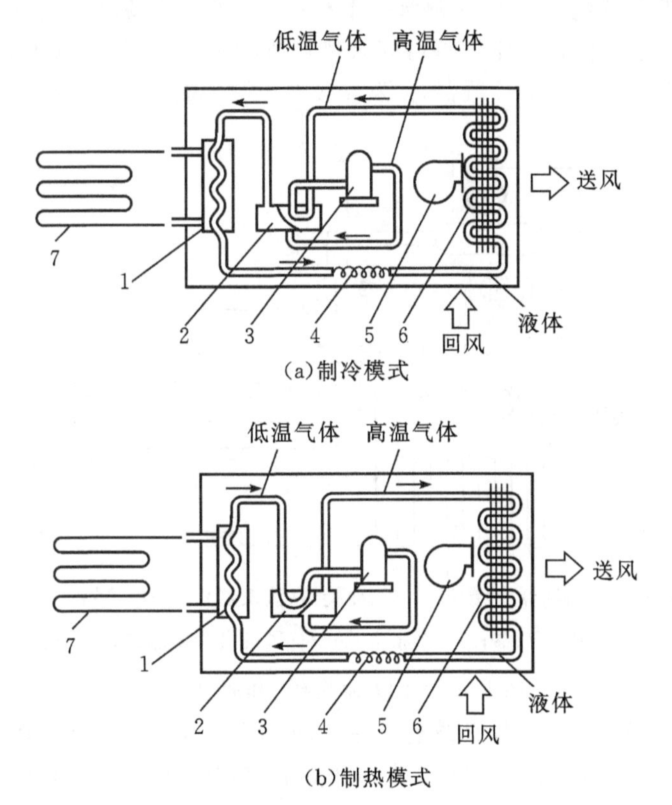

(a)制冷模式

(b)制热模式

1—冷凝器(蒸发器);2—换向阀;3—压缩机;4—毛细管;5—送风机;
6—蒸发器(冷凝器);7—地热交换器。

图 10.15　土壤-空气热泵系统工作原理图

土壤源热泵系统包括一个土壤耦合地热交换器,它或是水平地安装在地沟中,或是以 U 形管状垂直安装在竖井之中,将各个地沟或竖井中的热交换器并联连接,再通过不同的集管进入建筑物中,与建筑物内的热泵机组相连接,如图 10.16 所示。土壤耦合地热交换器内的传热介质一般是水、盐水或乙二醇,在冬季气温比较低的北方地区,为了防止系统内的换热流体冻结,应在系统内加入防冻液。

(a)

(b)

图 10.16　土壤源热泵系统实例

土壤-水热泵的系统组成与水-水热泵基本相同，土壤-水热泵的工作过程如图 10.17 所示。在夏季以制冷模式运行时，空调将房间余热释放给土壤；在冬季以热供暖模式运行时，冷凝器作为蒸发器，蒸发器作为冷凝器，蒸发器吸取土壤中的热量，再释放给供热房间。

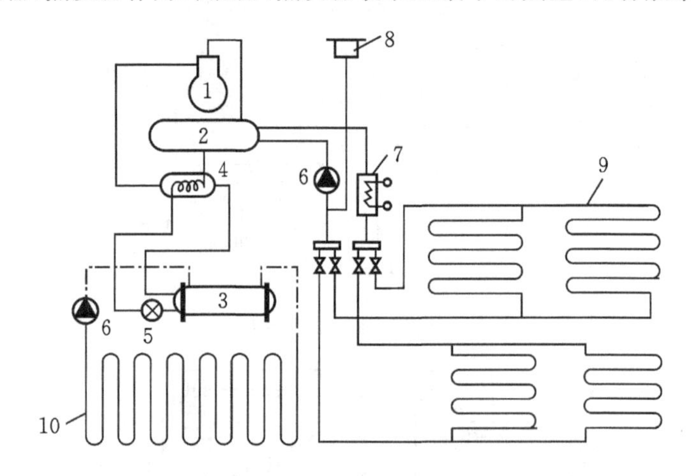

1—压缩机；2—蒸发器(冷凝器)；3—冷凝器(蒸发器)；4—回热器；5—膨胀阀；
6—水泵；7—备用电加热器；8—膨胀水箱；9—风机盘管换热器；10—地热交换器。

图 10.17　土壤-水热泵工作原理图

土壤是热泵良好的低温热源，它像空气一样，处处皆有，并有一定的蓄能作用。通过水的流动和太阳辐射作用，土壤表层储存了大量的热能，热泵可以从土壤表层吸收热量。土壤能源密度约为 20～40 W/m^2，一般在 25 W/m^2 左右。

土壤源热泵与空气源热泵相比具有下列优点。

(1)土壤温度相对比较稳定，常年的温度波动比较小。夏季土壤温度比空气低，冬季土壤温度比空气高，所以热泵的制冷系数和供热系数均比空气源热泵高。

(2)地热交换器埋于地下，不需要除霜，也不需要风机强化换热。

(3)地热交换器冬季从土壤中取出的热量，在夏季可通过热传导由热泵系统排热以及太阳辐射热予以补充，土壤起到了蓄能作用。

土壤源热泵的主要缺点如下。

(1)土壤的导热率小，地热交换器的传热系数小，需要较大的传热面积，因此金属消耗量和占地面积都比较大。例如：一台容量为 10 kW 的热泵，当供热系数为 3 时，约需占地面积 250 m^2。

(2)土壤对金属盘管有腐蚀作用,埋地金属盘管应进行防腐处理或采用塑料管。所以土壤中埋设管道成本比较高,运行中发生故障不易检修。

(3)地热交换器的埋深一般最少为 0.5 m,最深为 1.5～2.0 m,一般热泵工质不直接进入埋地盘管,而是采用盐水或乙二醇水溶液等中间介质在盘管中循环的形式,所以增大了工质与土壤之间的传热温差,影响热泵的经济性。

土壤的传热性能取决于土壤的导热率 λ、密度 ρ 和比热容 c 的大小。随着 λ、ρ 和 c 值的增加,传热性能提高,潮湿土壤的导热率比干燥土壤大,如果使颗粒状的土壤里含有大量的水,可形成所谓的胶溶体,胶溶体的导热率则比干燥土壤大得多。例如,传递 1.2 kW 的热量,按干土壤计算时,对一定管径的埋地盘管,约需 150 m 长;而按湿土壤计算,只需要 50 m;若按胶熔体土壤计算,仅需要 15 m 管道就够了。所以,为了提高导热效率,防止盘管与周围土壤之间因冻结溶化而产生空隙,降低传热系数,一般采取将地热交换器埋入沙质土壤或胶熔体土壤中,也可以采用柔性盘管使它能够随周围土壤一起移动并能与土壤紧密地结合在一起而不会出现空隙。

10.3.3　冰蓄冷系统

冰蓄冷技术是一种显热与潜热同时利用的蓄冷方式。利用冰蓄冷设备,首先将来自蒸发器的冷水由 12 ℃降至 0 ℃,每千克冷水可储存显热 50 kJ,再继续使 0 ℃的水结成 0 ℃的冰,可得到 334 kJ 的相变潜热,两者合起来,每千克水大约可储存 384 kJ 的冷量。若有 1 m^3 的冰(约为 924 kg),则可储存 355×10^3 kJ 的冷量,其蓄冷能力大约是水蓄冷系统的 7.7 倍。

1.冰蓄冷系统的种类

冰蓄冷系统的种类很多,简单地可分为制冷剂直接蒸发式及载冷剂循环式两大类。

(1)制冷剂直接蒸发式冰蓄冷系统。

制冷剂直接蒸发式冰蓄冷系统如图 10.18 所示。

制冷剂直接蒸发式冰蓄冷系统中,蒸发器盘管直接浸泡在蓄冰槽中,当蓄冰槽内冷水的

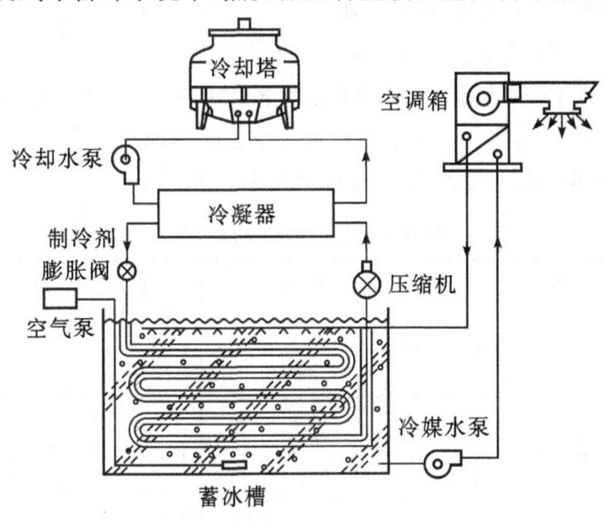

图 10.18　制冷剂直接蒸发式冰蓄冷系统

温度降低至 0 ℃时，开始在蒸发器盘管的管壁外表面结冰，直到结冰厚度达到设计值（约 30～50 mm）时，制冷机停止运行，完成储冰蓄冷过程。当空调系统需要提供冷水的时候，将蓄冰槽内的冰溶化为 1～3 ℃的低温冷水，由冷水泵输送到空调系统，为空调房间提供冷风。空调系统的回水再流入蓄冰槽，溶化蒸发器盘管管壁外面的冰，直到蓄冰槽中的冰完全溶化为止。为了强化传热，可利用空气泵将压缩空气引入蓄冰槽的冰水溶液中，产生气泡，搅动水流，增强传热效果，使溶冰过程进行得更快、更均匀。

(2)载冷剂循环式冰蓄冷系统。

载冷剂循环式冰蓄冷系统是通过制冷剂在蒸发器中冷却载冷剂，再由载冷剂通过盘管冷却管外的冷水，使之在管壁外表面上结冰，经过两次热交换过程来实现蓄冰。载冷剂循环式冰蓄冷系统如图 10.19 所示。

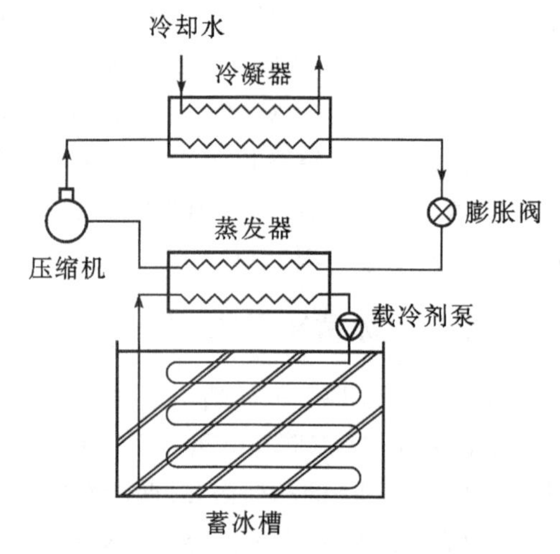

图 10.19　载冷剂循环式冰蓄冷系统

通过膨胀阀节流降压的制冷剂液体，在蒸发器内与载冷剂进行热量交换，载冷剂被降温至 0 ℃以下之后，由载冷剂泵输入到蓄冰槽的盘管中。蓄冰槽中的蓄冷水与盘管内的载冷剂进行热量交换，温度降至 0 ℃时开始在盘管外壁面上结冰。随着蓄冰过程的进行，蓄冰槽内载冷剂盘管外的冰层逐渐增厚，载冷剂温度也随之下降。当冰层达到设计厚度，进、出蓄冰槽的载冷剂温度约为−6 ℃/−3 ℃时，即完成了蓄冰过程。

载冷剂循环式冰蓄冷系统常用的载冷剂有无机盐类如氯化钠、氯化钙等水溶液，有机物如甲烷、乙烷、甲醇、乙醇、乙二醇、乙烯乙二醇、丙烯乙二醇等的水溶液。氯化钠、氯化钙等溶液价格便宜，但腐蚀性强，需添加腐蚀抑制剂；醇类溶液的腐蚀性较低，但甲醇有可燃性，也需要添加腐蚀抑制剂；乙醇主要用于商业用途；乙二醇等对镀锌表面有侵蚀倾向，需添加适量的抑制剂；丙烯乙二醇的毒性很低，多用于食品冷冻。

选用载冷剂时需考虑冻结温度、腐蚀性、化学稳定性、安全性、价格、环保要求等因素。含量为 25%～30%的乙二醇水溶液，是目前冰蓄冷空调系统中最常用的载冷剂，这种载冷剂在 0 ℃下运行不会结冰。乙二醇的物理性质如表 10.5 所示。

表 10.5　乙二醇的物理性质

分子式	相对分子质量	0℃比重/$(mg\cdot m^{-3})$	沸点(0.1 MPa)	冻结点(质量浓度)			
				100%	50%	30%	25%
$C_2H_4(OH)_2$	62	1.115	198℃	−12.7℃	−37℃	−16℃	−11℃

水中溶解度	外观	毒性	黏度		比热 $(kJ\cdot(kg\cdot℃)^{-1})$		导热系数	
			−5℃	−10℃	−5℃	−10℃	−5℃	−10℃
100%	无色透明液体	轻微毒性	5.0	7.3	3.78	3.56	0.5	0.47

载冷剂循环式冰蓄冷系统与制冷剂直接蒸发式冰蓄冷系统相比较，多了一次热交换过程。从理论上讲，载冷剂循环式冰蓄冷系统中制冷机的蒸发温度比较低，在蓄冰时压缩机效率不如直接蒸发式，但由于在蓄冰槽内用载冷剂代替了制冷剂，减少了盘管上制冷剂泄漏的可能性，也不存在冷冻油沉积问题，因此具有较高的运行可靠性。

2.结冰形式

(1)静态蓄冰。

静态蓄冰是指在蓄冰过程中，冰层始终附着于盘管壁外或蓄冰介质的容器内，冰层由薄到厚，直至蓄冰过程结束，冰层不断增厚而不发生脱离。随着冰层的逐渐增厚，冷却介质与水之间的传热热阻也逐渐增大。因此，静态蓄冰系统在蓄冰过程的初期，冷却介质进、出蓄冰槽的温度约为－3 ℃和 0 ℃，到了蓄冰过程末期，则冷却介质的进、出温度约降低到了－6 ℃和－3 ℃，而且冰层越厚，温度越低。所以静态蓄冰系统的缺点是压缩机的蓄冰效率随着结冰厚度的增大而逐渐下降。

(2)动态蓄冰。

动态蓄冰多采用制冷剂直接蒸发式系统。该系统通常将蒸发器制成板片状，蓄冰槽位于蒸发器下方。当蓄冰过程开始时，由泵将蓄冰槽内的水送到蒸发器上方，水自上而下顺着板片状蒸发器的四壁流下，当水温降低至 0 ℃时，即结成冰并附着在板壁上。当冰层厚度达到 5～10 mm 时，制冷剂改变回路，将压缩机出口的高温制冷剂蒸气引入蒸发器，蒸发器板片表面被瞬时加热，使附着在板片上面的冰层内表面受热而碎裂脱落，落入蒸发器下面的蓄冰槽中。落冰完成后，制冷剂恢复原来的回路，经膨胀阀节流降压的液态制冷剂又进入蒸发器，在蒸发器内吸热制冷，水泵则继续抽取蓄冰槽中的水到蒸发器上方沿板片洒落下去，继续进行制冰过程。

动态蓄冰方式的特点是，在蓄冰过程中结冰厚度始终保持在 10 mm 以下，蒸发器内制冷剂的蒸发温度约为－2～－3 ℃，比静态蓄冰方式的蒸发温度高，因此压缩机的蓄冰容量与效率均比较高。这种蓄冰方式的缺点是在热气脱冰时蓄冰过程中断，影响了蓄冰容量。此外，由于制冷剂回路交替变更，蒸发器内冷热流体交替变化，造成了部分冷量损失，从而降低了制冷机的制冷效率。

3.冰蓄冷设备

冰蓄冷设备形式很多，根据制冰方法不同大致可分为静态制冰冰蓄冷设备和动态制冰冰蓄冷设备两大类。静态制冰冰蓄冷设备包括冰盘管式和封装件式，动态制冰冰蓄冷设备包括冰片滑落式和冰晶式等。

(1)冰盘管式蓄冰设备。

冰盘管式蓄冰设备有蛇形盘管、圆形盘管和 U 形盘管等不同结构形式。

① 蛇形盘管。蛇形盘管的结构如图 10.20 所示。钢制连续卷焊而成的立置式蛇形盘管，外表面热镀锌处理。盘管放置在用钢板、玻璃钢或钢筋混凝土制成的蓄冰槽内，槽体表面覆有保温层。

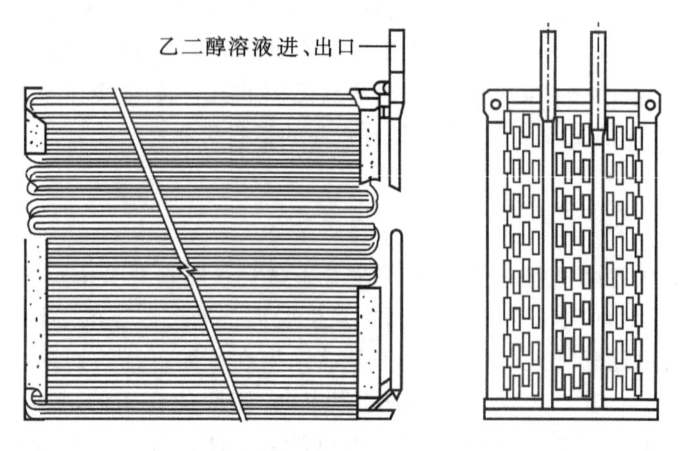

图 10.20　蛇形盘管组合结构

② 圆形盘管。圆形盘管蓄冰桶的结构如图 10.21 所示。盘管为聚乙烯管，蓄冰桶为整体式结构，桶体材料为高密度聚乙烯板，外设保温层，内加保温材料，耐腐蚀。

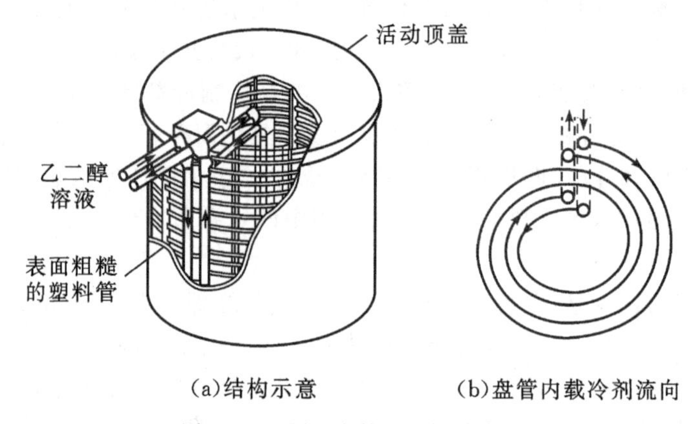

(a)结构示意　　(b)盘管内载冷剂流向

图 10.21　圆形盘管蓄冰桶结构图

③ U 形盘管。U 形盘管蓄冰设备的结构如图 10.22 所示。盘管由耐高温和低温的聚烯烃石蜡脂喷射成型。每片盘管由 200 根外径为 6.35 mm 的中空管组成，管两端与直径

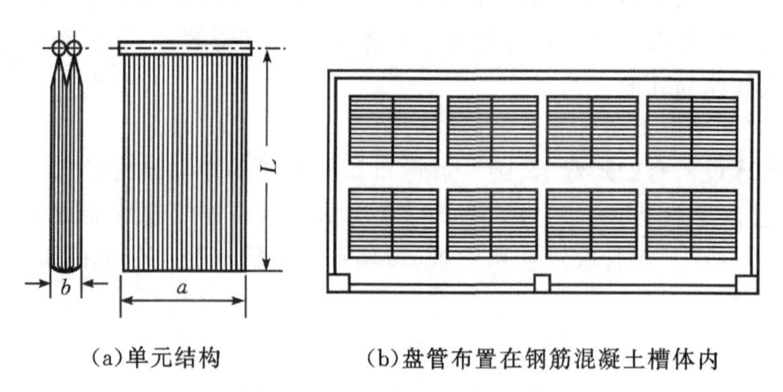

(a)单元结构　　(b)盘管布置在钢筋混凝土槽体内

图 10.22　U 形盘管蓄冰设备

50 mm的集管相连接。U 形盘管可置于钢制或玻璃钢制槽体内，也可置于钢筋混凝土槽体或筏基内，构成整体式蓄冰槽。

(2)封装件式蓄冰设备。

这是将蓄冰介质封装在球形或板形小容器内，并将这些小容器密集地放置在密闭罐或开式槽体内，组成蓄冰设备，如图 10.23 所示。系统运行时，载冷剂在小容器外流动，将小容器内的蓄冰介质冻结或融化。

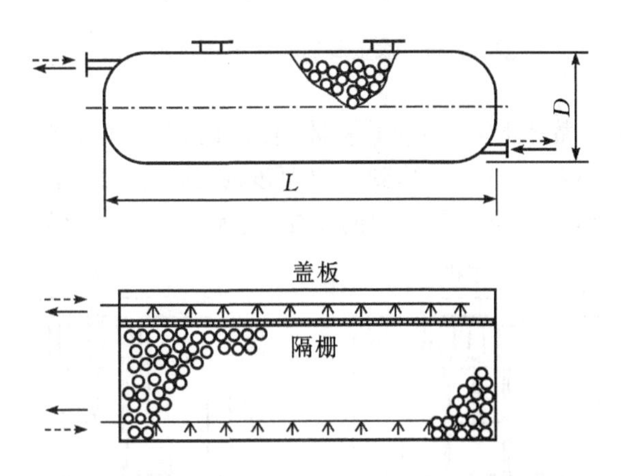

图 10.23　封装件式蓄冰设备结构示意图

封装蓄冰介质的小容器有冰球、冰板和蕊心冰球等几种类型。

① 冰球结构如图 10.24 所示，冰球为硬质塑料空心球，球内注水，预留 9%的膨胀空间，水在球内冻结蓄冷。

② 冰板。中空冰板由高密度聚乙烯制成，板中充注去离子水，水在板中冻结蓄冷。冰板有秩序地放置在蓄冰槽内，如图 10.25 所示，冰板约占槽体积的 80%。

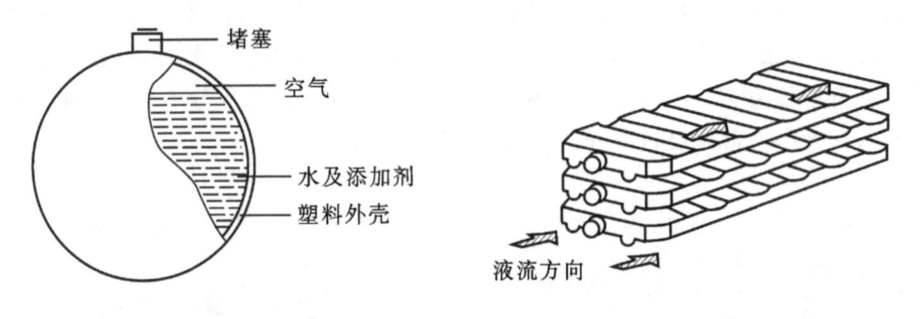

图 10.24　冰球结构示意图　　　　图 10.25　冰板堆放示意图

③ 蕊心冰球又称摺囊冰球，如图 10.26 所示。冰球外壁由高弹性、高强度聚乙烯材料制成褶皱结构，以便冰球的膨胀和收缩。球内有中空双金属蕊心作为配重，避免冰球因结冰而漂浮起来。球内充注 95%的去离子水和 5%的添加剂，以提高冻结效率。

(3)冰片滑落式蓄冰设备。

冰片滑落式蓄冰设备是动态蓄冰采用的一种设备，主要由制冰机、蓄冰槽、泵及管道等

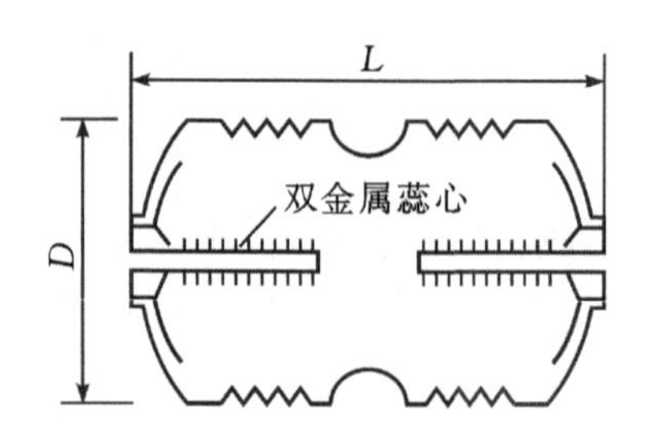

图 10.26 双金属蕊心冰球结构示意图

组成,如图 10.27 所示。蓄冰时,通过泵将蓄冰槽内的水自上而下喷洒在制冰机的板状蒸发器表面,使其冻结成薄冰片。当冰层达到一定厚度时,通过制冰机上的四通换向阀,将高温制冷剂蒸气引入蒸发器,融化蒸发器表面的冰层,使冰片靠自重滑落至蓄冰槽中。

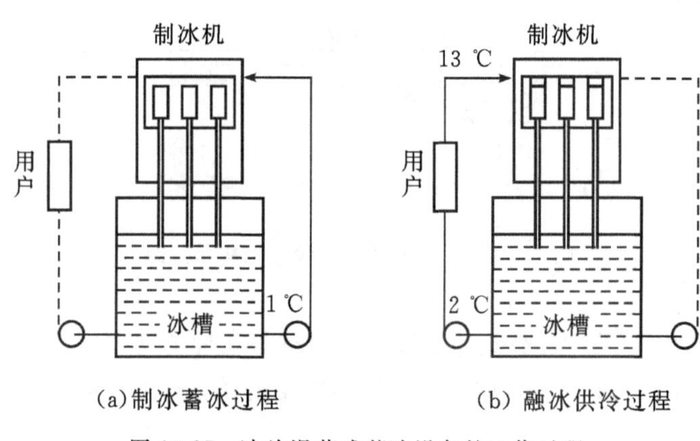

(a)制冰蓄冰过程　　(b) 融冰供冷过程

图 10.27 冰片滑落式蓄冰设备的工作过程

(4)冰晶式蓄冰设备。

冰晶式蓄冰过程是通过冰晶制冷机将乙烯乙二醇的水溶液(体积分数 8%)冷却至 0 ℃以下,然后送入蓄冰槽,溶液中即可分解出 0 ℃的冰晶。如果过冷水溶液的温度为 −2 ℃,生产的冰晶直径仅为 100 μm,十分细小。冰晶在蓄冰槽中分布十分均匀,冰晶水溶液可用泵直接输送。冰晶式蓄冰设备工作过程如图 10.28 所示。

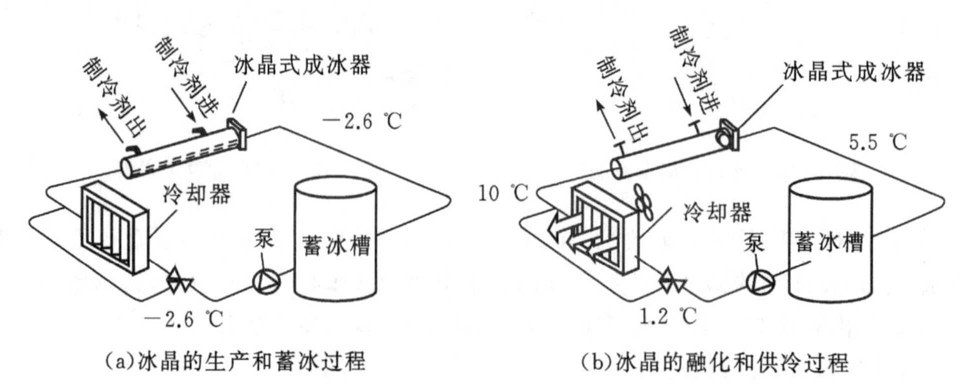

(a)冰晶的生产和蓄冰过程　　(b)冰晶的融化和供冷过程

图 10.28 冰晶式蓄冰设备的工作过程

4.蓄冷模式

大部分建筑物中央空调系统的冷负荷高峰几乎都发生在夏季的下午时分，如图 10.29 所示。若能依靠冰蓄冷技术将空调冷负荷高峰转移到电力的非高峰时段，不但可以减少电网供电高峰压力，每年还可节省一笔可观的容量费和电费。冰蓄冷空调系统需转移多少高峰负荷、储存多少空调容量才具有经济效益，首先取决于采用哪一种蓄冷模式。蓄冷模式主要分为全部蓄冷、部分蓄冷、分时蓄冷等。

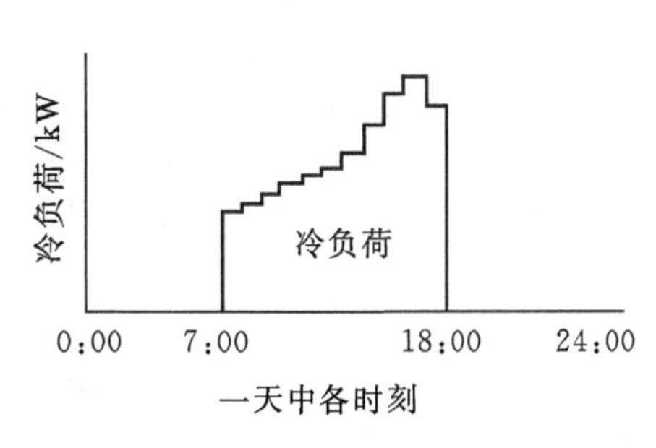

图 10.29 某建筑物冷负荷曲线图

(1)全部蓄冷。

全部蓄冷是利用非空调使用时间(19:00～8:00)的 13 个小时运转制冷机制冰，储存足够的冷量，供应高峰时全部的空调冷负荷需求。在空调使用时段内制冷机停止工作，空调冷负荷全部由冰蓄冷系统供给，空调系统只要运转必要的泵和风扇即可。这样，制冷机的容量可以减少到原来的 50%，其负荷分布如图 10.30(a)所示。

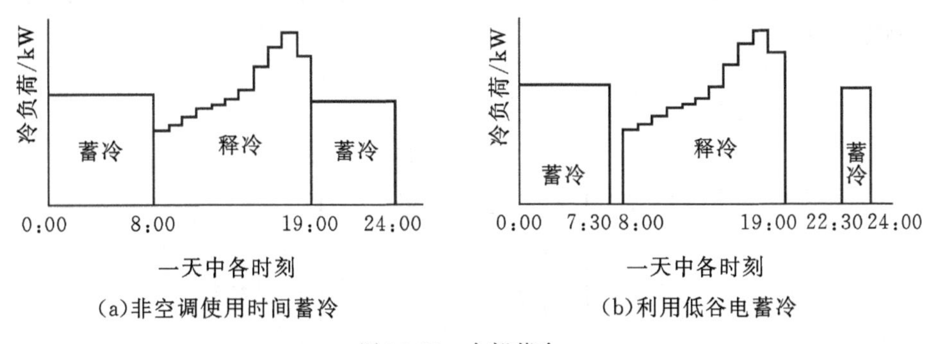

(a)非空调使用时间蓄冷　　(b)利用低谷电蓄冷

图 10.30 全部蓄冷

采用全部蓄冷模式对减少高峰时期的用电量效果十分显著。若将全部蓄冷的制冷机运行时段限定在电力部门规定的用电低峰期，如 22:30～7:30 的 9 个小时内，这期间的电价最优惠，则能节约更多的电费，只是制冷机的容量将有所提高(制冷机容量=空调冷负荷全天总容量/蓄冰运行时间)，大约提高 20%左右，其负荷分布如图 10.30(b)所示。

(2)部分蓄冷。

部分蓄冷的概念是利用非空调时间运转制冷机制冷蓄冰，当需要空调时，将储存的冷量释放出来，同时制冷机仍然工作，两者共同负担空调冷负荷。其负荷分布如图 10.31 所示。部分蓄冷模式由于制冷机的运行时间延长，使得制冷机以及蓄冰容量显著降低，制冷机的容量一般可减少到原来的 30%～60%左右。与传统空调和全部蓄冷模式相比，部分蓄冷具有制冷机容量小、蓄冰容量小、所需辅助设备(如水泵)等数量减少、投资费用降低、经济效益比较好等特点。一般工艺性空调和舒适性空调均能采用部分蓄冷模式，特别是全天 24 小时空调开放且冷负荷变化较大的建筑物，如医院、宾馆、疗养院、博物馆以及某些生产厂房等。

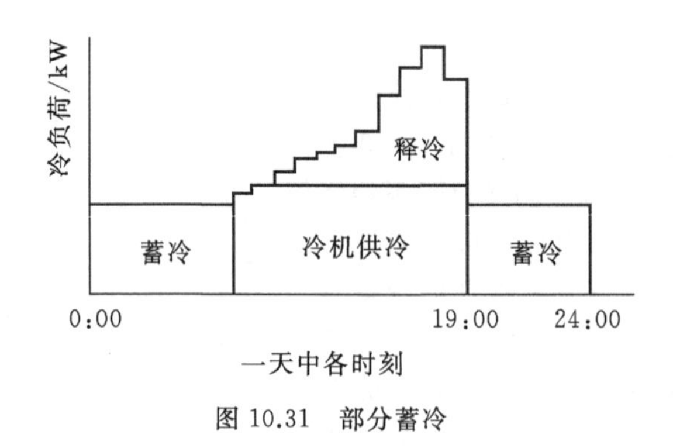

图 10.31　部分蓄冷

(3)分时蓄冷。

这种蓄冷模式主要是充分利用低谷电来制冰蓄冷，而在用电高峰期融冰释冷，来满足空调冷负荷的要求，进一步起到电网中移峰填谷的作用。分时蓄冷的负荷分布如图 10.32 所示。从图中可以看出，高峰用电时段 8:00～11:00 以及 18:00～21:00，全部靠融冰释冷来满足空调冷负荷的要求。在用电平峰时段 11:00～18:00，一方面由制冷机供冷，一方面由蓄冰装置释冷供冷。如此既最大限度地避开用电高峰开机，起到非常好的移峰填谷作用，同时也减少了制冷机的装机容量。

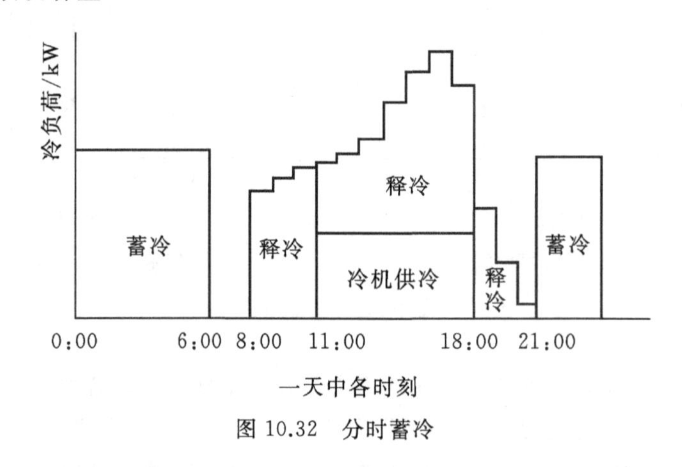

图 10.32　分时蓄冷

冰蓄冷空调系统与传统的空调系统相比，从消耗的总电量来看并不节能，但因为低谷电价较低的缘故，节省了运行费用，节省运行费用的效果随空调负荷特点的不同、电价体制的不同、蓄冷模式的不同、设备价格的不同以及室外气象参数的差别等，变化范围很大。一般说来，冰蓄冷空调系统可节约运行费用 5%～45%左右。因采用冰蓄冷装置而增加的投资，用 2～3 年内节约的电费就可以补偿，其经济效益仍是比较显著的。此外，冰蓄冷空调系统对电网的移峰填谷作用，提高了电厂的发电效益，扩大了电力再生产，对发展社会生产力具有一定的现实意义。

10.3.4　DHC 系统对冷热源的基本要求

1.采用大容量设备,提高系统经济性

DHC 系统规模大,要求采用单机容量大的机型,因为机组容量越大,其能效比 EER 也越大,系统经济性也越高。EER 是冷水机组能耗的重要标志,表示在给定的额定工况下,机组的制冷量与输入功率的比值,它与制冷系数 COP 的关系是 EER=3.413COP。对于离心式冷水机组来说,制冷量小于 527 kW 的机组,COP 一般高于 3.8;制冷量在 527~1163 kW 的机组,COP 一般高于 4.2;制冷量大于 1163 kW 的机组,COP 一般在 5.2~7.0 之间。目前离心式冷水机组的最大容量为 35000 kW,蒸汽双效吸收式冷水机组的最大容量为 8800 kW 左右。

2.对系统进行优化配置,突出系统的节能优势

DHC 系统由于设备集中,系统规模大,输配管网能耗高,因此要结合设备在一年中所需要利用的负荷频度进行分析,综合部分负荷性能系数 IPLV,对设备和管网配置从节能角度出发进行优化配置,而不是简单的设备选型。因为冷水机组部分负荷性能系数 IPLV 是制冷机组在部分负荷下的性能表现,同时也反映了机组性能与系统负荷动态特性的匹配情况;IPLV 不仅是评价冷水机组性能的重要指标,而且是衡量在一个标准年周期内冷水机组运转的实际能耗的重要指标。我国冷水机组部分负荷平均能效比和 IPLV 限值如表10.6、表 10.7 所示。

表 10.6　我国冷水机组部分负荷能效比 EER 的平均值

机组类型	制冷量/kW	负荷率/100%	负荷率/75%	负荷率/50%	负荷率/25%
螺杆式冷水机组	<530	3.64	4.17	4.77	4.26
	530~1160	4.18	4.65	5.12	4.23
	>1160	4.62	5.11	5.41	4.35
离心式冷水机组	<530	4.34	4.81	4.67	3.32
	530~1160	4.70	5.26	5.10	3.35
	>1160	5.10	5.68	5.56	4.45

表 10.7　我国公共建筑节能设计标准规定的水冷式冷水机组 IPLV 限值

机组类型	制冷量/kW	EER/(W/W)	IPLV/(W/W)
螺杆式冷水机组	<530	4.10	4.46
	530~1160	4.30	4.82
	>1160	4.60	5.16
离心式冷水机组	<530	4.90	4.50
	530~1160	5.10	5.07
	>1160	5.30	5.46

3.尽可能利用未利用能源,达到节能减排的目的

对 DHC 系统进行规划时,应在经济可行的前提下尽量利用当地可以利用的高温排热、

低温排热、温差能等未利用能源。比环境温度高 100 ℃以上的排热，称为高温排热，如垃圾焚烧尾气、工厂废蒸汽等，可直接用来采暖、供热水，也可以用于吸收式制冷机组或用于蒸汽轮机发电等，根据高温排热温度，组成梯级利用，使其能量得以最大限度地回收。比环境温度高 10～100 ℃的排热，称为低温排热，如地铁、变电站等多以空气为载体的排热，可利用空气源热泵来提升热量，生产生活热水。所谓温差能是指冬季温度高于周围环境温度，夏季温度低于环境温度的地表水以及生活污水、生产废水等，其中储存的温差能可以作为水源热泵的低品位冷热源应用。

根据日本的统计数据，利用海水冷却的空调冷源系统可以节能 8.5%，污水源热泵可以节能 10%以上，而垃圾焚烧热利用系统的一次能消耗量，可减少 30%以上。所以，有效地开发利用未利用能源，不但可以极大地缓解建筑用能造成的能源压力，而且可以减少环境污染。

4.注意能源消费的均衡化，保证系统供应的稳定性

在城市 DHC 系统中，电力和天然气都可能成为系统的主要能源，所以必须考虑电力和天然气消费所具有的季节特点，采用能够实现能源利用均衡化以及可以调节峰值的系统。要实现电力移峰填谷，采用蓄热(冷)是关键。目前，蓄热系统主要采用水蓄热，需要一个占很大空间的蓄热槽；蓄冷系统可以采用水蓄冷，也可以采用冰蓄冷。水蓄冷容量为 20～30 MJ/m^3，冰蓄冷容量为 335 MJ/m^3，后者比前者大大地节省了装置的占地空间。

在电力和天然气复合能源系统中，还必须考虑各自的供给特性及费用体系，从经济性、节能性、环保性等方面寻求设备配置和运行方式的最佳组合，例如，合理比例的天然气直燃式冷热水机组和电力驱动的蒸汽压缩式热泵机组以及可调峰值的蓄能系统。DHC 系统冬季和夏季需要向多栋建筑物连续稳定供热或供冷，然而冬季和夏季又分别是天然气和电力消耗量最大的季节，所以，能源消费的均衡化是 DHC 系统供应稳定性的重要保证。

5.就近建立能源站，最大限度降低输配费用

DHC 能源站在位置上要尽量靠近负荷中心，可以建设在空调负荷最大的建筑物内，以最大限度的减少管网投资和能耗的输配费用。对于规模比较大的 DHC 项目，应该设置多个能源站就近供冷，以避免输配管径过大和输配管线过长。

10.3.5 DHC 系统冷热源配置

1.热源

DHC 系统的热源包括：

(1)燃料直接燃烧驱动大型锅炉供热；

(2)热电联产系统；

(3)废热利用；

(4)天然气驱动的直燃型吸收式冷热水机组；

(5)热泵供热。

以天然气或燃油等燃料为主要能源时，主要考虑第一种供热方式；有热电厂的地方，当然首先选用第二种供热方式；DHC 能源站附近有垃圾焚烧工厂或其它废热排放的工厂，则

首先考虑采用第三种供热方式；夏季需要供冷，冬季需要供热，且当地天然气价格比较廉价时，宜采用第四种供热方式；如果能源站附近有河水、海水或工业废水、生活污水排水主干管，冬季水温比环境温度高，并对提高机组COP有利，则应积极考虑采用第五种供热方式。

2.冷源

用作DHC系统的冷源主要有：

(1)电力驱动的大型离心式或螺杆式冷水机组；

(2)蒸汽轮机、燃气轮机或内燃机直接驱动的离心式冷水机组；

(3)蒸汽、热水驱动的吸收式冷水机组；

(4)天然气驱动的直燃型吸收式冷热水机组；

(5)冷热电联产系统。

在DHC系统结合冷热电联产系统时，通过汽轮机的抽汽来实现供冷、供热是不经济的，在能源利用上也是不经济的。最好的做法是将发电燃气轮机的排气送入余热锅炉产生水蒸气，再将水蒸气送往汽轮机中做功，汽轮机的排汽再进入冷凝器中放热，其结果增加了总输出电功率，提高了机组的热效率。如果余热锅炉能全部利用燃气轮机的尾气热量，其产汽量必然大于汽轮机总需汽量，那些不能用作汽轮机发电的蒸汽可作为供热或蒸汽吸收式制冷机供冷，这就是热电冷联供循环系统。余热锅炉一般设计成双压式，低压蒸汽主要用来供热，而将余热锅炉产生的高温、高压蒸汽用来供给中低参数背压汽轮机做功发电，再利用压力降到0.8～1.2 MPa的蒸汽驱动溴化锂吸收式冷水机组，为系统生产所需的冷水。

冷热电联产不仅提高了低品位热能的利用率，更主要的是增加了热电联产中夏季的热负荷，增大了背压式汽轮机组的负荷率，从而提高了机组的发电效率，在增加发电量的同时降低了发电煤耗。因此，冷热电联产有利于能量的梯级利用，弥补了由于夏季热负荷减小而对热电厂经济性产生的不利影响，使余热既供热又制冷，节约了一次能源，提高了能源利用率，达到了节能目的。

要构筑最合适的DHC冷热源系统，需要考虑空调负荷与电力负荷的关系、设备负荷与需求负荷的平衡、利用未利用能的可行性以及利用储能装置实现能源消费均衡化和调节峰值等因素，从而构成最大限度地节约能源保护环境的系统。

10.3.6　DHC系统冷、热源对环境的影响

DHC系统冷、热源对环境的影响有直接和间接两方面，直接影响是由于制冷剂泄漏造成的环境破坏，包括对大气臭氧层的破坏和温室效应。间接影响是能量消耗的燃烧产物，如灰尘、二氧化碳、二氧化硫等引起的。DHC系统由于机组的大型化、便于规模化地采用可再生能源和蓄能技术、规模化地采用环境友好型制冷剂，减少了城市噪声污染和热污染，从而获得较好的经济效益、节能效益和环境效益。

10.4　DHC系统管网输配

输配管网是DHC系统冷热量的输配和分配系统，是连接能源站与建筑物入户管网的重要渠道。DHC输配管网与区域供热管网不同，区域供热管网一般仅限于冬季使用，而DHC

输配管网通常是冬、夏两个季节使用的。区域供热管网内供、回水温差比较大，一般在25～70 ℃之间，而DHC输配管网按夏季工况设计，供、回水温差只有5 ℃，最大不超过8 ℃，当系统有蓄冰装置时，供、回水温差可达10 ℃左右，可见，在相同的热负荷条件下DHC管网管径要比区域供热管网大得多。因此，输配管网投资在整个DHC系统中占有较大的比例，管网系统的优化设计，对于DHC系统的经济运行有着重要的作用。

10.4.1 DHC系统冷、热媒的种类

1.冷媒

冷媒就是管网系统中输送冷量的媒介物。用于区域供冷的冷媒主要有冷水和冰浆两大类，如表10.8所示。

表10.8 各种冷媒的传输能力

冷媒种类	冷媒条件	冷量传输能力/(kJ·kg^{-1})
7～12 ℃冷水	普通冷水	21
冰浆	容积含冰率20%	120
冰浆	容积含冰率30%	154
冰浆	容积含冰率40%	188
冰浆	容积含冰率50%	220

表10.8中的冰浆是一种冰水混合物，也称为动态冰，由微小的冰晶和添加了乙二醇、乙醇或氯化钠等冰点调节剂的水溶液组成。由于冰晶的融解潜热比较高，所以冰浆具有较高的蓄冷密度，而且由于冰晶具有较大的传热面积，因而具有较快的供冷速率和较好的温度调节特性。这种动态冰与普通的静态蓄冰系统不同，其冰晶不会凝结在换热器的壁面上，从而增加了冰层的传热热阻，降低了换热器的传热效率。冰浆的冷量传输能力大，输配能耗小，是DSC系统发展的一个重要方向。冰浆输冷的最大缺点是系统容易发生堵塞故障，这也是目前正在研究解决的技术难题。

2.热媒

热媒就是管网系统中输送热量的媒介物。用于区域供热的热媒主要有低温热水、中温热水、高温热水及蒸汽等四种类型，如表10.9所示。

表10.9 各种热媒的传输能力

热媒种类	热媒条件	热量传输能力/(kJ·kg^{-1})
低温热水	供水温度为45～50 ℃	30～80
中温热水	供水温度为70～90 ℃	128～213
高温热水	供水温度为120～200 ℃	256～512
蒸 汽	供汽压力为0.2 MPa	2480～2560

低温热水一般是从热泵冷凝器中得到的50 ℃左右的热水，大多用于以热回收为主的热泵式空调系统，夏季为用户提供生活热水，冬季也可用于风机盘管供暖，运行成本较低。但由于

水温不高，输配管道的管径比较大。

中温热水是指能够给用户提供 60 ℃以上热水的系统。其热源多由吸收式冷水机组、燃气锅炉等提供。

高温热水是指 95 ℃以上的热水。因为系统供回水温差较大，所以在供热量相同的条件下，系统循环水量和配管直径均比较小，因而节省投资。

以蒸汽为热媒是目前大规模 DHC 系统广泛采用的一种方式。蒸汽作为热媒的最大优点是潜热量大，配管管径相对较小，节省初投资。但是系统中容易混进空气，管道易锈蚀、寿命短。此外在设计和施工过程中，配管坡度、凝结水回流方式、锅炉水处理、管道的热胀冷缩等问题都必须格外注意。

10.4.2　DHC 系统管网配置

1.管网材料

DHC 系统管材选用必须严格遵守供热技术标准。DHC 系统管材一般分为金属管材和非金属管材。

(1)金属管材。

DHC 系统大多采用钢管。钢管的最大优点是能承受较大的内压力和动载荷，管道连接简便；但缺点是钢管内部和外部容易遭受腐蚀。室内供热管道通常采用水煤气管或无缝钢管，DHC 室外供热管道都采用无缝钢管和钢板卷焊管。钢材钢号的使用应符合《热网规范》规定，如表 10.10 所示。

表 10.10　供热管道钢材钢号及其适用范围

钢号	适用范围	钢板厚度
A_3F、AY_3F	$P_g \leqslant 1.0$ MPa，$t \leqslant 150$ ℃	≤8 mm
A_3、AY_3	$P_g \leqslant 1.6$ MPa，$t \leqslant 300$ ℃	≤16 mm
A_{3g}、A_3 R_{20} 20g 及低合金钢	蒸汽网　$P_g \leqslant 1.6$ MPa，$t \leqslant 350$ ℃ 热水网　$P_g \leqslant 2.5$ MPa，$t \leqslant 200$ ℃	不限

钢管的连接可采用焊接、法兰盘连结和丝扣连接。焊接连接可靠、施工简便迅速，广泛用于管道之间及补偿器等的连接。法兰连接装卸方便，通常用于管道与设备、阀门等常需检修拆卸的附件的连接。丝扣连接常用于室内供热管道与各种管件的连接。

(2)非金属管材。

合成树脂类非金属管材最大的特点就是耐腐蚀。非金属管材种类很多，大致可以分为热硬化性塑料和热可塑性塑料两大类。热硬化性塑料包括 FRP 管等，其耐热性能要比一般的热可塑性塑料好；热可塑性塑料包括 PVC(氯乙烯)管和 PE(聚乙烯)管等。

2.管网配置方式

(1)冷热共用配管方式。

由于 DHC 系统供冷、供暖季节不同，一般来说，冬夏季节共用一套供、回水管道是完全可以满足空调系统夏季供冷水、冬季供热水的需要的。为了节省投资，我国目前的 DHC 系统基本上都采用这种基本的配管方式。

(2)冷、热管网分别配置方式。

因为 DHC 系统供冷和供暖负荷不同,供、回水温差区别较大,因此管道的流量也有较大的差别。将冬季供暖和夏季供冷的管网分开设置,满足了管网对不同水温的不同要求,虽然初投资比较大,但运行效率高。

(3)备用管道的配置。

一般而言,DHC 系统配管中不设置备用管道。仅在对供给可靠性要求极高的场合才考虑设置下列备用管道。

①蒸汽冷凝水管的备用管道。以蒸汽为热媒的供热管网,因为担心管道因高溶解氧量导致锈蚀而设置一条备用冷凝水管。

②冷水管的备用管道。某些热用户(如互联网中心),要求每年三百六十五天、每天二十四小时供应冷水,对供冷的可靠性要求极高。一般这些热用户都设置有自备的供冷设备,为了供水安全起见,可以设置备用冷水管道。

③可通用的备用管道。在正常的供、回水管网之外,附加一条或两条备用管道来作为通用的备用管道。这种备用方式阀门切换较为复杂,与专用的备用管道相比效果较差,但建设成本较低。

10.4.3 DHC 管网敷设方式

1.DHC 管道敷设方式

DHC 系统的输配管道主要有蒸汽管道,冷、热水供水管道和冷、热水回水管道。

管网的敷设方式可分为地面敷设和地下敷设两种。地面架空敷设是目前在工厂区最广泛采用的热网管道敷设方式,这种敷设方式的优点是比较经济,且不受地下水位和土质的影响,便于施工和检修,缺点是热损失大,占地面积多,影响市容美观。所以,城市 DHC 系统为了满足市容市貌及其它方面的要求,尽量采用地下敷设方式。

管网的地下敷设分为地沟敷设和无沟敷设两种。地沟敷设是指具有可以承受土壤和地面载荷,并且可以防止地下水侵入的一种砌筑式、装配式或整体式地沟的敷设方式;无沟敷设是指管道直接埋设于土壤中的敷设方式。

地沟敷设,根据地沟内人行通道的设置情况又分为通行地沟、半通行地沟和不通行地沟三种。其中通行地沟和半通行地沟适用于敷设管道根数较多,道路不允许开挖,需要考虑检修的场合,缺点是投资较大;不通行地沟的横截面积小,占地少,比较经济,但检修维护不方便,一般在直线管段且无检修附件的场合采用较多。无沟敷设具有保温性能好,占地面积少,施工工期短,不影响城市景观,投资少等优点,缺点是一旦发现故障检修比较困难。

管道敷设方式不同,其管道建设费用、施工方法、施工工期、检修方式等都有很大差别,所以必须根据区域管道的供冷半径、管道直径、管网总长度以及城市总体规划、所在地区地理环境以及建设时期等条件进行多方案对比分析,从初投资、建设费用、运行费用及寿命周期等因素分析中确定最优方案。

目前认为城市 DHC 系统最佳的管网敷设方式是,在共同地沟内集中敷设管道,即敷设在地铁隧道的上部空间，或与电气、通信、给排水管道、天然气管道等合用一条地沟，共同配管，兼用维护通道，如图 10.33 所示。

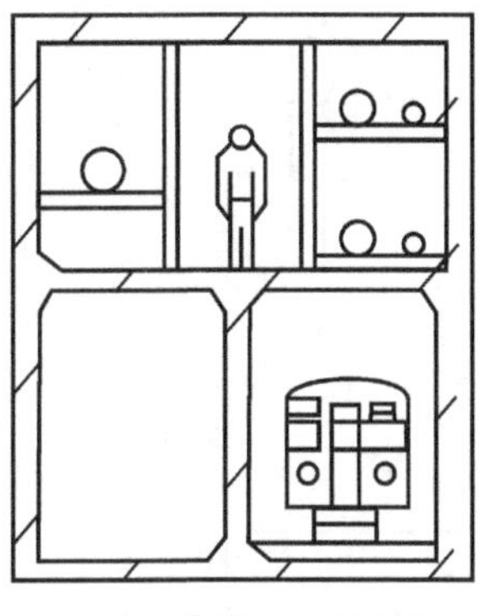

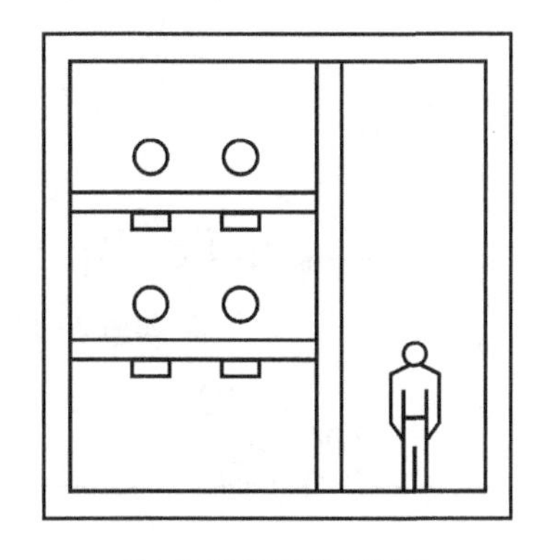

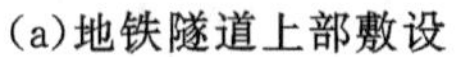

(a)地铁隧道上部敷设　　(b)多种管道共用地沟

图 10.33　共同地沟内集中敷设管道

共同地沟内将电力、通信、燃气、给排水等各种管线集中敷设，并设置专门的检修口、吊装口、监测系统、排水系统、通风系统和照明系统等，维护方便而且灵活。完备的共同地沟敷设方式具备先进的监控系统，可以对地沟内各类管线的运行状况进行实时监测和控制，维护人员可以通过各种专门的通道进入共同地沟内，对各类管线进行维修、保养和管理。

建设共同地沟敷设方式有利于管线远期发展，提高城市基础设施的安全性，并且便于分期投入管线建设资金。但在地下管线十分复杂的旧市区，建设共同地沟可能会因为占据地下空间大、建设费用高等因素而受到制约。从经济性考虑，也可以采用钢筋水泥管专用孔道敷设方式或混凝土地沟、预制件地沟等专用地沟敷设方式，如图 10.34 所示。

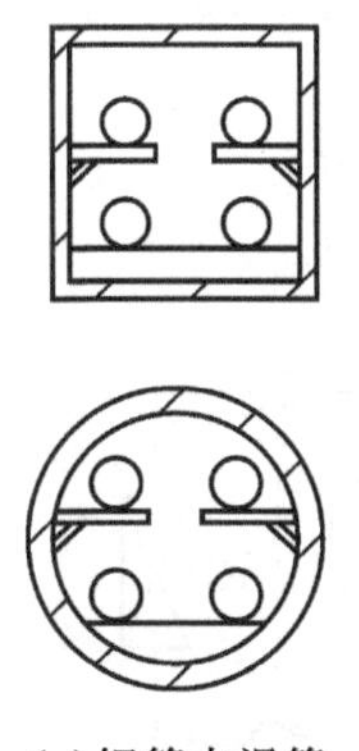

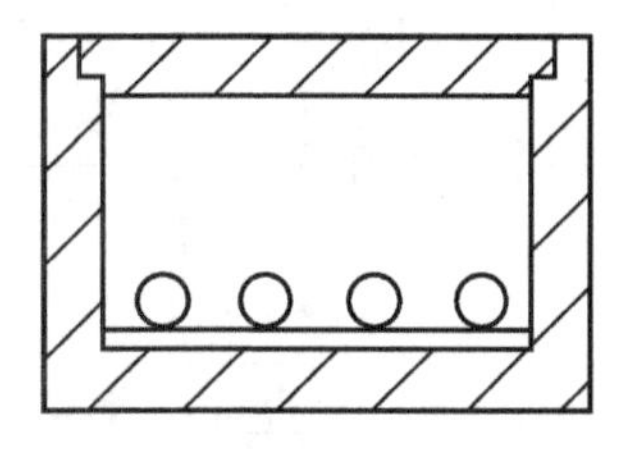

(a)钢筋水泥管　　(b)预制件地沟

图 10.34　专用地沟敷设方式

2.用户端接口方式

终端用户与 DHC 管网的接口方式有直接连接和间接连接两种。直接连接方式是 DHC 管网直接将冷(热)媒介质输入用户的空调末端设备的一种，如图 10.35 中的(a)、(b)、(c)所示。这种方式的优点是终端用户不需要设置水泵和其它输水设备，但 DHC 能源站内的输配

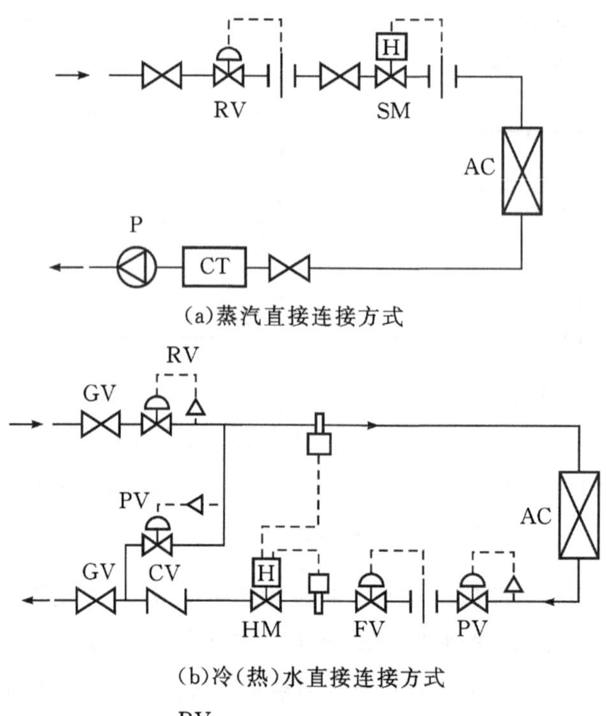

(a)蒸汽直接连接方式

(b)冷(热)水直接连接方式

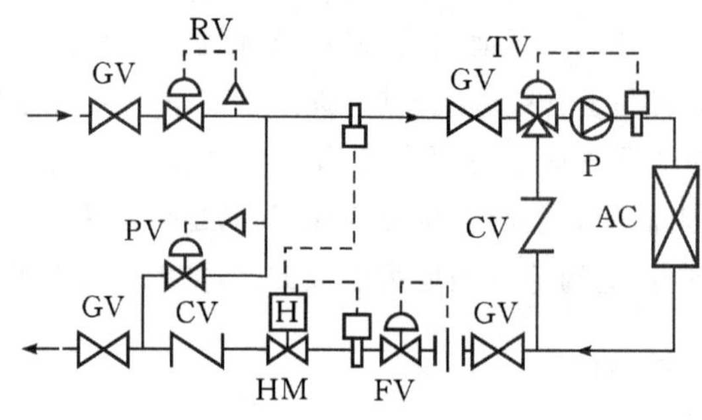

(c)冷(热)水旁通型直接连接方式

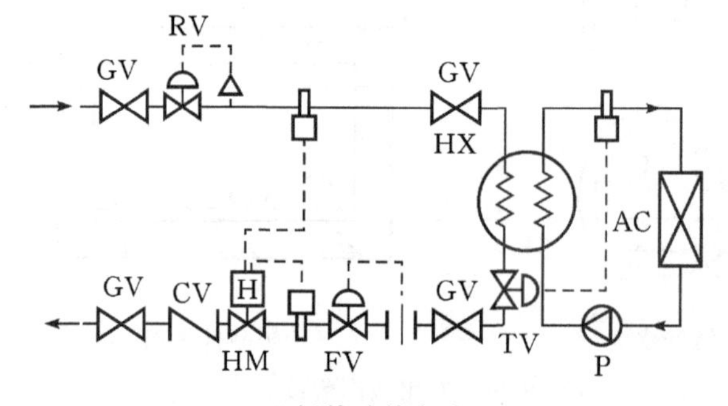

(d)间接连接方式

AC—空调机组;P—循环泵;SM—蒸汽流量计;CT—冷凝水柜;RV—减压阀;GV—进、出水阀门;CV—止回阀;FV—流量控制阀;PV—压力控制器;TV—温度控制阀;HM—热量计;HX—热交换器。

图 10.35　用户端接口方式

水泵因为要承担用户端建筑物内供水系统的压力损失而增大了扬程，对环路较长的管网系统会造成很大的压力损耗。

间接联接方式一般采用换热器将用户与 DHC 管网隔开，自成体系。安装在终端用户内的末端设备与换热器、循环泵等组成闭式循环系统，由换热器提供的二次冷（热）媒介质输送到末端设备达到供冷、供热的目的，如图 10.35(d)所示的连接方式。这种连接方式的优点是 DHC 管网压力易于平衡，系统总阻力比较小，但终端用户需要设置换热器、循环水泵等设备，不但增加了初投资，而且增加了换热温差耗损。

10.4.4　DHC 管道能量损失

DHC 管网的建设费用受管道直径、管线长度、敷设方式等因素的影响比较大，因此在选定从热源到用户之间的管道路径时，必须进行多方案对比分析，确定经济合理的供冷半径，从初投资、运行费用及寿命周期分析中确定最优方案，避免输配管网过大过长，造成浪费。

1.管道的流速与管径

DHC 系统水的循环量不仅与系统所输配的冷（热）量有关，而且与供、回水的温差有关。水的循环量不但决定着整个管网管径的大小，而且左右着整个系统设备装置费用与输配动力费用的大小，是考核系统经济性的重要指标。DHC 系统水的循环量按照圆管内水的流量计算公式计算，在选定供、回水的输配温差时，一定要考虑系统的节能和经济性要求。

DHC 系统管径的大小除了循环水量、允许压降等主要因素外，还要考虑防止管道内水流噪音以及管道内产生锈蚀等其它因素。一般说来，DHC 系统管道的最大设计流速限定为 2.5～3.0 m/s。终端用户室内配管流速通常限定为 2.0 m/s 以下，对于管径大于 150 mm 的高温热水管道，为了避免管道内上、下部产生温差，导致管道发生弯曲现象，管道内流速一般不允许低于 0.5 m/s。

2.管道的能量损失计算

DHC 系统管网有多种敷设方式，为了市容美观，且节省地下空间，国内大多采用直埋管这种技术成熟、施工简便、造价比较低廉的无沟敷设方式。

直埋管敷设的管道能量损失在传热学上是一个二维稳态导热问题，为了工程计算方便，常将有关涉及物体几何形状和尺寸的因素归纳在一起，用一个形状因子 S 表示，从而简化为一维导热问题。

在实际工程中，直埋管外表面都敷设有保温材料，其单位长度管道能量损失 q 可按下式计算。

$$q=\frac{t_{\mathrm{db}}-t_2}{\dfrac{1}{2\pi\lambda_1}\ln\dfrac{D}{d}+\dfrac{1}{2\pi\lambda_2}\ln\left[\dfrac{2H}{D}+\sqrt{\left(\dfrac{2H}{D}\right)^2-1}\right]} \tag{10.6}$$

式中，q 为单位长度管道能量损失，W/m；D 为管道保温层外径，m；d 为管道外径，m；λ_1 为保温材料导热系数，W/(m・℃)；λ_2 为土壤导热系数，W/(m・℃)；t_{db} 为地表面温度，℃；t_2 为管内流体温度，℃；H 为管道的折算埋深，$H=h+\dfrac{\lambda_2}{\alpha_{\mathrm{k}}}$，$h$ 为管道中心与地面的距离，m，α_{k}

为土壤表面的放热系数，$\alpha_k=12\sim15\ \mathrm{W/(m^2\cdot℃)}$。

当几根管道并列直埋敷设时，需要考虑相互间的传热影响。根据苏联学者舒宾提出的计算方法，将其相互间的传热影响看作一个假想的附加热阻 R_c。如图 10.36 所示，双管直埋敷设时，附加热阻可用下式计算。

$$R_c=\frac{1}{2\pi\lambda_2}\ln\sqrt{\left(\frac{2H}{b}\right)^2+1} \tag{10.7}$$

式中，R_c 为附加热阻，(m·℃)/W。

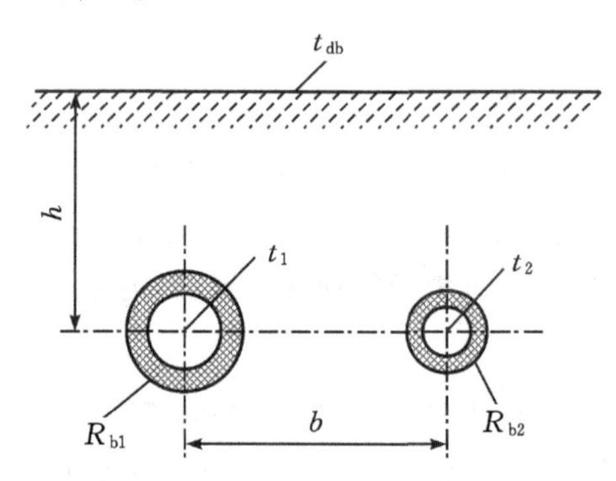

图 10.36　双管直埋能量损失计算图

根据式(10.6)、(10.7)，图 10.36 中第一、第二根管道的能量损失分别为

$$q_1=\frac{(t_d-t_1)\sum R_2-(t_d-t_2)R_c}{\sum R_1\cdot\sum R_2-R_c^2} \tag{10.8}$$

$$q_2=\frac{(t_d-t_2)\sum R_1-(t_d-t_1)R_c}{\sum R_1\cdot\sum R_2-R_c^2} \tag{10.9}$$

式中，q_1、q_2 分别为第一、第二根管道的单位长度能量损失，W/m；t_1、t_2 分别为第一、第二根管道内的介质温度，℃；$\sum R_1$、$\sum R_2$ 分别为第一、第二根管道的总热阻，(m·℃)/W；其中

$$\sum R_1=R_{b1}+R_d,\ \sum R_2=R_{b2}+R_d$$

R_{b1}、R_{b2} 分别为第一、第二根管道保温层的热阻，(m·℃)/W；R_d 为土壤热阻，(m·℃)/W，

$$R_d=\frac{1}{2\pi\lambda_2}\ln\left[\frac{2H}{D}+\sqrt{\left(\frac{2H}{D}\right)^2-1}\right] \tag{10.10}$$

10.4.5　DHC **管道保温**

1.流体温升

流体温升主要包括传热温升和阻力损失温升。

(1)传热温升。

冷流体在传输过程中，由于管内外温差传热造成的能量损失，导致冷流体温度有所升高，通常称之为传热温升或管道温升。传热温升的大小与能量损失以及流体的流量有关，一般说来，能量损失越大，传热温升越大；流体流量越大，传热温升越小。管道的传热温升可由

热平衡关系式求得，即

$$\Delta t_1 = \frac{ql}{1.16W} \tag{10.11}$$

式中，Δt_1为供冷管道的传热温升，℃；l 为供冷管道的长度，W/m；W 为冷水流量，kg/h。

(2)阻力损失温升。

流体克服管道阻力所消耗的能量最终转化为热量，导致水温升高，通常称为阻力损失温升或通过水泵的温升，其温升可按下式计算

$$\Delta t_f = \frac{0.0023H}{\eta_s} \tag{10.12}$$

式中，Δt_f为管道的阻力损失温升，℃；H 为管道的阻力损失或水泵扬程，m；η_s 为水泵效率。

冷水管道内流体的总温升为

$$\Delta t = \Delta t_1 + \Delta t_f \tag{10.13}$$

式中，Δt 为总温升，℃。

流体在传输过程中的传热温升和阻力损失温升也可参照表10.11、表10.12给出的数值进行估算。

表10.11　冷水管道传热温升 Δt_1近似值

D/mm	50	70～80	100	150	≥200
Δt_1/(℃/100 m)	0.15	0.10	0.07	0.05	0.03

表10.12　冷水管道阻力损失温升 Δt_f近似值　　单位：℃

水泵效率	阻力损失或水泵扬程 H/m						
η_s	10	15	20	25	30	35	40
0.50	0.05	0.07	0.09	0.12	0.14	0.16	0.19
0.60	0.04	0.06	0.08	0.10	0.11	0.13	0.16
0.70	0.03	0.05	0.07	0.08	0.10	0.12	0.14
0.80	0.03	0.04	0.06	0.07	0.09	0.12	0.12

2.供冷效率

DHC管网的供冷效率 η 可用下式计算

$$\eta = 1 - \frac{\Delta t}{\Delta t_{供回水温差}} \tag{10.14}$$

从供冷效率公式可以看出，当冷水的设计供、回水温差为5 ℃时，每1 ℃的管道温升就会造成供冷效率下降20%，所以，在实际工程中做好管网保温工作对于提高系统供冷效率十分重要。

3.管道保温

DHC管道及其附件保温的主要目的在于减少冷(热)介质在输配过程中的冷(热)损失，保证冷(热)介质的使用温度，尤其对于供冷管道可减少管道温升，提高供冷效率，达到节能

减排的目的。

良好的保温材料应具备重量轻，导热系数小，在使用温度下不变形、不变质，具有一定的机械强度，不腐蚀金属，可燃成分小，吸水率低，易于加工成型，且成本低廉等优点。目前常用的管道保温材料有膨胀珍珠岩、膨胀蛭石、岩棉、矿渣棉、玻璃棉、微孔硅酸钙、泡沫混凝土、聚氨酯等。管道的保温施工因保温材料性状的不同差别很大，可分别采用涂抹式、缠绕式、填充式、灌注式、喷涂式等。无沟直埋敷设方式采用聚氨酯泡沫塑料预制直埋保温管，具有保温性能好，施工进度快等优点。目前生产的可用于设备、管道保温的有光滑防潮贴面（增强铝箔 FSK）和无贴面的玻璃纤维保温套管、管壳、隔热板以及沥青玻璃棉制成的各种板材、卷毡等，为管道、设备保温提供了多种设计途径。

根据《热网规范》规定，供热介质设计温度高于 50 ℃的热力管道、设备、阀门一般都应保温。对于 DHC 管网，当管径大于临界绝缘直径 d_c 时，均应保温，临界绝缘直径按下式计算。

$$d_c = \frac{2\lambda_{1i}}{\alpha_1} \tag{10.15}$$

式中，d_c 为临界绝缘直径，m；λ_{1i} 为保温层材料的导热系数，W/(m · ℃)；α_1 为管内冷水与管壁的对流换热系数，W/(m^2 · ℃)。

10.4.6 DHC 变流量输配水系统

所谓变流量或定流量均是指 DHC 输配管网系统水的流量，而不是通过空调末端的流量，空调末端可以是使用电动二通阀的变流量系统，也可以是使用电动三通阀的定流量系统，但变流量 DHC 输配管网系统中的水量总是随空调负荷的变化而变化的。

DHC 变流量输配的目的，就是要使能源侧输出的介质流量与负荷侧经常变化的空调末端所需要的冷(热)量相匹配，从而节约流体的输配动力和能源站的运行费用。变流量系统的运行方式是定温差、变流量，即供、回水温差保持不变，通过改变供、回水的流量来适应空调负荷的变化。

为了保证冷水机组蒸发器的传热效率，避免蒸发器因缺水而冻裂，保持冷水机组的工作稳定性，一般要求冷水机组的冷水流量必须恒定，所以，DHC 变流量系统的水量实际上只能随冷水机组运行台数的不同而发生变化。研究表明，水泵功率占整个系统能耗比例越大，变流量系统的节能效果越明显，当水泵能耗占总能耗 20%以上时，变流量系统的节能效果十分可观，如表 10.13 所示。

表 10.13　冷水变流量节能效率

负荷率/%	100	95	90	85	80	75	70	60	50
定流量主机功率/kW	202.0	193.8	184.6	174.5	165.1	154.2	145.7	125.3	104.9
变流量主机功率/kW	202.0	194.7	186.2	177.7	168.9	159.5	150.7	129.5	109.3
水泵功率/kW	30.0	27.0	23.2	19.7	16.6	13.8	11.3	7.3	4.3
节能效率/%	0.0	6.71	17.38	23.72	32.06	36.23	45.54	61.68	70.84

DHC 系统输配管网距离长，能耗大，但较多时间管网在较小负荷下运行，因此，变流量

的输配系统对于节省输配能耗十分必要。

1.一次泵变流量系统

一次泵变流量(Variable Primary Flow,VPF)系统是指,当末端空调负荷变化时,电动二通阀自动调节开关,改变冷水流量,同时控制 DHC 能源站内变频水泵和冷水机组的冷水流量均随空调负荷的改变而改变,如图 10.37 所示,在旁通管上设置有旁通阀门,以保证冷水机组维持正常运行的最小流量。

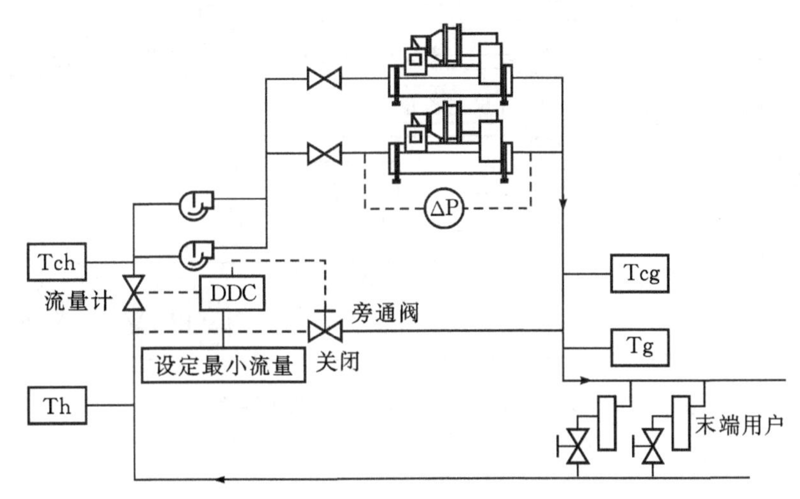

DDC—直接数字控制器;ΔP—压差控制器;Tch—机组进水温度检测;
Tcg—机组出水温度检测;Tg—用户供水温度检测;Th—回水温度检测。

图 10.37　一次泵变流量系统示意图

VPF 系统变频水泵的扬程用来克服 DHC 能源站冷水机组、输配管网系统以及空调末端最不利环路上的各种阻力。变频水泵的转速由最远端用户的供、回水压差的变化控制或供、回水温差控制,从而调节整个系统的循环水量,既包括冷源侧冷水机组的冷水流量,也包括负荷侧末端空调器盘管中的冷水流量。

DHC 系统供、回水管路的旁通管上设置有旁通控制阀,系统末端空调设备的回水支管上设置有电动二通阀,当空调负荷减少时,负荷侧部分电动二通阀相继关闭,当空调负荷减少到相当于水量达到一台冷水机组的流量时,就可停止一台冷水机组以及水泵的工作,从而达到节能的目的。如果空调负荷继续减少,当系统水量小于单台冷水机组最小允许流量时,设置在回水系统上的流量计或压差控制器动作,打开旁通控制阀,使部分供水从旁通管直接返回冷水机组,从而确保冷水机组的工作稳定性。DHC 能源站冷水机组与水泵的台数不必一一对应,它们的台数控制和启停可以分别独立控制。

2.二次泵变流量系统

二次泵变流量(Variable Dual Flow,VDF)系统是指,DHC 能源站和用户侧分别设置循环水泵,从而可以根据建筑物负荷的变化改变二次水泵的运行台数和转速,实现节省水泵的输配能耗,而且能够适应供、回水分区压力变化较大的建筑物。VDF 系统如图10.38所示,旁通管将整个管网输配系统划分为两部分:由冷水机组、供回水总管、一次泵和旁通管组成一次环路，也称能源侧环路；由二次泵、空调末端设备、供回水管路与旁通管组成二次环路，也称负荷侧环路。

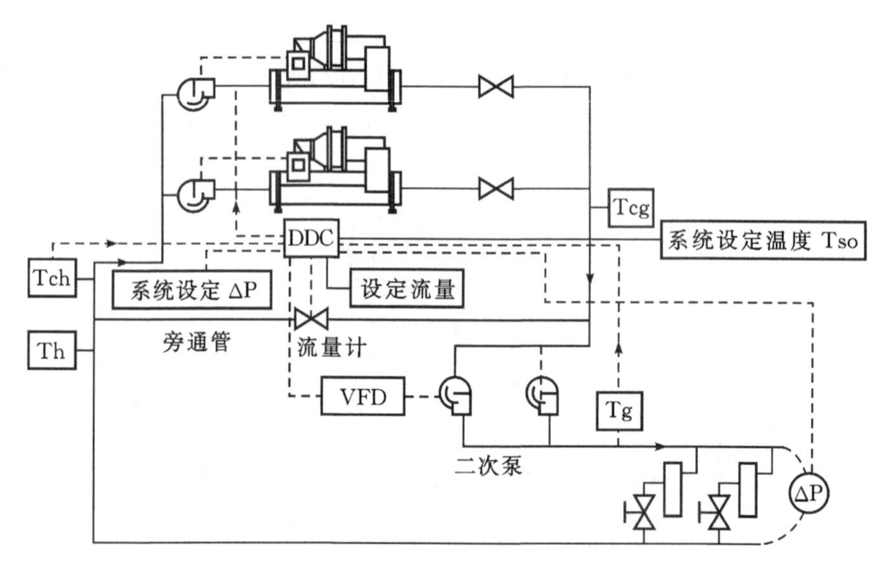

Tso—系统温度设定；VFD—变流量控制信号。

图 10.38　二次泵变流量系统示意图

能源侧环路按定流量运行，采用"一泵对一机"的方式，一次泵的扬程用来克服能源侧环路与冷水机组换热器的阻力。

负荷侧环路按变流量运行，二次泵的设置台数，不必与一次泵的设备相对应。二次泵可以并联运行，也可以根据各分区不同的压力损失，设计成独立的分区供水系统。当空调负荷变化时，可通过改变二次泵的台数或转速来调节负荷侧环路的循环水量。

二次泵的扬程用来克服空调末端换热器的阻力与负荷侧环路各个部件阻力之和。与VPF系统相比，由于系统总阻力由一二次泵共同负担，使得系统总压力降低，从而有利于系统的安全运行。

能源侧一次泵定流量控制方法，通常采用流量盈亏控制来调节冷水机组的台数。

所谓流量盈亏控制方式，是通过设置在一次泵的供、回水总管之间的旁通管来实现的，如图 10.9 所示。当二次泵系统的流量减少时，一次泵的流量过剩，过剩的水量由供水干管返回一次泵的吸入端，这种状态称为"盈"。当返回的流量相当于一次泵单台水泵流量的110%左右时，流量计触头动作，通过程序控制器自动关闭一台水泵和对应的冷水机组。

当空调负荷增大，二次泵系统的流量要求增加时，将出现一次泵水量供不应求的情况，这时二次泵将使部分回水经旁通管流向供水干管，与供水混合，这种状态称为"亏"。当流量达到相当于一次泵单台水泵流量的 20%左右时，旁通管上的流量开关将信号输入程序控制器，自动启动一台水泵和对应的冷水机组。

VPF 系统与 VDF 系统相比，最显著的特点是减少了一组定速泵，从而节省了初投资建设费用，省去了用户侧的二次泵房。VPF 系统流量随用户所需流量变化而变化，避免了VDF 系统不可避免的"低温差综合症"，即当负荷侧流量低于设定值时，回水温度变低，引起冷水机组台数控制失调，导致冷水机组效率下降；当负荷侧流量高于设定值时，用户侧部分回水与系统供水相混合，导致供水温度升高，冷量不足。所以，当 DHC 管网输配系统以及空调末端水系统的规模和总压力损失均不太大、各分区供水环路彼此间的压力损失相差不太悬殊时，宜采用 VPF 系统。

VDF 系统的缺点是系统较复杂、自控要求高、初投资大，机房占地面积大，存在“低温差综合症”等控制失调的不利影响，因此，只有当系统规模和总压力损失比较大、末端用户各分区之间压力损失的差额较为悬殊时，才宜采用 VDF 系统。

然而就目前生产的冷水机组而言，大多要求通过蒸发器的冷水量为恒定流量。VPF 系统冷水机组的冷水流量随末端空调负荷的改变而改变，无法实现蒸发器定流量的要求。VDF 系统能源侧环路为定流量，负荷侧环路为变流量，既可以实现蒸发器定流量运行的要求，又可以实现二次水泵的变流量运行，节省输送能耗，适应各供水分区不同压降的要求，再加上二次泵的台数可以多于冷水机组的台数，有利于适应末端用户负荷的变化，有利于实现空调系统的改、扩建，所以，目前 DHC 系统大多采用二次泵变流量系统。

3.变流量系统冷水机组调节方法

DHC 管网输配水系统变流量可以通过变频水泵来实现，相应的冷水机组应根据其种类的不同采取不同的制冷量调节方法，保证冷水温度恒定。

(1)对于溴化锂吸收式冷水机组，可以根据负荷变化自动调节发生器的加热量，如调节加热蒸汽量或热水量、燃气量、燃油量等，同时对溶液泵采用变频控制，自动调节溶液循环量。

(2)对于离心式冷水机组，当负荷发生变化时，可以通过进口导叶调节或变频调速调节，改变蒸发器吸入的气体量，使机组制冷量在 30%～100%之间实现无级调节。

(3)对于螺杆式冷水机组，当负荷发生变化时，可以通过滑阀在机体内轴向移动，改变螺杆有效长度，从而改变蒸发器吸入的气体量，使制冷量在 10%～100%间实现连续调节。

10.5　DHC 工程实例简介

DHC 通过系统设计、运行和维护的综合规划带来的环保效益，以及空调冷水生产和销售产生的规模效益，所带来的经济效益十分可观，因此在发达国家的城市中心区，尤其是在一些国际大都市中得到了普遍应用。在经历了两次全球性石油危机之后，能源和环境问题日益受到越来越多国家的重视，DHC 的应用和研究重新成为世人关注的重点。

瑞典斯德哥尔摩海水源热泵 DHC 系统，装机容量达到 270 MW，年产冷热量 500 MW•h，利用海水源热泵为 800 万 m^2 建筑物提供空调冷、热水，机组整体 COP 值达到了 12～14，具有非常明显的节能优势，与传统的空调系统相比，CO_2 排放量减少了 78%。

奥地利维也纳垃圾焚烧 DHC 系统，利用城市垃圾焚烧和工厂废热驱动热电联产电站发电和供暖，节省了 68%的能源消耗，CO_2 排放量从 256 kg/(MW•h)下降到了132 kg/(MW・h)。

加拿大多伦多湖水源热泵 DHC 系统，利用安大略湖 83 m 深处常年保持 4 ℃的湖水作为冷(热)源，为大约 320 万 m^2 高层办公楼和 6800 户家庭提供 264 MW 的空调冷量，与传统空调相比，节约了 90%的电力，降低了 61MW 的高峰电力负荷，减少 CO_2 排放量约 79000 t。

美国奥斯汀市建筑冷热电联供系统，利用 4500 kW 燃气涡轮发电机，发电后温度为 510 ℃，流量为 67990 kg/h 的尾气，驱动双效烟气型溴化锂吸收式冷水机组，产冷量 8918 kW，满足了附近建筑物的空调需要，节省了大量的能源费用，减少了燃烧化石燃料和污染物排放，获得了可持续发展的自然环境。

美国芝加哥商业中心 DHC 系统，采用天然气驱动的螺杆式冷水机组，以氨为制冷剂，机组出水温度只有 1 ℃，结合低温送风技术，为附近多个街区的 93 栋各类建筑物供冷，供冷量达到 338 MW。采用天然气作为输入能源，缓解了夏季空调高峰期对电网造成的冲击，改善了区域能源和环境形势。

美国 DHC 发展迅速，表 10.14 反映了 DCS 在各类建筑中的分布情况。

表 10.14　美国 DCS 在各类建筑中的分布情况

名称	大学校园	住宅建筑	医院建筑	工业建筑	军用建筑	其它建筑	合计
区域供冷数量	1043	22	1209	192	107	369	2942
装机容量/GW	10.7	1.3	16.9	4.5	21.7	1.2	56.3
年能耗/PJ	61	7	76	22	31	无	197
管网长度/km	1388	82	336	722	807	200	3535

日本箱崎江水源热泵 DHC 系统利用城市河水作为水源热泵的冷(热)源为 27 万 m^2 建筑物供冷、供暖。该项目从 1989 年 4 月投入使用，到目前已经连续运行了 20 年。利用城市河流为城市建筑空调服务，将能源需求因地制宜地与环境融为一体，极大地缓解了城市热岛效应和污染物排放量。

在日本，DHC 已经和自来水供应、电力供应一样成为一项公用事业，并形成了一个新兴的规模化产业——DHC 能源公司。DHC 能源公司投资建设能源站和区域管网，销售其生产的冷、热水，并按照当地政府制定的地域冷暖房实施指导标准，要尽最大努力，尽量减少对环境的压力及有效综合利用各种能源，尽量采用未利用能源作为 DHC 的冷热源。表 10.15 反映了日本 DCS 项目的能源利用状况。

表 10.15　日本 DCS 项目的能源种类

DCS 能源种类	天然气	电力	废热	排水	垃圾焚烧
DCS 项目数量	116	23	24	18	41

我国的区域供热事业已经初具规模，尤其在严寒地区和寒冷地区 DH 管网已经覆盖了城市相当一部分供热面积。但 DHC 系统，作为一种高度集中的空调能源形式，目前仍处于试点阶段。下面介绍几个已建成运行的成功的 DHC 或 DCS 工程实例，为在我国发展和完善 DHC 事业摸索经验、积累数据，奠定一定的基础。

1.北京中关村广场一期 DCS 工程

北京中关村广场一期 DCS 工程是我国第一个商业化运作的 DCS 工程。中关村广场位于北京市海淀区，是一个汇集了多种功能的现代化大型商业建筑群。一期工程 DCS 能源站建设在一个建筑面积为 2744 m^2 的地下二层建筑物内，为附近约 45 万 m^2 建筑物提供空调冷水。DCS 能源站由一台 7000 kW 离心式冷水机组、3 台 7000 kW 双蒸发螺杆式冷水机组以及容量为 359578 MJ 冰蓄冷装置等主要设备组成，额定供冷量 42000 kW，蓄冷量 100000 kW/h，削峰电力 3800 kW，供回水温度为 1 ℃/12.2 ℃。该工程于 2004 年 3 月建成，几年来已经先后为中关村家乐福超市、新东方学校、中关村步行街、中关村地下购物中心等用户提供空调用水。

2.上海浦东国际机场一期 DHC 工程

上海浦东国际机场一期工程设计客流量为 2000 万人次/年，是目前国内客流量最大的国际机场之一。DHC 能源站采用以电力制冷为主体，部分汽、热、电联供的方式。一期工程配置了 4 台制冷量为 14 MW 的 OM 型离心式冷水机组、2 台制冷量为 4.2 MW 的 YK 型离心式冷水机组和 4 台 5274 kW 蒸汽双效溴化锂吸收式冷水机组，1 台 4 MW 燃气轮机发电机组、3 台 30 t/h 和 1 台 20 t/h 的燃气/燃油蒸汽锅炉以及 1 台 11 t/h 余热锅炉。4 MW 燃气轮机发电驱动 2 台 4.2 MW 离心式冷水机组，余热锅炉为 2 台蒸汽溴化锂吸收式冷水机组提供蒸汽，不足部分由燃气/燃油蒸汽锅炉补给。二期工程增加 1 台制冷量为 14 MW 和 2 台制冷量为 4.2 MW 的离心式冷水机组、1 台 4 MW 的燃气轮机发电机、1 台 30 t/h 的火管蒸汽锅炉和 1 台 11 t/h 的余热锅炉。

系统设计冷负荷为 82.8 MW(二期增加 19.1 MW)，热负荷为 60.8 MW(二期增加 14.6 MW)。2004 年建成并投入运行，服务范围为 28 万 m^2 的航站楼以及 31 万 m^2(二期增加 25 万 m^2)的综合区，供冷(热)半径为 2.6 km，迄今为止，供冷、供暖、供热水运行状况良好，节能效果显著。

3.太原火车站 DHC 工程

太原市热力公司东山供暖分公司原来是一家采用热电联产技术，利用火力发电厂乏汽余热，冬季向辖区内居民提供采暖用热水的区域供热公司。为了平衡冬、夏季用热量，增加发电厂夏季热负荷，提高发电机组效率，该公司增设了蒸汽型溴化锂吸收式冷水机组，利用电厂余热夏季制冷，为用户提供空调用冷水，实现了热电冷联产技术。太原火车站 DHC 项目 2000 年改造完成并开始运行，供冷能力约为 20 万 m^2，目前仅为太原市火车站候车大厅、太原市公安局以及美特好超市广场店等 5 万 m^2 建筑物提供冷水，供冷空间仍然很大。

太原市热力公司利用溴化锂制冷技术通过供热管道实现了区域供冷，缓解了夏季用电紧张状况，解决了夏季用电高峰和用热低谷的矛盾，平衡了热电厂冬、夏季热负荷，提高了电厂效率，降低了供热、供冷成本，同时减少了环境污染，树立了一个有利于能量梯级利用的样板工程。

4.广州大学城 DCS 工程

广州大学城位于番禺区新造镇小谷围岛及南岸地区，总体规划面积 43.3 km^2，可容纳 20 万～25 万学生，规划总人口 35 万。已建设的小谷围岛约 17.9 km^2，已入住中山大学、华南理工大学等 10 所高校，其空调负荷主要包括 10 所高校及南北两个商业中心区。区域供冷系统共设 4 个区域供冷站，其中 2 号、3 号、4 号冷站分别位于华南理工大学、商业中心北区及广州美术学院旁，1 号冷站位于南岸能源站内。

区域供冷系统总装机功率 37.6 万 kW，1 号冷站采用溴化锂和常规电制冷机组，2～4 号冷站采用冰蓄冷系统，总蓄冰量达到 94.9 万 kW · h，建成后将成为全球第二大冰蓄冷区域供冷系统，仅次于美国芝加哥市 UNICOM 区域供冷项目（ 109 万 kW · h）。

区域冷站生产 2 ℃空调冷水，通过二级冷水管网向校区输送，经校区单体建筑热交换站进行冷量交换后，校区冷水管网把冷量送至各空调末端设备。

2 号、3 号冷站总装机功率均为 8.8 万 kW（其中主机功率 5.6 万 kW、冰蓄冷功率 3.16 万 kW），4 号冷站的总装机功率为 9.49 万 kW（其中主机功率 6.32 万 kW、冰蓄冷功率 3.16 万 kW）。冷站设计采用制冷主机上游，外融冰冰蓄冷空调冷源系统。该冷源系统向校区冷水管网提供供水温度为 2℃、回水温度为 13℃的空调冷水。冷水采用二级泵系统输送，二级冷水管网考虑管网沿途温升后按 10℃供回水温差进行设计。1 号冷站位于小谷围岛南岸能源站内（未安装），总装机功率 10.5 万 kW，设计采用溴化锂双效吸收式制冷机（ 供回水温度 8℃/13℃）与离心式制冷机（ 供回水温度 3℃/8℃）串联，向用户提供供水温度 3℃，回水温度 13℃的冷源水，二级管网按 9℃供回水温差进行设计。单体建筑设热交换站，采用三级泵带动校区冷水管网循环，供冷给各末端空调用户。区域供冷管网分布示意图如图 10.39 所示。

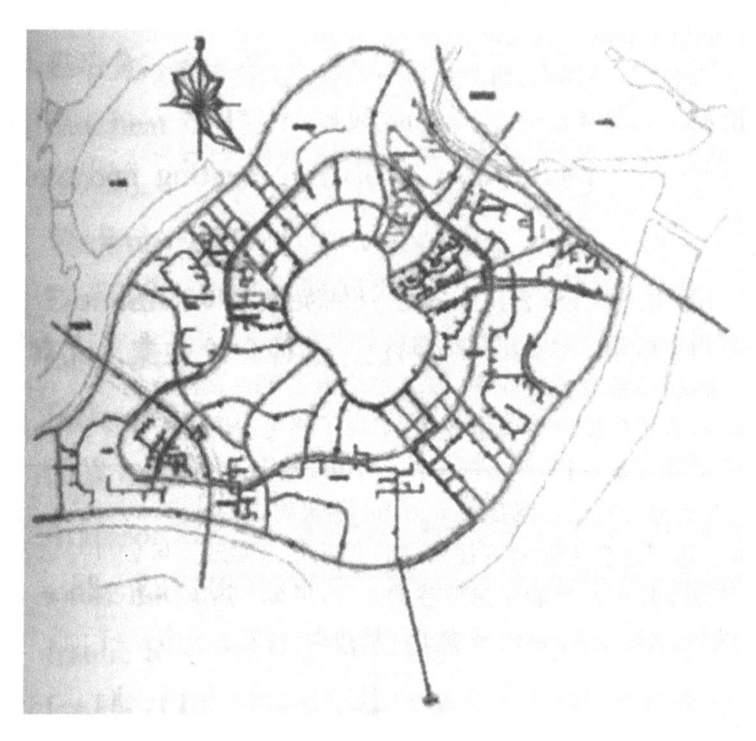

图 10.39　广州大学城 DCS 管网分布图

复习思考题

10.1　试解释 DH、DCS、DHC 的含义。

10.2　什么叫区域供冷供热？简述区域供冷的基本组成。

10.3　简述区域供冷、供热的优、缺点。

10.4　简述区域供冷、供热的负荷特点。

10.5　根据我国已建成运行的北京中关村广场一期 DCS 工程、上海浦东国际机场一期 DHC 工程、太原火车站 DHC 工程、广州大学城 DCS 工程实例，通过实地调研，针对某一项实际工程分析其运行过程的优、缺点以及存在问题，写一篇论文，为我国 DHC 事业的发展提供参考意见。

第 11 章

空调制冷站设计基础

11.1 制冷设备的选型计算

制冷设备的选型计算，主要是根据工艺的要求和系统总制冷量来确定的，是在耗冷量计算基础上进行的。制冷设备的选择恰当与否，将会影响整个制冷装置的运行特性、经济性指标及运行管理工作。

11.1.1 确定制冷系统的总制冷量

制冷系统总制冷量的确定，是制冷站及制冷系统设计的基础。制冷系统的总制冷量，应包括用户实际所需要的制冷量，以及制冷系统本身和供冷系统冷损失，可按式 11.1 计算。

$$Q_0 = (1 + A)Q \tag{11.1}$$

式中，Q_0 为制冷系统的总制冷量，kW；Q 为用户实际需要的制冷量，kW；A 为冷损失附加系数。一般对于间接供冷系统，当空调制冷量小于 174 kW 时，$A=0.15\sim0.20$；当空调制冷量为 174～1744 kW 时，$A=0.10\sim0.15$；当空调制冷量大于 1744 kW 时，$A=0.05\sim0.07$，对于直接供冷系统，$A=0.05\sim0.07$。

11.1.2 确定制冷剂种类和系统形式

制冷剂种类、制冷系统形式及供冷方式，一般根据总制冷量、冷水量、水温、环保要求等使用条件来确定。

一般来说，对于空调制冷量大于 350 kW 以上的间接供冷系统，或对卫生和安全没有特殊要求时，均宜采用氨为制冷剂；当空调制冷量小于 350 kW，而且对卫生和安全要求较高的系统或直接供冷系统，均应采用对大气环境无公害或低公害的氟利昂类及其代替工质。当然，在热源条件合适或有废热可利用的情况下，也应考虑采用吸收式或蒸汽喷射式制冷系统。

制冷系统形式是指使用多台制冷压缩机时，采用并联系统还是单机组系统。制冷系统形式与使用条件、使用要求、整个系统的能量调节及自动控制方案有关，应同时考虑，一并确定。通常对于制冷量较大、连续供冷时间较长、自动化程度要求较高的系统，均应采用多机组并联系统。

制冷系统的供冷方式是指直接供冷还是间接供冷。一般根据工程的实际需要来确定，如大、中型集中式空调系统，均宜采用间接供冷方式；而对于冷负荷较小、热力工况稳定性要求不高的空调系统，如局部空调系统，则多采用直接蒸发供冷方式。

根据供冷方式和使用载冷剂的种类，初步确定蒸发器的型式。

冷凝器的冷却方式是根据总制冷量的大小和当地气候条件及水源情况，初步确定冷凝器的冷却方式（水冷或风冷）及冷凝器的型式。

11.1.3　确定制冷系统的设计工况

确定制冷系统的设计工况主要指确定蒸发温度、冷凝温度、压缩机吸气温度和过冷温度等工作参数。有关主要工作参数的确定，除了可按第一章中有关公式计算外，还可以参考其它有关制冷设计手册进行计算。

确定冷凝温度时，冷凝器冷却水进、出水温度应根据冷却水的来源来确定。直流式冷却水系统的冷却水进水温度按水源温度来确定，对于使用冷却水塔的循环水系统，冷却水进水温度可按下式计算

$$t_{s1}=t_s+\Delta t_s \tag{11.2}$$

式中，t_{s1}为冷却水进冷凝器的温度，℃；t_s 为当地夏季室外每年不保证 50 h 的湿球温度，℃；Δt_s 为安全值，对自然通风冷却塔或冷却水喷水池，$\Delta t_s=5\sim7$ ℃；对机械通风冷却塔，$\Delta t_s=2\sim4$ ℃。

冷却水出冷凝器的温度 t_{s2}（℃）与冷却水进冷凝器的温度及冷凝器的型式有关。

立式壳管式冷凝器　　$t_{s2}=t_{s1}+(2\sim4)$

卧式或组合式冷凝器　　$t_{s2}=t_{s1}+(4\sim6)$

淋激式冷凝器　　$t_{s2}=t_{s1}+(2\sim3)$

一般来说，当冷却水进水温度较低时，冷却水温差取上限值；进水温度较高时，取下限值，t_{s2}通常不超过 35 ℃。需要注意，当采用循环冷却水系统时，应使冷却水在冷凝器中温升与冷却塔的降温能力相适应，一般冷凝温度较出水温度高 3～5 ℃，冷凝压力不超过1.5 MPa。

设计工况确定后，就可在制冷剂的 $p-h$ 图上确定整个制冷的理论循环，并进行理论循环的热力计算。

11.1.4　选择制冷压缩机和电动机

压缩机的选择计算，主要是根据制冷系统中制冷量及系统的设计工况，确定压缩机的台数、型号和每台压缩机的制冷量以及配用电动机的功率。

1.压缩机的选择原则

（1）压缩机型式的选择。常用的制冷压缩机型式有活塞式、离心式和螺杆式等不同型式。对一般的小型冷藏库，多采用活塞式和螺杆式；用作空调冷源的大、中型冷冻站设计时，一般采用离心式和螺杆式；中、小型冷冻站则普遍采用活塞式制冷压缩机。本节主要介绍活塞式制冷压缩机的选择计算。

（2）压缩机台数的选择。压缩机的台数应根据系统总制冷量来确定：

$$m=\frac{Q_0}{Q_{0g}} \tag{11.3}$$

式中，m 为压缩机的台数，台；Q_{0g} 为每台压缩机设计工况下的制冷量，kW。

选择压缩机时，台数不宜过多，除全年连续使用的以外，一般不考虑备用。对于制冷量大于 1744 kW 的大、中型制冷站，压缩机不宜少于两台，而且应选择相同系列的压缩机，这样压缩机备件可以通用，也便于维修管理。

(3)压缩机级数的选择。压缩机的级数应根据设计工况的冷凝压力和蒸发压力之比来确定。一般若以氨为制冷剂，当 $p_c/p_e \leqslant 8$ 时，应采用单级压缩机；当 $p_c/p_e > 8$ 时，应采用两级压缩机；若以 R12、R22 或 R134a 为制冷剂，当 $p_c/p_e \leqslant 10$ 时，应采用单级压缩机；当 $p_c/p_e > 10$时，应采用两级压缩机。

2.压缩机制冷量的计算

活塞式压缩机的制冷量计算方法有如下三种。

(1)根据压缩机的理论输气量计算制冷量。压缩机的制冷量 Q_{0g}(kW)可由压缩机的理论输气量 $q_{v,\mathrm{th}}$乘以设计工况下的输气系数 λ 及单位容积制冷量 q_v 求得，即

$$Q_{0g}=q_{v,\mathrm{th}}\lambda q_v \tag{11.4}$$

(2)由冷量换算公式计算制冷量。同一台压缩机在不同的工况下，制冷量是不同的。压缩机铭牌上的制冷量，一般是指名义工况或标准工况的制冷量，工况改变后的制冷量可进行换算。冷量的换算公式是根据同一台制冷压缩机在不同工况下理论输气量不变的原则推导的，即

$$q_{v,\mathrm{th(A)}}=q_{v,\mathrm{th(B)}}$$

式中，下标(A)、(B)分别表示两种不同的制冷工况，设(A)为名义工况(或标准工况)，则压缩机在该工况下的制冷量为

$$Q_{0(\mathrm{A})}=q_{v,\mathrm{th(A)}}\lambda_{(\mathrm{A})}q_{v(\mathrm{A})}$$

设(B)为实际工况(或设计工况)，则压缩机在该工况下的制冷量为

$$Q_{0(\mathrm{B})}=q_{v,\mathrm{th(B)}}\lambda_{(\mathrm{B})}q_{v(\mathrm{B})}$$

由于 $q_{v,\mathrm{th(A)}}=q_{v,\mathrm{th(B)}}$，则

$$\frac{Q_{0(\mathrm{A})}}{\lambda_{(\mathrm{A})}q_{v(\mathrm{A})}}=\frac{Q_{0(\mathrm{B})}}{\lambda_{(\mathrm{B})}q_{v(\mathrm{B})}}$$

若已知工况(A)的制冷量，则工况(B)的制冷量为

$$Q_{0(\mathrm{B})}=Q_{0(\mathrm{A})}\frac{\lambda_{(\mathrm{A})}q_{v(\mathrm{A})}}{\lambda_{(\mathrm{B})}q_{v(\mathrm{B})}}=Q_{0(\mathrm{A})}K_i$$

式中，K_i 为压缩机制冷量换算系数，即 $K_i=\lambda_{(\mathrm{A})}q_{v(\mathrm{A})}/\lambda_{(\mathrm{B})}q_{v(\mathrm{B})}$，可通过相关手册查取不同压缩机型式和不同工作温度的冷量换算系数，供设计时参考。

(3)根据压缩机的特性曲线确定压缩机的制冷量。每一种型号的压缩机都有其一定的特性曲线，因此可以根据设计工况，在特性曲线图上查得该工况的制冷量。用压缩机的特性曲线图，不但能求出不同工况下的制冷量，还能确定不同工况下的轴功率。

3.压缩机轴功率及配用电动机功率的计算

制冷压缩机的轴功率 P_e(kW)可按下式计算：

$$P_e = \frac{\lambda q_{v,th}}{v_1} \frac{h_2 - h_1}{\eta_i \eta_m} = \frac{P_t}{\eta_i \eta_m} \tag{11.5}$$

式中，h_1 为压缩机吸气比焓，kJ/kg；h_2 为压缩机排气比焓，kJ/kg；η_i 为压缩机的指示效率；η_m 为压缩机的机械效率。

制冷压缩机配用电动机的功率 P(kW)，可按下式计算：

$$P = (1.10 \sim 1.15) \frac{P_e}{\eta_d} \tag{11.6}$$

4.压缩机气缸套冷却水量的计算

冷却压缩机气缸套的冷却水量可按下式计算：

$$q'_{m,s} = \frac{P_e \zeta}{4.186 \Delta t} \tag{11.7}$$

式中，$q'_{m,s}$为压缩机气缸冷却水量，kg/s；ζ 为冷却水带走的热量占全部热量的百分比，一般取 0.13～0.18；Δt 为气缸水套进出水的温度差，℃。

11.1.5　冷凝器和蒸发器的选型计算

1.冷凝器的选型计算

冷凝器的选型计算，主要是确定冷凝器的传热面积，选定适当型号的冷凝器，并计算冷凝器的冷却水量。

冷凝器的选型计算需要考虑下列因素：首先，根据工程基本情况选择合适的冷凝器型式及基本参数，满足传热、安全可靠性及能效要求；其次，考虑经济性，合理选材；最后，满足冷凝器安装、操作、维修等要求。一般在冷却水水质较差、水温较高、水量比较充裕的地区，宜采用立式冷凝器；水质较好且水温较低的地区，宜采用卧室壳管式或组合式冷凝器；在缺乏水源或夏季室外空气湿球温度较低的地区，可采用蒸发式冷凝器。如果冷却水采用循环冷却水方式，可根据制冷设备的布置要求进行合理选择。

(1)冷凝器热负荷计算。冷凝器热负荷按下式计算：

$$Q_c = q_m (h_{2s} - h_3) \tag{11.8}$$

式中，Q_c 为冷凝器的热负荷，kW；q_m 为冷凝器制冷剂质量流量，kg/s；h_3 为制冷剂液体出冷凝器的比焓，kJ/kg；h_{2s}为压缩机实际排气的比焓，kJ/kg，其值按下式计算：$h_{2s} = h_1 + \frac{(h_2 - h_1)}{\eta_i}$，$h_1$、$h_2$ 为理论制冷循环中压缩机吸入和排出制冷剂蒸气的比焓，kJ/kg。

冷凝器热负荷也可以按下式近似计算：

$$Q_c = Q_0 + P_i \tag{11.9}$$

式中，Q_0 为制冷剂在蒸发器中吸收的热量，即计算工况下的制冷量，kW；P_i 为压缩机在计算工况下的指示功率，kW。

(2)冷凝器传热面积计算。冷凝器的传热计算公式如下：

$$Q_c = K A_c \Delta t_m \tag{11.10}$$

式中，A_c 为冷凝器的传热面积，m^2；K 为冷凝器的传热系数，W/(m^2 · K)，参见表 8.2；Δt_m

为制冷剂与冷却介质之间的对数平均温差,℃,计算公式如下:

$$\Delta t_{m}=\frac{t_{s2}-t_{s1}}{\ln\frac{t_{c}-t_{s1}}{t_{c}-t_{s2}}} \tag{11.11}$$

式中,t_{s1},t_{s2}为冷却水进、出冷凝器温度,℃;t_{c}为冷凝温度,℃。

因此只要知道了Q_{c}、K、Δt_{m}就可以计算出所需要的传热面积A_{c}。

此外,冷凝器的传热面积还可以根据冷凝器的热流密度来计算。

$$A_{c}=\frac{Q_{c}}{q_{A}} \tag{11.12}$$

式中,q_{A}为冷凝器单位面积热负荷,W/m²,参见表8.2。

鉴于冷凝器使用一段时间后,由于油污的影响,会降低传热性能,因此选择冷凝器时应该有10%~15%的富余量。

当制冷系统中没有过冷器,采用卧式壳管式冷凝器时,冷凝器的传热面积也可再加大5%~10%,以保证液态制冷剂有3~5 ℃的过冷度。

根据确定的冷凝器传热面积,并参考压缩机台数及系统形式等因素,确定冷凝器的台数,并查阅相关手册,选择合适型号的冷凝器。

(3)冷凝器冷却水量的计算。冷凝器冷却水量根据冷凝器的热负荷和冷却水的进出口温差来确定:

$$q_{m,s}=\frac{Q_{c}}{c_{p}(t_{s2}-t_{s1})} \tag{11.13}$$

式中,$q_{m,s}$为冷凝器的冷却水量,kg/s;c_{p}为冷却水的定压比热容,kJ/(kg·K),淡水的$c_{p}=4.186$ kJ/(kg·K),海水的$c_{p}=4.312$ kJ/(kg·K)。

根据冷凝器的冷却水量$q_{m,s}$和压缩机气缸水套的冷却水量$q'_{m,s}$之和,查有关设备手册即可选出合适型号的冷却塔等冷却设备。

2.蒸发器的选型计算

蒸发器的选型计算,主要是确定蒸发器的传热面积,选定适当型号的蒸发器,并计算载冷剂的循环量。

蒸发器的选择应根据制冷剂和载冷剂的种类以及空调系统空气处理室的结构型式而确定。若空气处理室采用的是水冷式表冷器,以氨为制冷剂时,宜采用卧式壳管式蒸发器;以氟利昂为制冷剂时,宜采用干式壳管式蒸发器。采用卧式壳管式蒸发器以淡水作为载冷剂时,应该注意控制好蒸发温度,以防止载冷剂水冻结损坏蒸发器。当蒸发器被用来直接冷却空气时,则应采用冷却排管或冷风机。

(1)蒸发器传热面积计算。蒸发器的传热面积可按下式计算:

$$A_{0}=\frac{Q_{0}}{K\Delta t_{m}}=\frac{Q_{0}}{q_{A}} \tag{11.14}$$

式中,A_{0}为蒸发器的传热面积,m²;K为蒸发器的传热系数,W/(m²·K),参见表11.1;Δt_{m}为制冷剂与载冷剂之间的对数平均温差,℃,计算公式如下:

$$\Delta t_{\mathrm{m}}=\frac{t_{l2}-t_{l1}}{\ln\frac{t_{l1}-t_{\mathrm{e}}}{t_{l2}-t_{\mathrm{e}}}} \tag{11.15}$$

式中,t_{l1}为载冷剂进蒸发器的温度,℃;t_{l2}为载冷剂出蒸发器的温度,℃。

一般若以盐水作为载冷剂,进出蒸发器的盐水温差约为 2～3 ℃,若以淡水作为载冷剂则温差取 5 ℃。根据计算出蒸发器的面积,并考虑 10%～15%的富余量。再参考压缩机台数、系统型式、运行要求等确定蒸发器台数,并选择合适型号的蒸发器。

(2)载冷剂水循环量计算。载冷剂水循环量是根据蒸发器的热负荷和载冷剂水的进出口温差来确定的:

$$q_{m,1}=\frac{Q_0}{c_p(t_{l1}-t_{l2})} \tag{11.16}$$

式中,$q_{m,1}$为冷凝器的冷却水量, kg/s;c_p 为冷却水的比定压热容,kJ/(kg・K),其值与冷却水的定压比热容相同。

表 11.1　常用蒸发器的 K 与 q_A 值

	蒸发器型式	制冷剂	载冷剂	K/[W/(m²·K)]	q_A/(W/m²)	Δt_m/(℃)	载冷剂流速 m/s
满液式	卧式壳管式	氨	水	450～500	2300～3000	5～6	1～1.5
		氨	盐水	400～450	2000～2500	5～6	1～1.5
		氟利昂	水	350～450	1800～2500	5～6	1～1.5
	直立管式冷水箱	氨	水	500～550	2500～3500	5～6	0.5～0.7
		氨	盐水	450～500	2300～2900	5～6	0.5～0.7
	螺旋管式冷水箱	氨	水	500～550	2800～3500	5～6	0.5～0.7
		氨	盐水	400～450	2000～2500	5～6	0.5～0.7
非满液式	干式壳管式	氟利昂	水	500～550	2500～3000	5～6	>4
	直接蒸发式		空气	30～40	350～450	12～14	2～3
	光管冷却排管		空气	14	—	8～10	自然对流
	肋管冷却排管		空气	5～10	—	8～10	自然对流

11.1.6　其它辅助设备的选型计算

1.油分离器的选型计算

一些制冷压缩机配套生产厂家已提供了油分离器,例如 125 系列和 100 系列的制冷压缩机,大都配有油分离器,因而不必另行选配。如果制冷压缩机本身没有配油分离器,则需要另行选配油分离器。油分离器的尺寸,可以根据进、排气管管径选择,也可以根据所需要的桶体直径选择,两种方法均可按下式进行计算

$$d\text{ 或 }D\geqslant\sqrt{\frac{4q_{v,\mathrm{th}}\lambda v_2}{\pi v_1\omega}} \tag{11.17}$$

式中,D 为油分离器桶身直径,m;d 为油分离器进排气管管径,m;λ 为压缩机输气系数;

$q_{v,th}$为压缩机理论输气量，m^3/s；v_1 为压缩机吸入气体的比体积，m^3/kg；v_2 为压缩机排出气体的比体积，m^3/kg；w 为油分离器进气管内气流速度，m/s，一般要求 $w=10\sim25$ m/s。w 也可以是油分离器筒体内气流速度，填料式油分离器内气流通过填料层的速度为 0.4～0.5 m/s，其它型式的油分离器筒体内气流速度要求不超过 0.8 m/s。

根据计算出的油分离器筒体直径 D 或进气管管径 d，查相关设计手册，即可选出合适的油分离器。

2.储液器的选型计算

储液器容积按制冷剂循环量进行计算，但最大储存量应该不超过每小时制冷剂总循环量的 1/3～1/2。同时需要考虑当环境温度变化时，储液器内的液体制冷剂因受热膨胀造成的危险，因此其储液量不超过整个容积的 70%～80%。储液器的容积可按下式计算：

$$V=(\frac{1}{3}\sim\frac{1}{2})\frac{q_m v_R}{\beta}\times3600 \tag{11.18}$$

式中，V 为储液器的容积，m^3；q_m 为系统内制冷剂质量流量，kg/s；v_R为冷凝温度下液态制冷剂的比体积，m^3/kg；β 为液体充满度，一般取 0.7～0.8。

根据计算结果并参考系统型式，可选用单台或几台并联使用的储液器。几台储液器并联使用时，应选用同一型号的产品。

应该指出，并不是所有的制冷系统都应该设置储液器，对于小型制冷系统，由于系统内制冷剂量较少，当选用卧式壳管式冷凝器时，可利用冷凝器下部空间储存部分制冷剂，在这种情况下可不再单独设置储液器。

3.气液分离器选型计算

气液分离器的桶体直径可按下式计算

$$D\geqslant\sqrt{\frac{4q_{v,th}\lambda}{\pi\omega}} \tag{11.19}$$

式中，D 为气液分离器桶体直径，m；$q_{v,th}$为压缩机理论输气量，m^3/s；λ 为压缩机输气系数；w 为气液分离器内气流速度，m/s，一般取 $w=0.5$ m/s。

4.集油器选型计算

氟利昂制冷系统中不单独设置集油器，氨制冷系统中均应设置集油器。集油器一般不进行计算，而是根据经验选取。目前国内生产的集油器规格有四种，其规格如表 11.2 所示。

表 11.2　集油器规格及主要参数表

类型	型号	主要尺寸		
		桶体直径 D/mm	桶总高 H/mm	重量/kg
Ⅰ	JY-150	159	647	30
	JY-200	219	902	65
	JY-300	325	1151	120
Ⅱ	JY-500	500	1518	215

当压缩机总制冷量小于或等于 233 kW 时，采用筒径为 159 mm 的 JY-150 集油器一台；当总制冷量在 233～600 kW 时，采用筒径为 219 mm 的 JY-200 集油器 1 台；当总制冷量在 600～1163 kW 时，采用筒径为 325 mm 的 JY-300 集油器一台；当总制冷量在 1163 kW以上时，采用筒径为 500 mm 的 JY-500 集油器一台。

5.不凝性气体分离器选型计算

一般蒸发温度比较低，蒸发压力小于大气压力的制冷系统，都应设置不凝性气体分离器。对于空调用氨制冷系统，运行时系统压力总是高于大气压力，但是由于制冷系统排空不彻底，充灌制冷剂或补充润滑油及设备检修等过程中都会有空气残留或混入系统，因此，氨制冷系统一般都要设置不凝性气体分离器。对于中小型氟利昂制冷系统，不凝性气体排放是用冷凝器上的放空阀，很少单独设置不凝性气体分离器。

不凝性气体分离器一般不进行计算，而是根据经验选取。目前生产的不凝性气体分离器规格有两种，其筒体直径分别为 108 mm 和 219 mm。当冷冻站制冷量小于 1163 kW 时，选用小号气体分离器；当大于 1163 kW 时，选用大号气体分离器。

6.紧急泄氨器

紧急泄氨器种类较少，多是 JXA108，任何规模的氨制冷系统都可使用。

11.2　制冷站的设计要求及制冷设备的布置原则

11.2.1　制冷站的设计要求

(1)制冷站应尽量靠近空调机房，以便缩短载冷剂水管道，减少冷损失和基建投资。规模较小的氟利昂制冷设备可以设置在空调机房内，小型氨制冷设备可以设在一些不重要厂房的一端，但需要用墙隔开，机器设备间不宜与厂房直接连通，并应尽量避免西晒，规模较大的制冷站，特别是氨制冷站，应该单独修建。

(2)制冷站应布置在全厂厂区夏季风主导风向的下风侧。在动力站区域内，一般布置在乙炔站、锅炉房、煤气站及堆煤场等散发尘埃建筑的上风侧，以保证制冷站的清洁与安全。

(3)制冷站的位置应尽量靠近冷却水源和电源，以节省管线。

(4)氨制冷站应远离人员密集的场所以及有重要设备的房间，以免发生事故时造成重大损失。

(5)规模较小的制冷站一般不分间，规模较大的制冷站可按不同情况分别设置机器间、设备间、水泵间、变电间以及维修室和值班室等。机器间用以布置制冷压缩机、电动机和调节站。设备间用于布置卧式冷凝器、蒸发器及储液器等设备。水泵间用于布置载冷剂水泵和冷却水泵。变电间用于布置专用变压器等。机器间和设备间需要考虑设备安装和检修时的起吊高度，氟利昂制冷机房的净空高度应不小于 3.6 m，氨制冷机房应不小于 4.8 m。

(6)制冷站一般要求为单层建筑，采用二级耐火材料或不燃材料建造，并设有两个不相邻的出入口，其中一个出入口应考虑设备进出需要的净面积。冷冻站的门窗均应向外开启。氨冷冻站一般不宜设置在楼内地下室中。

(7)制冷站应有每小时不小于 3 次换气的自然通风。氨制冷站还应该有每小时不小于 7 次换气的事故通风设备。

(8)氨压缩机配用的电动机必须采用防爆型,同时在站房内设置必要的消防和安全器材。

11.2.2 制冷设备的布置原则

(1)冷冻站内的设备布置应保证操作、检修方便,同时尽可能使设备布置紧凑,以节省建筑面积。

(2)压缩机必须设置在室内,并应有减振基础。若有数台压缩机,可根据压缩机的台数,在机器间排成一列或双列。机器间的操作通道不宜过长,一般不大于 12 m。两台压缩机之间的距离应满足抽出压缩机曲轴所需要的地方,一般不小于 1 m。其它制冷设备可根据具体情况,设置在室内、室外或敞开式建筑物内。

(3)立式、蒸发式、淋激式冷凝器,应设置在室外并离机房出、入口较近的地方。冷凝器的冷却水水池离机房等建筑物墙面的距离,一般应不小于 3 m,以避免冷却水外溅时损坏墙面。冷凝器布置在室外时,应尽量避免阳光的直接照射。蒸发式冷凝器的冷凝排管宜垂直于该地区夏季的主导风向,以增强冷凝效果。卧式冷凝器和蒸发器通常布置在室内,在布置卧式壳管式冷凝器和蒸发器时,应留有清洗和更换传热管子的空间位置。

(4)辅助设备的布置应符合工艺流程。储液器的位置应靠近冷凝器,其安装高度应能保证制冷剂液体依靠重力从冷凝器自行流入储液器。储液器应尽量设置在室内,若布置在室外时,应特别注意防止阳光的直接照射。图 11.1 所示为冷凝器与储液器的位置关系。

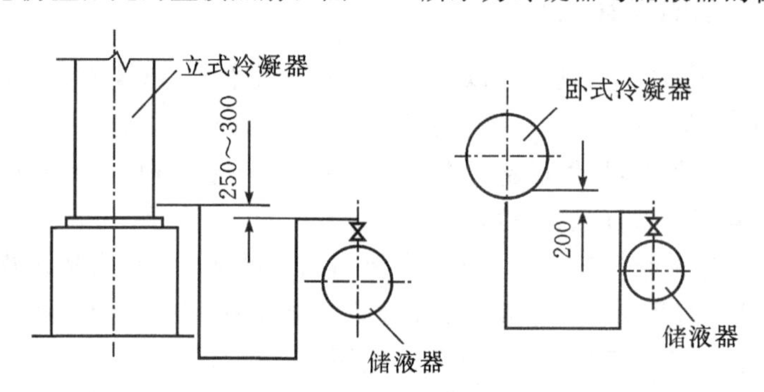

图 11.1 冷凝器与储液器的位置关系(单位:mm)

集油器应设置于各放油设备的附近或室外。不凝性气体分离器一般靠墙设置。集油器和不凝性气体分离器布置在室内时,其放油管和放空气管均应用金属管或橡胶管连于室外,以保证操作安全。

紧急泄氨器及紧急泄氨器的泄氨阀,均应设置在外门附近便于操作的地方。

(5)制冷压缩机及其它设备的布置,必须符合流程顺序,并应尽可能使连接管路简短,流向通畅。设备及管路上的压力表、温度计等仪表,应设置在光线比较好且便于观察的地方。

(6)设备布置的间距应符合表 11.3 的要求。

表 11.3　设备布置净距离

项目	间距/m	项目	间距/m
主要通道和操作走道宽度	⩾1.5	两台蒸发式冷凝器之间	4～5
压缩机与配电盘之间	⩾1.5	两台储液器之间	0.5～0.8
两台压缩机之间	⩾1.0	两台卧式蒸发器之间	1.0
压缩机与设备之间	⩾1.0	水箱式蒸发器两端距离	⩾1.2
两台冷水机组之间	⩾2.0	水箱式蒸发器侧面离墙距离	⩾0.2
两台立式冷凝器之间	0.5～0.7	卧式冷凝器外壁与墙之间	⩾0.3
两台卧式冷凝器之间	0.8～1.0	非主要通道和非操作通道宽度	⩾1.0

11.3　制冷系统管路设计

11.3.1　制冷系统管路计算

制冷剂管道直径的确定,应综合考虑经济、压力损失和回油等因素。从初投资的角度来看,管径小则比较经济,但是管径的减小将增加压力损失,从而引起压缩机的吸气压力降低,排气压力升高,导致压缩机制冷能力降低和单位制冷量耗电量增加。对氟利昂系统,如果吸气管径选择不当,会使润滑油回油不良,从而给系统的运行带来不良影响,因此不希望管路的压力损失过大。制冷剂管道直径的选择应按其压力损失相当于制冷剂饱和蒸发温度的变化值确定。通常氨制冷压缩机的吸气管路压力损失,不宜超过相当蒸发温度降低 0.5 ℃;排气管压力损失,不宜超过相当冷凝温度升高 0.5 ℃。氟利昂制冷系统的吸气管压力损失,不宜超过相当蒸发温度降低 1 ℃;排气管压力损失,不宜超过相当冷凝温度升高 1 ℃ 。

制冷系统的管径可按下式计算:

$$d_i \geqslant \sqrt{\frac{4q_m v_R}{\pi w}} \tag{11.20}$$

式中,d_i 为制冷剂管道的直径,m;q_m 为制冷剂的质量流量, kg/s;v_R 为制冷剂的比体积,m^3/kg;w 为制冷剂在管道中的流速,m/s,如表 11.4 所示。

表 11.4　制冷剂在管道中允许的速度和压力降

管道名称	R717		R12		R22	
	w/(m/s)	Δp/kPa	w/(m/s)	Δp/ kPa	w/(m/s)	Δp/kPa
吸气管	10～20	<20	6～15	<12.5	6～15	<20
排气管	15～25	15～22	10～16	15～30	10～16	20～25
冷凝器至储液器的液体管	<0.5	<50	<0.5	<50	<0.5	<50
储液器至节流阀的液体管	0.5～1.25	<50	0.5～1.25	<50	0.5～1.25	<50

根据公式(11.20)计算出制冷剂管径后,还应该参照表11.4校核其压力损失是否超过允许的数值。如果压力损失大于允许值,则应选取较低的流速重新计算,直至符合要求为止。

制冷剂管路的压力损失,包括直管段的沿程阻力损失和管件的局部阻力损失两部分。为了计算方便,常把各管件的局部阻力损失折合成某一管长的沿程阻力损失,所折合成的长度称为当量长度。这样,管路系统某管段的总计算长度,等于直线管段的长度与各管件的当量长度之和。因此,该管段的压力损失为

$$\Delta p = f_m \left(\frac{L + L_d}{d_i}\right) \frac{\rho w^2}{2} \tag{11.21}$$

式中,Δp 为计算管段的压力损失,Pa;f_m 为摩擦阻力系数;ρ 为制冷剂的密度,kg/m^3;L 为直线管段长度,m;w 为制冷剂流速,m/s;L_d 为局部管件的当量长度,m,常用管件的当量长度可参照表11.5计算。

表11.5　常用管件的当量长度与管道内径的比值

管件名称	L_d/d_i	管件名称	L_d/d_i
直通截止阀(全开)	340	焊接弯头90°(三段)	20
角阀(全开)	170	焊接弯头90°(四段)	15
闸阀(全开)	8	渐扩管 $d/D=1/4$	30
止回阀(全开)	80	$d/D=1/2$	20
螺纹弯头90°	30	$d/D=3/4$	17
螺纹弯头45°	14	渐缩管 $d/D=1/4$	15
焊接弯头45°	15	$d/D=1/2$	11
焊接弯头60°	30	$d/D=3/4$	7
焊接弯头90°	60	—	—

摩擦阻力系数 f_m 与制冷剂流态有关,当雷诺数 $Re=2300\sim10^5$ 时,

$$f_m = \frac{0.3164}{Re^{0.25}} \tag{11.22}$$

当 $Re<2300$ 时,

$$f_m = \frac{64}{Re} \tag{11.23}$$

当 $Re>2300$ 时,f_m 还与管壁粗糙度系数 f_r 有关系,按式(11.22)计算时需要乘以粗糙度系数 f_r

$$f_m = \frac{0.3164}{Re^{0.25}} f_r \tag{11.24}$$

光滑的纯铜管或黄铜管,$f_r=1$;新钢管,$f_r=1.11$;旧钢管,$f_r=1.56$。

对于氟利昂制冷系统,其吸气管径,除应满足以上要求外,还有一个重要问题必须注意,那就是应能保证润滑油顺利地返回制冷压缩机。压缩机工作过程中,被压缩机排气带入冷

凝器的那部分润滑油溶解在液态制冷剂中。然而在蒸发器中，由于液态氟利昂吸热汽化，而润滑油仍为液态，这样就使润滑油与氟利昂几乎完全分离开来，低压气态制冷剂过热度越大，分离就越完全。因此，设计压缩机吸气管路时，应考虑如何使分离出的润滑油顺利返回压缩机。向下的吸气管或水平吸气管，润滑油可靠重力流回压缩机。对于上升的吸气管，只有当管内气流速度足够大时，才能把润滑油带回压缩机。

为了简化管路计算，制冷系统管径也可应用线算图确定。一些制冷设计手册和资料都给出了氨和氟利昂的线算图，可供制冷管径计算时使用。

11.3.2　管路的布置原则

管路的布置力求简短，符合工艺流程，缩短线路，减少部件，以达到减少阻力、冷损失、泄漏及降低材料消耗的目的。此外，还应考虑切换的灵活性、运行的可靠性及切断检修的可能性。

(1)氨制冷系统的管道一律采用无缝钢管，禁止使用铜或铜合金管及其管件。氟利昂制冷系统管道通常采用铜管。当管径超过 25 mm 时，为了节约有色金属材料，一般也采用无缝钢管。

(2)为了缩短管线，减少系统的压力降和制冷剂的充灌量，配管应尽可能短而直。同时应考虑操作和检修方便，不妨碍对压缩机和其它设备的正常观察和管理，不妨碍设备的检修和交通通道及门、窗的开关。

(3)氨制冷系统的管路一律采用焊接接口。设备或阀门带有法兰的可用法兰连接。在氟利昂制冷系统中，管道一般也采用焊接技术连接。管道与设备或阀件之间可用法兰连接，但注意不得使用天然橡胶垫料，也不能涂矿物油，必要时可涂甘油。管径在 20 mm 以下的铜管需要拆卸部位，应采用带螺纹和喇叭口的接头螺纹连接。

为了避免泄漏，应尽量减少连接管件。各种管路原则上均采用煨制弯头，弯曲半径一般不小于 4 倍管道外径。如因敷设地方尺寸限制，对管径较大的管路，允许弯曲半径不小于其外径的 2.5 倍。

(4)管道布置时，除特殊要求之外，一般情况下液体管道不应有局部向上凸起的弯曲现象，气体管道不应有局部向下凹陷的弯曲现象，以免产生“气囊”和“液囊”，阻碍液体和气体通过。

(5)管道一般应用支架、吊架固定在梁、柱、楼板和墙上。支架、吊架的最大允许间距如表 11.6 所示。

表 11.6　支架、吊架的最大允许间距

管道外径/mm×壁厚/mm	无保温管的间距/m	有保温管的间距/m
10×2	1.0	0.6
18×2	2.0	1.5
22×2	2.0	1.5
32×3.5	3.0	2.0

续表11.6

管道外径/mm×壁厚/mm	无保温管的间距/m	有保温管的间距/m
45×3.5	4.0	2.5
57×3.5	5.0	3.0
108×4	6.0	4.0
159×4.5	7.5	5.0
219×6	9.0	6.0

在布置需要保温的冷管路时，应考虑保温层的厚度。一般管道外表面或保温层最外层距墙、柱不小于150 mm。

(6)压缩机的吸气管和排气管敷设在同一支架或吊架上时，应将吸气管道敷设在排气管道的下面。数根平行管之间应留有一定的安装、检修距离。一般情况下，管道间净距离不应小于200～250 mm。

(7)管道的敷设高度应符合表11.7的要求，管路和支架、吊架布置时，应考虑压缩机排气管路的热膨胀，一般均利用管路弯曲部分进行自然补偿，不设置伸缩器。

表11.7　管道安装高度

安装场所	安装高度/m	备注
机房内架空管道通过人行道时	>2.0	管底至室内地坪
机房外低支架时	0.3～0.8	管底至地面净距离
机房外架空管道通过人行道时	>2.5	
机房外架空管道通过车行道时	4～4.5	
不防水地沟时	0.5	地沟应比地下水位高

(8)从液体主管接出支管时，一般应从主管的底部接出。从气体主管接出支管时，一般应从主管的上部或者侧面接出。

(9)管道穿过墙壁和顶棚时，应设置套管，以防止管道因温度变化而伸缩。如果是低温管道，还应考虑留有足够厚度的隔热层。对于压缩机排气管道，在穿过易燃墙壁和楼板时，应采用不燃材料进行隔离。

(10)管道布置在地沟内时，沟底应有不小于0.01的排水坡度，并应在沟底的最低点设置地漏或其它排水装置。

(11)制冷设备之间连接管道的敷设坡度、坡向应符合表11.8的要求。

(12)如果两台氟利昂压缩机并联运行，为了保证润滑油的均衡，两台压缩机曲轴箱之间的上部应装有均压管，下部应装有均油管，如图11.2所示。

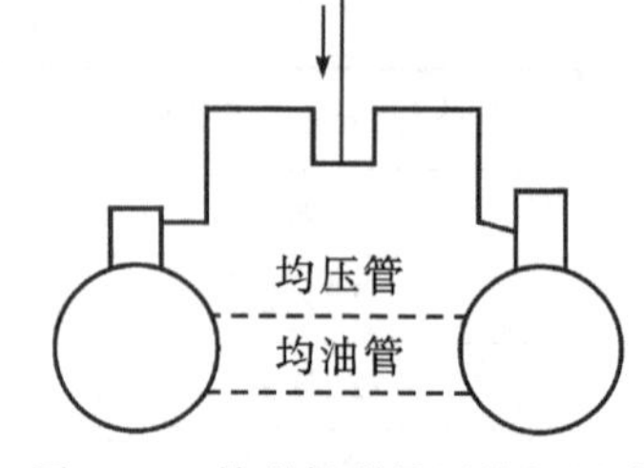

图11.2　并联氟利昂压缩机回油

(13)对于不设油分离器的氟利昂压缩机，当冷凝器高于压缩机 2.5 m 以上时，在压缩机的排气管上应设置一个分油环，如图 11.3 所示，以防止压缩机停止运行时，较多的润滑油经排气管返回压缩机，致使再启动时造成冲缸事故。

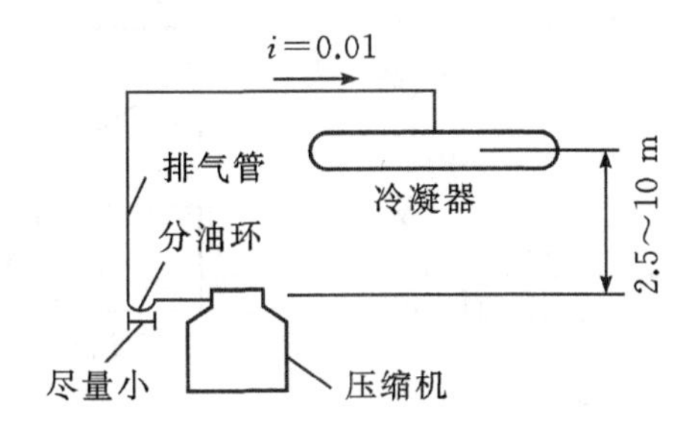

图 11.3　氟利昂压缩机排气管分油环

表 11.8　连接管道的敷设坡度、坡向要求

管道名称	坡向	坡度
压缩机进气水平管(氨)	蒸发器	≥0.005
压缩机进气水平管(氟)	压缩机	≥0.01
压缩机排气水平管	油分离器	0.01～0.02
油分离器至冷凝器水平管	油分离器	—
机器间至调节站的供液管	调节站	—
调节站至机器间的回气管	调节站	—

(14)当蒸发器高于制冷压缩机时，为了防止停机时液态制冷剂从蒸发器流入压缩机，蒸发器的出气管应首先向上弯曲至蒸发器的最高点，再向下通至压缩机，如图 11.4 所示。

(15)当冷凝器高于蒸发器时，为了防止停机后液体进入蒸发器，供液管至少应抬高 2 m 以后再通至蒸发器，如图 11.5 所示。但是，如果膨胀阀前设有电磁阀时，则可不必如此连接。

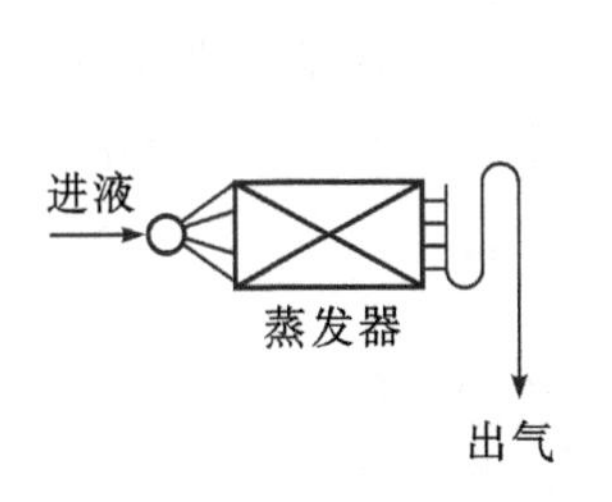

图 11.4　蒸发器出气管

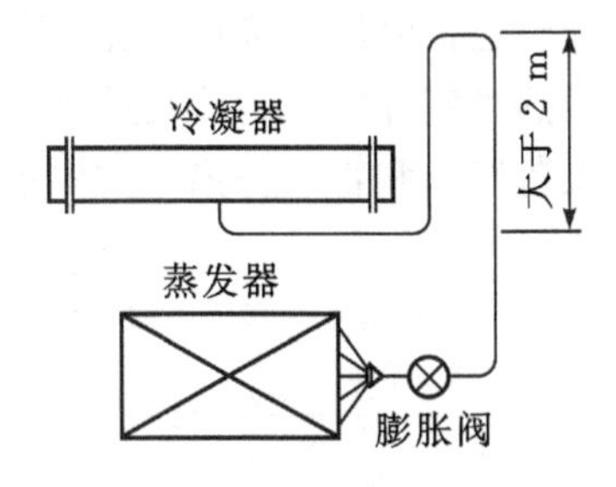

图 11.5　冷凝器高于蒸发器

(16)当蒸发器上下分层布置时，由于向上供液，管内压力降低，并伴随有部分液体汽化，形成闪发蒸气。为了防止闪发形成的蒸气集中进入最上层蒸发器，供液管应如图 11.6 配置。当数个高差较大的蒸发器，由一根供液管供液时，为了使闪发蒸气得到均匀分配，应按图 11.7 方式进行配管。

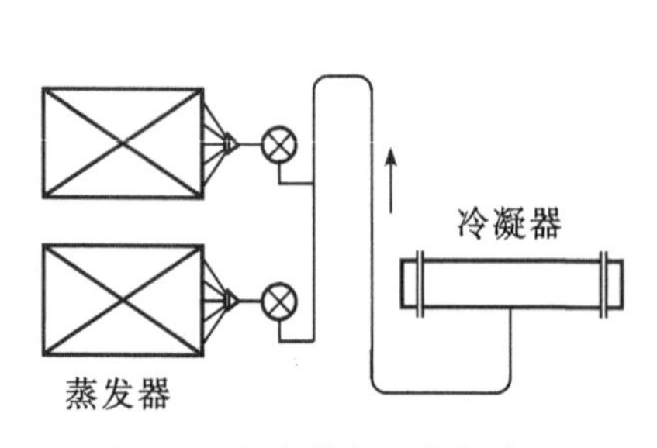

图 11.6　闪发蒸气的均匀分配

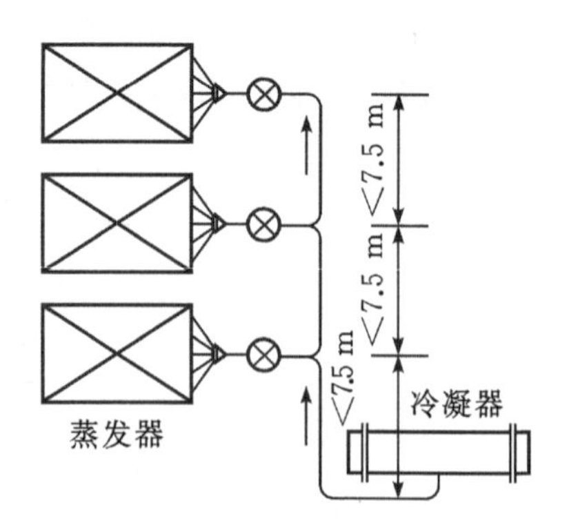

图 11.7　高差较大的蒸发器的给液方式

(17)对于非回热式氟利昂制冷系统，直接将制冷装置的蒸发器供液管与压缩机的吸气管并列安装，并进行整体保温即可达到回热目的。

11.3.3　制冷设备与管路的隔热措施

为了减少制冷系统的冷损失，对低温设备和管路都必须进行保温。需要保温的设备有卧式壳管式蒸发器、水箱式蒸发器、氨液分离器、立式不凝性气体分离器、空调载冷剂回水箱等。需要保温的管道有制冷压缩机吸气管、节流阀后的供液管以及空调载冷剂的供、回水管道等。

1.保温材料及性能

制冷系统所使用的保温材料应具有热导率小、吸水率低且憎水性能好、密度小、耐低温性能好，而且使用安全、无毒、无刺激性气味、不燃烧、廉价易得、便于施工等特性。

目前制冷系统中常用的保温材料有玻璃棉、泡沫塑料和软木等，其性能如表 11.9 所示。

2.保温层厚度的确定

制冷设备和管道保温层厚度的确定，要考虑经济上的合理性。最小保温层厚度应使其外表面温度比最热月室外空气的平均露点温度高 2 ℃左右，以保证保温层外表面不致有结露现象发生。设备壁面和管道保温层的厚度，可分别按照以下公式进行计算：

$$\frac{t-t_{\mathrm{n}}}{t-t_{\mathrm{w}}}=1+\alpha\,\frac{\delta}{\lambda} \tag{11.25}$$

$$\frac{t-t_{\mathrm{n}}}{t-t_{\mathrm{w}}}=1+\alpha\,\frac{1}{\lambda}\left(\frac{d_0}{2}+\delta\right)\ln\left(\frac{d_0+2\delta}{d_0}\right) \tag{11.26}$$

式中，t 为空气干球温度，以最热月室外空气平均温度计算，℃；t_{n} 为管道或设备内介质的温度，℃；t_{w} 为保温层表面温度，℃，比最热月室外空气的平均露点温度高 2 ℃左右；α 为空气与保温层外表面的表面传热系数，一般取 $a=5.8$ W/(m^2 · K)；δ 为保温层厚度，m；λ 为保温材料的热导率，W/(m · K)；d_0为圆形设备或管道外径，m。

在实际工程中，常将各种保温材料根据不同的保温目的，制成保温层厚度选用表，可供设计时直接选用。至于空调载冷剂供、回水管道的保温层厚度还可以参考表 11.10。

表 11.9　常用隔热保温材料的主要性能

<table>
<tr><th rowspan="2" colspan="2">材料名称</th><th colspan="4">一般性能</th><th colspan="2">主要优、缺点</th></tr>
<tr><th>密度/$(\mathrm{kg}\cdot\mathrm{m}^{-3})$</th><th>热导率/$(\mathrm{W}/(\mathrm{m}\cdot\mathrm{K})^{-1})$</th><th>适用温度/℃</th><th>吸水性/%
吸水量/$(\mathrm{kg}\cdot\mathrm{m}^{-2})$</th><th>优点</th><th>缺点</th></tr>
<tr><td rowspan="2" colspan="2">软木板</td><td>＜180</td><td>0.058</td><td></td><td>＜8%</td><td rowspan="2">强度大,不腐蚀</td><td rowspan="2">能燃烧、能被虫蛀,密度大</td></tr>
<tr><td>＜200</td><td>0.07</td><td></td><td>＜10%</td></tr>
<tr><td>玻璃纤维板</td><td>纤维直径：
18～25 μm
＜16 μm
4 μm</td><td>90～105
70～80
40～60</td><td>0.04～0.046
0.037
0.031～0.035</td><td>−50～200</td><td></td><td rowspan="2">耐冻,密度小,无臭,不燃,不腐</td><td rowspan="2">吸湿性大,耐压力很差</td></tr>
<tr><td colspan="2">玻璃棉管壳</td><td>120～150</td><td>0.035～0.058</td><td>≤250</td><td></td></tr>
<tr><td colspan="2">矿渣棉</td><td>100～130</td><td>0.04～0.046</td><td>−200～−250</td><td></td><td>耐火,成本低</td><td>吸湿性大,松散易沉陷</td></tr>
<tr><td rowspan="3">泡沫塑料</td><td>自熄聚苯乙烯</td><td>25～50</td><td>0.029～0.035</td><td>−80～75</td><td></td><td rowspan="2">热导率小,吸水性低、无臭、无毒,抗腐蚀</td><td rowspan="2">能燃烧,但可自熄</td></tr>
<tr><td>自熄聚氯乙烯</td><td>＜45</td><td>＜0.043</td><td>−35～80</td><td>＜0.2 kg/m²</td></tr>
<tr><td>聚氨酯硬质泡沫塑料</td><td>＜40</td><td>0.04～0.046</td><td>−30～80</td><td></td><td>就地发泡、施工方便</td><td>发泡时有毒气产生</td></tr>
<tr><td colspan="2">岩棉保温管壳</td><td>100～200</td><td>0.052～0.058</td><td>−268～350</td><td></td><td rowspan="2">适用温度范围大,施工简单</td><td rowspan="2">岩棉对人体有危害</td></tr>
<tr><td colspan="2">岩棉保温板</td><td>80～200</td><td>0.047～0.058</td><td>−268～350</td><td></td></tr>
</table>

表 11.10　保温层厚度

载冷剂水管公称直径/mm	≤32	40～65	80～150	200～300	＞300
自熄聚苯乙烯/mm	40～45	45～50	55～60	60～65	70
玻璃棉/mm	35	40	45	50	50

3.保温结构的组成

为保证保温效果,保温层结构应由以下几部分组成。

(1)防锈层。为了防止设备和管道外表面的腐蚀,保温前首先用钢丝刷将表面的铁锈除掉,然后在设备和管道外表面刷红丹防锈漆或沥青清漆 1～2 遍。

(2)保温层。粘贴保温层时,应根据保温材料的不同而选用不同的黏合剂,如沥青或其它黏合剂。保温层粘贴后,应将其缝隙用沥青填充。

(3)隔汽层。在保温层外面缠包油毡或塑料布等,使保温层与空气隔开,防止空气中的水蒸气透入保温层内部结露，影响保温性能和使用寿命。对于较大的设备和管道，还可在隔汽层外敷以铁皮或抹石棉水泥保护层，使保温层不致被破坏。

(4)色层。在保护层外表面涂以不同颜色的磁性调和漆，并标明介质的种类和流向。氨制冷系统各种管段选用油漆的颜色可参考表11.11。

表11.11　氨制冷系统选用油漆颜色

管道名称	油漆颜色	管道名称	油漆颜色
高压氨气管	深红色	冷却给水管	天蓝色
低压回气管	蓝色	冷却回水管	淡紫色
高压氨液管	深黄色	载冷剂供水管	绿色
低压氨液管	淡黄色	载冷剂回水管	棕色
放油管	黑色	平衡管	淡绿色
放空管	红色	紧急泄氨管	深黄色

11.4　空调用冷水机组

冷水机组是把制冷机、冷凝器、蒸发器、节流装置、控制系统及开关箱等组装在一个共用机座或框架上的整体式制冷装置。根据主机的结构形式不同，常见的有活塞式、螺杆式、离心式和吸收式冷水机组。采用热泵循环的制冷装置生产的冷(热)水可以通过冷(热)水泵、管道及阀门送至空调系统的喷水室、表面式空气冷却器或风机盘管换热器中，夏季为空调房间提供冷量，冬季为空调房间提供热量，直接作为空调系统的冷(热)源使用。这种整体式冷(热)水机组，可以安装在建筑物的地下室、设备层或者屋面之上，安装简单，使用方便，广泛用于宾馆、办公楼、大型商场、歌舞厅、影剧院、餐厅、医院及厂矿企业的中央空调系统中，深受用户的欢迎。

选择冷水机组时，台数不宜过多，一般不考虑备用。为了与空调系统负荷变化情况及运行调节要求相适应，一般以选用2～4台为宜，机组之间要考虑互为备用和轮换使用的可能性。

选用冷水机组时须注意：当系统制冷量 $Q_0<580$ kW时，宜选用活塞式冷水机组；Q_0 取580～1163 kW时，宜选用螺杆式或活塞式冷水机组，且台数不宜少于2台；$Q_0 \geq 1163$ kW时，宜选用离心式冷水机组，当选用1台或多台离心式冷水机组时，宜同时设置1台或2台制冷量较小的离心式、螺杆式或活塞式冷水机组，以适应空调系统负荷变化时运行调节的要求。

当冬季室外平均气温高于－10 ℃时，方可选用热泵式冷(热)热水机组。

电力供应比较紧张，但有燃气或燃油可供选用的地区，可选择直燃型溴化锂吸收式冷热水机组作为空调冷热源，夏季为空调系统提供冷水，冬季为空调系统提供热水。

制冷量为1160 kW时几种冷水机组的能耗参见表11.12。

表 11.12 1160 kW 制冷量时几种机组的能耗数据

冷水机组类型		活塞式	螺杆式	离心式	蒸汽双效吸收式	直燃型吸收式
冷却水量/(m^3/h)		227	240	240	240	360
能耗	电/(kW·h)	299	240	230	5.5	7
	蒸汽/(kg/h)				1560	天然气 98(m^3/h)(标况)
折合标准煤/(kg/h)		122	98	94	225	153

空调用制冷机组的优缺点参见表 11.13。

表 11.13 几种制冷机组的优缺点

机组种类	优点	缺点
活塞式	(1)用材简单,可用一般金属材料,加工容易,造价低; (2)系统装置简单,润滑容易,不需要排气装置; (3)采用多机头,高速多缸,性能可得到改善	(1)零部件多,易损件多,维修复杂、频繁,维护费用高; (2)压缩比低,单机制冷量小; (3)单机头部分负荷下调节性能差,卸缸调节,不能无级调节; (4)属上下往复运动,振动较大; (5)单位制冷量重量指标较大
螺杆式	(1)结构简单,运动部件少,易损件少,仅是活塞式的 1/10,故障率低,寿命长; (2)圆周运动平稳,低负荷运转时无"喘振"现象,噪音低,振动小; (3)压缩比可高达 20,EER 值高; (4)调节方便,可在 10%~100%范围内无级调节,部分负荷时效率高,节电显著; (5)体积小,重量轻,可做成立式全封闭大容量机组; (6)对湿冲程不敏感; (7)属正压运行,不存在外气侵入腐蚀问题	(1)价格比活塞式高; (2)单机容量比离心式小,转速比离心式低; (3)润滑油系统较复杂,耗油量大; (4)大容量机组噪声比离心式高; (5)要求加工精度和装配精度高
离心式	(1)叶轮转速高,输气量大,单机容量大; (2)易损件少,工作可靠,结构紧凑,运转平稳,振动小,噪声低; (3)单位制冷量重量指标小; (4)制冷剂中不混有润滑油,蒸发器和冷凝器的传热性能好; (5)EER 值高,理论值可达 6.99; (6)调节方便,在 10%~100%内可无级调节	(1)单级压缩机在低负荷时会出现"喘振"现象,在满负荷运转平稳; (2)对材料强度、加工精度和制造质量要求严格; (3)当运行工况偏离设计工况时效率下降较快,制冷量随蒸发温度降低而减少的速度比活塞式大; (4)离心负压系统,外气易侵入,有产生化学变化腐蚀管路的危险

续表11.13

机组种类	优点	缺点
溴化锂吸收式	(1)运动部件少,故障率低,运动平稳,振动小,噪声低; (2)加工简单,操作方便,可实现10%～100%无级调节; (3)溴化锂溶液无毒,对臭氧层无破坏作用; (4)可利用余热、废热及其它低品位热能; (5)运行费用少,安全性好; (6)以热能为动力,电能耗用少	(1)使用寿命比压缩式短; (2)节电不节能,耗汽量大,热效率低; (3)机组长期在真空下运行,外气容易侵入,若空气侵入,造成冷量衰减,故要求严格密封,给制造和使用带来不便; (4)机组排热负荷比压缩式大,对冷却水水质要求较高; (5)溴化锂溶液对碳钢具有强烈的腐蚀性,影响机组寿命和性能

复习思考题

11.1　制冷站内制冷设备布置的基本原则是什么?

11.2　如何进行各种制冷设备的选择计算?

11.3　确定制冷系统管道直径时应考虑哪些因素?

11.4　制冷系统中哪些管道安装敷设隔热层?确定隔热层厚度的原则是什么?

11.5　设计空调制冷站应掌握哪些原始资料?

11.6　活塞式、螺杆式和离心式冷水机组各有哪些特点?分别适用于什么场合?

11.7　溴化锂吸收式冷水机组有哪几种?同其它型式冷水机组相比,它有哪些特点?分别适用什么场合?

第 12 章

冷藏库设计基础

12.1 概述

冷库是采用人工制冷降温并具有保冷功能的仓储式建筑群，包括制冷机房、变配电间等，营造具有特定的温度和相对湿度的环境，用于加工和储藏食品、工业原料、生物制品以及医药等物资的专用建筑物。本章主要介绍食品冷库设计有关内容。

12.1.1 冷库的分类

1.按结构形式分

按结构形式将冷库主要分为土建式冷库和装配式冷库，此外还有山洞冷库和覆土冷库等。

2.按冷藏温度分

按冷藏温度将冷库分为高温冷库和低温冷库。一般高温冷库的冷藏温度为 0 ℃左右，低温冷库的冷藏温度在－15 ℃以下。

3.按使用性质分

按使用性质将冷库分为生产性冷库、分配性冷库和综合性冷库三种类型。生产性冷库主要建在货源较集中的地区。通常与肉、鱼类联合加工厂或食品工业企业建在一起，作为该企业的一个组成部分。企业所加工食品进入冷藏库进行冷却或冻结，经过短期冷藏储存后即运往销售地区，生产性冷库的特点是具有较大的冷却和冻结加工能力以及一定的冷藏容量。分配性冷库建在消费中心，它的主要任务是储藏已经冻结的食品，因此其冷藏容量较大，而冷却及冻结能力则较小（或不设），综合性冷库具有上述两种冷库的性质，可以同时具有冻结和储藏的能力。如建在城市或是港口的肉、鱼类联合加工厂中的冷库，多属于此类。冷库的储藏的量可由几吨到几万吨。

4.按容量大小分

按容量大小将冷库分为小型冷库、中型冷库和大型冷库。公称容积小于 5000 m^3 的为小型冷库，5000～20000 m^3 的为中型冷库，大于 20000 m^3 的为大型冷库。公称容积按冷藏间或冰库的室内净面积（不扣除柱、门斗和制冷设备所占的面积）乘以房间净高计算。

冷库容量不同,其建筑布置、结构形式及要求也不同。用于机关、学校、工厂、饮食商店等部门的生活服务性冷库,它的冷藏量只有几吨到上百吨,食品的储存时间也不长,库温一般为 0～－15 ℃。这种小型冷库几乎全部采用氟利昂制冷装置,冷藏间利用氟利昂的直接蒸发来降温,制冷装置的运行大都实现了自动化。小型冷库可以是砖木或混凝土结构,建成固定的建筑物,制冷机组装在冷藏库外面,也可以用预制板拼装而成,称为装配式冷库。

在大、中型冷库中,对食品要进行冷却、冻结、储藏、切割及包装等不同操作,储藏的食品除肉、鱼类之外,还有禽蛋、果蔬等。而如果有制冰装置时,还需要有一定的储冰能力。因此,大、中型冷库的库房不但数量多,而且种类多,对它们的要求及库房中需要保持的温度各不相同。库房设计温度和相对湿度应根据各类食品冷藏工艺的要求确定,一般按冷库设计规范推荐的值选取,表 12.1 列出冷间设计温度和相对湿度。

表 12.1　冷间设计温度和相对湿度

冷间名称	室温/℃	相对湿度/%	适用食品范围
冷却间	0～4	—	肉、蛋等
冻结间	－18～－23	—	肉、禽、兔、冰蛋、蔬菜等
	－23～－30	—	鱼、虾等
冷却物冷藏间	0	85～90	冷却后的肉、禽
	－2～0	80～85	鲜蛋
	－1～1	90～95	冰鲜鱼
	0～2	85～90	苹果、鸭梨等
	－1～1	90～95	大白菜、蒜苔、葱头、菠菜、香菜、胡萝卜、甘蓝、芹菜、莴苣等
	2～4	85～90	土豆、橘子、荔枝等
	7～13	85～95	柿子椒、菜豆、黄瓜、番茄、菠萝、柑等
	11～16	85～90	香蕉等
冻结物冷藏间	－15～－20	85～90	冻肉、禽、兔和副产品、冰蛋、冻蔬菜、冰棒等
	－18～－25	90～95	冻鱼、虾等
储冰间	－4～－6	—	盐水制冰的冰块

例:图 12.1 为某 500 t 冷库平面布置示意图。该冷库为某肉类加工厂的生活性冷库,冷藏量为 520 t,冻结能力为每昼夜 13 t。冷藏间库温为－15 ℃,冻结间为－18 ℃。冻结间采用吊顶式冷风机。冷库建筑中除冻结间和冷藏间外,还有制冷机房、设备间、配电室、休息室等辅助性用房。此外在库房出入口设置了公路月台,供汽车等车辆装卸货物使用。

12.1.2　冷库建筑特点

冷库的结构属于仓库类建筑,其负荷能力比普通建筑物大;冷库附设有制冷设备,而从建筑施工开始至设备安装完毕，大都在常温下进行。当冷间进入预冷阶段，室温即由常温逐渐转入低温，使冷间内构件处于温度变化的过程中。当冷库投入生产后冷间内便处于低温状态，构件均处于低温环境中，而库房外露部分受外界气温变化的影响，因此库房的构件在不同时期内，由库内外温差引起的变形，比一般建筑物大得多。冷库建筑物的结构形式与其要求有关，同时也需要因地制宜。大、中型冷库主体部分可采用钢筋混凝土骨架及砖砌的围护结构，或者全部采用混凝土预制构件装配式结构，以便采用机械化施工方法。减少劳动强度及辅助材料消耗。库房层高与库房的种类有关：冷却间与冻结间的层高可以较小，只要能满足冻结物的悬挂、冷风机的布置及室内空气循环的要求即可；冻结物、冷却物的冷藏间的层高一般不小于 5 m，它主要取决于垛码机操作高度。随着垛码机的改进和操作技术的提高，冷藏间的层高有进一步增大的趋势，这样可以提高库房的利用率。小型装配式冷库的作用、使用条件和结构要求与土建式冷库相似。冷藏库建筑除了合理的建筑结构外，还有如下一些特殊的要求。

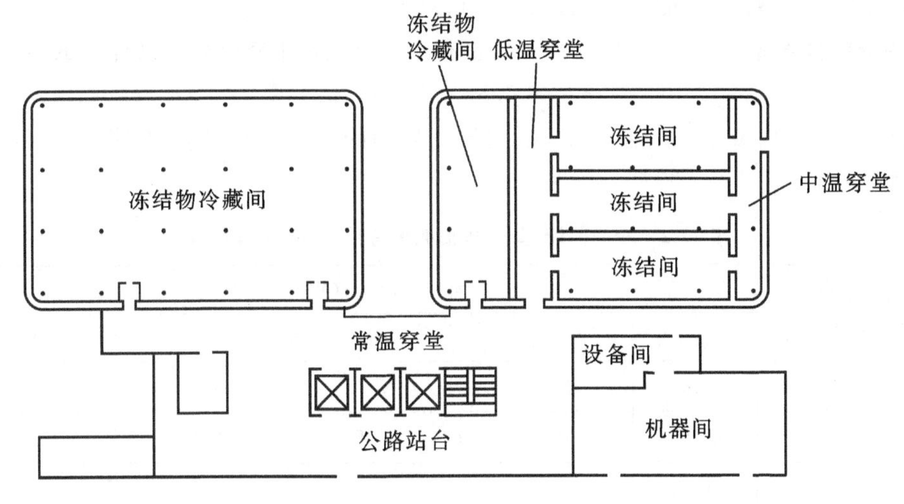

图 12.1　冷库平面布置示意图

1.冷库围护结构的隔热

一般冷库的库温低于外界气温，外界热量不可避免地通过围护结构传向库内，成为冷库耗冷量的重要组成部分。事实上，即使设置了相当厚度的隔热层之后，因围护结构传热引起的耗冷量仍可达到总耗冷量的 30％～35％。因此，为了减少维护结构（包括墙体、屋顶、楼板、地坪等）的耗冷量、保证食品的工艺要求及降低食品的干耗，冷库建筑必须具有一定的隔热性能，所以在维护结构中应设置隔热层。隔热层可用块状、板状或松散的隔热材料。常用的隔热材料有玻璃纤维、聚苯乙烯泡沫塑料、聚氨酯泡沫塑料、稻壳、软木等。

冷库维护结构隔热性能的主要指标是总传热阻 R_0 或传热系数 K 值，它们之间的关系如下：

$$R_0 = R_n + R_1 + R_2 + \cdots + R_w = \frac{1}{K} \tag{12.1}$$

式中，R_n、R_w为维护结构内、外表面的对流换热热阻，$m^2 \cdot K/W$；R_1、R_2 为各层材料的热阻，$m^2 \cdot K/W$。

冷藏库围护结构的传热系数 K 值的确定，与库房耗冷量有着密切的关系。使用同一隔热材料，隔热层越厚，传热系数 K 值越小，外界传入库房的热量减少，因而总耗冷量减少，制冷设备的造价降低。但是，隔热层加厚将造成土建造价提高，库房有效使用面积减少；隔热层太薄，传热系数 K 值增大，总耗冷量增加，制冷设备造价提高，运行费用增加。另外，当设备出现故障或其它原因停止运行时，库温会很快上升，食品容易变质。因此如何合理确定 K 和 R_0 值是个复杂的问题，涉及制冷工艺设备造价、设备运行费用和土建造价之间技术经济比较的问题。在实际工程中，简便的方法是根据规定的面积热流量 q_A（W/m^2）来确定 K 值和 R_0 值，即

$$q_A = \frac{t_w - t_n}{R_0} = K\Delta t \tag{12.2}$$

式中，t_n、t_w分别为室内、外温度，℃；Δt 为室内、外温差，℃。

一些资料推荐 $q_A \leqslant 11.6 \sim 15.1\ W/m^2$，也有的资料推荐用经验公式来计算 K 值，即

$$K = 0.6987 - 0.0083\Delta t \tag{12.3}$$

冷间外墙、屋面或顶棚的总热阻，根据设计采用的室内、外两侧温度差 Δt 值，可按表12.2的规定选用。

表 12.2　冷间外墙、屋顶或顶棚的总热阻($m^2 \cdot$℃/W)

设计采用的室内外温度差 Δt/℃	面积热流量/($W \cdot m^{-2}$)				
	7	8	9	10	11
90	12.86	11.25	10.00	9.00	8.18
80	11.43	10.00	8.89	8.00	7.27
70	10.00	8.75	7.78	7.00	6.36
60	8.57	7.50	6.67	6.00	5.45
50	7.14	6.25	5.56	5.00	4.55
40	5.71	5.00	4.44	4.00	3.64
30	4.29	3.75	3.33	3.00	2.73
20	2.86	2.50	2.22	2.00	1.82

冷间隔墙的面积热流量和总热阻应根据隔墙两侧设计室温按表 12.3 规定选用。

冷间楼面的面积热流量和总热阻应根据楼板上、下冷间设计温度按表 12.4 规定选用。

冷间直接铺设在土壤上的地面总热阻应根据冷间设计温度按表 12.5 规定选用。

冷间铺设在架空层上的地面总热阻根据冷间设计温度应按表 12.6 选用。

表 12.3　冷间隔墙总热阻　　单位：$m^2 \cdot ℃/W$

隔墙两侧设计室温	面积热流量/($W \cdot m^{-2}$)	
	10	12
冻结间－23 ℃、冷却间 0 ℃	3.80	3.17
冻结间－23 ℃、冻结间－23 ℃	2.80	2.33
冻结间－23 ℃、穿堂 4 ℃	2.70	2.25
冻结间－23 ℃、穿堂－10 ℃	2.00	1.67
冻结物冷藏间－18～－20 ℃、冷却物冷藏间 0 ℃	3.30	2.75
冻结物冷藏间－18～－20 ℃、冰库－4 ℃	2.80	2.33
冻结物冷藏间－18～－20 ℃、穿堂 4 ℃	2.80	2.33
冷却物冷藏间 0 ℃、冷却物冷藏间 0 ℃	2.00	1.67

注：隔墙总热阻已考虑生产中的温度波动因素。

表 12.4　冷间楼面总热阻

楼板上、下冷间设计温度/℃	冷间楼面总热阻/($m^2 \cdot ℃ \cdot W^{-1}$)
35	4.77
23～28	4.08
15～20	3.31
8～12	2.58
5	1.89

注：(1)楼板总热阻已考虑生产中温度波动因素。

(2)当冷却物冷藏间楼板下为冻结物冷藏间时，楼板热阻不宜小于 4.08 $m^2 \cdot ℃/W$。

表 12.5　直接铺设在土壤上的冷间地面总热阻

冷间设计温度/℃	冷间地面总热阻/($m^2 \cdot ℃ \cdot W^{-1}$)
0～－2	1.72
－5～－10	2.54
－15～－20	3.18
－23～－28	3.91
－35	4.77

注：当地面隔热层采用炉渣时，总热阻按本表数据乘以 0.8 修正系数。

表 12.6　铺设在架空层上的土冷间地面总热阻

冷间设计温度/℃	冷间地面总热阻/(m^2·℃·W^{-1})
0～－2	2.15
－5～－10	2.71
－15～－20	3.44
－23～－28	4.08
－35	4.77

2.冷库围护结构的隔热、隔气和防潮

冷库维护结构的隔气防潮效果直接影响着冷库维护结构的使用寿命和能耗情况。如果隔热层受潮,其隔热性能显著恶化。隔热层受潮主要是由于空气中的水蒸气渗透到隔热层内,遇冷凝结造成的。由于冷藏库内、外温差较大,在围护结构两侧存在水蒸气分压力差,高温侧空气中的水蒸气会不断地通过维护结构向低温侧渗透。为了确保隔热层的隔热性能,通常规定:当围护结构两层温差等于或大于 50 ℃时,应在高温侧设置隔气层防潮层。

目前应用较多的隔气防潮材料是油毡和新型尼龙薄膜。

为防止围护结构内隔热层因水蒸气渗透而受潮,冷库围护结构隔热层高温侧的最小蒸气渗透阻应满足下式要求:

$$H \geqslant 1.6(p_h - p_L)/\omega \tag{12.4}$$

式中,H 为围护结构隔热层高温侧各层材料蒸气渗透阻之和,$m^2 \cdot h \cdot Pa/g$;p_h 为围护结构高温侧空气的水蒸气分压力,Pa;p_L为围护结构低温侧空气的水蒸气分压力,Pa;ω 为蒸气渗透强度,$g/m^2 \cdot h$。

对于块状隔热材料,通常可采用二毡三油作为隔气防潮层;对于松散稻壳为隔热层时,则需要用三毡四油作为隔气防潮层。为了保持冷藏库隔气防潮效果,施工中既应防止雨水淋湿隔热材料,又要保持隔气防潮层的完整性,处理好接缝。此外,要做好围护结构的防水处理。

3.防止地坪冻胀

由于冷库长期处于低温工作状态,库内冷量会不断向地下传递,引起地坪下的温度下降。一旦温度低于 0 ℃,土壤的毛细作用会把地下水吸到已冻结的土层上,形成冰层,产生地坪冻胀现象,严重的地坪冻胀会使冷库的建筑结构遭受破坏。为了防止地坪下土壤冻结而导致建筑构件变形,对面积较大的单层低温冷间、底层用作冻结间或冻结物冷藏间的多层冷库,其地面内除设置隔热层外,还需要采取防止地坪冻胀的措施。

目前防止地坪冻胀的主要措施有:地坪架空;隔热地坪下面埋设通风管道;在地坪中埋设加热盘管,并用温度较高的介质在管盘中循环加热地坪;利用钢筋混凝土垫层中的钢筋作为加热元件,通电加热地坪;冷库下设地下室等。图 12.2 是几种冷库地面防冻处理措施。图 12.3 为目前典型的土建式冷库机构图。

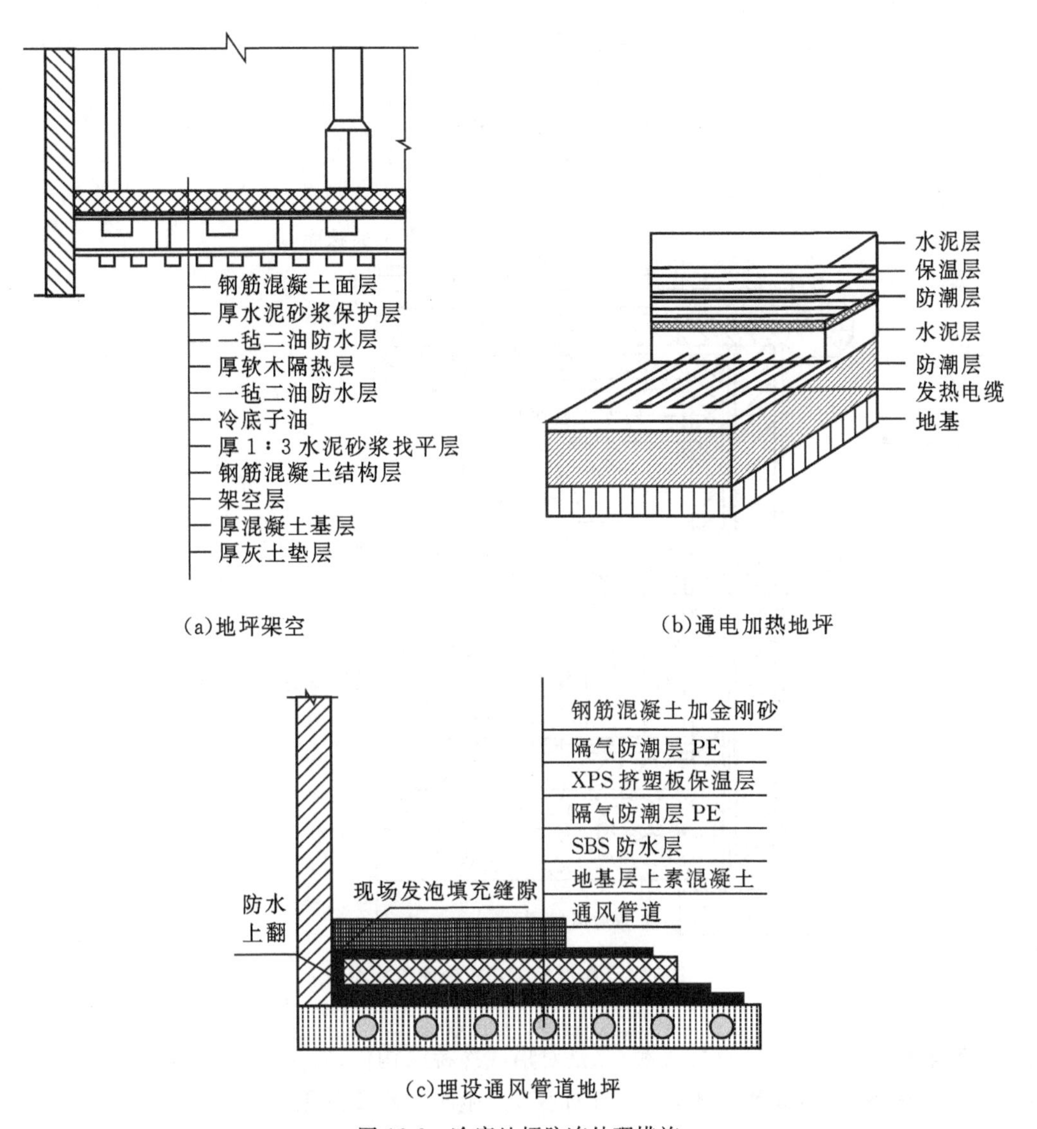

(a)地坪架空　　(b)通电加热地坪

(c)埋设通风管道地坪

图 12.2　冷库地坪防冻处理措施

4.防止热(冷)桥处理

当有热导率较大的材料制成的构件(如梁、板、柱、管道及其吊卡支架等)穿过或嵌入冷库围护结构的隔热层时,便形成了冷热交换的通道,称为热(冷)桥。

热(冷)桥在结构上破坏了隔热层和隔气防潮层的完整性和严密性,容易使隔热层受潮失效。通过地坪的热(冷)桥,可使地坪下的土壤冻胀,危及建筑结构的安全。墙体或屋顶暴露在空气中的热(冷)桥,往往在其表面产生凝结水或冰霜,影响冷库的使用和安全。因此,冷库建筑结构应尽可能避免热(冷)桥。对于那些无法避免而形成的热(冷)桥构件、管道等,须采取必要的措施,尽可能减少热(冷)桥的影响。

通常减少热(冷)桥的措施:一是使围护结构各部分的隔热层和隔气、防潮层连接成整

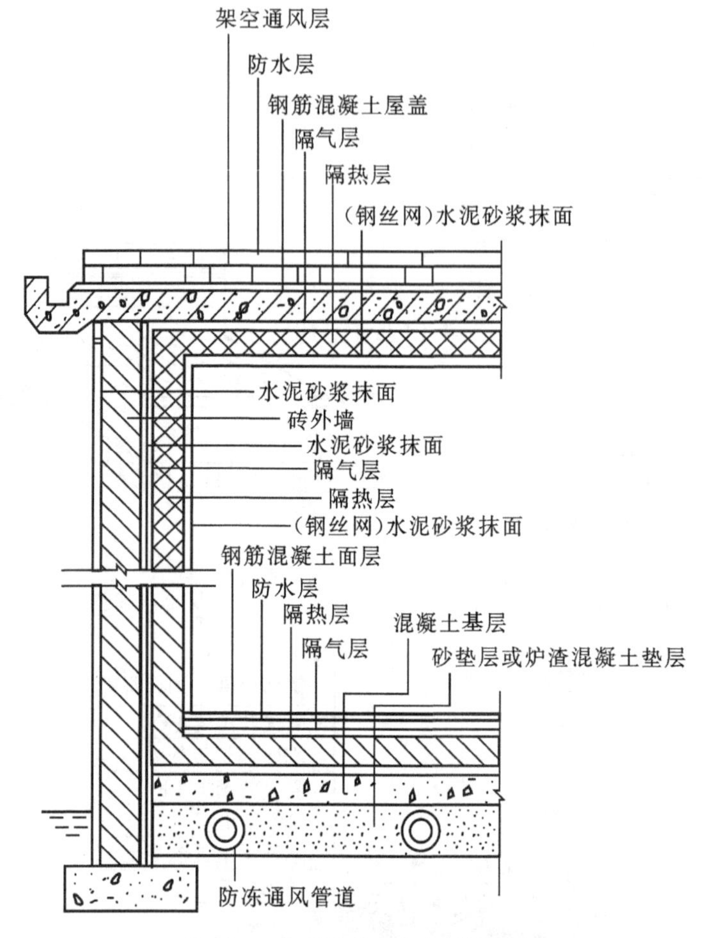

图 12.3 典型的土建式冷库机构图

体，避免隔热层与外部空气直接接触；二是对形成冷桥的构件、管道等，在其周围和沿长度方向作局部的隔热、隔气防潮处理，使高温侧不致产生凝结水或冰霜。

具体减轻热(冷)桥影响处理的隔热层厚度、宽度及长度，应视两侧温差和热(冷)桥构件的材料确定。

12.2 冷藏库容量与负荷计算

12.2.1 冷藏库容量确定

冷库容量包括冷藏量及冷加工量(冷却加工及冻结加工能力)。食品冷藏量及冷加工量的确定方法不同，下面将分别予以介绍。

1.冷藏量的确定

冷库设计规范规定冷库的设计应以冷藏间的公称容积为计算标准。公称容积为冷藏间

的净面积(不扣除柱、门斗和制冷设备所占的面积)乘以冷间净高。但目前习惯上仍以吨位计算,冷库储藏吨位可按下式计算:

$$G=\frac{\sum V\rho_s\eta}{1000} \tag{12.5}$$

式中,G 为冷库储藏吨位,t;V 为冷藏间的公称容积,m^3;η 为冷藏间的容积利用系数;ρ_s 为食品的密度,kg/m^3。

冷藏间容积利用系数不应小于表12.7中的规定,食品密度可查表12.8获得。

表12.7　冷藏间容积利用系数

公称容积/m^3	500～1000	1001～2000	2001～10000	10001～15000	>15000
容积利用系数 η	0.40	0.50	0.55	0.60	0.62

注:(1)对于仅储存冻结食品或冷却食品的冷库,表内公称容积为全部冷藏间公称容积之和;对于同时储存冻结食品和冷却食品的冷库,表内公称容积分别为冻结食品冷藏间或冷却食品冷藏间各自的公称容积之和。

(2)蔬菜冷库的容积利用系数,应按表中数值乘以0.8的修正系数。

表12.8　食品的密度

食品类别	冻肉	冻分割肉	冻鱼	鲜蛋	蔬菜	水果	冰蛋	机制冰	其它
密度/($kg\cdot m^{-3}$)	400	650	470	260	230	350	700	750	按实际密度取

2.冷加工量的确定

冷加工量与库房的大小、食品放置方式及周转次数有关。当冻结间及冷却间内装有吊轨时,冷加工量按下式计算:

$$m=Lg_Ln=\frac{24Lg_L}{\tau} \tag{12.6}$$

式中,m 为每昼夜冷加工量,kg;L 为吊轨有效总长度,m;g_L 为吊轨单位长度净载货量,kg/m,吊轨单位长度净载货量 g_L 按表12.9规定取值;n 为每昼夜冷却或冻结的周转次数,一般取1,1.5,2,…;τ 为冷却或冻结加工的时间,h。

表12.9　吊轨单位长度净载货量 g_L

食品种类		吊轨单位长度净载货量 g_L/($kg\cdot m^{-1}$)
肉类	猪胴体	200～265(人工推动),175～250(机械推动)
	牛胴体	1/2胴体196～400,1/4胴体130～265
	羊胴体	170～240
鱼类	冻鱼车盘装	405(15 kg盘),486(20 kg盘)
虾类	冻鱼车盘装	216(2 kg盘)

当冻结间内采用搁架式冷却盘管时,其冷加工量按下式计算:

$$m=\frac{24g'\eta'A}{\tau A'}=\frac{24g'N}{\tau} \tag{12.7}$$

式中，m 为冻结间每昼夜冷加工量，kg；g'为每件（盘、听或箱）食品净重，kg；η'为搁架利用系数，冻盘装食品 $\eta'=0.85\sim0.90$，冻听装食品 $\eta'=0.70\sim0.75$，冻箱装食品 $\eta'=0.70\sim0.85$，m；A 为搁架各层水平面面积之和，m^2；A'为每件食品所占面积，m^2；N 为搁架式冻结设备设计摆放冻结食品容器的件数。

对于大型冷库，当同时有冷却间及冻结间时，其冷加工量应分别进行计算。小型冷库无冷藏间与冷加工间之分，但在使用中也可能有一些新鲜食品进行冷加工，其加工量与它们所配置的制冷量有关，一般加工量都不大。因此，应通过计算确定其冷加工能力。

12.2.2 冷间耗冷量计算

1.冷间室内、外温度计算

室内温度（库温）计算一般由冷加工和储藏食品的性质、冷加工时间和储存期限以及技术经济分析而定。一般冷却物冷藏间 0 ℃左右；冻结物冷藏间 －18 ℃；冻结间 －23 ℃。小型冷库储藏食品时间短，为了简化制冷系统，库温可以取得稍微高些，但是要考虑到小型冷库进货货源温度不稳定，库温不宜太高，一般库温控制在 －15 ℃比较合理，但也不能一概而论，应根据易腐食品冷藏工艺和储存条件而定。

室外气象参数分两种情况选取。计算冷库围护结构传入热量时的室外计算温度，可按该地区夏季空调室外日平均温度计算；计算开门热量和冷间换气热量时的室外温度，可按夏季通风温度计算，室外相对湿度可采用夏季通风时室外的相对湿度。

2.冷间冷却设备负荷的计算

冷间冷却设备负荷的计算目的，在于合理地确定各库房的制冷设备和冷间机械负荷，以便在设计中正确地选择冷分配设备及其辅助设备，计算时需要逐间进行。

冷间冷却设备负荷 Q_s 通常由五部分组成：①通过围护结构的传热热流量 Q_1；②货物在冷加工过程中放出的热量，简称货物热流量 Q_2；③由于室内通风换气而带进的热量，简称换气热流量 Q_3；④电动机运转产生的热流量 Q_4；⑤由于冷间操作人员、各种发热设备工作产生的热流量，简称操作热流量 Q_5，以上热量单位均为 kW。Q_s 可由下式表示

$$Q_s=Q_1+BQ_2+Q_3+Q_4+Q_5 \tag{12.8}$$

式中，B 为货物的修正系数，冷却间或冻结间取 1.3，其它冷间取 1.0。

（1）围护结构的传热热流量 Q_1 的计算。

外界环境通过围护结构渗入冷间的热量包括三部分：通过墙壁、楼板及屋顶等，因空气对流而渗入的热量 Q_{1a}；太阳辐射而渗入的热量 Q_{1b}；由于地坪传热而渗入的热量 Q_{1c}。因此渗入热 Q_1 可表示为

$$Q_1=Q_{1a}+Q_{1b}+Q_{1c} \tag{12.9}$$

为简化计算，冷库设计中围护结构的传热量 Q_1 可按式（12.10）计算：

$$Q_1=\sum AK(t_w-t_n)\alpha \tag{12.10}$$

式中，A 为每一朝向围护结构的计算面积，m^2；K 为每一朝向围护结构的传热系数，

$kW/(m^2 \cdot K)$；t_w、t_n为冷藏库室外、室内的计算温度，℃；α 为围护结构两侧的温差修正系数，如表 12.10 所示。

表 12.10　围护结构两侧温差修正系数 α 值

序号	围护结构部位	α
1	$D>4$ 的外墙 冻结间、冻结物冷藏间 冷却间、冷却物冷藏间、冰库	 1.05 1.10
2	$D>4$ 相邻有常温房间的外墙 冻结间、冻结物冷藏间 冷却间、冷却物冷藏间、冰库	 1.00 1.00
3	$D>4$ 的冷间顶棚、其上为通风阁楼，屋面有隔热层或通风层 冻结间、冻结物冷藏间 冷却间、冷却物冷藏间、冰库	 1.15 1.20
4	$D>4$ 的冷间顶棚、其上为无通风阁楼，屋面有隔热层或通风层 冻结间、冻结物冷藏间 冷却间、冷却物冷藏间、冰库	 1.20 1.30
5	$D>4$ 的无阁楼屋面，屋面有通风层 冻结间、冻结物冷藏间 冷却间、冷却物冷藏间、冰库	 1.20 1.30
6	$D\leqslant4$ 的外墙：冻结物冷藏间	1.30
7	$D\leqslant4$ 的无阁楼屋面：冻结物冷藏间	1.60
8	半地下室外墙外侧为土壤时	0.20
9	冷间地面下部无通风等加热设备时	0.20
10	冷间地面隔热层下有通风等加热设备时	0.60
11	冷间地面隔热层下有通风架空层时	0.70
12	两侧均为冷间时	1.00

注：(1)表中 D 为围护结构的热惰性指标，$D=R_1S_1+R_2S_2+\cdots+R_nS_n$。式中，$R_1,R_2,\cdots,R_n$为各层材料的热阻($m^2 \cdot K/W$)；$S_1,S_2,\cdots,S_n$为各层材料的蓄热系数[$W/(m^2 \cdot K)$]。

(2)负温穿堂可参照冻结物冷藏间选用 α 值。

(3)表内未列的室温等于或高于 0 ℃的其它冷间，可参照各项中冷间的 α 值选用。

还应指出，当计算外墙、屋面、顶棚、地面下部无通风等加热装置或地面隔热层下为通风架空层时，其外侧的计算温度应采用夏季空气调节日平均温度。当计算内墙和楼板时，围护结构外侧计算应取其邻室的室温；若邻室为冷却间或冷冻间时，应取该类冷间空库保温温度：冷却间为 10 ℃，冻结间为－10 ℃。当冷间地面隔热层下设有通风加热装置时，其外层温度按 1～2 ℃计算。

(2)货物热流量的计算。

在工程中,货物在冷加工过程中放出的热量 Q_2 可按式(12.11)计算:

$$Q_2 = Q_{2a} + Q_{2b} + Q_{2c} + Q_{2d} = \frac{m(h_1 - h_2)}{3600\tau} + \frac{m_b c_b(t_1 - t_2)}{3600\tau} + \frac{m(q_1 + q_2)}{2} + (m_s - m)q_2 \tag{12.11}$$

式中,Q_{2a}为食品热量,kW;Q_{2b}为包装材料和运载工具热量,kW;Q_{2c}为货物冷却时的呼吸热量,kW,仅鲜水果、蔬菜冷藏间计算;Q_{2d}为货物冷藏时的呼吸热量,kW,仅鲜水果、蔬菜冷藏间计算;m 为冷间的每日进货量,kg;h_1 为货物进入冷间初始温度时的比焓,kJ/kg;h_2 为货物在冷间终止降温时的比焓,kJ/kg;τ 为货物冷加工时间,h,对冷藏间取 24 h,对冷却间、冻结间取设计冷加工时间;m_b为每次进货的包装物量,kg;c_b为包装材料和运载工具的比热容,kJ/kg;t_1 为包装材料和运载工具进入冷间时的温度,℃;t_2 为包装材料和运载工具在冷间内终止降温时的温度,宜为该冷间的设计温度,℃;q_1 为货物冷却初始温度时单位质量的呼吸热量,kW/kg;q_2 为货物冷却终止温度时单位质量的呼吸热量,kW/kg;m_s 为冷间的储藏量,kg。

由式(12.11)可知,每次进货量 m 的数值越大,则 Q_2 也越大,而 Q_2 增大会导致库温的升高。因此,规范中对 m 的取值有规定,一般不超过 m_s 的 5%~8%。

(3)换气热流量的计算。

一些储藏蔬菜、水果的冷间,为适应其生命活动,排除 CO_2 和防止腐烂等,必须进行一定的通风换气。生产性的冷间也需要换气,以改善工人的劳动条件。在换气过程中,外界空气在冷间放出的热量可按式(12.12)计算。

$$Q_3 = Q_{3a} + Q_{3b} = \frac{1}{3600}\left[\frac{(h_w - h_n)nV_n\rho_n}{24} + 30n_r\rho_n(h_w - h_n)\right] \tag{12.12}$$

式中,Q_{3a}为冷间货物换气热量,kW;Q_{3b}为操作人员需要新鲜空气的热量,kW;h_w为冷间外空气的比焓,kJ/kg;h_n为冷间内空气的比焓,kJ/kg;n 为每日换气次数,一般取 2~3 次;V_n为冷间内净体积,m^3;ρ_n为冷间内空气密度,kg/m^3。24 为一天算成 24 h 的数值;30 为每个操作人员每小时需要的新鲜空气量,m^3/(h·人);n_r为操作人员数量。

按规范的规定,Q_3 只在储存有呼吸的食品冷藏间中计算;Q_{3b}只在有长期停留操作人员的冷间,如加工间、包装间等计算,对于小型服务型冷库,此项热量不需要计算。

(4)电动机运转热流量的计算。

冷间的一些工作机械,如冷风机等都需要用电动机驱动。电动机运转产生的热量与电动机的功率及安装位置有关。

$$Q_4 = \sum P_d \xi \tau_2 / \tau \tag{12.13}$$

式中,P_d 为电动机额定功率,kW;ξ 为热转化系数,电动机在冷间内应取 1,在冷间外取0.75;τ_2 为电动机运转时间,h,对冷风机配用的电动机取 τ,对冷间内其它设备配置的电动机可按实际情况取值,如按每昼夜操作 8 h 计。

(5)操作热流量的计算。

冷间操作热流量 Q_5包括三部分:照明产生的热量 Q_{5a}、冷间每扇门开启而进入的热量

Q_{5b}、操作人员产生的热量 Q_{5c}。对于冷却间和冻结间可不计算该热流量。

$$Q_5 = Q_{5a} + Q_{5b} + Q_{5c} \tag{12.14}$$

①照明热流量 Q_{5a}的计算

$$Q_{5a} = q_{5a} A_{5a} \times 10^{-3} \tag{12.15}$$

式中，q_{5a}为每平方米地板面积照明热量，W/m^2；A_{5a}为冷间地面面积，m^2。

按照冷库照明规定，对每平方米冷间地板面积的照明规定为：冷却间、冻结间、冷藏间、冰库和冷间内穿堂可取 2.3 W/m^2；操作人员长时间停留的加工间、包装间等可取 4.7 W/m^2。

②每扇门的开门热流量 Q_{5b}的计算

$$Q_{5b} = \frac{1}{3600} \times \frac{n'_k n_k V_n (h_w - h_n) M \rho_n}{24} \tag{12.16}$$

式中，n'_k 为门数；n_k 为每日开门换气次数，容积为 200～800 m^3 的冷间取 5～2；M 为空气幕效率修正系数，可取 0.5；如不设空气幕时，应取 1；ρ_n为冷间空气密度，kg/m^3。

③操作人员所产生的热量 Q_{5c}的计算。每个操作人员产生的热量，在冷间设计温度高于或等于－5 ℃时，宜取 279 W；冷间设计温度低于－5 ℃时，宜取 395 W。操作人员所产生的热量可按下式计算：

$$Q_{5c} = \frac{3}{24} n_r q_{5c} \tag{12.17}$$

式中，q_{5c}为每个操作人员产生的热量，kW；n_r为操作人员数量；3/24 为每日操作时间系数，按每日操作 3 h 计。

3.冷间机械负荷的计算

冷间机械负荷的计算，目的在于确定制冷压缩机的总负荷。确定制冷压缩机的总冷负荷时，需要考虑管路、设备冷量损失和冷间的同期操作系数等因素的影响，然后按系统汇总，得到制冷压缩机的总负荷。

冷间机械负荷或制冷压缩机的总负荷 Q_j，应分别根据不同蒸发温度按式(12.18)计算：

$$Q_j = (n_1 \sum Q_1 + n_2 \sum Q_2 + n_3 \sum Q_3 + n_4 \sum Q_4 + n_5 \sum Q_5) R \tag{12.18}$$

式中，n_1 为围护结构传热量的季节修正系数，宜取 1.0；n_2 为货物热量折减系数；n_3 为同期换气系数，宜取 0.5～1.0，同时最大换气量与全库每日总换气量的比数大时取大值；n_4为冷间用的电动机同期运转系数；n_5为冷间同期操作系数；R 为制冷装置和管道损失补偿系数，直接冷却系统宜取 1.07，间接冷却系统宜取 1.12。

货物热量折减系数 n_2 应根据冷间的性质确定，冷却物冷藏间宜取 0.3～0.6(冷藏间的公称体积为大值时取小值)；冻结物冷藏间宜取 0.5～0.8(冷藏间的公称体积为大值时取大值)；冷加工间和其它冷间应取 1.0。

冷间用的电动机同期运转系数 n_4和冷间同期操作系数 n_5应按表 12.11 规定采用。表中冷间总间数，应按同一蒸发温度且用途相同的冷间间数计算。

表 12.11 冷间用的电动机同期运转系数 n_4 和冷间同期操作系数 n_5

冷间总间数	1	2～4	≥5
n_4 和 n_5	1	0.5	0.4

注：(1)冷却间、冷却物冷藏间、冻结间 n_4 取 1；其它冷间按本表取值。

(2)冷间总间数应按同一蒸发温度且用途相同的冷间间数计算。

以上简单介绍了冷藏库冷负荷的计算方法。在具体计算时，有些数据的选取可参考冷藏库设计规范和有关资料。

12.3 冷库的冷却方式及制冷系统

12.3.1 冷库的冷却方式

冷库冷间冷却设备的选用应根据食品冷加工或冷藏的要求确定。冷间的冷却方式按冷却介质的种类，可分为制冷剂直接蒸发冷却和载冷剂冷却两种；按设备种类可分为冷风机和排管冷却两种，目前这两种冷却方式都普遍采用。冷风机换热温差小，室内空气流通性好，融霜及冷凝水排除方便。蒸发排管是通过自然对流冷却室内空气的。蒸发排管可分为顶排管及墙排管，顶排管的传热系数高，可使室内温度比较均匀，对有些货物储存期不长的小冷库，为了简化系统可以只装顶排管，但顶排管安装不便，且排管上的结霜融化时，有可能掉在货物上。墙排管安装方便，而且当沿外墙布置时，用来吸收通过外墙传入的热量很有效，能防止室内温度产生较大的波动。对于采用排管的冻结物冷藏间，可采用人工扫雪。为了便于除霜，应采用光滑管做排管为好。

1.冷藏间的冷却方式

在冷间冷却设备的选择中，食品的保鲜是第一位的，而减少食品干耗是食品保鲜的重中之重。干耗，是因食品中的水分蒸发或冰晶升华，食品在冷藏、冻结、速冻、保鲜的过程中，造成食品的重量减少。食品发生干耗时不只重量损失，外表会出现干燥现象，食品的品质也会下降。例如，水果、蔬菜的干耗达到 5%就会失去新鲜丰满的外观且出现明显的凋萎现象。鸡蛋在冷却储藏中因水分蒸发而造成气室增大。冻鱼在储藏中因冰晶升华表层出现干燥，并在空气中氧的作用下因脂肪氧化而酸败，且外表黄褐变，不只外观变差，且食味、风味、营养下降，造成直接经济损失。

对冷却物冷藏间及包装间，冷却设备宜采用冷风机。冷却物冷藏间主要用于冷藏水果、蔬菜、鲜蛋等，室温一般保持 0 ℃左右。这些食品都是有生机的食品，在冷藏期间有呼吸作用，即吸入氧气放出二氧化碳，同时放出大量热。若室内空气不流通，就可能使局部的冷藏条件恶化而引起食品变质，若采用顶排管，冷凝水滴较难处理。这类库房必要时也可增设墙排管，但应考虑其排水问题。图 12.4 示出冷却物冷藏间冷风机及其风道的布置图。图为单风道系统，送风管布置在冷间顶部中央，这样可使风道两侧送风射流的射程基本相等，利用中央走道作为回风道。室内空气由冷风机下方进风口进入，经冷风机冷却后的空气，由送风管上的喷嘴送至顶部各处。对于储存果蔬鲜品等的冷藏间，还应设有通风换气装置。

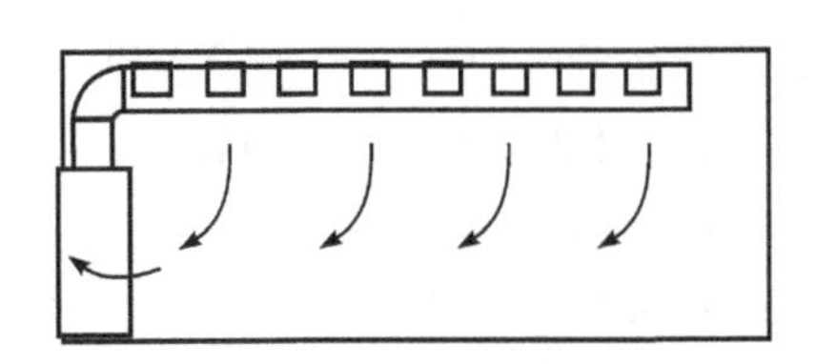

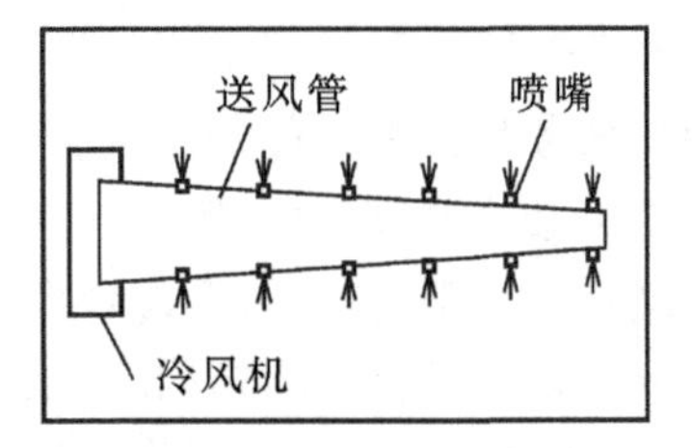

图 12.4　冷却物冷藏间冷风机及其风道布置

对于冻结物冷藏间及小型冷库，近年来也趋向于采用冷风机。研究发现，冷藏间的温度越高，相对湿度越低，干耗越严重；换热温差越大，干耗越严重。因此从冷却设备的角度考虑，降低干耗的措施有：合理地降低速冻冷库冷藏间的空气温度和维持冷藏间较高的相对湿度，冷库内要减少库内温度与食品温度及空气冷却器之间的温差，温、湿度不能有大的波动。

在选择冷却设备时需要兼顾提高制冷机的效率，节约能源，降低投资等因素。排管的换热温差在 8～10 ℃，而冷风机的换热温差为 5～7 ℃。因此，冻结物冷藏间也趋向于用冷风机，通常希望室内风速保持在 0.5 m/s 以下，而且控制冷风机蒸发温度与进出风平均温度的温差在 6～8 ℃以内，冷风机进出风温度差在 2～4 ℃以内。

为了降低室内风速，且确保室内气温均匀，防止结露，新建冷库开始采用纤维布风管。该类风管，通过整个管壁的纤维缝隙或均匀分布的经过设计的多排小孔出风，如图 12.5 所示，空气分布点均匀一致，实现真正理想的整体均匀送风。纤维布风管通过整体管道壁纤维渗透冷气，在管壁外形成冷气层，使管壁内外几乎无温差，解决了凝露问题，不再需要管道保温。

图 12.5　纤维布风管

此外，从冷藏工艺方面采取措施，对食品可加包装，水产品可镀冰衣，让冰衣与冻鱼体外表紧贴成为一层冰膜，这样在冷库冷藏中就可由冰衣的升华来替代鱼体表面冰晶的升华，减少冻鱼的干耗。食品包装时，内包装材料应紧贴冻结食品，如果它们之间有空隙，则水蒸气蒸发、冰晶升华仍可能发生，冻品会在包装袋内发生干耗。另外，冷藏间要提高装载量，增大堆放密度，加大垛的体积。速冻冷库中实现用铲车、拖货板堆装后，冻品的码垛整齐，如果在货垛上覆盖帆布篷或塑料布，可减少食品的干耗。

2.冻结间的冷却方式

冻结间的任务是在制定的加工时间内,完成食品的冻结加工工序,达到规定的质量指标。不但要求冻结速度快,而且要求同一批食品冻结速度均匀,因此目前大多采用冷风机,同时结合冻结加工的工艺特点,考虑合理的气流组织。

冻结间分为设有吊轨的冻结间、设有搁架或吊笼的冻结间,如图 12.6 所示。在装有吊轨的冻结间中,将整片肉吊挂起来进行冻结。挂白条肉的冻结间,气流应均匀下吹,肉片间平均风速宜为 1.5～2.0 m/s。盘装食品冻结间的气流应均匀横吹,盘间平均风速宜为 1.0～1.3 m/s。

(a) 设有吊轨的冻结间

(b)设有搁架的冻结间

图 12.6　冻结间

冻结间的冷风机可落地安装,也可吊顶安装。近年来,趋向于在冻结间中采用吊顶式冷风机。图 12.7 所示为吊顶式冷风机冻结间的布置。吊顶式冷风机一般吊装在冻结间平顶下,可以充分利用建筑空间,不占建筑面积。它的特点是风压小,气流分布均匀,是一种较好的冷却方式。安装时,吊顶式冷风机距冻结间平顶应有不小于 500 mm 的间隙,吸风侧距墙应大于 500 mm,出风侧应大于 700 mm,以改善循环冷风的气流组织。这种冻结间的宽度一般为 3～6 m,长度不受限制,可以构成隧道式的冻结装置。由于吊顶式冷风机设置在冻结间的顶部,应妥善处理融霜水的排放问题,注意防止融霜水外溢或飞溅。

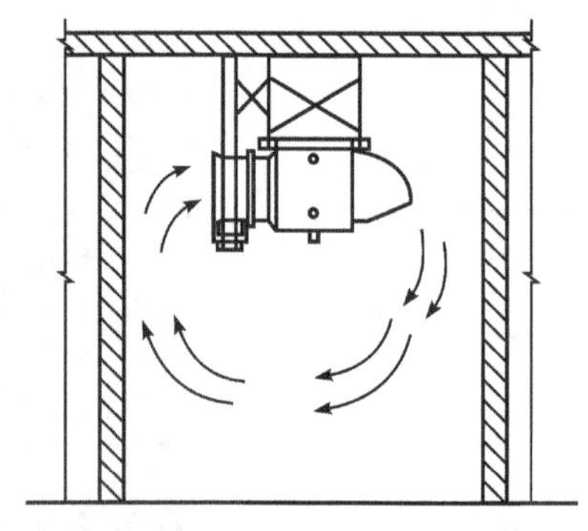

图 12.7　吊顶式冷风机冻结间的布置

在设有搁架式排管的冻结间,制冷剂在排管中直接蒸发,放在搁架式冷却排管上的盘装或盒装食品被冻结。室内空气可以自然对流,也可以加装轴流风机,使空气强制流动。因为排管与食品直接接触,故传热效果较好。如果采用横向吹风,其传热系数约为墙排管的 1.6～2.5 倍;采用垂直方向吹风,则约为 3～5 倍。吹风搁架式排管的配风量,约为每吨食品 1000 m^3/h。

近几十年来,人们在不断寻求新的冷加工方法及冷加工设备。例如,采用隧道式或螺旋带式冻结装置；对于一些特殊的冻品采用流床式或浸沉冻结设备；应用直接喷洒液氮或液态二氧化碳的方法使食品速冻等。

12.3.2　冷库的制冷系统及机房布置

1.冷库的制冷系统

在冷库制冷系统中，制冷循环的几个主要过程，只有蒸发过程是在库内完成的，节流过程一般在机房和设备间完成，而压缩过程及冷凝过程全部在机房完成。建筑设计时，总是将机房及设备间布置在库房隔热建筑结构之外。

库房制冷系统的供液方式有直接膨胀供液、重力供液、液泵循环供液等。根据冷库的大小和冷却设备的型式而选用不同的供液方式。

(1)直接膨胀供液系统。它以制冷剂液体的冷凝压力和蒸发压力之间的压力差为动力，将高压的制冷剂液体经节流阀节流降压后，向冷却设备供液，如图 12.8 所示。直接膨胀供液系统结构简单，但在供液期间，需要根据负荷变化情况随时调节节流阀的开启度，避免发生供液量不足或供液量过多的现象。直接膨胀供液方式适宜于单独的冷却设备或小型冷库的制冷系统。对于自动控制的小型氟利昂制冷系统，大多采用利用热力膨胀阀供液的方式。

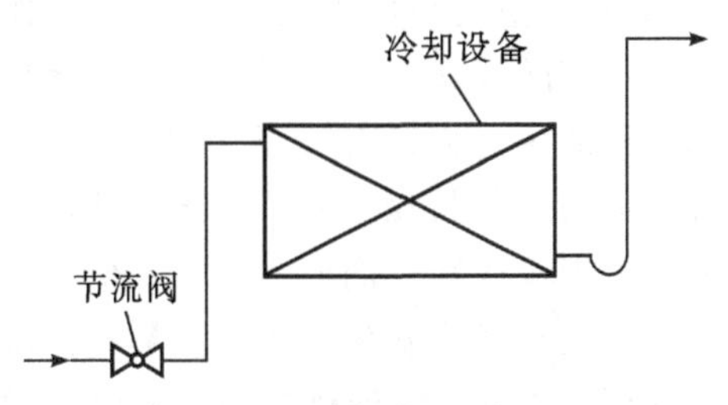

图 12.8　直接膨胀供液系统

(2)重力供液系统。它利用气液分离器内正常液面与冷却设备液面之间设的液柱静压力，向冷却设备供液。如图 12.9 所示，来自储液器的高压氨液，经节流阀节流后进入气液分离器 1，在液柱的静压力作用下，液体由气液分离器下部的出液管进入冷却设备 4，吸热汽化，冷却设备的回气经气液分离后，从回气管返回压缩机。

重力供液系统必须在冷却设备的上方设置气液分离器，并且保证合适的液位差。工程

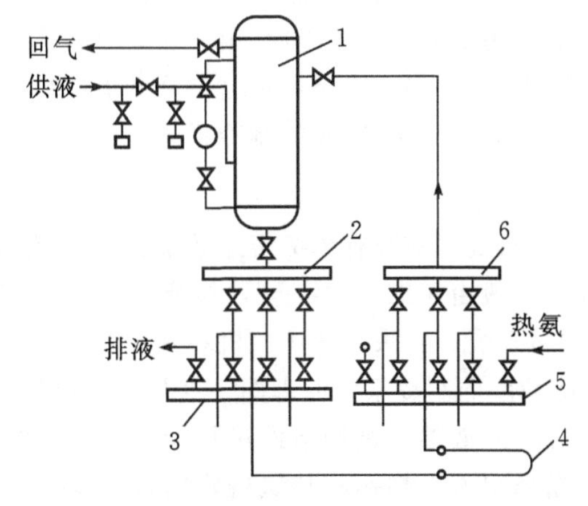

1—气液分离器；2—液体分调节站；3—排液分调节站；

4—冷却设备；5—热气分调节站；6—气体分调节站。

图 12.9　重力供液系统

中，气液分离器应高于冷间冷却设备最高点0.5～2.0 m。在多层冷藏库中，可以分层设置气液分离器，也可以多层共用一个气液分离器。

重力供液系统开始使用较早，而现在仍然在使用。它的优点是：经过气液分离器后，节流后的闪发气体不进入冷却设备，提高了冷却设备的传热效果；回气经过气液分离后进入压缩机，可避免发生湿压缩。由气液分离器向并联的冷却设备供液时，可以利用液体分调节站调节各冷却设备的供液量，这样容易做到均匀供液。这种供液方式的缺点是：气液分离器的安装高于冷却设备，所以一般需要加建阁楼，增加了土建造价；另外，制冷剂液体在较小的压差下流动，流速小，其传热系数较小，而且冷却设备内容易积油，影响传热。因此，在大、中型冷藏库中，已较少采用重力供液系统。

(3)液泵供液。它是利用液泵向冷却系统供液，与重力供液系统的组成和工作过程基本相同。其主要差别是重力供液是利用液柱的压差向冷却设备供液，而液泵供液是借液泵的机械作用，克服管道阻力及静压力来输送制冷剂液体。图12.10示出了一种氨泵供液系统。利用氨泵6将低压循环桶5内的低温液体制冷剂送向冷却设备，进行强制供液，供液量比冷却设备蒸发所需的流量大，多余的液体随同蒸发的气体回到低压循环桶5，与桶内液体一起再由氨泵供至冷却设备，气体则被压缩机吸走。

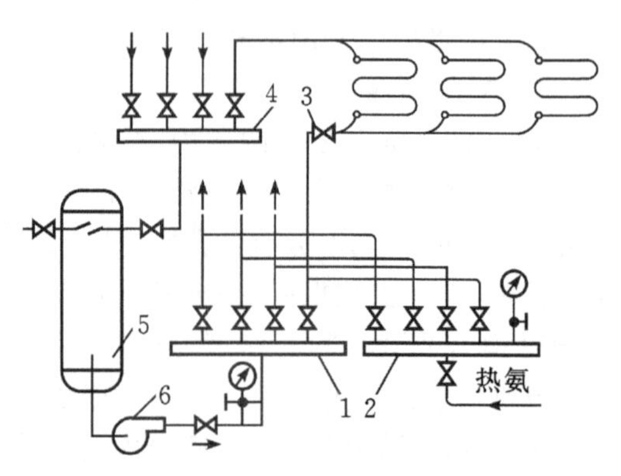

1—供液分调节站；2—热氨分调节站；3—截止阀；4—回气分调节站；5—低压循环桶；6—氨泵。

图12.10 氨泵供液系统

液泵供液系统虽然增加了液泵及其动力消耗，但却具有下列优点：由于依靠液泵的机械作用输送液体，因而气液分离器的高度可以降低；液体在冷却设备中是强制流动，因而提高了冷却设备的传热效果，容易实现系统的自动化。这种供液系统起初只用于大型多层冷库，由于它具有很多优点，所以目前在国内外的多层或单层冷库中都广泛采用，一些本来采用重力供液的老冷库，也都改造成液泵供液系统。对于采用氟利昂为制冷剂的大、中型冷库的制冷系统，也可采用液泵供液。

2.机房制冷系统

根据库房温度要求的不同，机房系统有单级压缩系统、双级压缩系统或同时有单级和双级压缩系统。机房制冷系统一般由压缩机、冷凝器、储液器、调节站等几部分组成。如果采用热气融霜时，还应包括融霜系统。所采用的压缩机和其它制冷设备的型号及台数，根据具体设计选定。图12.11为冷藏库的制冷系统原理图。这是一个蒸发温度为−33 ℃的氨泵供液、双级压缩制冷系统。供液、回液都通过调节站进行调节。冷藏间仅设置双层顶排管，冻结间采用冷风机。排管除霜采用人工扫霜和热氨融霜两种方式；冷风机除霜采用水力除霜和热氨除霜两种方式，因此，设有热氨冲霜系统。

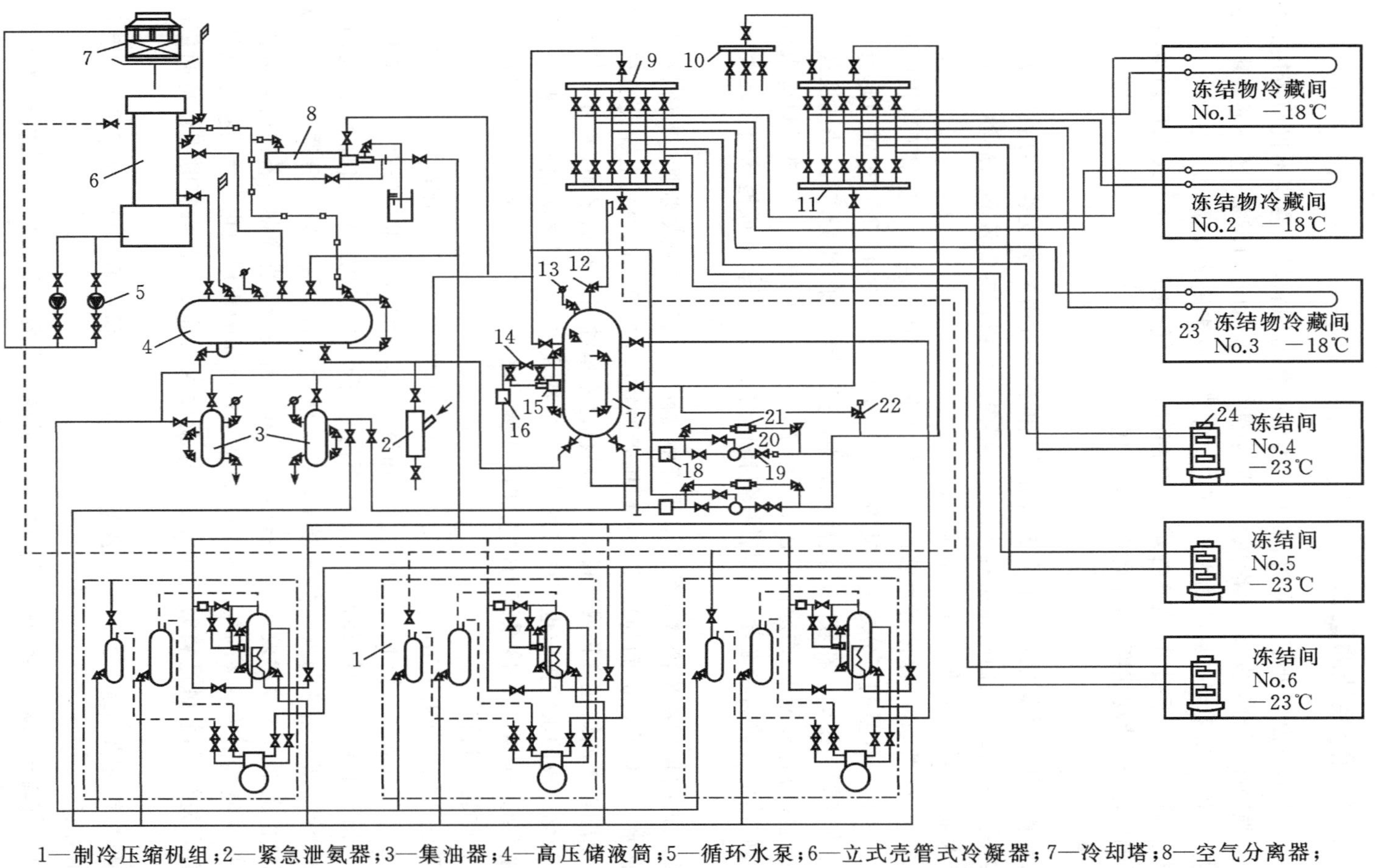

1—制冷压缩机组；2—紧急泄氨器；3—集油器；4—高压储液筒；5—循环水泵；6—立式壳管式冷凝器；7—冷却塔；8—空气分离器；
9—气体分调节站；10—充氨站；11—液体分调节站；12—安全阀；13—压力表；14—手动调节阀；15—浮球阀；16、18—过滤器；
17—低压储液器；19—止回阀；20—氨泵；21—压差控制器；22—自动旁通阀；23—双层 U 形顶排管；24—冷风机。

图 12.11　冷藏库制冷系统原理图

12.3.3 冷库制冷系统的融霜

当制冷系统的蒸发温度低于 0 ℃时,蒸发器表面必将出现霜层。霜层不仅使传热热阻增大,而且对于强制循环的蒸发器(如冷风机),还会使空气流动阻力增加,这些都会影响换热效率。所以,无论冷库采用何种冷却方式,都应该经常采取措施清除霜层。

除霜的方法可以是人工扫霜、热气融霜、水融霜以及热气-水融霜等。人工扫霜虽然操作简单,不影响库温,但劳动强度大,而且扫霜不彻底。

1.热气融霜系统

(1)热氨融霜系统。热氨融霜就是将压缩机排出的热氨气引进蒸发器,利用过热蒸气冷凝时放出的热量,将蒸发器表面的霜层融化。蒸发器内原来积存的氨液和润滑油,则在压差的作用下,排入融霜排液桶或低压循环储液器。

融霜所用的热氨气,必须保证有足够的量及适当的压力和温度。一般用于融霜的热氨量,不能大于压缩机排气量的三分之一。融霜热氨压力为 600～900 kPa。融霜用热氨气应从油分离器的排气管上接出。在较大的制冷系统中,宜设置专用的油分离器(非洗涤式的)。融霜热氨管不宜穿过低温地段,而应设置在常温穿堂,并应敷设隔热层。隔热材料应采用石棉、玻璃纤维、矿棉毡或玻璃膨胀珍珠岩制块等材料,而不能采用软木或泡沫塑料之类不耐高温的材料。

热氨融霜一般仅用于冷库冷藏间的光滑排管中,融化下来的霜和水必须立即清扫,否则将重新冻结成冰。一般当冷藏间的顶排管或墙排管融霜时,在货物或地板上铺设油布之类的覆盖物,避免融霜水冻结在货物或地板上。冷风机已不单独采用热氨融霜,因为不仅效率低,而且霜层融化而成的水的排放也有许多麻烦。一般冷风机多采用水融霜或者热气-水融霜。热氨融霜系统一般都和制冷系统的供液和回气调节站结合起来布置,因此其布置方法与制冷系统的型式密切相关。

图 12.9 和图 12.10 分别示出的重力供液系统和氨泵供液系统都采用了热氨融霜系统。现以图 12.9 为例说明融霜系统的工作原理。冷却设备(蒸发器)4 正常工作时,只有液体分调节站 2 和气体分调节站 6 与冷却设备有关的阀门是打开的。当需要融霜时,首先关闭供液阀和回气阀,使冷却设备 4 与气液分离器 1 切断。然后开启排液和热气分调节站的有关阀门,使热氨气由上部进入冷却设备 4。在热氨气的压力作用下,使冷却设备内的氨液排入融霜排液桶,借热氨蒸气所带来的热量,使冷却设备 4 外表面的霜层融化。然后按相反的程序关闭和开启有关阀门,使融过霜的冷却设备 4 重新投入正常工作。融霜时应分冷间依次进行。

(2)氟利昂热气融霜系统。此系统和热氨融霜系统类似,但一般不设融霜排液桶。其排液方式有以下几种。

①排气自回气端进入蒸发器(冷却设备),被霜层冷却而凝结成液体后,从供液管排出,通至另一组正在工作的蒸发器中去蒸发。这种排液方法适用于小型制冷系统,如单机多库的食堂冷库等。

②排气自回气端进入蒸发器,被霜层冷却而凝结成液体后,从供液管排出,直接排至储液器,然后经恒压阀节流降压后进入冷凝器,吸收外界热量蒸发成蒸气后被压缩机吸入。这

种排液方法适用于大型或单机单库的制冷系统。

③排气从液管进入蒸发器，被霜层冷却而凝结成液体后，由回气管排出，经恒压阀节流后，或者经蓄热槽的蒸发盘管和液体汽化器后，再由压缩机吸入，或者直接被压缩机渐渐吸入，这种排液方法一般只适用于冰箱或单间小冷库的制冷系统。

2.水融霜

水融霜一般用于冷风机，通过喷水装置向蒸发器表面喷水，使霜层被水的热量融化，从排水管道排走。水融霜比热气融霜效果好得多，操作程序也比较简单。但是，水对于冷库的危害是很大的，因此在设计水融霜系统时，必须采取多方面技术措施，防止由于设计不当或者管理不善，给冷库带来不良的影响。

融霜用水的温度以 25 ℃左右较为合适，过高会产生"雾气"，可能使冷库围护结构内表面上产生凝结水；过低则需要过多的水量或者延长喷水时间。在冬季或寒冷地区，可以采用冷凝器排出冷却水作为融霜用水。

融霜水源可以直接用自来水或者专门设置融霜给水泵。直接采用自来水，一方面不经济，另一方面自来水管网的压力不稳定，难以掌握给水阀的开启度，有可能因为水压过高，给水量过大，造成融霜水外溅的不良后果；或者是水压偏低，水量不足，在规定的时间内融霜不净，甚至霜层越积越厚，难以融掉。设置专用融霜水泵和循环用水系统，或者利用冷凝器冷却水循环水池，既可节省水量，又有助于冷却水的降温，是比较经济合理的。特别是专用融霜水泵的压力和流量都比较稳定，便于掌握给水阀的开启度和喷水时间，比较安全可靠，而且便于实现融霜的自动控制。

采用水融霜的冷风机必须有严密不漏水的外壳，防止融霜水溅出库内的承水盘，还应有畅通的排水系统，否则都将造成损坏冷库的严重后果。

3.热气-水融霜

水融霜只解决蒸发器外表面霜层对传热的不良影响，但没有解决蒸发器内部积油对传热的不良影响，因此对于冷风机的融霜，除了考虑水融霜以外，同时还应设置热气融霜系统。这种融霜方式称为热气-水融霜。它比单独用水融霜或热气融霜的效果更好。融霜时，先将热气送至蒸发器，使冰霜与蒸发器表面脱开，然后喷水，既可很快把霜层冲掉，停水后，还可利用热气"烘干"蒸发器的表面，免得蒸发器表面的水膜结成冰而影响传热。但是，这将使融霜操作或自动融霜装置的程序复杂化。所以一般经常性的融霜以水融霜为主，热气融霜可以采用手动操作。

12.4　常见的几种冷藏库

12.4.1　装配式冷库

随着速冻食品工业及冷链物流业的发展，国内对冷库的需求大幅度提高，同时由原有的土建多层冷库为主的设计向装配式冷库转变，且由小型装配式冷库向大型装配式冷库发展，目前装配式冷库已成为冷库技术发展的重要特征。这种冷库大都是单层，其承重结构多由薄壁型钢骨架组成，各种构件均按统一的标准模数在工厂成套生产，现场只需要连接组合库的隔热板。隔热板大多采用刚性夹心组合板，板中间贴聚苯乙烯或灌注聚氨酯泡沫塑料。地坪隔热采用硬质聚氨酯或聚苯泡沫板，并用通风管道或不冻液加热管等方式进行防冻。装配式冷库的制冷装置采用成套机组，现场只要接上水源、电源即可投入运行。装配式冷库按其容量和结构特点，可分为室外装配式和室内装配式两种。室外装配式冷库均为钢结构骨架，并辅以隔热墙体，顶盖和底架的隔热、防潮及降温等性能要求与砌筑式冷库相同。室外装配式冷库一般容量为 500～1000 t，且容量随着冷库技术及冷链的发展逐渐增大。室内装配式冷库又称活动装配式冷库，一般容量在 5～100 t。图 12.12 所示为室内装配式冷库结构。冷库库体主要由隔热板(墙体)、顶板、底板、门、托架等组成。它们是通过特殊结构的子母钩拼接、固定，以保证冷库良好的隔热和气密性。冷库的门除能灵活开启外，还应关闭严密，使用可靠。

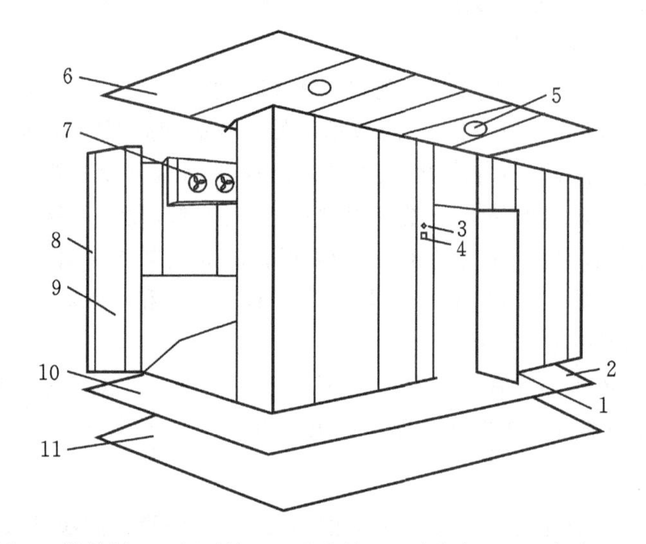

1—门板；2—脚踏板；3—灯开关；4—温度计；5—防潮灯；6—天棚板；7—冷风机；
8—角板；9—侧板；10—地板；11—托架。

图 12.12 装配式冷库

装配式冷库具有结构简单、安装方便、施工迅速、质轻、强度高、造型美观等特点。目前我国有不少厂家生产各种用途的装配冷库。其中室内装配式冷库常用 NZL 表示。根据库内温度控制范围，它分为 L 级、D 级和 J 级三种类型，如表 12.12 所示。L 级保鲜库主要用于储藏果蔬、蛋类、药材，保鲜干燥等；D 级冷藏库主要用于储藏肉类、水产品及适合该温度范围的产品；J 级低温库主要用于储藏雪糕、冰淇淋、低温食品及医疗用品等。

表 12.12 NZL 冷库类型

冷库类型	L 级	D 级	J 级
库内温度/℃	5～－5	－10～－18	－23

12.4.2　夹套冷库

夹套冷库与一般冷库的主要区别在于内墙与隔热层之间增加了一个内夹套结构，由设在库房外的冷风机将冷风送入夹套中不断循环，使来自外部围护结构的热量能很快地被循环冷风带走，而不再侵入库内。这种库的库内温度稳定、均匀，湿度高，储存物品干耗小。冷库温度为−18 ℃时，一般冷库的干耗率为 1%～1.5%，而夹套冷库为 0.5%～0.7%。因此，夹套冷库尤其适用于冷藏非包装的鱼、肉、水果和蔬菜，可以有效防止食品表面干裂和皱缩等变质现象。夹套冷库还解决了隔热层内水分的凝聚和冷却设备的结霜问题。因为夹套的内层是隔气层，而冷风机和隔气层均位于隔热层外，避免了食品和库内空气与冷却设备的湿交换，因而冷风机基本上不需融霜。此外，夹套冷库的制冷系统设计可具有较大的灵活性，而且人可以不进入库房检查制冷设备。

夹套冷库的主要缺点是初投资和运转费用都比较高。一般来说，夹套冷库的初投资要比普通冷库高 10%～15%，由于要维持夹套内的风速达 0.8～3.3 m/s，所以风机耗电比一般冷库大 10%。

12.4.3　气调冷库

果蔬在储存期间有呼吸作用，消耗了果蔬菜品组织中的糖类、酸类和其它有机物质，使果蔬的品质下降。因此，在果蔬储藏期，一定要设法减弱果蔬的呼吸强度。低温储藏可以减弱呼吸强度，抑制果蔬腐败，但温度过低会引起果蔬的冻伤和低温病害。20 世纪 60 年代后出现的气调冷库，主要用于对某些新鲜果蔬作较长期储存。

气调冷库简称气调库。它是在传统的高温冷藏库的基础上发展起来的。气调库既具有冷藏库所具有的“冷藏”功能，还具有冷藏库没有的“气调”功能。同冷藏库相比，气调库储藏新鲜果蔬的保鲜效果更好，保鲜期更长。气调库不仅在比较低的温度下，而且在比较低的含氧量下储存。表 12.13 给出了几种果蔬的气调储藏条件。

表 12.13　几种果蔬的气调储藏条件

果蔬名称	储藏温度/℃	相对湿度/%	O_2 含量/%	CO_2 含量/%	储藏期/d
苹果	0	90～95	3	2～3	150
梨	0	85～95	4～5	3～4	100
樱桃	0～2	90～95	1～3	10	28
桃	−1～0	90～95	2	2～3	42
李子	0	90～95	3	3	14～42
柑橘	4～6	87～90	3～5	2～4	21～42
哈密瓜	3～4	80	3	1	120
香蕉	13～14	95	4～5	5～8	21～28
胡萝卜	0～1	85～90	3	5～7	300

续表12.13

果蔬名称	储藏温度/℃	相对湿度/%	O_2 含量/%	CO_2 含量/%	储藏期/d
花椰菜	0	92～95	2～3	0～3	40～60
芹菜	1	95	3	5～7	90
黄瓜	14	90～93	5	5	15～20
马铃薯	3	85～90	3～5	2～3	240
生菜	1	95	3	5～7	10

气调储藏营造的低氧、适当 CO_2 浓度能有效地抑制呼吸作用，减少果蔬中营养物质的损耗，同时抑制病原菌的滋生繁殖，控制某些生理病害的发生；清除储藏环境气体中的乙烯，以抑制其对果蔬的催熟作用，延缓后熟和衰老过程；增加环境相对湿度，以降低果蔬的蒸腾作用，从而达到果蔬长期储藏保鲜的目的，通常气调储藏比普通冷藏可延长储藏期 2～3 倍。

1.气调库库体

气调库库体不仅要求具有良好的隔热性，减少外界热量对库内温度的影响，更重要的是要求具有良好的气密性，减少或消除外界空气对库内气体成分的压力，保证库内气体成分调节速度快，波动幅度小，从而提高储藏质量，降低储藏成本。气调库库体主要由气密层和保温层构成。气调保鲜库按建筑可分为 3 种类型：装配式、砖混式、夹套式。装配式气调库围护结构选用彩镀聚氨酯夹心板组装而成，具有隔热、防潮和气密的作用。该类库建筑速度快，美观大方，但造价略高，是目前国内外新建气调库最常用的类型。气调库采用专门的气调门，该门应具有良好的保温性和气密性。

按照气调储藏技术的要求，气调库在建筑结构和使用管理上，也与一般冷藏库有所不同。现代气调库几乎都是单层地面建筑。这是因为果蔬在库内运输、垛码和储藏时，地面要承受很大的动、静载荷。气调库储藏时，容积利用系数比普通果蔬冷库高得多，除留出必要的通风、检查通道外应尽量减少气调间自由空间，减少库内气体处理量，一方面气调设备可以适当选小，另一方面可以加快气调速度，缩短气调时间。气调储藏要求果蔬入库速度快，尽快装满、封库和调气，出库时，最好一次出完或短期内分批出完。另外，每间气调库设有一扇气调门，在气调库封门后的长期储藏过程中，一般不允许随便开启气调门，以免引起库内外气体交换，造成库内气体成分的波动；为便于了解库内果蔬储藏情况，应设置观察窗。气调库建好后，要进行气密性测试。气密性应达到 300 Pa，半降压时间不低于 20～30 min。

气调库库房的密封程度可用密闭系数来表示，即库内气体漏损的容积或通过围护结构、构件节点等渗入库房的外部空气容积与库房内气体总容积之比。库房允许的密闭系数为 0.001/h～0.006/h。围护结构隔气层的透气系数为 0.6×10^{-6}～$4.2\times10^{-6}\ m^3/(m^2\cdot Pa\cdot h)$。图 12.13 给出了土建冷库围护结构的气密处理示意图。气密性是通过围护结构（墙、顶、地板）表面覆盖气密材料，将门和工程管线进口处进行密封处理的方法来达到的。气密材料一般采用聚氨酯涂膜，厚度一般为 0.8～1.0 mm，保温材料采用现场涂聚氨酯泡沫塑料，厚度一般为 80～100 mm。

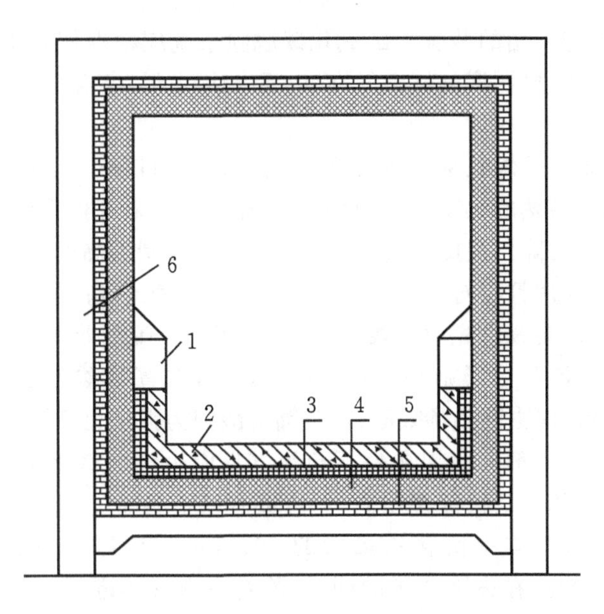

1—护墙；2—防水层；3—钢筋混凝土地面；4—保温层；5—气密层；6—围护结构。

图 12.13　土建冷库维护结构的气密处理示意图

气调库的安全性是随其气密性而来的问题。由于果蔬储存在气调库内，库房处于严密的密封状态。而库内空气却随着温度的变化而产生库内外压差，如果没有安全装置，可使库体发生变形，甚至爆破。因此必须采用均压措施，如水封、呼吸阀、膨胀袋等，其中以呼吸阀效果最佳。呼吸阀由吸气阀和排气阀组成，它们的阀片由塑料制成。不开启时阀片与塑料阀座密封良好；当库内外压差超过规定数值时，阀片自动开启，达到库内外均压的目的。

2.气调系统

要使气调库达到所要求的气体成分并保持相对稳定，除了要有符合要求的气密性库体外，还要有相应气体调节设备、管道、阀门所组成的系统，即气调系统。整个气调系统包括制氮系统，二氧化碳脱除系统，乙烯脱除系统，加湿系统，温度、湿度及气体成分自动检测控制系统。

(1)制氮系统。气调系统的主要设备是制氮机(即降氧机)。制氮机大体上经历了催化燃烧制氮、碳分子筛吸附制氮、中空纤维膜分离制氮的发展过程。目前普遍采用碳分子筛和中空纤维膜分离制氮。从气调库内用真空泵抽除富氧的空气，然后充入氮气，抽气、充气过程交替进行，以使库内氧气含量降到要求值，对小型冷库也可用液氮钢瓶充氮。

(2)二氧化碳脱除系统。该系统主要用于控制气调库中二氧化碳的含量。系统是完全依靠果蔬呼吸时所释放的二氧化碳，来增加气调库内二氧化碳浓度的，适量的二氧化碳可以对果蔬起保护作用，使储藏保鲜效果良好。但是，二氧化碳浓度过高，则会对果蔬造成伤害，因此脱除(洗涤)过量的二氧化碳，调节和控制好二氧化碳浓度，对提高果蔬储藏质量非常重要；通常的二氧化碳脱除装置大体上有 4 种形式：①消石灰脱除装置；②水清除装置；③活性炭清除装置；④硅橡胶膜清除装置。活性炭清除装置是利用活性炭较强的吸附力，对二氧化碳进行吸附，待吸附饱和后鼓入新鲜空气，使活性炭脱附，恢复吸附性能。该装置是当前气调库脱除二氧化碳普遍采用的装置。二氧化碳脱除系统应根据储藏果蔬的呼吸强度、气调库内气体自由空间体积、气调库的储藏量、库内要求达到的二氧化碳气体成分的浓度确定脱除机的工作能力。

(3)乙烯脱除系统。乙烯是果蔬在成熟和后熟过程中自身产生并释放出来的一种气体，是一种促进呼吸、加快后熟的植物激素，对采摘后储藏的水果有催熟作用。在对乙烯敏感的水果储藏中，应将乙烯去除。因此果蔬储藏中既要设法抑制乙烯产生，又要消除储藏库内乙烯的积累。目前普遍采用且相对有效的方法为高锰酸钾化学除乙烯法和空气氧化去除法。化学除乙烯法是在清洗装置中充填乙烯吸收剂，常用的乙烯吸收剂是将饱和高锰酸钾溶液吸附在碎砖块、蛭石或沸石分子筛等多孔材料上，乙烯与高锰酸钾接触，因氧化而被清除。该方法简单，费用极低，但去除乙烯效率低，且高锰酸钾为强氧化剂，会灼伤皮肤。空气氧化去除法是利用乙烯在催化剂和高温条件下与氧气反应生成二氧化碳和水的原理去除乙烯的，与高锰酸钾去除法相比其投资费用高，但因具有以下明显优点而为人们所接受：①除乙烯效率高，可除去库内气体中所含乙烯量的 99%，可将储藏间内乙烯浓度控制在 1～5 μL/L；②减少水果霉变，在去除乙烯的同时，能对库内气体进行高温杀菌消毒；③一机多用，在去除乙烯的同时，还能除掉水果释放的芳香气体，减轻这些气体对水果产生催熟作用的不良影响。

(4)加湿系统。与普通果蔬冷库相比，由于气调储藏果蔬的储藏期长，果蔬水分蒸发较高，为抑制果蔬水分蒸发，降低储藏环境与储藏果蔬之间的水蒸气分压差，要求气调库储藏环境中具有最佳的相对湿度，这对于减少果蔬的干耗和保持果蔬的鲜脆有着重要意义。一般库内相对湿度最好能保持在 90%～95%。常用的气调库加湿方法有以下几种：①地面充水加湿；②冷风机底盘注水；③喷雾加湿；④离心雾化加湿；⑤超声雾化加湿。

(5)自动检测控制系统。气调库内检测控制系统的主要作用为：对气调库内的温度、湿度、O_2、CO_2 进行实时检查测量和显示，以确定是否符合气调技术指标要求，并进行自动(人工)调节，使之处于最佳气调参数状态。在自动化程度较高的现代气调库中，一般采用自动检测控制设备，它由(温度、湿度、O_2、CO_2)传感器、控制器、计算机及取样管、阀等组成。整个系统全部由一台中央控制计算机实现远距离实时监控，既可以获取各个分库内的 O_2、CO_2、温度、湿度数据，显示运行曲线，自动打印记录和启动或关闭各系统，同时还能根据库内物料情况随时改变控制参数。中央控制计算机采用 Windows 界面，使用操作人员可以方便直观地获取各方面的信息。

12.4.4 立体式自动化冷库

20 世纪 70 年代开始出现的立体式自动化冷库，是冷库技术的新发展。它是一种电子计算机控制的能自动装卸货物和自动控制制冷量的新型冷库，这类冷库大多数是单层，其主要设备是自动控制巷道式起重机、拣选运输设备、制冷机和控制装置。库内装有多排金属货架，常有十多层。冷库为高 15～30 m 的单层结构。自动巷道式起重机能进行水平和垂直输送，根据电子计算机的指令，可以从指定的货架中，以存放货物的托盘为单元取出或存入货物。

自动化冷库冷间顶部一般装有吊顶冷风机和假顶，使库房上部空间形成厚 2～2.5 m 的

－30～－40 ℃的低温空气层，靠自然对流冷却，要求库顶到地面之间的温差在10 ℃左右。也有的在冷间两侧设送、回风道，使冷空气在室内均匀循环。室温和制冷机的运行，由电子计算机根据负荷参数的变化自动调节。

立体式自动化冷库的优点有冷间内自动装卸装置和制冷装置操作全部自动化，室内不需要工作人员；可以确保库存货物按先进先出的原则进行管理，减少商品损耗；装卸作业迅速；电子计算机代替人工管理冷库，随时可以提供正确的货位、数量、入库日期并计算管理费等，一般一座库容5000～10000 t的立体自动化冷库，只需配备2～3名操作人员。它的缺点是一次投资比普通冷库高60％～70％，而且要求维修人员技术水平高。因此，只有对那些吞吐量大、进出频繁的冷库，选用立体式自动化冷库才是比较理想的。

复习思考题

12.1　冷库是如何分类的，常见的冷库有哪几种？

12.2　如何确定冷藏库围护结构的传热系数？

12.3　冷藏库的外围护结构为什么要设置防潮隔气层？设置时应该注意哪些问题？

12.4　装配式冷库有什么特点？

12.5　什么叫气调冷藏库？什么叫夹套式冷藏库？各有什么优缺点？

12.6　按供液方式分，冷藏库的制冷系统有哪几种形式？

附　录

附表 1　ASHRAE 制冷剂的标准符号

代号	化学名称	分子式	代号	化学名称	分子式
氟利昂			混合工质		
R10	四氯化碳	CCl_4	R404A	R125/R143a/R134a	
R11	一氟三氯甲烷	$CFCl_3$	R410A	R32/R125	
R12	二氟二氯甲烷	CF_2Cl_2	R502	R22/R115	
R13	三氟一氯甲烷	CF_3Cl	R507	R152/R143a	
R13B1	三氟一溴甲烷	CF_3Br	碳氢化合物		
R14	四氟化碳	CF_4	R50	甲烷	CH_4
R20	氯仿	$CHCl_3$	R170	乙烷	CH_3CH_3
R21	一氟二氯甲烷	$CHFCl_2$	R290	丙烷	$CH_3CH_2CH_3$
R22	二氟一氯甲烷	CHF_2Cl	R600	丁烷	$CH_3CH_2CH_2CH_3$
R23	三氟甲烷	CHF_3	R600a	异丁烷	$CH(CH_3)_3$
R30	二氯甲烷	CH_2Cl_2	R1150	乙烯	$CH_2=CH_2$
R31	一氟一氯甲烷	CH_2FCl	R1270	丙烯	$CH_3CH=CH_2$
R32	二氟甲烷	CH_2F_2	有机氧化物		
R40	氯甲烷	CH_3Cl	R610	乙醚	$C_2H_5OC_2H_5$
R41	氟甲烷	CH_3F	R611	甲酸甲酯	$HCOOCH_3$
R50	甲烷	CH_4	烯烃类的卤代物		
R110	六氯乙烷	CCl_3CCl_3	R1112a	二氟二氯乙烯	$CF_2=CCl_2$
R111	一氟五氯乙烷	CCl_3CFCl_2	R1113	三氟一氯乙烯	$CFCl=CF_2$
R112	二氟四氯乙烷	$CFCl_2CFCl_2$	R1114	四氟乙烯	$CF_2=CF_2$
R112a	二氟四氯乙烷	$CCl_2CF_2Cl_2$	R1120	三氯乙烯	$CHCl=CCl_2$
R113	三氟三氯乙烷	$CFCl_2CF_2Cl$	R1130	二氯乙烯	$CHCl=CHCl$
R113a	三氟三氯乙烷	CCl_3CF_3	无机物(低温工质)		
R124	四氟一氯乙烷	$CHFClCF_3$	R702	氢	H_2
R124a	四氟一氯乙烷	CHF_2CF_2Cl	R704	氦	He
R125	五氟乙烷	CHF_2CF_3	R720	氖	Ne

续表

代号	化学名称	分子式	代号	化学名称	分子式
R134a	四氟乙烷	CH_2CF_4	R728	氮	N_2
R140a	三氯乙烷	CH_3CCl_3	R729	空气	$0.21O_2$、$0.78N_2$、$0.01Ar$(组成)
R142b	二氟一氯乙烷	CH_3CF_2Cl	R732	氧	O_2
R123	三氟二氯乙烷	$CHCl_2CF_3$	R740	氩	Ar
R143a	三氟乙烷	CH_3CF_3	无机物(非低温工质)		
R150a	二氯乙烷	CH_3CHCl_2	R717	氨	NH_3
R152a	二氟乙烷	CH_3CHCl_2	R718	水	H_2O
R161	四氟乙烷	CF_3CH_2F	R744	二氧化碳	CO_2
R170	乙烷	CH_3CH_3	R744a	一氧化二氮	N_2O
R218	八氟丙烷	$CF_3CF_2CF_3$	R764	二氧化硫	SO_2
R290	丙烷	$CH_3CH_2CH_3$	脂肪族胺		
环状有机物			R630	甲胺	CH_3NH_2
RC316	六氟二氯环丁烷	$C_4F_6Cl_2$	R631	乙胺	$C_2H_5NH_2$
RC317	七氟一氯环丁烷	C_4F_7Cl			
RC318	八氟环丁烷	C_4F_8			

附表 2　一些制冷剂的一般特性及环境评价指标

名称	符号	摩尔质量 /(g·mol^{-1})	标准沸点 /℃	凝固温度 /℃	临界温度 /℃	临界压力 /MPa	临界比体积 /(10^{-3}/kg)	ODP	GWP
二氟二氯乙烷	R123	152.9	27.9	−107.0	183.8	3.67	1.818	0.013～0.022	70
四氟乙烷	R134a	102.0	−26.2	−101.0	101.1	4.06	1.942	0	1430
二氟一氯乙烷	R22	86.48	−40.84	−160.0	96.13	4.986	1.905	0.04～0.06	1810
二氟甲烷	R32	52.02	−51.2	−78.4	78.11	5.782	2.381	0	675
二氟乙烷	R152a	66.05	−25	−117	113.5	4.49	2.741	0	124
四氟乙烷	R161	48.06	−37.1		102.2	5.09		0	12
四氟甲烷	R14	88.01	−128.0	−184.0	−45.5	3.75	1.58	0	4500
五氟乙烷	R125	120.02	−48.14	−77.0	66.18	3.629	1.75	0	3500
三氟乙烷	R143a	84.041	−47.24	−111.8	72.707	3.761	3.32	0	4470
甲烷	R50	16.04	−161.5	−182.8	−82.5	4.65	6.17	0	11

续表

名称	符号	摩尔质量/(g·mol^{-1})	标准沸点/℃	凝固温度/℃	临界温度/℃	临界压力/MPa	临界比体积/(10^{-3}/kg)	ODP	GWP
乙烷	R170	30.06	−88.6	−183.2	32.1	4.933	4.7	0	1
丙烷	R290	44.1	−42.17	−187.1	96.8	4.256	4.46	0	20
异丁烷	R600a	58.08	−11.8	−159.6	135	3.65	4.525	0	20
乙烯	R1150	28.05	−103.7	−169.5	9.5	5.06	4.62	0	20
丙烯	R1270	42.08	−47.7	−185.0	91.4	46	4.28	0	20
氨	R717	17.03	−33.35	−77.7	132.4	11.52	4.13	0	1
水	R718	18.02	100.0	0.0	374.12	21.2	3.0	0	—
二氧化碳	R744	44.01	−78.52	−56.6	31.0	7.38	2.456	0	1
氢	R702	2.016	−252.8	−259.2	−240	1.297	32.24	—	—
氦	R704	4.003	−268.9	—	−268	0.227	14.31	—	—
氮	R728	28.016	−195.8	−210	−147	3.3944	3.195	—	—
空气	R729	28.96	−194.4	—	−140.7	3.7663	3.125	—	—
氧	R732	31.999	−183	−218.7	−118.6	5.046	2.294	—	—

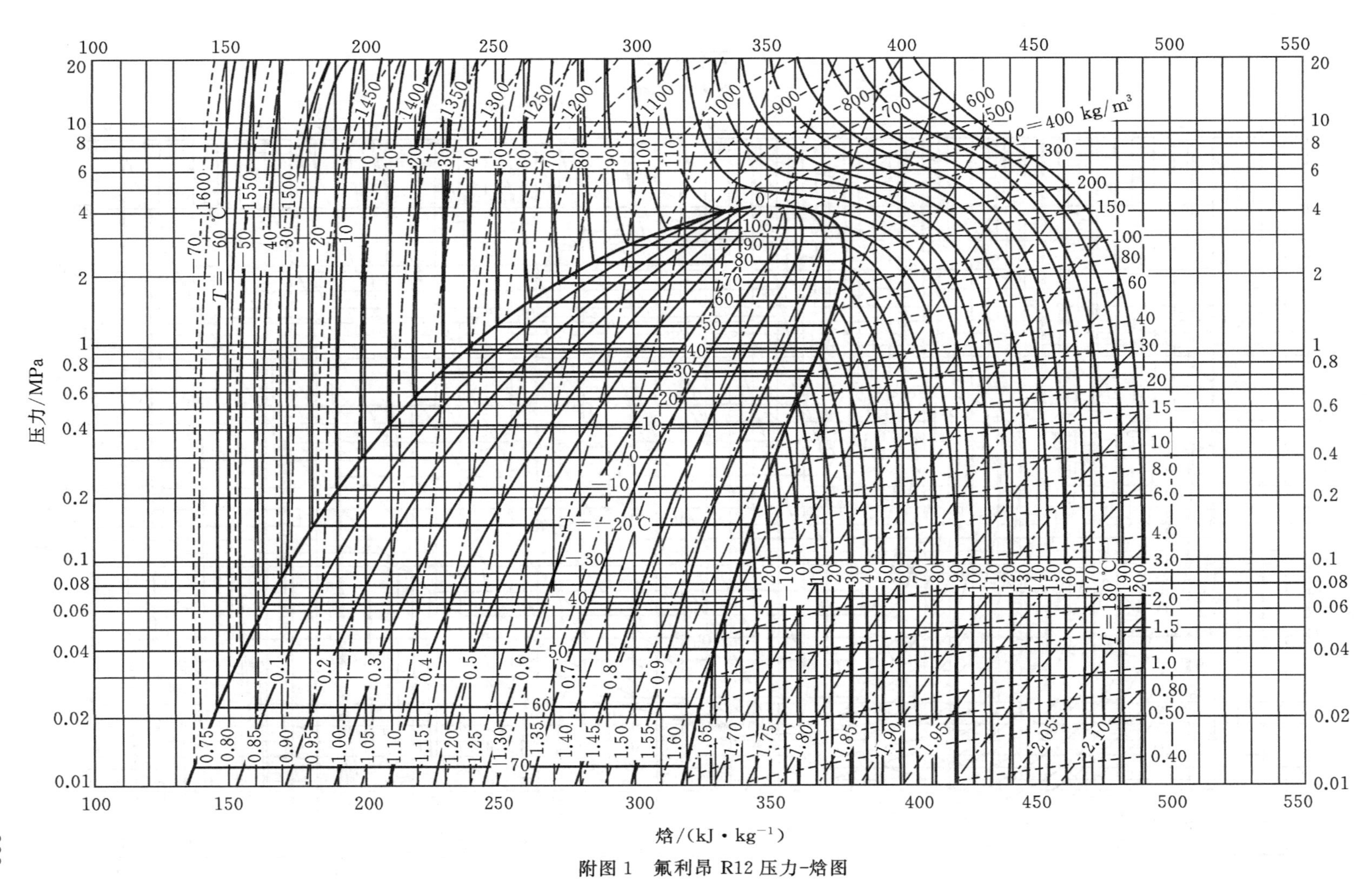

附图 1 氟利昂 R12 压力-焓图

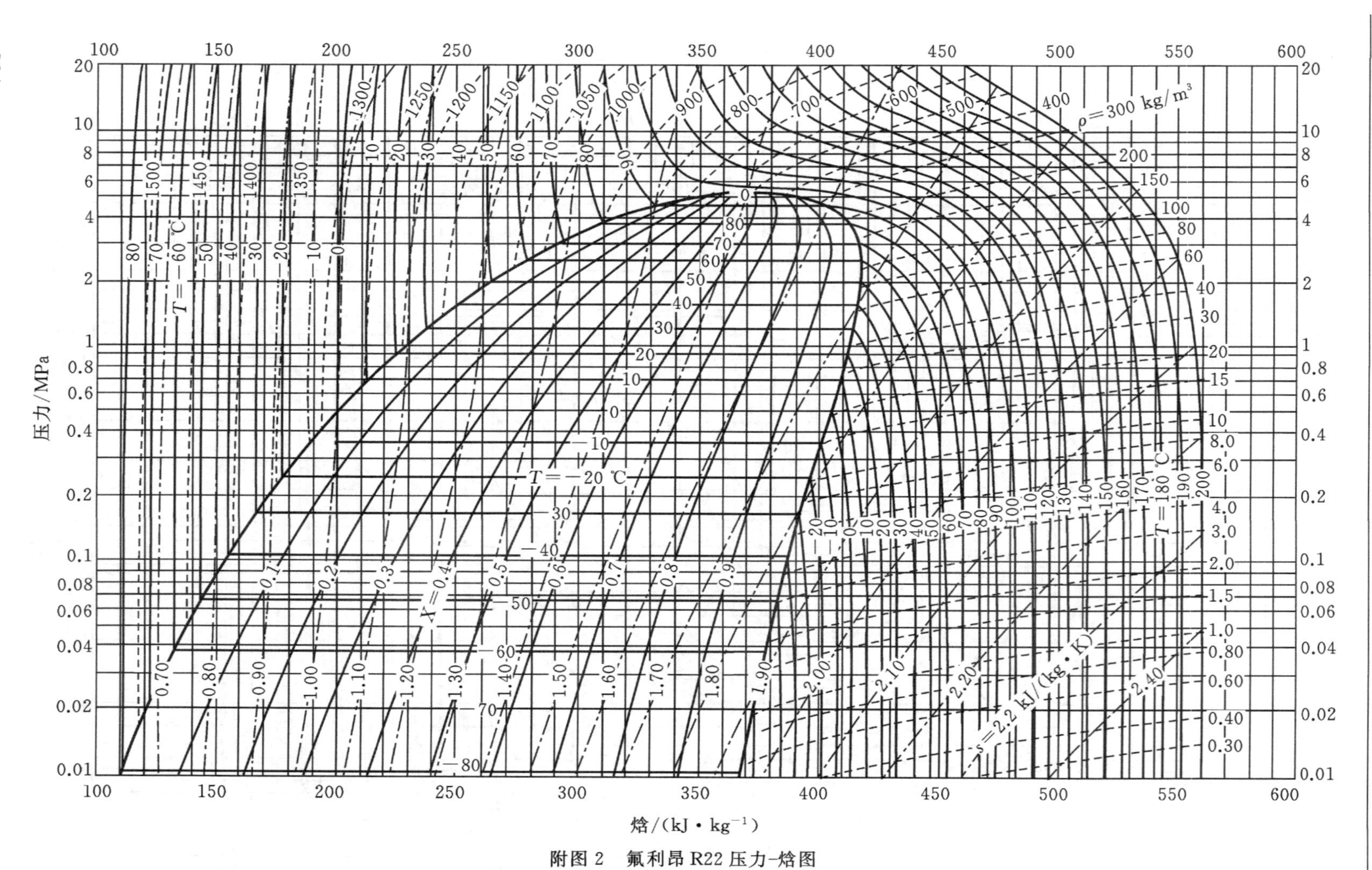

附图 2 氟利昂 R22 压力-焓图

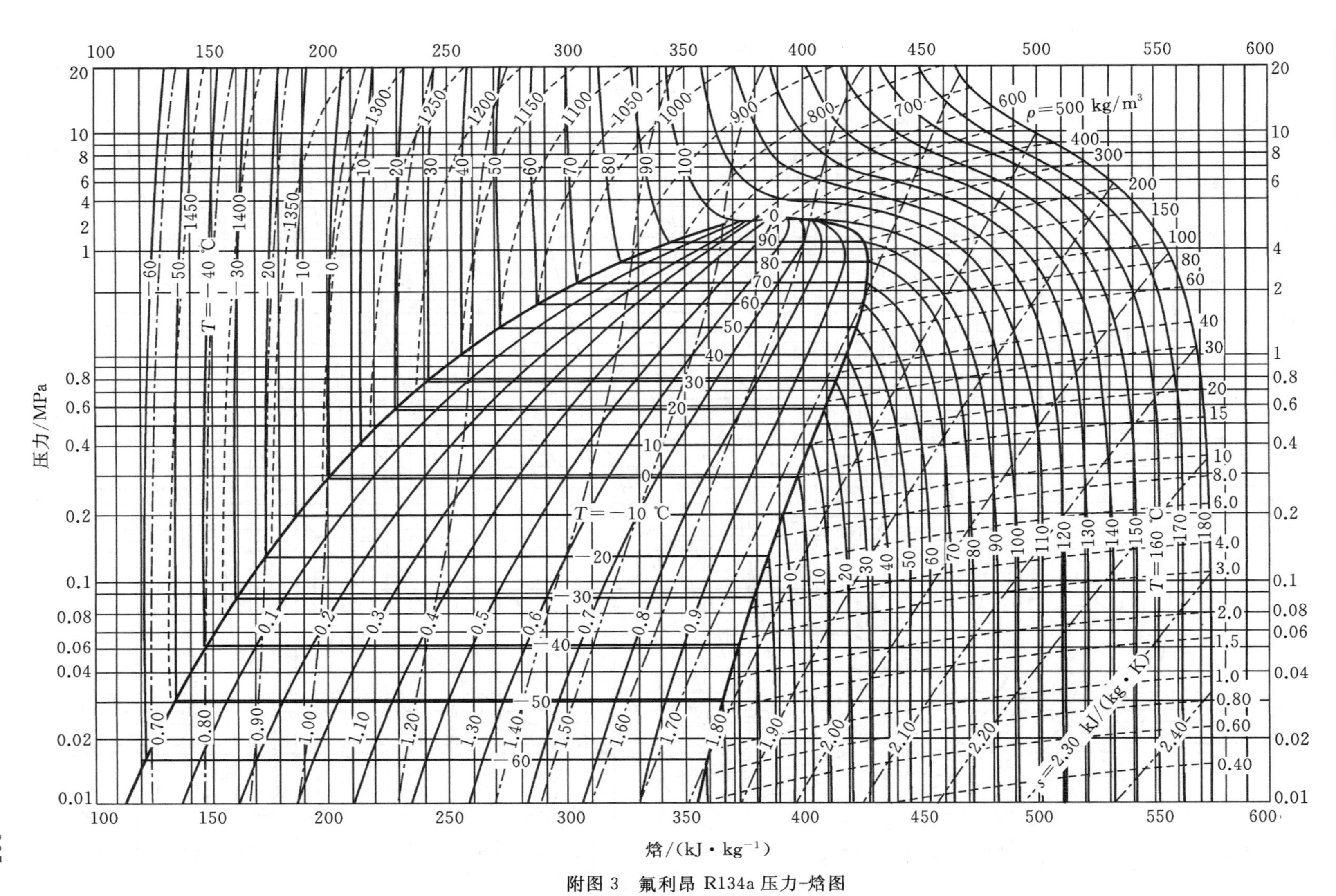

附图 3 氟利昂 R134a 压力-焓图

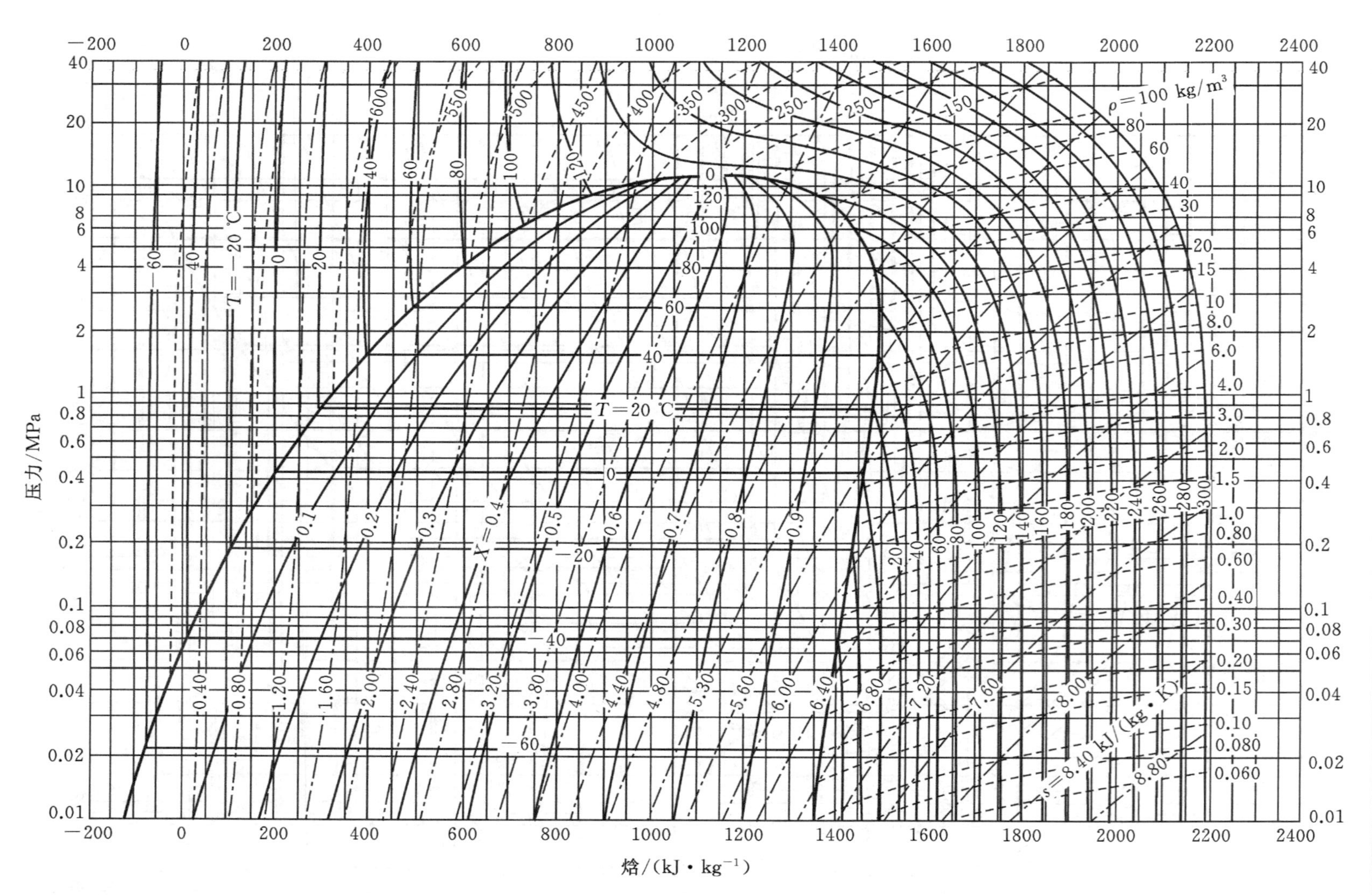

附图 4 氨(R717)压力-焓图

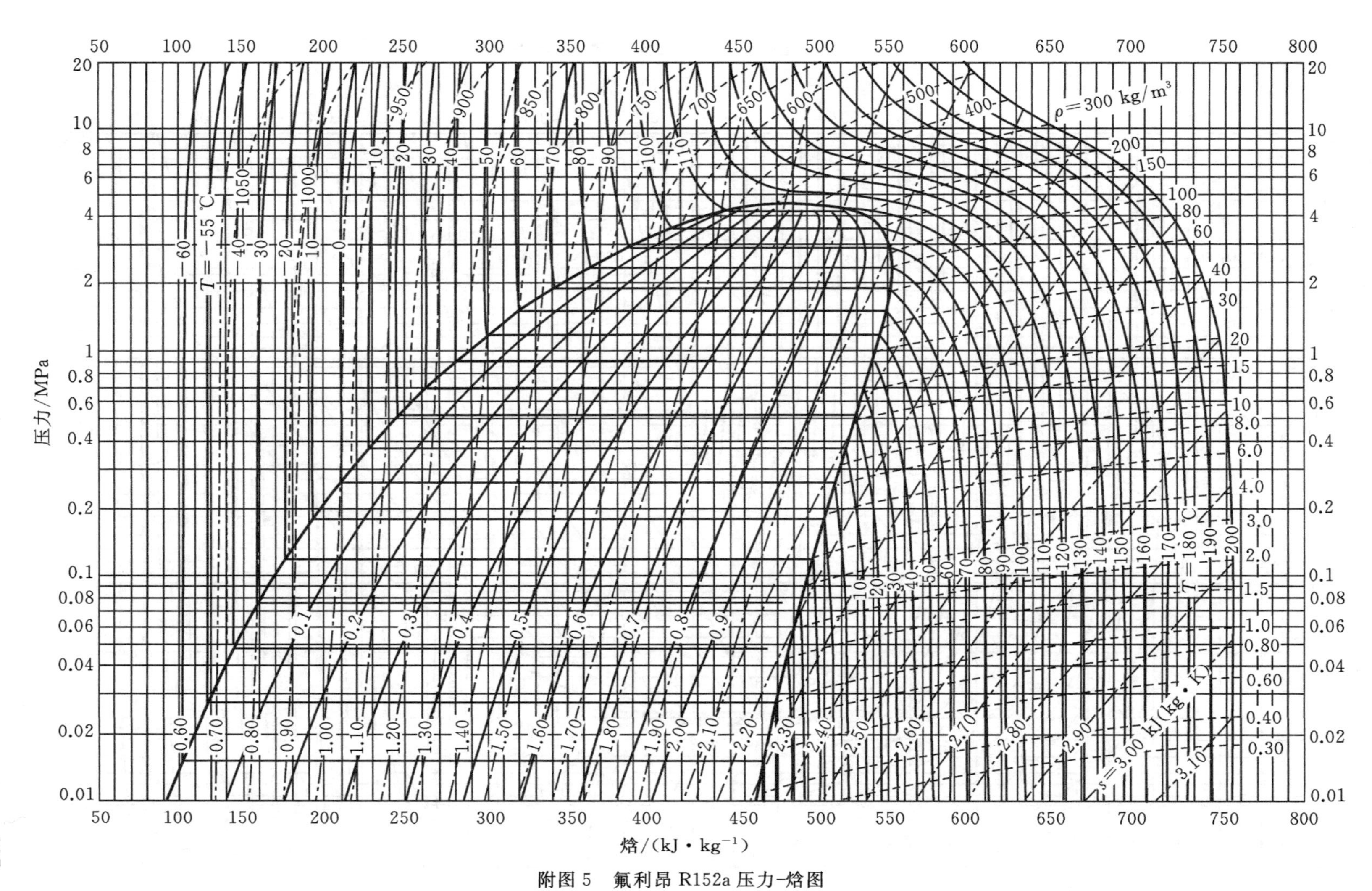

附图 5 氟利昂 R152a 压力-焓图

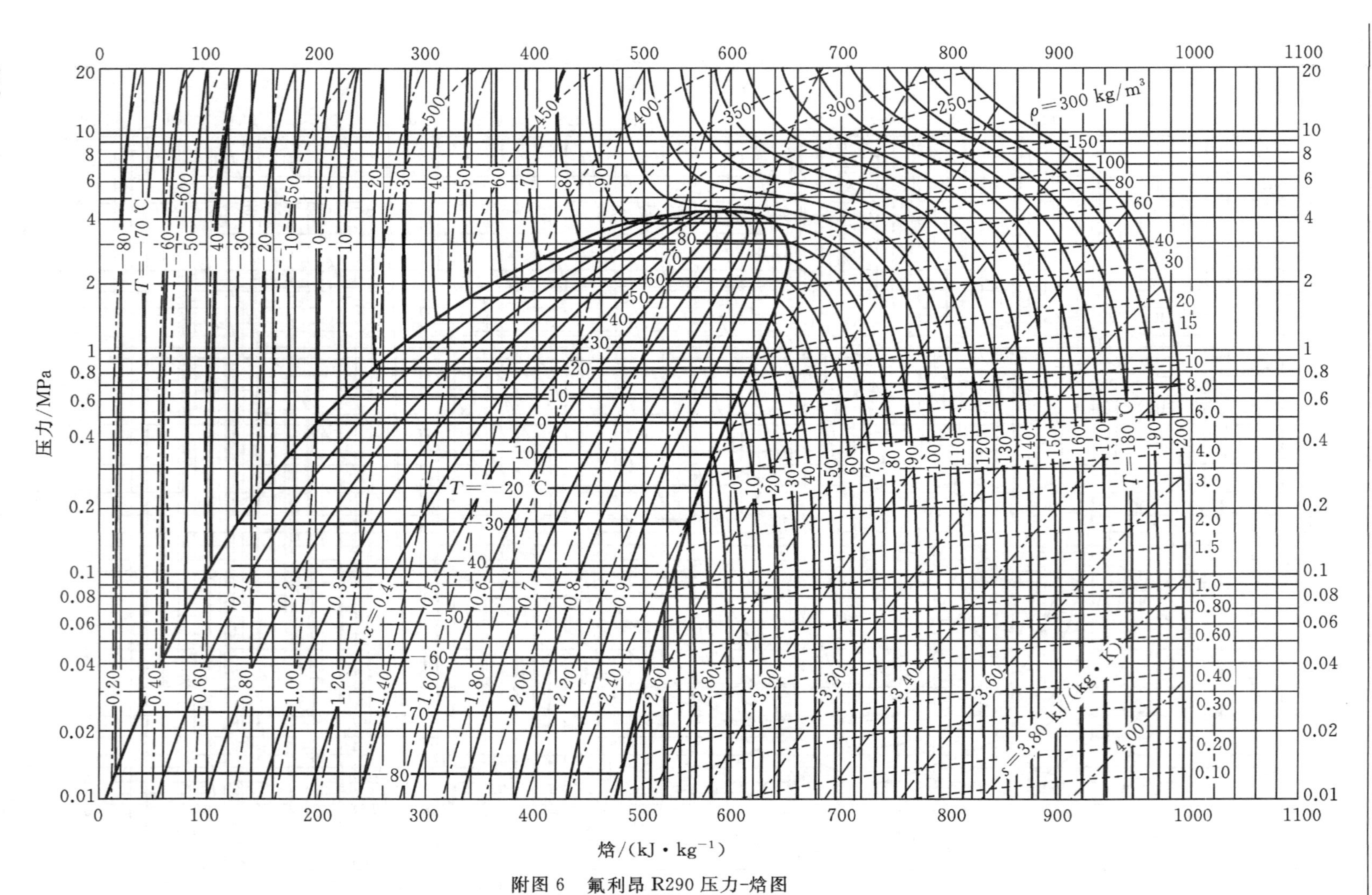

附图 6 氟利昂 R290 压力-焓图

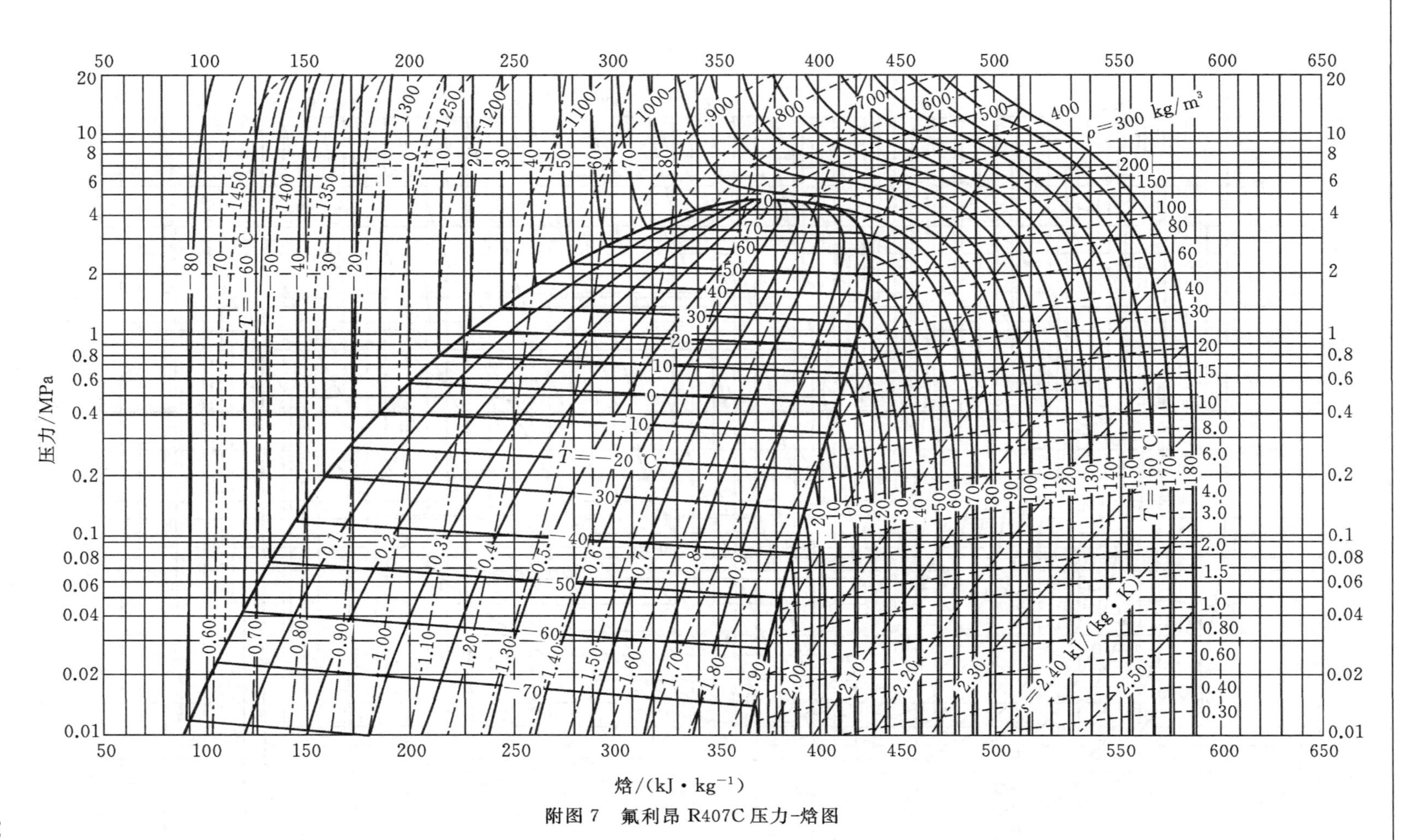

附图 7　氟利昂 R407C 压力-焓图

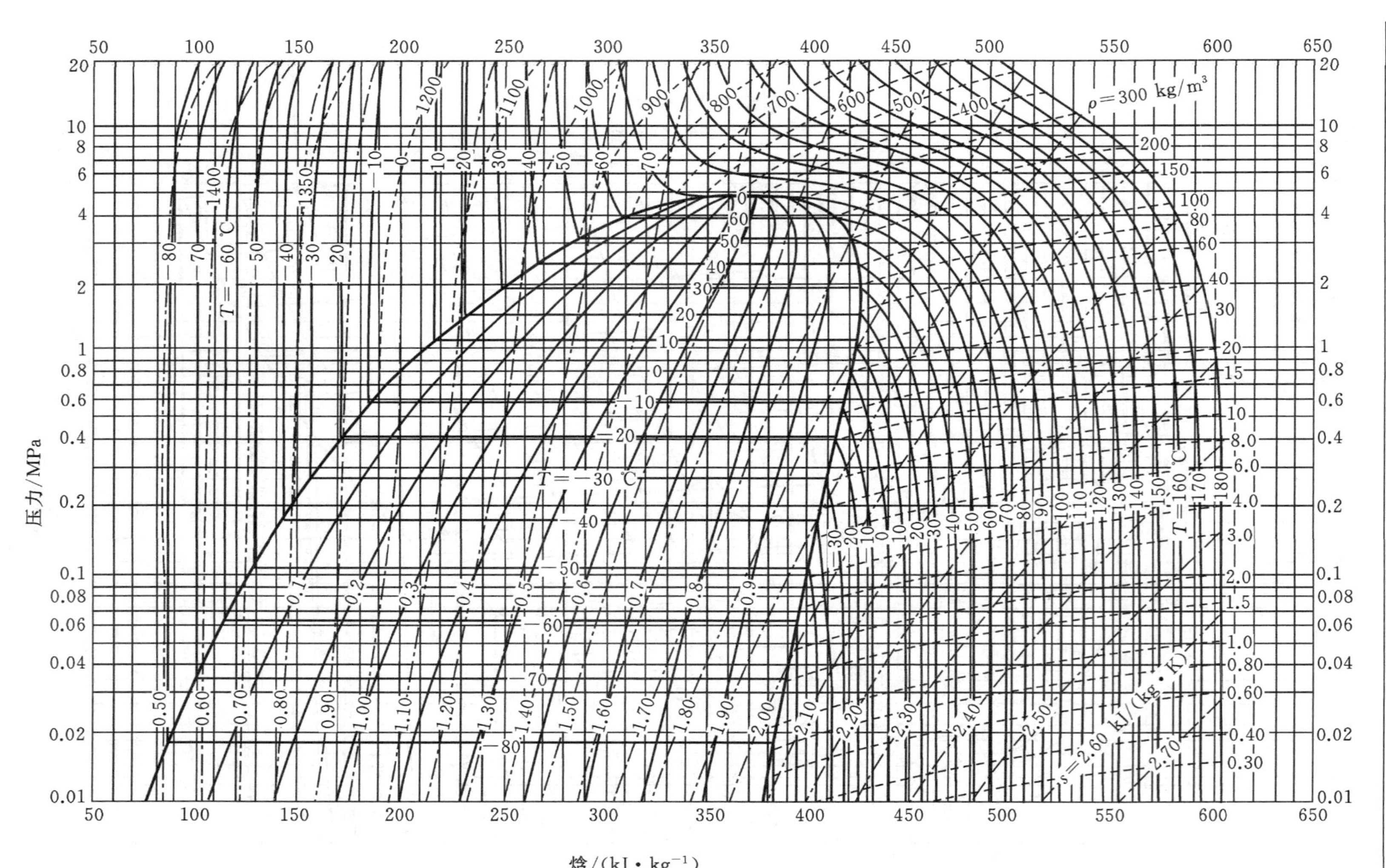

附图 8 氟利昂 R410A 压力-焓图

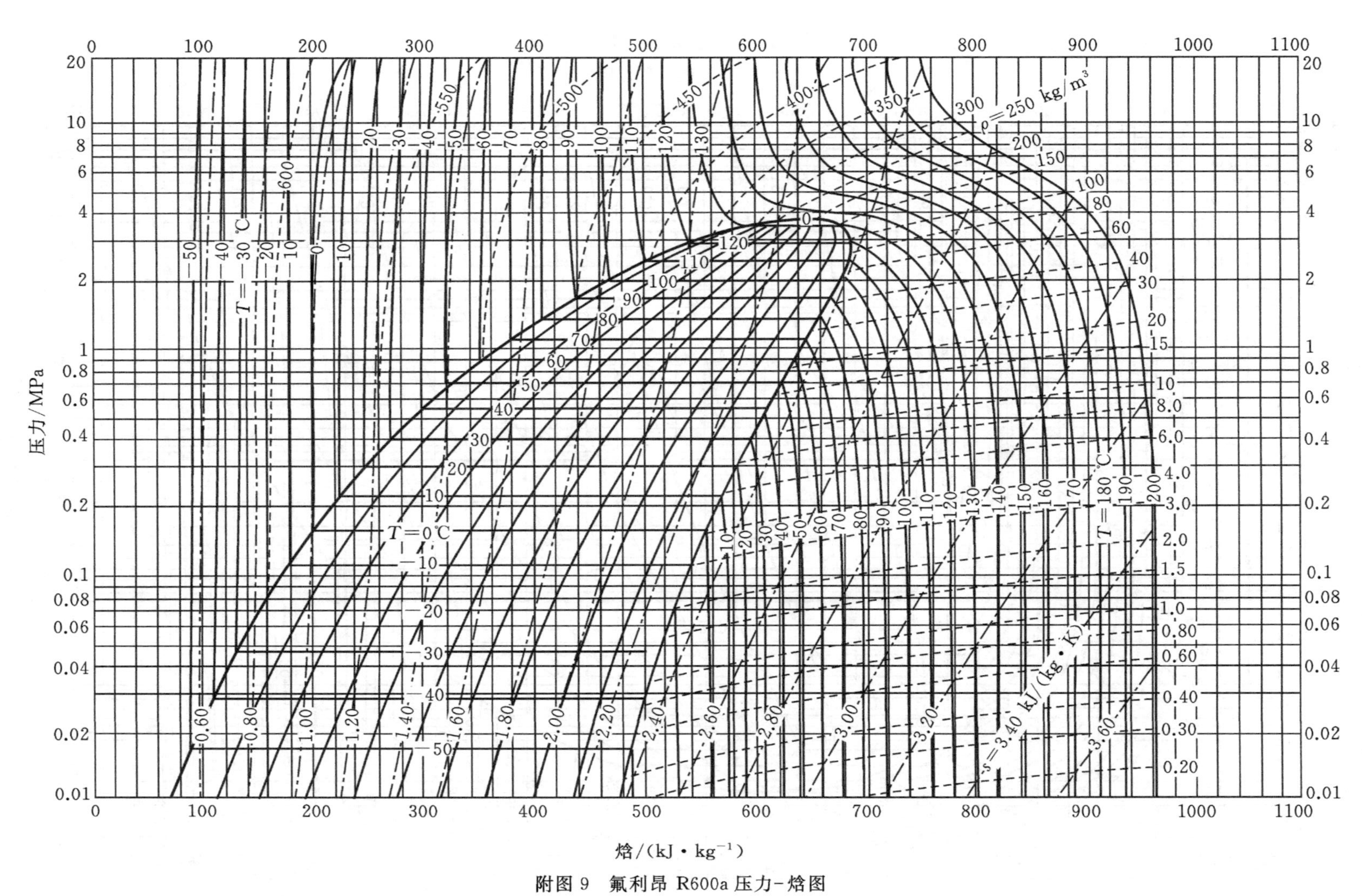

附图 9 氟利昂 R600a 压力-焓图

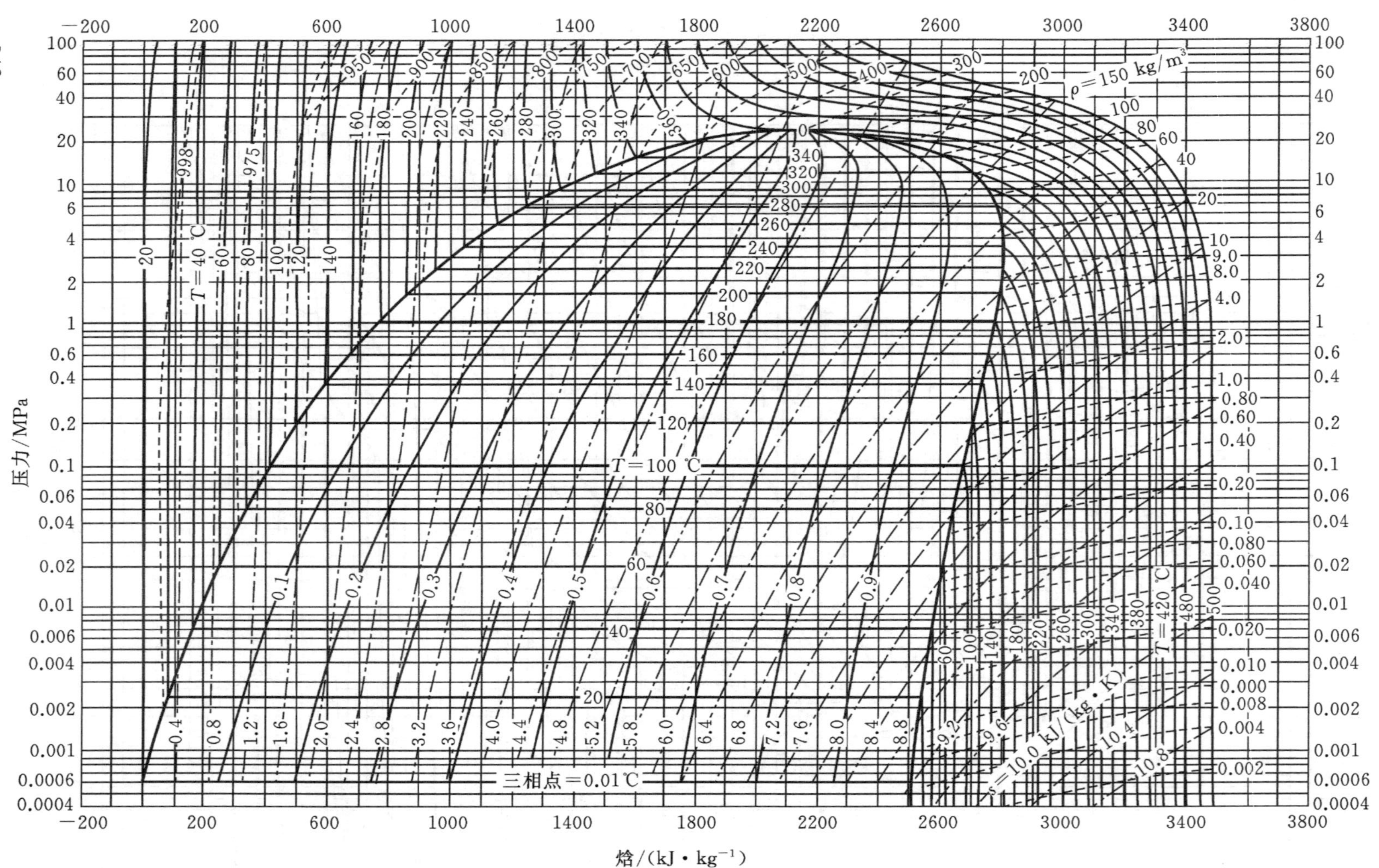

附图 10　水(R718)压力-焓图

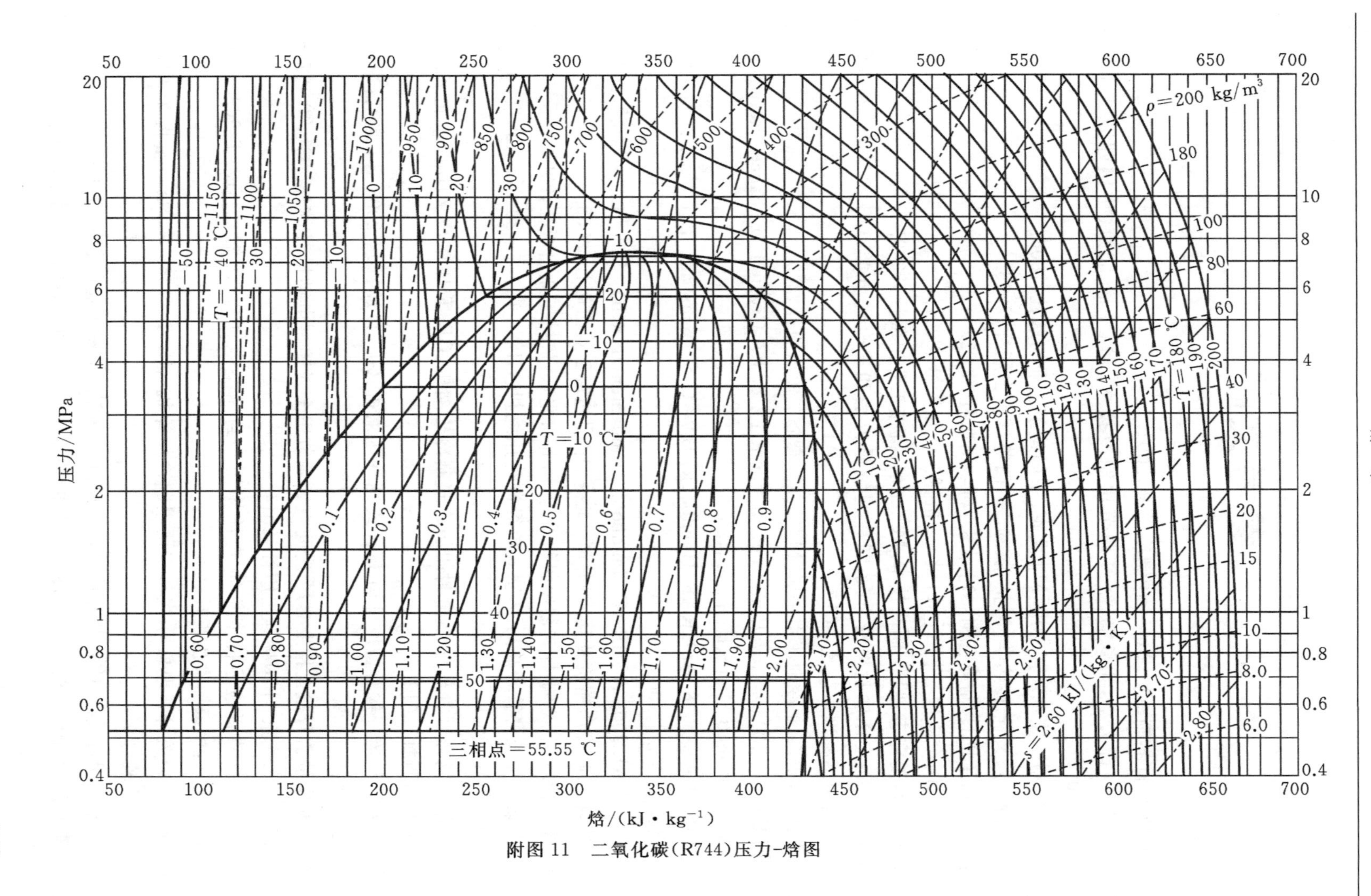

附图 11 二氧化碳(R744)压力-焓图

参考文献

[1] 邱钟岳.世界制冷史[M].中国制冷学会,2001.
[2] 彦启森,石文星,田长青.空气调节用制冷技术[M].4 版.北京:中国建筑工业出版社,2010.
[3] 彦启森.制冷技术及其应用[M].北京:中国建筑工业出版社,2006.
[4] 杨世铭,陶文铨.传热学[M].4 版.北京:高等教育出版社,2006.
[5] 王如竹,丁国良.制冷空调[M].北京:科学出版社,2002.
[6] 郑贤德.制冷原理与装置[M].北京:机械工业出版社,2001.
[7] 解国珍,姜守忠,罗勇.制冷技术[M].北京:机械工业出版社,2009.
[8] 国家质量监督检验检疫总局.制冷剂编号方法和安全性分类:GB/T7778—2017[S].北京:中国标准出版社,2017.
[9] 曹德胜,史琳.制冷剂使用手册[M].北京:冶金工业出版社,2003.
[10] LEED.LEED for New Construction Version 2.2, EA Credit 4: Enhanced Refrigerrant Management[M].[S.l.]:[s.n.],2005.
[11] ASHRAE.2008 ASHRAE Handbook: HVAC Systems and Equipment (SI) [M].[S.l.]:[s.n.],2008.
[12] ASHRAE.2009 ASHRAE Handbook:Fundamentals (SI) [M].[S.l.]:[s.n.],2009.
[13] 马国远.制冷压缩机及其应用[M].北京:中国建筑工业出版社,2008.
[14] 董天禄.离心式/螺杆式制冷机组及应用[M].北京:机械工业出版社,2002.
[15] 国家市场监督管理总局.活塞式单级制冷压缩机:GB/T 10079—2018[S].北京:中国标准出版社,2018.
[16] 国家市场监督管理总局.全封闭涡旋式制冷压缩机:GB/T 18429—2018[S].北京:中国标准出版社,2018.
[17] 国家质量监督检验检疫总局.螺杆式制冷压缩机:GB/T 19410—2008[S].北京:中国标准出版社,2009.
[18] 国家质量监督检验检疫总局.房间空气调节用全封闭型电动机-压缩机:GB/T 15765—2014[S].北京:中国标准出版社,2014.
[19] 国家质量监督检验检疫总局.电冰箱用全封闭型电动机-压缩机:GB/T 9098—2008[S].北京:中国标准出版社,2009.
[20] 国家市场监督管理总局.汽车空调用制冷压缩机:GB/T 21360—2018[S].北京:中国标准出版社,2018.
[21] 戴永庆.溴化锂吸收式制冷技术及应用[M].北京:机械工业出版社,1996.
[22] 李红旗,马国远,刘宝忠.制冷空调与能源动力系统新技术[M].北京:北京航空航天大学出版社,2006.

[23] 鱼剑琳，王丰浩.建筑节能应用新技术[M].北京：化学工业出版社，2006.
[24] 张崖祥，肖长来，刘洪志.沈阳某地地下水水源热泵回灌衰减问题分析[J].节水灌溉，2014(11)：53－55.
[25] 卢继龙，彭建国，杨光.土壤源热泵的研究与现状[J].制冷与空调，2007，21(3)：92－95.
[26] 吴荣华，孙德兴，张成虎，等.热泵冷热源城市原生污水的流动阻塞与换热性能[J].暖通空调，2005，35(2)：86－88.
[27] 史立山.中国能源问题与可再生能源发展规划[J].可再生能源，2004(3)：17－21.
[28] 周文忠，李建兴，涂光备.污水源热泵系统和污水冷热能利用前景分析[J].暖通空调，2004，34(8)：25－29.
[29] SINGH H，MUETZE A，EAMES P C. Factors influencing the uptake of heat pump technology by the UK domestic sector，Renewable Energy，2010，35(4)：873－878.
[30] KELLY N J，COCKROFT J. Analysis of retrofit air source heat pump performance：results from detailed simulations and comparison to field trial data[J]. Energy and Buildings，2011，43(1)：239－245.
[31] FARID M，KONG W J. Underfloor heating with latent heat storage[J]. Proceedings of the Institution of Mechanical Engineers，Part A：Journal of Power and Energy，2001，215(A5)：601－609.
[32] 朱颖心，石文星.对工科专业课程教学方法的思考[J].高等教育研究，2011，20(5)：78－82.
[33] 张登春，邹声华，于春梅.制冷技术实践性教学方法改革研究[J].湘潭师范学院学报(自然科学版)，2009，31(1)：200－202.
[34] BILLIARDF F.制冷与可持续发展[J].制冷学报，2003，24(2)：17－18.
[35] 付祥钊，孙春华，蒋斌.建筑环境与设备工程专业教学内容调查研究[J].高等教育研究，2009，18(5)：57－60.
[36] 王丰浩.制冷空调学科发展与教学研究[M].西安：西安交通大学出版社，2012.
[37] 全国勘察设计注册工程师公用设备专业管理委员会秘书处.全国勘察设计注册公用设备工程师暖通空调专业考试复习教材[M].2 版.北京：中国建筑工业出版社，2006.
[38] 清华大学建筑节能研究中心.中国建筑节能年度发展研究报告 2007[M].北京：中国建筑工业出版社，2007.
[39] 清华大学建筑节能研究中心.中国建筑节能年度发展研究报告 2009[M].北京：中国建筑工业出版社，2009.